중학 수학 3·1

이 책의 개발에 도움을 주신 선생님

강유미 | 경기 광주
김주영 | 서울 용산
신지예 | 대전
원민희 | 대구
이승열 | 광주
임안철 | 안양
전지영 | 안양
채수현 | 광주
김국희 | 청주
김훈회 | 청주
안성주 | 영암
윤영숙 | 서울 서초
이승희 | 대구
장영빈 | 천안
정상훈 | 서울 서초
최주현 | 부산
김민지 | 대구
노형석 | 광주
양영인 | 성남
이미란 | 광양
이영동 | 성남
장전원 | 대전
정재봉 | 광주
허문석 | 천안
김선아 | 부산
신범수 | 대전
양현호 | 순천
이상일 | 서울 강서
이진희 | 청주
전승환 | 안양
지승룡 | 광주
홍인숙 | 안양

쌍둥이

10분 연산 TEST

특별 부록

중학 수학 3·1

동아출판

연산 능력 UP! 쌍둥이 10분 연산 TEST

[01 ~ 04] 다음 수의 제곱근을 구하시오.

01 49

02 0.64

03 $\frac{1}{36}$

04 -4

[05 ~ 06] 다음을 근호를 사용하여 나타내시오.

05 15의 양의 제곱근

06 제곱근 11

[07 ~ 08] 다음 수를 근호를 사용하지 않고 나타내시오.

07 $-\sqrt{81}$

08 $-(\sqrt{13})^2$

[09 ~ 10] 다음을 계산하시오.

09 $\sqrt{(-5)^2}-\sqrt{(-17)^2}$

10 $(-\sqrt{14})^2\times\left(\sqrt{\frac{1}{21}}\right)^2$

[11 ~ 12] 다음 식을 간단히 하시오.

11 $a<-1$일 때, $\sqrt{(a+1)^2}-\sqrt{(-1-a)^2}$

12 $-3<a<1$일 때, $\sqrt{(a+3)^2}+\sqrt{(a-1)^2}$

[13 ~ 14] 다음 식이 자연수가 되도록 하는 가장 작은 자연수 x의 값을 구하시오.

13 $\sqrt{280x}$

14 $\sqrt{\frac{108}{x}}$

[15 ~ 16] 다음 ○ 안에 부등호 >, < 중 알맞은 것을 써넣으시오.

15 $-\sqrt{0.8}$ ○ -1

16 $\sqrt{\frac{1}{5}}$ ○ $\frac{1}{3}$

[17 ~ 18] 다음 부등식을 만족시키는 자연수 x의 개수를 구하시오.

17 $3<\sqrt{x}\le4$

18 $4<\sqrt{x-2}\le5$

맞힌 개수 개/18개

➔ 정답 및 풀이 15쪽

[01 ~ 02] 아래의 수를 보고, 다음을 모두 구하시오.

$\sqrt{10}$, -3, $3.141592\cdots$, $\sqrt{\frac{4}{9}}$, $-\sqrt{0.04}$, $3.\dot{2}\dot{5}$

01 유리수

02 무리수

[03 ~ 04] 아래의 수를 보고, 다음을 구하시오.

$\sqrt{2.25}$, $-\frac{2}{3}$, $\sqrt{8}$, $5-\sqrt{25}$, $(-\sqrt{7})^2$, $1.2\dot{1}$, $-\frac{\sqrt{6}}{2}$

03 정수의 개수

04 무리수의 개수

[05 ~ 09] 다음 설명 중 옳은 것에는 ○표, 옳지 않은 것에는 ×표를 하시오.

05 $\sqrt{2}$는 실수이다. (　　　)

06 $\sqrt{14}$는 $\frac{(\text{정수})}{(0\text{이 아닌 정수})}$의 꼴로 나타낼 수 있다. (　　　)

07 무리수는 모두 근호를 사용하여 나타낼 수 있다. (　　　)

08 순환소수가 아닌 무한소수는 무리수이다. (　　　)

09 0과 1 사이에는 무수히 많은 무리수가 있다. (　　　)

[10 ~ 12] 다음 그림에서 작은 사각형은 모두 한 변의 길이가 1인 정사각형이다. 점 A를 중심으로 하고 $\overline{AB}$를 반지름으로 하는 원이 수직선과 만나는 두 점을 각각 P, Q라 할 때, 다음을 구하시오.

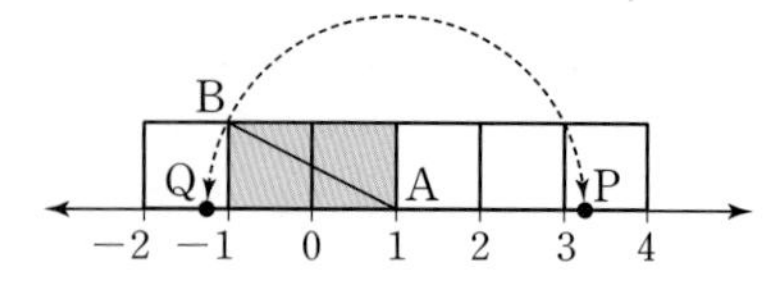

10 $\overline{AB}$의 길이

11 점 P에 대응하는 수

12 점 Q에 대응하는 수

[13 ~ 14] 다음 ○ 안에 부등호 >, < 중 알맞은 것을 써넣으시오.

13 $3 \bigcirc 6-\sqrt{8}$

14 $\sqrt{7}-2 \bigcirc -2+\sqrt{5}$

15 다음 세 수 a, b, c의 대소 관계를 부등호를 사용하여 나타내시오.

$a=\sqrt{2}+\sqrt{3}$, $b=\sqrt{3}+1$, $c=\sqrt{2}+2$

맞힌 개수 　　개/15개 정답 및 풀이 15쪽

연산 능력 UP! 쌍둥이 10분 연산 TEST

[01 ~ 04] 다음을 계산하시오.

01 $6\sqrt{5}\times3\sqrt{2}$

02 $\sqrt{\frac{35}{3}}\times\sqrt{\frac{15}{7}}$

03 $\sqrt{34}\div\sqrt{2}$

04 $\sqrt{\frac{21}{5}}\div\sqrt{\frac{9}{30}}$

[05 ~ 06] 다음을 $a\sqrt{b}$의 꼴로 나타내시오.
(단, b는 가장 작은 자연수)

05 $\sqrt{108}$

06 $\sqrt{63}$

[07 ~ 10] 다음을 $\sqrt{a}$ 또는 $-\sqrt{a}$의 꼴로 나타내시오.
(단, a는 유리수)

07 $9\sqrt{2}$

08 $-3\sqrt{13}$

09 $5\sqrt{3}$

10 $-4\sqrt{7}$

[11 ~ 12] 다음을 $\frac{\sqrt{b}}{a}$의 꼴로 나타내시오.
(단, b는 가장 작은 자연수)

11 $\sqrt{\frac{7}{16}}$

12 $\sqrt{0.35}$

[13 ~ 14] 다음을 $\sqrt{\frac{b}{a}}$의 꼴로 나타내시오.
(단, a, b는 서로소)

13 $\frac{\sqrt{5}}{6}$

14 $\frac{7\sqrt{2}}{3}$

[15 ~ 18] 다음 수의 분모를 유리화하시오.

15 $\frac{1}{\sqrt{5}}$

16 $\frac{3}{\sqrt{6}}$

17 $\frac{\sqrt{7}}{\sqrt{10}}$

18 $\frac{\sqrt{2}}{\sqrt{17}}$

[19 ~ 20] 다음을 계산하시오.

19 $10\sqrt{2}\times3\sqrt{5}\div\frac{\sqrt{15}}{2}$

20 $\frac{\sqrt{48}}{2}\div\left(-\frac{\sqrt{18}}{4}\right)\div(-\sqrt{3})$

맞힌 개수 　개/20개

➲ 정답 및 풀이 16쪽

연산 능력 UP!

쌍둥이 10분 연산 TEST

본책 47쪽

[01 ~ 04] 다음을 계산하시오.

01 $2\sqrt{3}-\sqrt{3}-6\sqrt{3}$

02 $4\sqrt{7}-5\sqrt{2}-5\sqrt{7}+3\sqrt{2}$

03 $\sqrt{48}-\sqrt{243}+\sqrt{108}$

04 $-\sqrt{125}-\frac{10\sqrt{2}}{\sqrt{10}}+\frac{15}{\sqrt{5}}$

[05 ~ 06] 다음 ○ 안에 부등호 >, < 중 알맞은 것을 써넣으시오.

05 $3\sqrt{5}-5$ ○ $\sqrt{5}+2$

06 $4+2\sqrt{7}$ ○ $4\sqrt{7}-3$

[07 ~ 10] 다음을 계산하시오.

07 $\sqrt{3}(\sqrt{7}-\sqrt{10})$

08 $-\sqrt{6}(\sqrt{2}+\sqrt{3})$

09 $(\sqrt{5}-2\sqrt{2})\sqrt{7}$

10 $(3\sqrt{3}-2\sqrt{6})\times(-\sqrt{11})$

[11 ~ 12] 다음 수의 분모를 유리화하시오.

11 $\frac{\sqrt{5}-\sqrt{7}}{\sqrt{2}}$

12 $\frac{\sqrt{2}+1}{\sqrt{3}}$

[13 ~ 14] 다음을 계산하시오.

13 $(\sqrt{20}-\sqrt{18})\div\sqrt{2}-\sqrt{5}\left(\sqrt{2}-\frac{2}{\sqrt{5}}\right)$

14 $\sqrt{2}(1-\sqrt{32})-\frac{6}{\sqrt{3}}(\sqrt{24}+\sqrt{3})$

[15 ~ 16] $\sqrt{7}=2.646$, $\sqrt{70}=8.367$일 때, 다음 수의 값을 구하시오.

15 $\sqrt{7000}$

16 $\sqrt{0.07}$

[17 ~ 18] 다음 수의 소수 부분을 구하시오.

17 $2\sqrt{5}$

18 $\sqrt{12}-1$

맞힌 개수 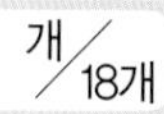 개/18개

➲ 정답 및 풀이 16쪽

연산 능력 UP! 쌍둥이 10분 연산 TEST

[01 ~ 11] 다음 식을 전개하시오.

01 $(x-2)(2x+1)$

02 $(2a-5b)(3a-2b+4)$

03 $(a+5)^2$

04 $(3x+4)^2$

05 $(5x-1)^2$

06 $(-2a+7b)^2$

07 $(x+7)(x-7)$

08 $(2x+y)(2x-y)$

09 $(x+6)(x+8)$

10 $(x+1)(x-5)$

11 $(3x+2)(6x-5)$

[12 ~ 23] 곱셈 공식을 이용하여 다음을 계산하시오.

12 81^2

13 53^2

14 78^2

15 47^2

16 197×203

17 4.7×5.3

18 92×96

19 2.7×2.9

20 $(\sqrt{5}-2)^2$

21 $(\sqrt{10}+\sqrt{3})^2$

22 $(4-\sqrt{2})(8+\sqrt{2})$

23 $(6\sqrt{3}+2)(6\sqrt{3}-1)$

맞힌 개수 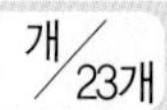 개/23개

정답 및 풀이 17쪽

연산 능력 UP! 쌍둥이 10분 연산 TEST

[01 ~ 06] 곱셈 공식을 이용하여 다음 수의 분모를 유리화하시오.

01 $\frac{1}{\sqrt{5}-2}$

02 $\frac{2}{\sqrt{3}+1}$

03 $\frac{\sqrt{2}}{\sqrt{2}-1}$

04 $\frac{4}{3-\sqrt{5}}$

05 $\frac{\sqrt{7}+\sqrt{2}}{\sqrt{7}-\sqrt{2}}$

06 $\frac{4-\sqrt{15}}{4+\sqrt{15}}$

[07 ~ 12] 다음 식을 전개하시오.

07 $(2a-3b+1)^2$

08 $(3x-y+2)(3x-y-5)$

09 $(x+2y-1)(x-2y-1)$

10 $(x+2)^2-(x+3)(x-5)$

11 $(a+5)(a-5)-(a+3)(a-3)$

12 $(5a-1)^2-(4a+3)^2$

[13 ~ 15] $x+y=-6$, $xy=8$일 때, 다음 식의 값을 구하시오.

13 x^2+y^2

14 $(x-y)^2$

15 $x-y$

16 $x-y=5$, $xy=-5$일 때, x^2+y^2의 값을 구하시오.

맞힌 개수 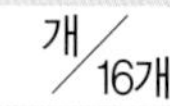 개/16개

정답 및 풀이 18쪽

연산 능력 UP! 쌍둥이 10분 연산 TEST

[01 ~ 02] 다음에서 주어진 식의 인수를 모두 찾아 ○표를 하시오.

01 $x(x+4y)$

$x,\quad x^2,\quad 4y,\quad x+4y,\quad xy,\quad x(x+4y)$

02 $(x+2)(x-5)$

$x,\quad x+2,\quad x-5,\quad x^2,$
$x^2-3,\quad (x+2)(x-5)$

[03 ~ 08] 다음 식을 인수분해하시오.

03 x^8+x^4

04 $8a^2-10ab$

05 $x^2+18x+81$

06 $x^2-24x+144$

07 $9x^2-30x+25$

08 $25x^2+20xy+4y^2$

[09 ~ 10] 다음 식이 완전제곱식이 되도록 □ 안에 알맞은 수를 모두 구하시오.

09 $9x^2-48xy+\square y^2$

10 $4x^2+\square x+49$

[11 ~ 20] 다음 식을 인수분해하시오.

11 x^2-36

12 $5a^2-45b^2$

13 $\frac{1}{4}x^2-\frac{1}{81}y^2$

14 $x^2-4x-21$

15 $x^2+12x+35$

16 $8x^2-22x+15$

17 $x^2-10xy+24y^2$

18 $3x^2-14xy-5y^2$

19 $24x^2-38xy+15y^2$

20 $8x^2+26xy+15y^2$

맞힌 개수 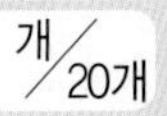 개/20개

➲ 정답 및 풀이 19쪽

연산 능력 UP! 쌍둥이 10분 연산 TEST

[01 ~ 10] 다음 식을 인수분해하시오.

01 $8x^2y+36xy-20y$

02 $25x^3y-10x^2y^2+xy^3$

03 $36xy^2+39xy+9x$

04 $9x^2y+9xy-10y$

05 $a^2-ab-a+b$

06 $(x-1)^2-6(x-1)+9$

07 $(x+5)^2+3(x+5)+2$

08 $(x-3)^2-(y+2)^2$

09 $4a^2-4a+1-16b^2$

10 $9a^2-b^2-12b-36$

[11 ~ 16] 인수분해 공식을 이용하여 다음을 계산하시오.

11 $3\times28+3\times32$

12 $50\times39-50\times19$

13 $16^2-2\times16\times6+6^2$

14 76^2-24^2

15 $1.2^2-0.04$

16 $\sqrt{82^2-18^2}$

[17 ~ 20] 인수분해 공식을 이용하여 다음을 구하시오.

17 $x=19$일 때, x^2-2x-3의 값

18 $x=-3+\sqrt{10}$일 때, x^2+6x+9의 값

19 $x=2+\sqrt{5}$, $y=2-\sqrt{5}$일 때, x^2-y^2의 값

20 $x=\sqrt{2}+\sqrt{7}$, $y=\sqrt{2}-\sqrt{7}$일 때, x^2y-xy^2의 값

맞힌 개수  개/20개

➡ 정답 및 풀이 19쪽

[01 ~ 04] 다음 중 이차방정식인 것에는 ○표, 이차방정식이 아닌 것에는 ×표를 하시오.

01 $2x-4=0$ ( )

02 $3(x-1)(x+1)=3x^2+1$ ( )

03 $x^3-11x+2=x^3+3x^2+5$ ( )

04 $x(x^2-5x)=x^3+10x$ ( )

05 $(a+5)x^2-3x+1=0$이 x에 대한 이차방정식일 때, 상수 a의 조건을 구하시오.

06 x의 값이 -3, -2, -1, 0, 1, 2일 때, 이차방정식 $x^2+2x-3=0$의 해를 모두 구하시오.

07 $x=-2$가 이차방정식 $3x^2+ax+4=0$의 해일 때, 상수 a의 값을 구하시오.

08 이차방정식 $6x^2+20x+14=0$의 한 근이 $x=k$일 때, $3k^2+10k$의 값을 구하시오.

[09 ~ 14] 다음 이차방정식을 푸시오.

09 $x^2-16=0$

10 $49x^2-4=0$

11 $x^2+10x+16=0$

12 $15x^2-x-2=0$

13 $6x^2+x-15=0$

14 $12x^2-26x+12=0$

[15 ~ 16] 다음 이차방정식을 푸시오.

15 $9x^2-30x+25=0$

16 $x^2-\frac{1}{3}x+\frac{1}{36}=0$

17 이차방정식 $x^2-22x+a=0$이 중근을 가질 때, 상수 a의 값을 구하시오.

18 두 이차방정식 $x^2+8x+15=0$, $x^2+x-6=0$의 공통인 근을 구하시오.

맞힌 개수 개/18개

➲ 정답 및 풀이 20쪽

연산 능력 UP! 쌍둥이 10분 연산 TEST

[01 ~ 03] 다음 이차방정식을 제곱근을 이용하여 푸시오.

01 $x^2-20=0$

02 $(x-3)^2=7$

03 $3(x+1)^2=18$

[04 ~ 05] 다음 이차방정식을 완전제곱식을 이용하여 푸시오.

04 $x^2+6x+1=0$

05 $4x^2-8x+1=0$

[06 ~ 08] 다음 이차방정식을 근의 공식을 이용하여 푸시오.

06 $x^2+3x-2=0$

07 $2x^2+x-5=0$

08 $3x^2-6x-5=0$

[09 ~ 10] 다음 이차방정식을 짝수 공식을 이용하여 푸시오.

09 $x^2+8x+4=0$

10 $2x^2+6x-3=0$

[11 ~ 16] 다음 이차방정식을 푸시오.

11 $x^2-1=\frac{2-7x}{2}$

12 $0.2x^2-0.6x+0.3=0$

13 $0.2x^2+\frac{1}{2}x-0.5=0$

14 $(x-2)(x+3)=3x$

15 $(x-1)^2+16(x-1)+64=0$

16 $2(3x+1)^2-(3x+1)-6=0$

맞힌 개수 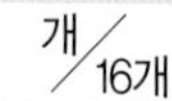 개/16개

➲ 정답 및 풀이 21쪽

[01 ~ 02] 다음 이차방정식의 근의 개수를 구하시오.

01 $2x^2-3x+1=0$

02 $36x^2-12x+1=0$

[03 ~ 05] 이차방정식 $3x^2-2x+k=0$의 근이 다음과 같을 때, 상수 k의 값 또는 k의 값의 범위를 구하시오.

03 서로 다른 두 근

04 중근

05 근이 없다.

06 이차방정식 $5x^2+10x+k=0$이 근을 가질 때, 상수 k의 값의 범위를 구하시오.

[07 ~ 08] 이차방정식 $x^2+3x+k=0$이 중근을 가질 때, 다음 물음에 답하시오.

07 상수 k의 값을 구하시오.

08 중근을 구하시오.

09 연속하는 세 자연수의 각각의 제곱의 합이 50일 때, 다음 물음에 답하시오.

(1) 연속하는 세 자연수 중 가운데 수를 x라 할 때, 다른 자연수를 x에 대한 식으로 나타내시오.
(2) x에 대한 이차방정식을 세우시오.
(3) (2)에서 세운 방정식을 풀어 세 자연수를 구하시오.

10 지율이와 누나의 나이의 차는 5살이다. 두 사람의 나이의 곱이 126일 때, 다음 물음에 답하시오.

(1) 지율이의 나이를 x살이라 할 때, 누나의 나이를 x에 대한 식으로 나타내시오.
(2) x에 대한 이차방정식을 세우시오.
(3) (2)에서 세운 방정식을 풀어 지율이의 나이를 구하시오.

[11 ~ 12] 지면으로부터 35 m 높이에서 쏘아 올린 물체의 x초 후의 지면으로부터의 높이가 $(35+30x-5x^2)$ m일 때, 다음 물음에 답하시오.

11 이 물체의 지면으로부터의 높이가 60 m가 되는 것은 물체를 쏘아 올린 지 몇 초 후인지 구하시오.

12 이 물체가 지면에 떨어지는 것은 물체를 쏘아 올린 지 몇 초 후인지 구하시오.

맞힌 개수 개/12개

정답 및 풀이 21쪽

연산 능력 UP! 쌍둥이 10분 연산 TEST

[01 ~ 06] 다음 중 y가 x에 대한 이차함수인 것에는 ○표, 이차함수가 아닌 것에는 ×표를 하시오.

01 $y=-x-2$ (　　)

02 $y=2x(x+1)$ (　　)

03 $y=\frac{1}{3}(x^2-1)$ (　　)

04 $y=\frac{1}{x^2}+3$ (　　)

05 $y=(x-3)^2+6x$ (　　)

06 $y=(x+5)(-x+5)$ (　　)

[07 ~ 10] 이차함수 $f(x)=-2x^2+x-2$에 대하여 다음을 구하시오.

07 $f(1)$

08 $f(-2)$

09 $f(-1)+f(2)$

10 $2f\left(\frac{1}{2}\right)+f(3)$

[11 ~ 13] 다음 조건을 만족시키는 이차함수를 **보기**에서 모두 고르시오.

보기

ㄱ. $y=-x^2$　　ㄴ. $y=2x^2$　　ㄷ. $y=\frac{1}{6}x^2$

ㄹ. $y=\frac{1}{2}x^2$　　ㅁ. $y=-3x^2$　　ㅂ. $y=-\frac{1}{2}x^2$

11 위로 볼록한 그래프

12 폭이 가장 좁은 그래프

13 x축에 대하여 서로 대칭인 그래프

[14 ~ 16] 이차함수 $y=ax^2$의 그래프가 다음 점을 지날 때, 상수 a의 값을 구하시오.

14 $(-6, 3)$

15 $(4, 12)$

16 $\left(-2, -\frac{1}{3}\right)$

[17 ~ 18] 이차함수 $y=ax^2$의 그래프가 다음 점을 지날 때, a, b의 값을 각각 구하시오. (단, a는 상수)

17 $(2, 8)$, $(-1, b)$

18 $(-3, 5)$, $(6, b)$

맞힌 개수 　개/18개

➲ 정답 및 풀이 22쪽

연산 능력 UP! 쌍둥이 10분 연산 TEST

[01 ~ 02] 다음 이차함수의 그래프를 y축의 방향으로 [ ] 안의 수만큼 평행이동한 그래프가 나타내는 이차함수의 식과 꼭짓점의 좌표를 차례대로 구하시오.

01 $y=2x^2$ $[-4]$

02 $y=-\frac{2}{5}x^2$ $[7]$

[03 ~ 05] 다음 중 이차함수 $y=-3x^2+5$의 그래프에 대한 설명으로 옳은 것에는 ○표, 옳지 않은 것에는 ×표를 하시오.

03 이차함수 $y=3x^2$의 그래프를 y축의 방향으로 5만큼 평행이동한 것이다. ( )

04 축의 방정식은 $y=5$이다. ( )

05 위로 볼록한 그래프이다. ( )

[06 ~ 07] 다음 이차함수의 그래프를 x축의 방향으로 [ ] 안의 수만큼 평행이동한 그래프가 나타내는 이차함수의 식과 축의 방정식을 차례대로 구하시오.

06 $y=\frac{1}{2}x^2$ $\left[\frac{1}{2}\right]$

07 $y=-2x^2$ $[3]$

[08 ~ 10] 다음 중 이차함수 $y=-3(x-1)^2$의 그래프에 대한 설명으로 옳은 것에는 ○표, 옳지 않은 것에는 ×표를 하시오.

08 이차함수 $y=-3x^2$의 그래프를 x축의 방향으로 -1만큼 평행이동한 것이다. ( )

09 꼭짓점의 좌표는 $(1, 0)$이다. ( )

10 제1, 2사분면을 지난다. ( )

[11 ~ 12] 다음 이차함수의 그래프를 x축의 방향으로 p만큼, y축의 방향으로 q만큼 평행이동한 그래프가 나타내는 이차함수의 식과 꼭짓점의 좌표를 차례대로 구하시오.

11 $y=5x^2$ $[p=-3, q=1]$

12 $y=-\frac{2}{3}x^2$ $[p=2, q=-1]$

[13 ~ 15] 다음 중 이차함수 $y=2(x+3)^2-5$의 그래프에 대한 설명으로 옳은 것에는 ○표, 옳지 않은 것에는 ×표를 하시오.

13 이차함수 $y=2x^2$의 그래프를 x축의 방향으로 -3만큼, y축의 방향으로 -5만큼 평행이동한 것이다. ( )

14 축의 방정식은 $x=-3$이다. ( )

15 꼭짓점은 제4사분면 위에 있다. ( )

[16 ~ 17] 다음 이차함수의 그래프가 주어진 점을 지날 때, 상수 k의 값을 구하시오.

16 $y=-4x^2+1$ $(3, k)$

17 $y=k(x+4)^2-6$ $(-2, -10)$

18 이차함수 $y=2x^2$의 그래프를 x축의 방향으로 3만큼, y축의 방향으로 -1만큼 평행이동하면 점 $(5, k)$를 지날 때, k의 값을 구하시오.

맞힌 개수 개/18개

➲ 정답 및 풀이 23쪽

연산 능력 UP! 쌍둥이 10분 연산 TEST

[01 ~ 02] 다음 이차함수의 그래프의 꼭짓점의 좌표와 축의 방정식을 차례대로 구하시오.

01 $y=-3x^2-6x+9$

02 $y=\frac{1}{4}x^2-x$

[03 ~ 04] 다음 이차함수의 그래프가 x축, y축과 만나는 점의 좌표를 차례대로 구하시오.

03 $y=x^2+6x+8$

04 $y=-x^2-2x+15$

[05 ~ 07] 다음 중 이차함수 $y=-x^2+4x+5$의 그래프에 대한 설명으로 옳은 것에는 ○표, 옳지 않은 것에는 ×표를 하시오.

05 이차함수 $y=-x^2$의 그래프를 x축의 방향으로 -2만큼, y축의 방향으로 9만큼 평행이동한 것이다. ( )

06 $x>2$일 때, x의 값이 증가하면 y의 값은 감소한다. ( )

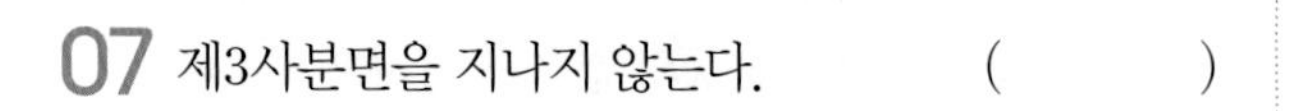

07 제3사분면을 지나지 않는다. ( )

[08 ~ 09] 이차함수 $y=ax^2+bx+c$의 그래프가 다음과 같을 때, 상수 a, b, c의 부호를 정하시오.

08

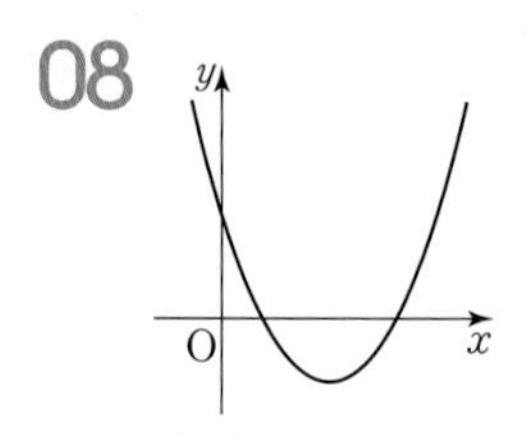

09

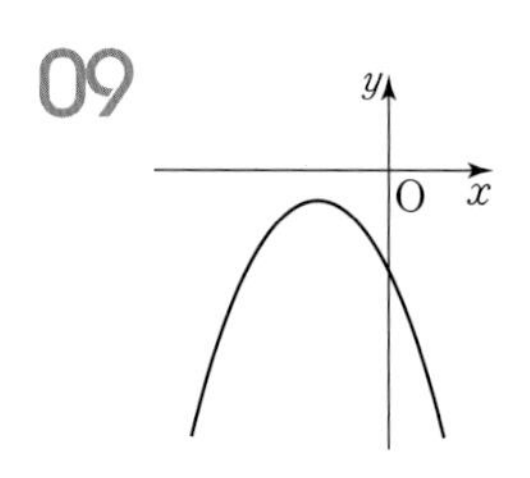

[10 ~ 12] 다음 조건을 만족시키는 포물선을 그래프로 하는 이차함수의 식을 $y=ax^2+bx+c$의 꼴로 나타내시오.
(단, a, b, c는 상수)

10 꼭짓점의 좌표가 $(2, -1)$이고, 점 $(3, 4)$를 지나는 포물선

11 축의 방정식이 $x=-3$이고, 두 점 $(-2, 0)$, $(-1, 6)$을 지나는 포물선

12 세 점 $(0, -1)$, $(3, 2)$, $(-2, 17)$을 지나는 포물선

맞힌 개수 개/12개

➲ 정답 및 풀이 23쪽

정답 및 풀이

I 실수와 그 계산

1. 제곱근과 실수

쌍둥이 10분 연산 TEST 1쪽

01 $7,\ -7$	**02** $0.8,\ -0.8$		**03** $\frac{1}{6},\ -\frac{1}{6}$	**04** 없다.
05 $\sqrt{15}$	**06** $\sqrt{11}$	**07** -9	**08** -13	**09** -12
10 $\frac{2}{3}$	**11** 0	**12** 4	**13** 70	**14** 3
15 $>$	**16** $>$	**17** 7	**18** 9	

04 음수의 제곱근은 없다.

09 $\sqrt{(-5)^2}-\sqrt{(-17)^2}=5-17=-12$

10 $(-\sqrt{14})^2\times\left(\sqrt{\frac{1}{21}}\right)^2=14\times\frac{1}{21}=\frac{2}{3}$

11 $a+1<0,\ -1-a>0$이므로
$\sqrt{(a+1)^2}-\sqrt{(-1-a)^2}=-(a+1)-(-1-a)$
$=-a-1+1+a=0$

12 $a+3>0,\ a-1<0$이므로
$\sqrt{(a+3)^2}+\sqrt{(a-1)^2}=a+3-(a-1)$
$=a+3-a+1=4$

13 $\sqrt{280x}=\sqrt{2^3\times5\times7\times x}$가 자연수가 되려면 소인수의 지수가 모두 짝수가 되어야 하므로
$x=2\times5\times7\times(\text{자연수})^2$
따라서 가장 작은 자연수는 $x=2\times5\times7=70$

14 $\sqrt{\frac{108}{x}}=\sqrt{\frac{2^2\times3^3}{x}}$이 자연수가 되려면 소인수의 지수가 모두 짝수가 되어야 하므로 $x=3\times(\text{자연수})^2$
이때 x는 108의 약수이므로 가장 작은 자연수는 $x=3$

15 $1=\sqrt{1}$이고 $\sqrt{0.8}<\sqrt{1}$이므로
$\sqrt{0.8}<1\qquad\therefore -\sqrt{0.8}>-1$

16 $\frac{1}{3}=\sqrt{\frac{1}{9}}$이고 $\sqrt{\frac{1}{5}}>\sqrt{\frac{1}{9}}$이므로
$\sqrt{\frac{1}{5}}>\frac{1}{3}$

17 각 변을 제곱하면 $9<x\le16$
따라서 부등식을 만족시키는 자연수 x의 개수는 7이다.

18 각 변을 제곱하면 $16<x-2\le25$
각 변에 2를 더하면 $18<x\le27$
따라서 부등식을 만족시키는 자연수 x의 개수는 9이다.

쌍둥이 10분 연산 TEST 2쪽

01 $-3,\ \sqrt{\frac{4}{9}},\ -\sqrt{0.04},\ 3.\dot{2}\dot{5}$			**02** $\sqrt{10},\ 3.141592\cdots$	
03 2	**04** 2	**05** ○	**06** ×	**07** ×
08 ○	**09** ○	**10** $\sqrt{5}$	**11** $1+\sqrt{5}$	
12 $1-\sqrt{5}$	**13** $<$	**14** $>$	**15** $b<a<c$	

01 $\sqrt{\frac{4}{9}}=\frac{2}{3},\ -\sqrt{0.04}=-0.2,\ 3.\dot{2}\dot{5}=\frac{322}{99}$이므로 유리수이다.

03 $5-\sqrt{25}=5-5=0,\ (-\sqrt{7})^2=7$로 2개이다.

04 $\sqrt{8},\ -\frac{\sqrt{6}}{2}$으로 2개이다.

06 $\sqrt{14}$는 무리수이므로 $\frac{(\text{정수})}{(0\text{이 아닌 정수})}$의 꼴로 나타낼 수 없다.

07 π는 무리수이지만 근호를 사용하지 않고 나타낼 수 있다.

10 $\overline{AB}^2=2^2+1^2=5$이므로 $\overline{AB}=\sqrt{5}$

11 점 P는 기준점 A의 오른쪽에 있으므로 점 P에 대응하는 수는 $1+\sqrt{5}$이다.

12 점 Q는 기준점 A의 왼쪽에 있으므로 점 Q에 대응하는 수는 $1-\sqrt{5}$이다.

13 $3-(6-\sqrt{8})=-3+\sqrt{8}=-\sqrt{9}+\sqrt{8}<0$
$\therefore 3<6-\sqrt{8}$

14 $(\sqrt{7}-2)-(-2+\sqrt{5})=\sqrt{7}-\sqrt{5}>0$
$\therefore \sqrt{7}-2>-2+\sqrt{5}$

15 $a-b=(\sqrt{2}+\sqrt{3})-(\sqrt{3}+1)=\sqrt{2}-1=\sqrt{2}-\sqrt{1}>0$
$\therefore a>b$ ······ ㉠
$a-c=(\sqrt{2}+\sqrt{3})-(\sqrt{2}+2)=\sqrt{3}-2=\sqrt{3}-\sqrt{4}<0$
$\therefore a<c$ ······ ㉡
㉠, ㉡에서 $b<a<c$

2. 근호를 포함한 식의 계산

연산 능력 UP! 쌍둥이 10분 연산 TEST 3쪽

01 $18\sqrt{10}$ 02 5 03 $\sqrt{17}$ 04 $\sqrt{14}$ 05 $6\sqrt{3}$
06 $3\sqrt{7}$ 07 $\sqrt{162}$ 08 $-\sqrt{117}$ 09 $\sqrt{75}$
10 $-\sqrt{112}$ 11 $\frac{\sqrt{7}}{4}$ 12 $\frac{\sqrt{35}}{10}$ 13 $\sqrt{\frac{5}{36}}$ 14 $\sqrt{\frac{98}{9}}$
15 $\frac{\sqrt{5}}{5}$ 16 $\frac{\sqrt{6}}{2}$ 17 $\frac{\sqrt{70}}{10}$ 18 $\frac{\sqrt{34}}{17}$ 19 $20\sqrt{6}$
20 $\frac{4\sqrt{2}}{3}$

01 $6\sqrt{5}\times3\sqrt{2}=(6\times3)\times\sqrt{5\times2}=18\sqrt{10}$

02 $\sqrt{\frac{35}{3}}\times\sqrt{\frac{15}{7}}=\sqrt{\frac{35}{3}\times\frac{15}{7}}=\sqrt{25}=5$

03 $\sqrt{34}\div\sqrt{2}=\frac{\sqrt{34}}{\sqrt{2}}=\sqrt{\frac{34}{2}}=\sqrt{17}$

04 $\sqrt{\frac{21}{5}}\div\sqrt{\frac{9}{30}}=\sqrt{\frac{21}{5}}\times\sqrt{\frac{30}{9}}=\sqrt{\frac{21}{5}\times\frac{30}{9}}=\sqrt{14}$

05 $\sqrt{108}=\sqrt{2^2\times3^3}=6\sqrt{3}$

06 $\sqrt{63}=\sqrt{3^2\times7}=3\sqrt{7}$

07 $9\sqrt{2}=\sqrt{9^2\times2}=\sqrt{162}$

08 $-3\sqrt{13}=-\sqrt{3^2\times13}=-\sqrt{117}$

09 $5\sqrt{3}=\sqrt{5^2\times3}=\sqrt{75}$

10 $-4\sqrt{7}=-\sqrt{4^2\times7}=-\sqrt{112}$

11 $\sqrt{\frac{7}{16}}=\sqrt{\frac{7}{4^2}}=\frac{\sqrt{7}}{\sqrt{4^2}}=\frac{\sqrt{7}}{4}$

12 $\sqrt{0.35}=\sqrt{\frac{35}{100}}=\sqrt{\frac{35}{10^2}}=\frac{\sqrt{35}}{\sqrt{10^2}}=\frac{\sqrt{35}}{10}$

13 $\frac{\sqrt{5}}{6}=\frac{\sqrt{5}}{\sqrt{6^2}}=\sqrt{\frac{5}{6^2}}=\sqrt{\frac{5}{36}}$

14 $\frac{7\sqrt{2}}{3}=\frac{\sqrt{7^2\times2}}{\sqrt{3^2}}=\sqrt{\frac{7^2\times2}{3^2}}=\sqrt{\frac{98}{9}}$

19 $10\sqrt{2}\times3\sqrt{5}\div\frac{\sqrt{15}}{2}=10\sqrt{2}\times3\sqrt{5}\times\frac{2}{\sqrt{15}}$
$=(10\times3\times2)\times\sqrt{2\times5\times\frac{1}{15}}$
$=60\times\sqrt{\frac{2}{3}}$
$=60\times\frac{\sqrt{6}}{3}=20\sqrt{6}$

20 $\frac{\sqrt{48}}{2}\div\left(-\frac{\sqrt{18}}{4}\right)\div(-\sqrt{3})$
$=\frac{\sqrt{48}}{2}\times\left(-\frac{4}{\sqrt{18}}\right)\times\left(-\frac{1}{\sqrt{3}}\right)$
$=\frac{4\sqrt{3}}{2}\times\left(-\frac{4}{3\sqrt{2}}\right)\times\left(-\frac{1}{\sqrt{3}}\right)$
$=\left\{2\times\left(-\frac{4}{3}\right)\times(-1)\right\}\times\sqrt{3\times\frac{1}{2}\times\frac{1}{3}}$
$=\frac{8}{3}\times\sqrt{\frac{1}{2}}=\frac{8}{3}\times\frac{\sqrt{2}}{2}=\frac{4\sqrt{2}}{3}$

연산 능력 UP! 쌍둥이 10분 연산 TEST 4쪽

01 $-5\sqrt{3}$ 02 $-2\sqrt{2}-\sqrt{7}$ 03 $\sqrt{3}$
04 $-4\sqrt{5}$ 05 $<$ 06 $>$ 07 $\sqrt{21}-\sqrt{30}$
08 $-2\sqrt{3}-3\sqrt{2}$ 09 $\sqrt{35}-2\sqrt{14}$
10 $-3\sqrt{33}+2\sqrt{66}$ 11 $\frac{\sqrt{10}-\sqrt{14}}{2}$
12 $\frac{\sqrt{6}+\sqrt{3}}{3}$ 13 -1 14 $-11\sqrt{2}-14$
15 83.67 16 0.2646 17 $2\sqrt{5}-4$ 18 $\sqrt{12}-3$

02 $4\sqrt{7}-5\sqrt{2}-5\sqrt{7}+3\sqrt{2}$
$=(-5+3)\sqrt{2}+(4-5)\sqrt{7}$
$=-2\sqrt{2}-\sqrt{7}$

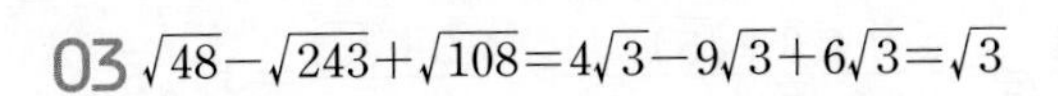

03 $\sqrt{48}-\sqrt{243}+\sqrt{108}=4\sqrt{3}-9\sqrt{3}+6\sqrt{3}=\sqrt{3}$

04 $-\sqrt{125}-\frac{10\sqrt{2}}{\sqrt{10}}+\frac{15}{\sqrt{5}}=-5\sqrt{5}-\sqrt{20}+3\sqrt{5}$
$=-5\sqrt{5}-2\sqrt{5}+3\sqrt{5}$
$=-4\sqrt{5}$

05 $(3\sqrt{5}-5)-(\sqrt{5}+2)=2\sqrt{5}-7=\sqrt{20}-\sqrt{49}<0$
$\therefore 3\sqrt{5}-5<\sqrt{5}+2$

06 $(4+2\sqrt{7})-(4\sqrt{7}-3)=7-2\sqrt{7}=\sqrt{49}-\sqrt{28}>0$
$\therefore 4+2\sqrt{7}>4\sqrt{7}-3$

07 $\sqrt{3}(\sqrt{7}-\sqrt{10})=\sqrt{21}-\sqrt{30}$

08 $-\sqrt{6}(\sqrt{2}+\sqrt{3})=-\sqrt{12}-\sqrt{18}$
$=-2\sqrt{3}-3\sqrt{2}$

09 $(\sqrt{5}-2\sqrt{2})\sqrt{7}=\sqrt{35}-2\sqrt{14}$

10 $(3\sqrt{3}-2\sqrt{6})\times(-\sqrt{11})=-3\sqrt{33}+2\sqrt{66}$

11 $\frac{\sqrt{5}-\sqrt{7}}{\sqrt{2}}=\frac{(\sqrt{5}-\sqrt{7})\times\sqrt{2}}{\sqrt{2}\times\sqrt{2}}=\frac{\sqrt{10}-\sqrt{14}}{2}$

12 $\frac{\sqrt{2}+1}{\sqrt{3}}=\frac{(\sqrt{2}+1)\times\sqrt{3}}{\sqrt{3}\times\sqrt{3}}=\frac{\sqrt{6}+\sqrt{3}}{3}$

13 $(\sqrt{20}-\sqrt{18})\div\sqrt{2}-\sqrt{5}\left(\sqrt{2}-\frac{2}{\sqrt{5}}\right)$
$=(2\sqrt{5}-3\sqrt{2})\div\sqrt{2}-\sqrt{5}\left(\sqrt{2}-\frac{2\sqrt{5}}{5}\right)$
$=\frac{2\sqrt{5}}{\sqrt{2}}-3-\sqrt{10}+2$
$=\sqrt{10}-3-\sqrt{10}+2=-1$

14 $\sqrt{2}(1-\sqrt{32})-\frac{6}{\sqrt{3}}(\sqrt{24}+\sqrt{3})$
$=\sqrt{2}(1-4\sqrt{2})-2\sqrt{3}(2\sqrt{6}+\sqrt{3})$
$=\sqrt{2}-8-12\sqrt{2}-6=-11\sqrt{2}-14$

15 $\sqrt{7000}=\sqrt{70\times100}=10\sqrt{70}=10\times8.367=83.67$

16 $\sqrt{0.07}=\sqrt{\frac{7}{100}}=\frac{\sqrt{7}}{10}=\frac{2.646}{10}=0.2646$

17 $2\sqrt{5}=\sqrt{20}$이고 $\sqrt{16}<\sqrt{20}<\sqrt{25}$, 즉 $4<\sqrt{20}<5$이므로 $2\sqrt{5}$의 정수 부분은 4이고, 소수 부분은 $2\sqrt{5}-4$이다.

18 $\sqrt{9}<\sqrt{12}<\sqrt{16}$, 즉 $3<\sqrt{12}<4$이므로
$\sqrt{12}-1$의 정수 부분은 2이고, 소수 부분은
$(\sqrt{12}-1)-2=\sqrt{12}-3$

Ⅱ 문자와 식

1. 다항식의 곱셈과 인수분해

연산 능력 UP! 쌍둥이 10분 연산 TEST

5쪽

01 $2x^2-3x-2$
02 $6a^2-19ab+8a-20b+10b^2$
03 $a^2+10a+25$
04 $9x^2+24x+16$
05 $25x^2-10x+1$
06 $4a^2-28ab+49b^2$
07 x^2-49
08 $4x^2-y^2$
09 $x^2+14x+48$
10 x^2-4x-5
11 $18x^2-3x-10$
12 6561
13 2809
14 6084
15 2209
16 39991
17 24.91
18 8832
19 7.83
20 $9-4\sqrt{5}$
21 $13+2\sqrt{30}$
22 $30-4\sqrt{2}$
23 $106+6\sqrt{3}$

01 $(x-2)(2x+1)=2x^2+x-4x-2=2x^2-3x-2$

02 $(2a-5b)(3a-2b+4)$
$=6a^2-4ab+8a-15ab+10b^2-20b$
$=6a^2-19ab+8a-20b+10b^2$

11 $(3x+2)(6x-5)=18x^2+(-15+12)x-10$
$=18x^2-3x-10$

12 $81^2=(80+1)^2=80^2+2\times80\times1+1^2$
$=6400+160+1=6561$

13 $53^2=(50+3)^2=50^2+2\times50\times3+3^2$
$=2500+300+9=2809$

14 $78^2=(80-2)^2=80^2-2\times80\times2+2^2$
$=6400-320+4=6084$

15 $47^2=(50-3)^2=50^2-2\times50\times3+3^2$
$=2500-300+9=2209$

16 $197\times203=(200-3)(200+3)=200^2-3^2$
$=40000-9=39991$

17 $4.7\times5.3=(5-0.3)(5+0.3)=5^2-0.3^2$
$=25-0.09=24.91$

18 $92\times96=(100-8)(100-4)=100^2-12\times100+32$
$=10000-1200+32=8832$

19 $2.7\times2.9=(3-0.3)(3-0.1)$
$=3^2-0.4\times3+0.3\times0.1$
$=9-1.2+0.03=7.83$

20 $(\sqrt{5}-2)^2=(\sqrt{5})^2-2\times\sqrt{5}\times2+2^2$
$=5-4\sqrt{5}+4=9-4\sqrt{5}$

21 $(\sqrt{10}+\sqrt{3})^2=10+2\sqrt{30}+3=13+2\sqrt{30}$

22 $(4-\sqrt{2})(8+\sqrt{2})=32+(4-8)\sqrt{2}-2=30-4\sqrt{2}$

23 $(6\sqrt{3}+2)(6\sqrt{3}-1)=108+(2-1)6\sqrt{3}-2$
$=106+6\sqrt{3}$

연산 능력 UP! 쌍둥이 10분 연산 TEST

6쪽

01 $\sqrt{5}+2$ **02** $\sqrt{3}-1$ **03** $2+\sqrt{2}$ **04** $3+\sqrt{5}$
05 $\frac{9+2\sqrt{14}}{5}$ **06** $31-8\sqrt{15}$
07 $4a^2-12ab+9b^2+4a-6b+1$
08 $9x^2-6xy+y^2-9x+3y-10$ **09** $x^2-2x+1-4y^2$
10 $6x+19$ **11** -16 **12** $9a^2-34a-8$ **13** 20
14 4 **15** ±2 **16** 15

01 $\frac{1}{\sqrt{5}-2}=\frac{\sqrt{5}+2}{(\sqrt{5}-2)(\sqrt{5}+2)}=\frac{\sqrt{5}+2}{5-4}=\sqrt{5}+2$

02 $\frac{2}{\sqrt{3}+1}=\frac{2(\sqrt{3}-1)}{(\sqrt{3}+1)(\sqrt{3}-1)}=\frac{2(\sqrt{3}-1)}{3-1}=\sqrt{3}-1$

03 $\frac{\sqrt{2}}{\sqrt{2}-1}=\frac{\sqrt{2}(\sqrt{2}+1)}{(\sqrt{2}-1)(\sqrt{2}+1)}=\frac{2+\sqrt{2}}{2-1}=2+\sqrt{2}$

04 $\frac{4}{3-\sqrt{5}}=\frac{4(3+\sqrt{5})}{(3-\sqrt{5})(3+\sqrt{5})}=\frac{4(3+\sqrt{5})}{9-5}=3+\sqrt{5}$

05 $\frac{\sqrt{7}+\sqrt{2}}{\sqrt{7}-\sqrt{2}}=\frac{(\sqrt{7}+\sqrt{2})^2}{(\sqrt{7}-\sqrt{2})(\sqrt{7}+\sqrt{2})}=\frac{7+2\sqrt{14}+2}{7-2}$
$=\frac{9+2\sqrt{14}}{5}$

06 $\frac{4-\sqrt{15}}{4+\sqrt{15}}=\frac{(4-\sqrt{15})^2}{(4+\sqrt{15})(4-\sqrt{15})}=\frac{16-8\sqrt{15}+15}{16-15}$
$=31-8\sqrt{15}$

07 $2a-3b=A$라 하면
(주어진 식)$=(A+1)^2=A^2+2A+1$
$=(2a-3b)^2+2(2a-3b)+1$
$=4a^2-12ab+9b^2+4a-6b+1$

08 $3x-y=A$라 하면
(주어진 식)$=(A+2)(A-5)=A^2-3A-10$
$=(3x-y)^2-3(3x-y)-10$
$=9x^2-6xy+y^2-9x+3y-10$

09 $x-1=A$라 하면
(주어진 식)$=(A+2y)(A-2y)=A^2-(2y)^2$
$=(x-1)^2-4y^2=x^2-2x+1-4y^2$

10 (주어진 식)$=x^2+4x+4-(x^2-2x-15)$
$=6x+19$

11 (주어진 식)$=a^2-25-(a^2-9)=-16$

12 (주어진 식)$=(25a^2-10a+1)-(16a^2+24a+9)$
$=25a^2-10a+1-16a^2-24a-9$
$=9a^2-34a-8$

13 $x^2+y^2=(x+y)^2-2xy=(-6)^2-2\times8$
$=36-16=20$

14 $(x-y)^2=(x+y)^2-4xy$
$=(-6)^2-4\times8$
$=36-32=4$

15 $(x-y)^2=4$이므로 $x-y=\pm\sqrt{4}=\pm2$

16 $x^2+y^2=(x-y)^2+2xy=5^2+2\times(-5)$
$=25-10=15$

쌍둥이 10분 연산 TEST 7쪽

01 x, $x+4y$, $x(x+4y)$ 02 $x+2$, $x-5$, $(x+2)(x-5)$
03 $x^4(x^4+1)$ 04 $2a(4a-5b)$
05 $(x+9)^2$ 06 $(x-12)^2$
07 $(3x-5)^2$ 08 $(5x+2y)^2$
09 64 10 ±28 11 $(x+6)(x-6)$
12 $5(a+3b)(a-3b)$ 13 $\left(\frac{1}{2}x+\frac{1}{9}y\right)\left(\frac{1}{2}x-\frac{1}{9}y\right)$
14 $(x-7)(x+3)$ 15 $(x+5)(x+7)$
16 $(4x-5)(2x-3)$ 17 $(x-4y)(x-6y)$
18 $(3x+y)(x-5y)$ 19 $(6x-5y)(4x-3y)$
20 $(2x+5y)(4x+3y)$

09 $9x^2-48xy+\square y^2=(3x)^2-2\times3x\times8y+(8y)^2$ 이므로
$\square y^2=64y^2$ $\therefore \square=64$

10 $4x^2+\square x+49=(2x)^2+\square x+7^2$이므로
$\square x=\pm2\times2x\times7=\pm28x$
$\therefore \square=\pm28$

쌍둥이 10분 연산 TEST 8쪽

01 $4y(2x-1)(x+5)$ 02 $xy(5x-y)^2$
03 $3x(3y+1)(4y+3)$ 04 $y(3x-2)(3x+5)$
05 $(a-1)(a-b)$ 06 $(x-4)^2$
07 $(x+7)(x+6)$ 08 $(x+y-1)(x-y-5)$
09 $(2a+4b-1)(2a-4b-1)$
10 $(3a+b+6)(3a-b-6)$ 11 180 12 1000
13 100 14 5200 15 1.4 16 80 17 320
18 10 19 $8\sqrt{5}$ 20 $-10\sqrt{7}$

01 $8x^2y+36xy-20y=4y(2x^2+9x-5)$
$=4y(2x-1)(x+5)$

02 $25x^3y-10x^2y^2+xy^3=xy(25x^2-10xy+y^2)$
$=xy(5x-y)^2$

03 $36xy^2+39xy+9x=3x(12y^2+13y+3)$
$=3x(3y+1)(4y+3)$

04 $9x^2y+9xy-10y=y(9x^2+9x-10)$
$=y(3x-2)(3x+5)$

05 $a^2-ab-a+b=a(a-b)-(a-b)=(a-1)(a-b)$

06 $x-1=A$라 하면
(주어진 식)$=A^2-6A+9=(A-3)^2$
$=(x-1-3)^2$
$=(x-4)^2$

07 $x+5=A$라 하면
(주어진 식)$=A^2+3A+2=(A+2)(A+1)$
$=(x+5+2)(x+5+1)$
$=(x+7)(x+6)$

08 $x-3=A$, $y+2=B$라 하면
(주어진 식)$=A^2-B^2=(A+B)(A-B)$
$=(x-3+y+2)(x-3-y-2)$
$=(x+y-1)(x-y-5)$

09 $4a^2-4a+1-16b^2=(4a^2-4a+1)-16b^2$
$=(2a-1)^2-(4b)^2$
$=(2a-1+4b)(2a-1-4b)$
$=(2a+4b-1)(2a-4b-1)$

10 $9a^2-b^2-12b-36=9a^2-(b^2+12b+36)$
$=(3a)^2-(b+6)^2$
$=(3a+b+6)(3a-b-6)$

11 $3\times28+3\times32=3(28+32)=3\times60=180$

12 $50\times39-50\times19=50(39-19)=50\times20=1000$

13 $16^2-2\times16\times6+6^2=(16-6)^2=10^2=100$

14 $76^2-24^2=(76+24)(76-24)=100\times52=5200$

15 $1.2^2-0.04=1.2^2-0.2^2=(1.2+0.2)(1.2-0.2)=1.4$

16 $82^2-18^2=(82+18)(82-18)=100\times64=6400$
$\therefore \sqrt{82^2-18^2}=\sqrt{6400}=80$

17 $x^2-2x-3=(x-3)(x+1)$
$=(19-3)(19+1)$
$=16\times20=320$

18 $x^2+6x+9=(x+3)^2=(-3+\sqrt{10}+3)^2$
$=(\sqrt{10})^2=10$

19 $x^2-y^2=(x+y)(x-y)$
$=\{(2+\sqrt{5})+(2-\sqrt{5})\}\{(2+\sqrt{5})-(2-\sqrt{5})\}$
$=4\times2\sqrt{5}=8\sqrt{5}$

20 x^2y-xy^2
$=xy(x-y)$
$=\{(\sqrt{2}+\sqrt{7})(\sqrt{2}-\sqrt{7})\}\{(\sqrt{2}+\sqrt{7})-(\sqrt{2}-\sqrt{7})\}$
$=(2-7)\times2\sqrt{7}=-10\sqrt{7}$

2. 이차방정식

연산 능력 UP! 쌍둥이 10분 연산 TEST

9쪽

01 × 02 × 03 ○ 04 ○
05 $a\neq-5$ 06 $x=-3$ 또는 $x=1$ 07 8 08 -7
09 $x=-4$ 또는 $x=4$ 10 $x=-\frac{2}{7}$ 또는 $x=\frac{2}{7}$
11 $x=-8$ 또는 $x=-2$ 12 $x=-\frac{1}{3}$ 또는 $x=\frac{2}{5}$
13 $x=-\frac{5}{3}$ 또는 $x=\frac{3}{2}$ 14 $x=\frac{3}{2}$ 또는 $x=\frac{2}{3}$
15 $x=\frac{5}{3}$ 16 $x=\frac{1}{6}$ 17 121 18 $x=-3$

02 $3x^2-3=3x^2+1$, $-4=0$이므로 이차방정식이 아니다.

03 $-3x^2-11x-3=0$이므로 이차방정식이다.

04 $x^3-5x^2=x^3+10x$, $-5x^2-10x=0$이므로 이차방정식이다.

05 $a+5\neq0$이어야 하므로 $a\neq-5$

07 $x=-2$를 $3x^2+ax+4=0$에 대입하면
$12-2a+4=0$, $16-2a=0$
$2a=16$ $\therefore a=8$

08 $x=k$를 $6x^2+20x+14=0$에 대입하면
$6k^2+20k+14=0$, $3k^2+10k+7=0$
$\therefore 3k^2+10k=-7$

09 $(x+4)(x-4)=0$
$\therefore x=-4$ 또는 $x=4$

10 $(7x+2)(7x-2)=0$
$\therefore x=-\frac{2}{7}$ 또는 $x=\frac{2}{7}$

11 $(x+8)(x+2)=0$
$\therefore x=-8$ 또는 $x=-2$

12 $(3x+1)(5x-2)=0$
$\therefore x=-\frac{1}{3}$ 또는 $x=\frac{2}{5}$

13 $(3x+5)(2x-3)=0$
$\therefore x=-\frac{5}{3}$ 또는 $x=\frac{3}{2}$

14 $2(2x-3)(3x-2)=0$
$\therefore x=\frac{3}{2}$ 또는 $x=\frac{2}{3}$

15 $(3x-5)^2=0$ $\therefore x=\frac{5}{3}$

16 $\left(x-\frac{1}{6}\right)^2=0$ $\therefore x=\frac{1}{6}$

17 $a=\left(\frac{-22}{2}\right)^2=121$

18 $x^2+8x+15=0$에서 $(x+5)(x+3)=0$
$\therefore x=-5$ 또는 $x=-3$
$x^2+x-6=0$에서 $(x+3)(x-2)=0$
$\therefore x=-3$ 또는 $x=2$
따라서 구하는 공통인 근은 $x=-3$이다.

10쪽

01 $x=\pm2\sqrt{5}$	**02** $x=3\pm\sqrt{7}$
03 $x=-1\pm\sqrt{6}$	**04** $x=-3\pm2\sqrt{2}$
05 $x=\frac{2\pm\sqrt{3}}{2}$	**06** $x=\frac{-3\pm\sqrt{17}}{2}$
07 $x=\frac{-1\pm\sqrt{41}}{4}$	**08** $x=\frac{3\pm2\sqrt{6}}{3}$
09 $x=-4\pm2\sqrt{3}$	**10** $x=\frac{-3\pm\sqrt{15}}{2}$
11 $x=-4$ 또는 $x=\frac{1}{2}$	**12** $x=\frac{3\pm\sqrt{3}}{2}$
13 $x=\frac{-5\pm\sqrt{65}}{4}$	**14** $x=1\pm\sqrt{7}$
15 $x=-7$	**16** $x=-\frac{5}{6}$ 또는 $x=\frac{1}{3}$

01 $x^2=20 \quad \therefore x=\pm\sqrt{20}=\pm2\sqrt{5}$

02 $x-3=\pm\sqrt{7} \quad \therefore x=3\pm\sqrt{7}$

03 $(x+1)^2=6,\ x+1=\pm\sqrt{6} \quad \therefore x=-1\pm\sqrt{6}$

04 $x^2+6x+1=0$에서 $x^2+6x=-1$

$x^2+6x+9=-1+9$

$(x+3)^2=8 \quad \therefore x=-3\pm2\sqrt{2}$

05 $4x^2-8x+1=0$에서 $x^2-2x+\frac{1}{4}=0$

$x^2-2x=-\frac{1}{4},\ x^2-2x+1=-\frac{1}{4}+1$

$(x-1)^2=\frac{3}{4} \quad \therefore x=\frac{2\pm\sqrt{3}}{2}$

06 $a=1,\ b=3,\ c=-2$이므로

$x=\frac{-3\pm\sqrt{3^2-4\times1\times(-2)}}{2\times1}=\frac{-3\pm\sqrt{17}}{2}$

07 $a=2,\ b=1,\ c=-5$이므로

$x=\frac{-1\pm\sqrt{1^2-4\times2\times(-5)}}{2\times2}=\frac{-1\pm\sqrt{41}}{4}$

08 $a=3,\ b=-6,\ c=-5$이므로

$x=\frac{-(-6)\pm\sqrt{(-6)^2-4\times3\times(-5)}}{2\times3}=\frac{6\pm4\sqrt{6}}{6}$

$=\frac{3\pm2\sqrt{6}}{3}$

09 $a=1,\ b'=4,\ c=4$이므로

$x=\frac{-4\pm\sqrt{4^2-1\times4}}{1}=-4\pm\sqrt{12}=-4\pm2\sqrt{3}$

10 $a=2,\ b'=3,\ c=-3$이므로

$x=\frac{-3\pm\sqrt{3^2-2\times(-3)}}{2}=\frac{-3\pm\sqrt{15}}{2}$

11 양변에 2를 곱하면 $2x^2-2=2-7x$

$2x^2+7x-4=0,\ (x+4)(2x-1)=0$

$\therefore x=-4$ 또는 $x=\frac{1}{2}$

12 양변에 10을 곱하면 $2x^2-6x+3=0$

$\therefore x=\frac{-(-3)\pm\sqrt{(-3)^2-2\times3}}{2}=\frac{3\pm\sqrt{3}}{2}$

13 $\frac{1}{5}x^2+\frac{1}{2}x-\frac{1}{2}=0$

양변에 10을 곱하면 $2x^2+5x-5=0$

$\therefore x=\frac{-5\pm\sqrt{5^2-4\times2\times(-5)}}{2\times2}=\frac{-5\pm\sqrt{65}}{4}$

14 괄호를 풀어 정리하면 $x^2-2x-6=0$

$\therefore x=-(-1)\pm\sqrt{(-1)^2-1\times(-6)}=1\pm\sqrt{7}$

15 $x-1=A$로 치환하면 $A^2+16A+64=0$

$(A+8)^2=0 \quad \therefore A=-8$

이때 $A=x-1$이므로 $x-1=-8 \quad \therefore x=-7$

16 $3x+1=A$로 치환하면

$2A^2-A-6=0,\ (2A+3)(A-2)=0$

$\therefore A=-\frac{3}{2}$ 또는 $A=2$

이때 $A=3x+1$이므로

$3x+1=-\frac{3}{2}$ 또는 $3x+1=2$

$\therefore x=-\frac{5}{6}$ 또는 $x=\frac{1}{3}$

연산 능력 UP! 쌍둥이 10분 연산 TEST

11쪽

01 2　**02** 1　**03** $k<\frac{1}{3}$　**04** $k=\frac{1}{3}$

05 $k>\frac{1}{3}$　**06** $k\le5$　**07** $\frac{9}{4}$　**08** $x=-\frac{3}{2}$

09 (1) $x-1,\ x+1$ (2) $(x-1)^2+x^2+(x+1)^2=50$ (3) 3, 4, 5

10 (1) $(x+5)$살 (2) $x(x+5)=126$ (3) 9살

11 1초 후 또는 5초 후　**12** 7초 후

01 $(-3)^2-4\times2\times1=1>0$
따라서 근의 개수는 2이다.

02 $(-12)^2-4\times36\times1=0$
따라서 근의 개수는 1이다.

03 $(-2)^2-4\times3\times k>0$이어야 하므로
$4-12k>0 \qquad \therefore k<\frac{1}{3}$

06 $10^2-4\times5\times k\ge0$이므로
$100-20k\ge0 \qquad \therefore k\le5$

07 $3^2-4\times1\times k=0$이므로
$9-4k=0 \qquad \therefore k=\frac{9}{4}$

08 $x^2+3x+\frac{9}{4}=0$에서
$\left(x+\frac{3}{2}\right)^2=0 \qquad \therefore x=-\frac{3}{2}$

09 (3) $(x-1)^2+x^2+(x+1)^2=50$에서
$3x^2-48=0$
$x^2=16$
$\therefore x=\pm4$
$x>0$이므로 $x=4$
따라서 연속하는 세 자연수는 3, 4, 5이다.

10 (3) $x(x+5)=126$에서
$x^2+5x-126=0$
$(x+14)(x-9)=0$
$\therefore x=-14$ 또는 $x=9$
$x>0$이므로 $x=9$
따라서 지율이의 나이는 9살이다.

11 $35+30x-5x^2=60$에서
$5x^2-30x+25=0$
$5(x-1)(x-5)=0$
$\therefore x=1$ 또는 $x=5$
따라서 지면으로부터의 높이가 60 m가 되는 것은 1초 후 또는 5초 후이다.

12 $35+30x-5x^2=0$에서
$5x^2-30x-35=0$
$5(x+1)(x-7)=0$
$\therefore x=-1$ 또는 $x=7$
$x>0$이므로 $x=7$
따라서 물체가 지면에 떨어지는 것은 7초 후이다.

III 이차함수

1. 이차함수와 그래프

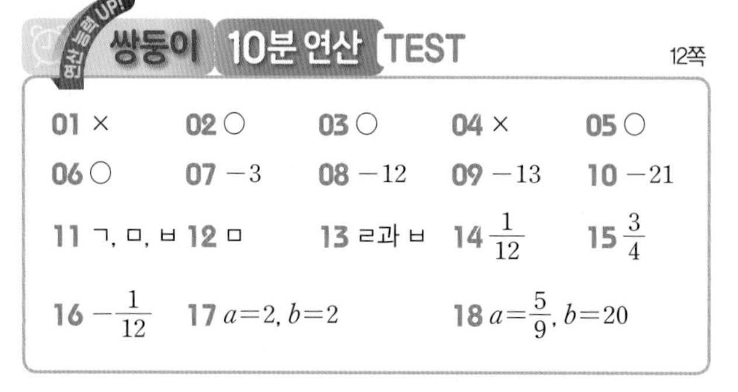

01 ×	02 ○	03 ○	04 ×	05 ○
06 ○	07 -3	08 -12	09 -13	10 -21
11 ㄱ, ㅁ, ㅂ	12 ㅁ	13 ㄹ과 ㅂ	14 $\frac{1}{12}$	15 $\frac{3}{4}$
16 $-\frac{1}{12}$	17 $a=2$, $b=2$		18 $a=\frac{5}{9}$, $b=20$	

01 $y=-x-2$는 일차함수이다.

04 $y=\frac{1}{x^2}+3$은 분모에 x^2이 있으므로 이차함수가 아니다.

05 $y=(x-3)^2+6x=x^2+9$이므로 이차함수이다.

06 $y=(x+5)(-x+5)=-x^2+25$이므로 이차함수이다.

07 $f(1)=-2\times1^2+1-2=-3$

08 $f(-2)=-2\times(-2)^2+(-2)-2=-12$

09 $f(-1)=-2\times(-1)^2+(-1)-2=-5$
$f(2)=-2\times2^2+2-2=-8$
$\therefore f(-1)+f(2)=-5+(-8)=-13$

10 $f\left(\frac{1}{2}\right)=-2\times\left(\frac{1}{2}\right)^2+\frac{1}{2}-2=-2$
$f(3)=-2\times3^2+3-2=-17$
$\therefore 2f\left(\frac{1}{2}\right)+f(3)=2\times(-2)+(-17)=-21$

12 x^2의 계수의 절댓값이 클수록 그래프의 폭이 좁아지므로 그래프의 폭이 가장 좁은 것은 ㅁ이다.

17 $x=2$, $y=8$을 $y=ax^2$에 대입하면

$8=a\times 2^2$, $4a=8$ $\quad\therefore a=2$

따라서 $y=2x^2$에 $x=-1$, $y=b$를 대입하면

$b=2\times(-1)^2=2$

18 $x=-3$, $y=5$를 $y=ax^2$에 대입하면

$5=a\times(-3)^2$, $9a=5$ $\quad\therefore a=\frac{5}{9}$

따라서 $y=\frac{5}{9}x^2$에 $x=6$, $y=b$를 대입하면

$b=\frac{5}{9}\times 6^2=20$

연산 능력 UP! 쌍둥이 10분 연산 TEST

13쪽

01 $y=2x^2-4$, $(0, -4)$ **02** $y=-\frac{2}{5}x^2+7$, $(0, 7)$

03 × **04** × **05** ○

06 $y=\frac{1}{2}\left(x-\frac{1}{2}\right)^2$, $x=\frac{1}{2}$

07 $y=-2(x-3)^2$, $x=3$ **08** × **09** ○

10 × **11** $y=5(x+3)^2+1$, $(-3, 1)$

12 $y=-\frac{2}{3}(x-2)^2-1$, $(2, -1)$ **13** ○ **14** ○

15 × **16** -35 **17** -1 **18** 7

03 이차함수 $y=-3x^2$의 그래프를 y축의 방향으로 5만큼 평행이동한 것이다.

04 축의 방정식은 $x=0$이다.

08 이차함수 $y=-3x^2$의 그래프를 x축의 방향으로 1만큼 평행이동한 것이다.

10 제3, 4사분면을 지난다.

16 $x=3$, $y=k$를 $y=-4x^2+1$에 대입하면

$k=-4\times 3^2+1=-35$

17 $x=-2$, $y=-10$을 $y=k(x+4)^2-6$에 대입하면

$-10=k(-2+4)^2-6$, $4k=-4$ $\quad\therefore k=-1$

18 $y=2x^2$의 그래프를 x축의 방향으로 3만큼, y축의 방향으로 -1만큼 평행이동하면 $y=2(x-3)^2-1$

이 그래프가 점 $(5, k)$를 지나므로

$k=2(5-3)^2-1=7$

2. 이차함수 $y=ax^2+bx+c$의 그래프

연산 능력 UP! 쌍둥이 10분 연산 TEST

14쪽

01 $(-1, 12)$, $x=-1$ **02** $(2, -1)$, $x=2$

03 $(-4, 0)$, $(-2, 0)$, $(0, 8)$

04 $(-5, 0)$, $(3, 0)$, $(0, 15)$ **05** × **06** ○

07 × **08** $a>0$, $b<0$, $c>0$ **09** $a<0$, $b<0$, $c<0$

10 $y=5x^2-20x+19$ **11** $y=2x^2+12x+16$

12 $y=2x^2-5x-1$

01 $y=-3x^2-6x+9$

$=-3(x^2+2x+1)+12$

$=-3(x+1)^2+12$

따라서 꼭짓점의 좌표는 $(-1, 12)$이고, 축의 방정식은 $x=-1$이다.

02 $y=\frac{1}{4}x^2-x$

$=\frac{1}{4}(x^2-4x+4)-1$

$=\frac{1}{4}(x-2)^2-1$

따라서 꼭짓점의 좌표는 $(2, -1)$이고, 축의 방정식은 $x=2$이다.

03 $y=0$을 대입하면 $x^2+6x+8=0$에서

$(x+4)(x+2)=0$

$\therefore x=-4$ 또는 $x=-2$

따라서 x축과 만나는 점의 좌표는

$(-4, 0)$, $(-2, 0)$이다.

$x=0$일 때, $y=8$이므로 y축과 만나는 점의 좌표는 $(0, 8)$이다.

04 $y=0$을 대입하면 $-x^2-2x+15=0$에서

$x^2+2x-15=0$, $(x+5)(x-3)=0$

$\therefore x=-5$ 또는 $x=3$

따라서 x축과 만나는 점의 좌표는

$(-5, 0)$, $(3, 0)$이다.

$x=0$일 때, $y=15$이므로 y축과 만나는 점의 좌표는 $(0, 15)$이다.

05 $y=-x^2+4x+5$

$=-(x^2-4x+4)+9$

$=-(x-2)^2+9$

따라서 $y=-x^2$의 그래프를 x축의 방향으로 2만큼, y축의 방향으로 9만큼 평행이동한 것이다.

07 그래프는 모든 사분면을 지난다.

08 그래프가 아래로 볼록하므로 $a>0$
축이 y축의 오른쪽에 있으므로 a, b는 다른 부호이다.
$\therefore b<0$
y축과의 교점이 x축보다 위쪽에 있으므로 $c>0$

09 그래프가 위로 볼록하므로 $a<0$
축이 y축의 왼쪽에 있으므로 a, b는 같은 부호이다.
$\therefore b<0$
y축과의 교점이 x축보다 아래쪽에 있으므로 $c<0$

10 이차함수의 식을 $y=a(x-2)^2-1$로 놓고
$x=3$, $y=4$를 대입하면
$4=a-1$　　$\therefore a=5$
따라서 구하는 이차함수의 식은 $y=5(x-2)^2-1$
즉, $y=5x^2-20x+19$

11 이차함수의 식을 $y=a(x+3)^2+q$로 놓고
$x=-2$, $y=0$을 대입하면 $a+q=0$ …… ㉠
$x=-1$, $y=6$을 대입하면 $4a+q=6$ …… ㉡
㉠, ㉡을 연립하여 풀면 $a=2$, $q=-2$
따라서 구하는 이차함수의 식은 $y=2(x+3)^2-2$
즉, $y=2x^2+12x+16$

12 y절편이 -1이고 두 점 $(3, 2)$, $(-2, 17)$을 지난다.
이차함수의 식을 $y=ax^2+bx-1$로 놓고
$x=3$, $y=2$를 대입하면
$2=9a+3b-1$　　$\therefore 3a+b=1$ …… ㉠
$x=-2$, $y=17$을 대입하면
$17=4a-2b-1$　　$\therefore 2a-b=9$ …… ㉡
㉠, ㉡을 연립하여 풀면 $a=2$, $b=-5$
따라서 구하는 이차함수의 식은 $y=2x^2-5x-1$

수매씽
MATHING
개념
연산

함께 해 줄 누군가가 있다는 것

구성과 특징

Structure

step 1 개념을 한눈에! 개념 한바닥!

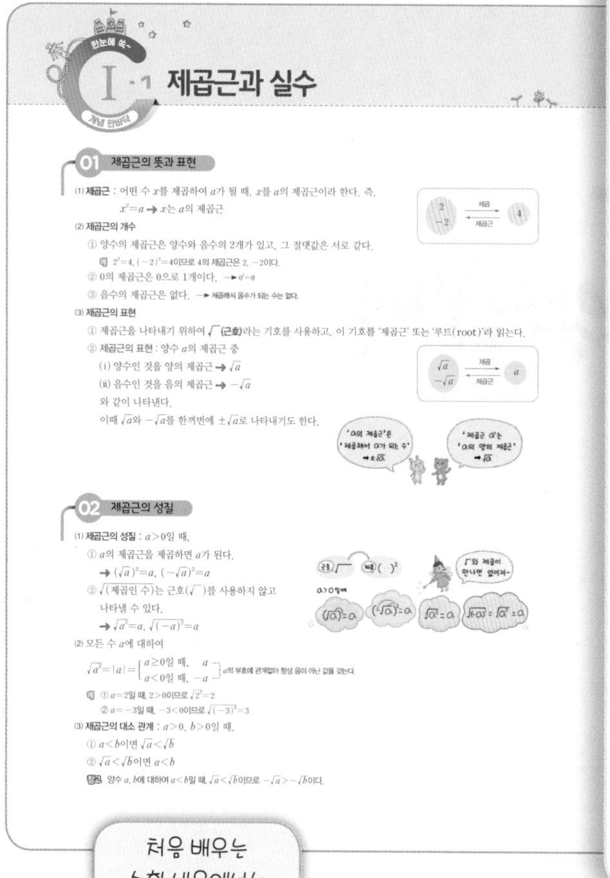

처음 배우는 수학 내용에서는 정의와 약속을 꼭 확인해.

step 2 연산 원리로 이해 쏙쏙! 연산 훈련으로 기본기 팍팍!

02 제곱근의 표현

다음을 근호를 사용하여 나타내시오.

01 7의 양의 제곱근
02 10의 양의 제곱근
03 6의 음의 제곱근
04 13의 음의 제곱근
05 21의 음의 제곱근
06 $\frac{5}{7}$의 양의 제곱근
07 0.41의 음의 제곱근

다음을 구하시오.

08 5의 제곱근
09 11의 제곱근
10 26의 제곱근
11 30의 제곱근
12 제곱근 6
13 제곱근 14
14 제곱근 23

다양한 연산 문제를 풀다 보면 자연스럽게 연산 기본기가 올라갈 거야~ 믿어 봐!

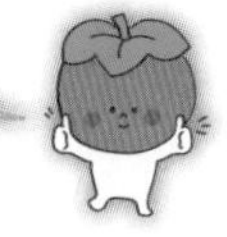

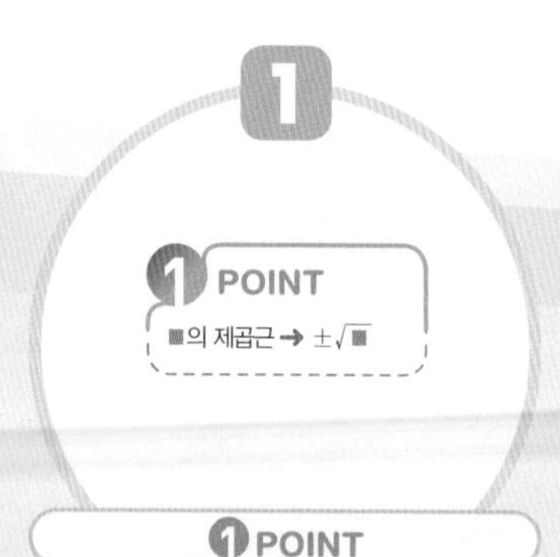

1 POINT

꼭 알아야 할 내용을 한 마디로 정리했어요.

2

'a의 제곱근'과 '제곱근 a'는 서로 다름에 주의한다.

실수 Check

실수 Check

자주 실수하는 부분을 미리 짚어 주었어요. 실수하지 마세요.

3

a의 제곱근, 제곱근 a

다음을 구하시오.

08 5의 제곱근

따라해 5의 양의 제곱근은 ☐, 5의 음의 제곱근은 ☐

→ 5의 제곱근은 ☐

따라해

문제 해결 과정을 따라가면서 문제 푸는 방법을 익힐 수 있게 했어요.

3 step 빠르고 정확한 계산을 위한 10분 연산 TEST

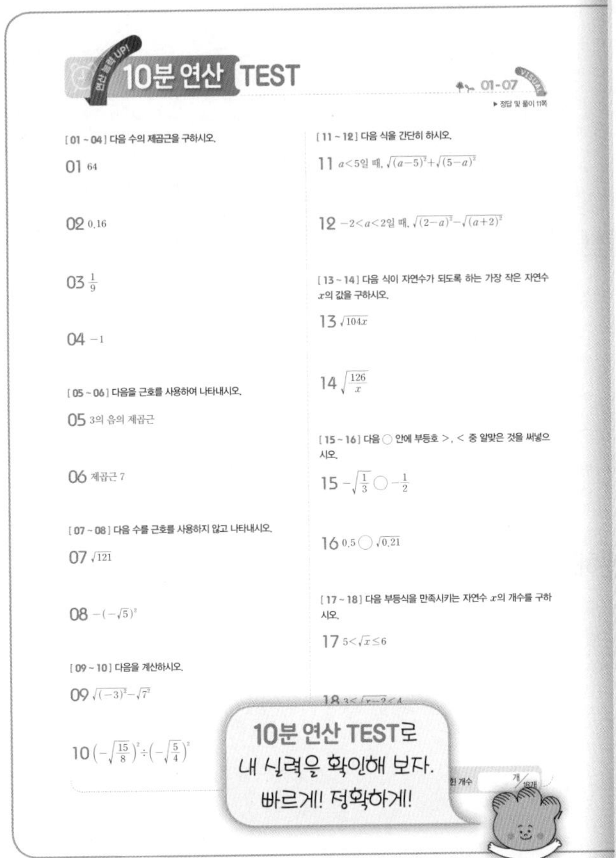

4 step 실전 문제를 미리 보는 학교 시험 PREVIEW

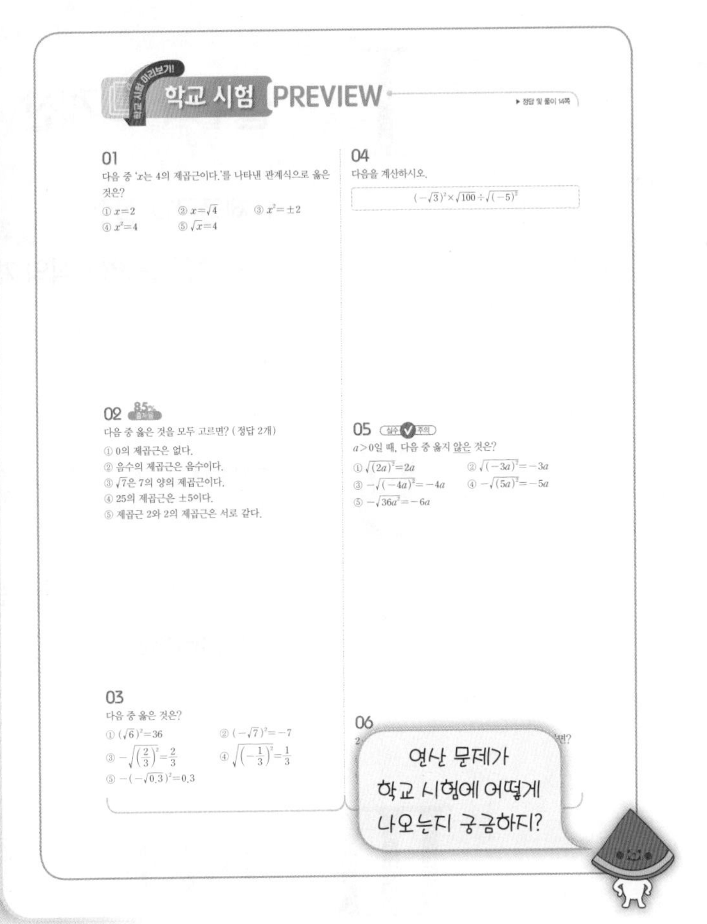

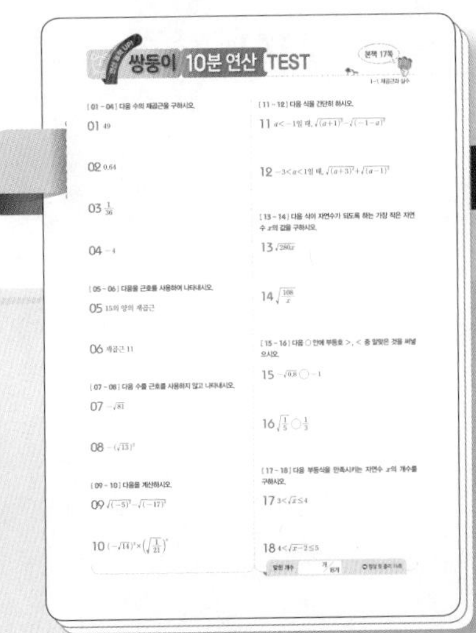

부록 쌍둥이 10분 연산 TEST

한 번 더 〈10분 연산 TEST〉를 풀어 볼 수 있도록 제공되는 부록이에요.
〈10분 연산 TEST〉에서 틀린 문제를 다시 풀면서 연산 실력을 높일 수 있어요.

차례

Contents

I

실수와 그 계산

실수와 그 계산을 배우고 나면
제곱근과 무리수를 알고, 근호를 포함한 식의
계산을 할 수 있어요. 중1과 중2에서 배운 정수와
유리수가 실수로 확장되고, 각각의 수 체계에서
연산의 성질이 일관되게 성립하는 것을
확인할 수 있지요.

I-1 제곱근과 실수

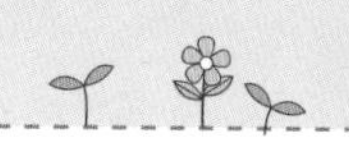

01 제곱근의 뜻과 표현

(1) **제곱근** : 어떤 수 x를 제곱하여 a가 될 때, x를 a의 제곱근이라 한다. 즉,

$x^2=a$ ➜ x는 a의 제곱근

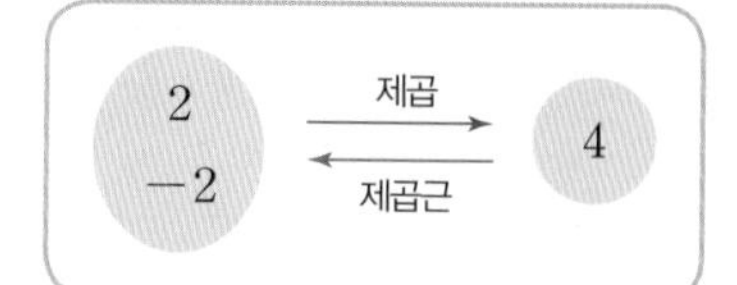

(2) **제곱근의 개수**

① 양수의 제곱근은 양수와 음수의 2개가 있고, 그 절댓값은 서로 같다.

예 $2^2=4$, $(-2)^2=4$이므로 4의 제곱근은 2, -2이다.

② 0의 제곱근은 0으로 1개이다. → $0^2=0$

③ 음수의 제곱근은 없다. → 제곱해서 음수가 되는 수는 없다.

(3) **제곱근의 표현**

① 제곱근을 나타내기 위하여 $\sqrt{\ }$ (**근호**)라는 기호를 사용하고, 이 기호를 '제곱근' 또는 '루트(root)'라 읽는다.

② **제곱근의 표현** : 양수 a의 제곱근 중

(i) 양수인 것을 양의 제곱근 ➜ $\sqrt{a}$

(ii) 음수인 것을 음의 제곱근 ➜ $-\sqrt{a}$

와 같이 나타낸다.

이때 $\sqrt{a}$와 $-\sqrt{a}$를 한꺼번에 $\pm\sqrt{a}$로 나타내기도 한다.

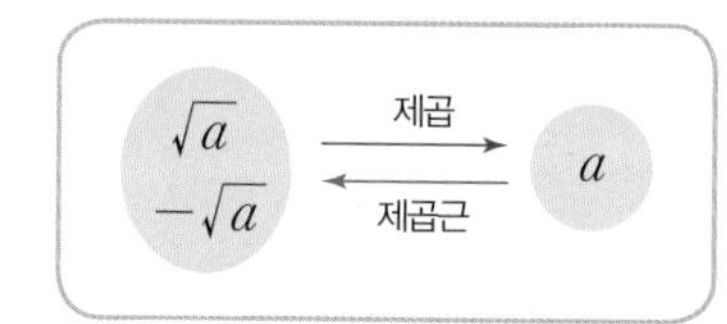

02 제곱근의 성질

(1) **제곱근의 성질** : $a>0$일 때,

① a의 제곱근을 제곱하면 a가 된다.

➜ $(\sqrt{a})^2=a$, $(-\sqrt{a})^2=a$

② $\sqrt{(\text{제곱인 수})}$는 근호($\sqrt{\ }$)를 사용하지 않고 나타낼 수 있다.

➜ $\sqrt{a^2}=a$, $\sqrt{(-a)^2}=a$

(2) 모든 수 a에 대하여

$$\sqrt{a^2}=|a|=\begin{cases} a\geq 0\text{일 때,} & a \\ a<0\text{일 때,} & -a \end{cases}$$

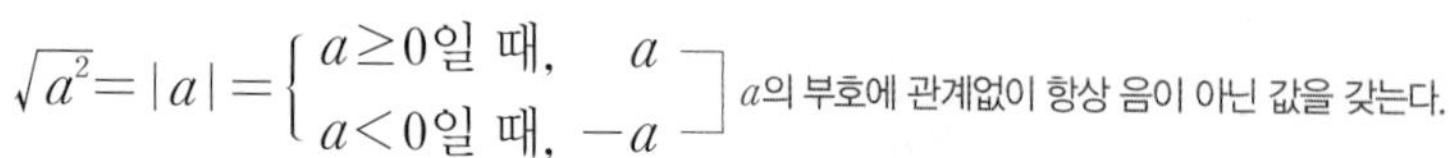
a의 부호에 관계없이 항상 음이 아닌 값을 갖는다.

예 ① $a=2$일 때, $2>0$이므로 $\sqrt{2^2}=2$

② $a=-3$일 때, $-3<0$이므로 $\sqrt{(-3)^2}=3$

(3) **제곱근의 대소 관계** : $a>0$, $b>0$일 때,

① $a<b$이면 $\sqrt{a}<\sqrt{b}$

② $\sqrt{a}<\sqrt{b}$이면 $a<b$

참고 양수 a, b에 대하여 $a<b$일 때, $\sqrt{a}<\sqrt{b}$이므로 $-\sqrt{a}>-\sqrt{b}$이다.

03 무리수와 실수

(1) **무리수** : 소수로 나타낼 때 순환소수가 아닌 무한소수가 되는 수, 즉 유리수가 아닌 수

예 $\sqrt{2}=1.414213\cdots$, $\pi=3.141592\cdots$, $-\sqrt{7}=-2.645751\cdots$

(2) **실수** : 유리수와 무리수를 통틀어 실수라 한다.

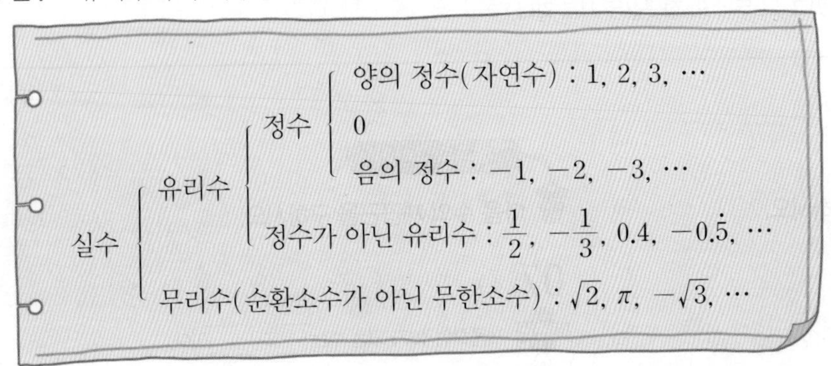

참고 일반적으로 수라 하면 실수를 의미하고, 양의 실수를 양수, 음의 실수를 음수라 한다.

(3) **실수와 수직선**

① 모든 실수는 각각 수직선 위의 한 점에 대응된다.

② 서로 다른 두 실수 사이에는 무수히 많은 실수가 있다.

③ 수직선은 실수에 대응하는 점으로 완전히 메울 수 있다. 즉, 수직선은 실수를 나타내는 직선이다.

참고 피타고라스 정리를 이용하여 무리수를 수직선 위에 나타낼 수 있다.

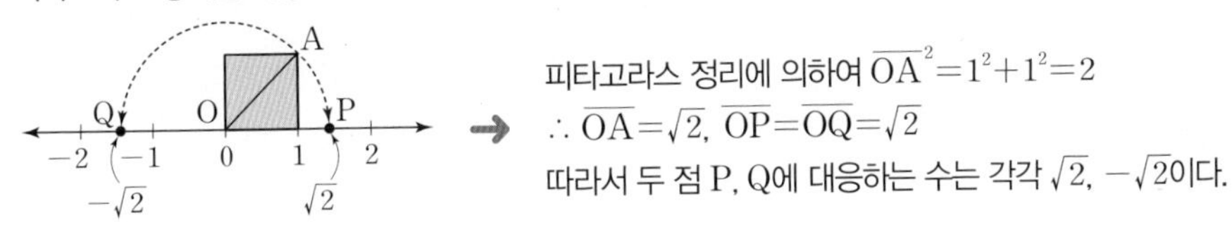

(단, 사각형은 한 변의 길이가 1인 정사각형이다.)

→ 피타고라스 정리에 의하여 $\overline{OA}^2=1^2+1^2=2$

$\therefore \overline{OA}=\sqrt{2}$, $\overline{OP}=\overline{OQ}=\sqrt{2}$

따라서 두 점 P, Q에 대응하는 수는 각각 $\sqrt{2}$, $-\sqrt{2}$이다.

04 실수의 대소 관계

실수의 대소를 비교할 때는 다음 세 가지 방법 중 하나를 이용한다.

(1) **$a-b$의 부호 알아보기**

a, b가 실수일 때,

① $a-b>0$이면 $a>b$ ② $a-b=0$이면 $a=b$ ③ $a-b<0$이면 $a<b$

예 $-1+\sqrt{3}$과 1의 대소 비교

$(-1+\sqrt{3})-1=\sqrt{3}-2=\sqrt{3}-\sqrt{4}<0$ $\therefore -1+\sqrt{3}<1$

(2) **부등식의 성질 이용하기**

예 $1+\sqrt{2}$와 $\sqrt{3}+1$의 대소 비교

$1+\sqrt{2}$ ◯ $\sqrt{3}+1$의 양변에서 1을 빼면 $\sqrt{2}$ ⓒ $\sqrt{3}$ $\therefore 1+\sqrt{2}<\sqrt{3}+1$

(3) **제곱근의 값 이용하기**

예 $\sqrt{5}+1$과 3의 대소 비교

$\sqrt{4}<\sqrt{5}<\sqrt{9}$, 즉 $2<\sqrt{5}<3$이므로 $\sqrt{5}=2.\times\times\times$, $\sqrt{5}+1=3.\times\times\times$ $\therefore \sqrt{5}+1>3$

▶ 정답 및 풀이 9쪽

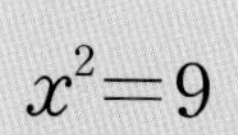

제곱근

제곱근 : 어떤 수 x를 제곱하여 a가 될 때, x를 a의 제곱근이라 한다.

$x^2=9$

→ x는 9의 제곱근
→ x는 제곱하여 9가 되는 수
→ $3^2=9$, $(-3)^2=9$이므로 9의 제곱근은 3과 -3이다.

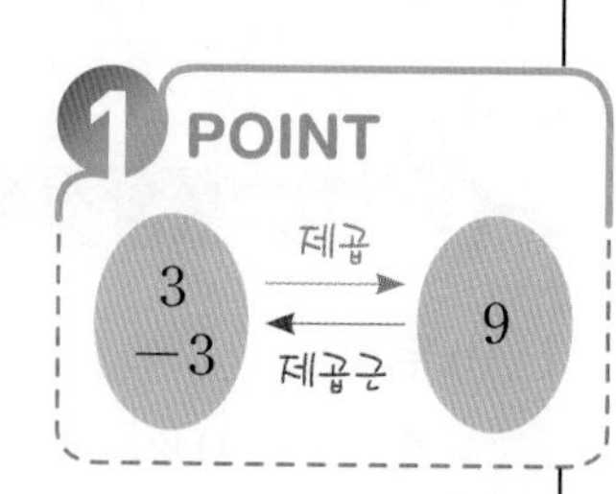

참고 양수의 제곱근은 양수와 음수 2개가 있고, 그 두 수의 절댓값은 서로 같다.

제곱근의 뜻

 제곱하여 다음 수가 되는 수를 모두 구하시오.

01 1 ______

02 25 ______

03 0 ______

04 -9 ______

05 $\frac{1}{4}$ ______

06 0.09 ______

제곱근 구하기

다음 수의 제곱근을 구하시오.

07 49 ______

 제곱하여 49가 되는 수는 □과 □이다.

08 16 ______

09 25 ______

10 81 ______

11 $\frac{9}{64}$ ______

12 0.36 ______

제곱근의 표현

(1) 제곱근은 기호 $\sqrt{\ }$ (근호)를 사용하여 나타낸다.
→ $\sqrt{2}$를 '제곱근 2' 또는 '루트 2'라 읽는다.

(2) 3의 제곱근 → [양의 제곱근 : $\sqrt{3}$, 음의 제곱근 : $-\sqrt{3}$] → $\pm\sqrt{3}$

'플러스 마이너스 루트 3'이라고 읽는다.

참고 4의 제곱근 : $\pm\sqrt{4}=\pm2$

(3)

a의 제곱근	제곱근 a
→ 제곱하여 a가 되는 수	→ a의 양의 제곱근
→ $\sqrt{a}$, $-\sqrt{a}$	→ $\sqrt{a}$

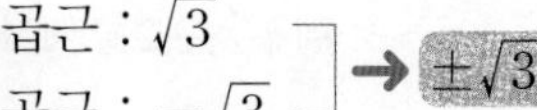

'a의 제곱근'과 '제곱근 a'는 서로 다름에 주의한다.

양의 제곱근, 음의 제곱근

다음을 근호를 사용하여 나타내시오.

01 7의 양의 제곱근 ________

02 10의 양의 제곱근 ________

03 6의 음의 제곱근 ________

04 13의 음의 제곱근 ________

05 21의 음의 제곱근 ________

06 $\frac{5}{7}$의 양의 제곱근 ________

07 0.41의 음의 제곱근 ________

a의 제곱근, 제곱근 a

다음을 구하시오.

08 5의 제곱근 ________

따라해 5의 양의 제곱근은 ☐, 5의 음의 제곱근은 ☐
→ 5의 제곱근은 ☐

09 11의 제곱근 ________

10 26의 제곱근 ________

11 30의 제곱근 ________

12 제곱근 6 ________

13 제곱근 14 ________

14 제곱근 23 ________

▶ 정답 및 풀이 9쪽

03 VISUAL 연산 제곱근의 성질

• $(\sqrt{3})^2=3$ • $(-\sqrt{3})^2=3$

제곱은 근호를 벗긴다.

$a>0$일 때
$(\sqrt{a})^2=a$, $(-\sqrt{a})^2=a$

부호 그대로 / 부호 반대로

• $\sqrt{3^2}=\sqrt{9}=3$ • $\sqrt{(-3)^2}=\sqrt{9}=3$

제곱은 근호를 벗긴다.

$a>0$일 때
$\sqrt{a^2}=a$, $\sqrt{(-a)^2}=a$

$\sqrt{(-3)^2}=-3$ (×)
$\sqrt{(-3)^2}=3$ (○)

다음 수를 근호를 사용하지 않고 나타내시오.

01 $(\sqrt{5})^2$ ______

제곱근과 제곱이 만나면 근호를 없앨 수 있어.

02 $(\sqrt{11})^2$ ______

03 $(-\sqrt{7})^2$ ______

04 $(-\sqrt{13})^2$ ______

05 $(-\sqrt{0.8})^2$ ______

06 $\left(-\sqrt{\frac{1}{2}}\right)^2$ ______

07 $\left(-\sqrt{\frac{3}{10}}\right)^2$ ______

다음 수를 근호를 사용하지 않고 나타내시오.

08 $\sqrt{2^2}$ ______

09 $\sqrt{10^2}$ ______

10 $\sqrt{(-5)^2}$ ______

11 $\sqrt{(-11)^2}$ ______

12 $-\sqrt{(1.4)^2}$ ______

13 $\sqrt{\left(\frac{1}{4}\right)^2}$ ______

14 $\sqrt{\left(-\frac{2}{7}\right)^2}$ ______

다음 수를 근호를 사용하지 않고 나타내시오.

15 $\sqrt{16}=\sqrt{4^2}=\square$

따라해

16 $\sqrt{36}$

17 $-\sqrt{81}$

18 $-\sqrt{121}$

19 $-\sqrt{0.04}$

20 $\pm\sqrt{100}$

21 $\pm\sqrt{0.36}$

22 $\pm\sqrt{\frac{4}{25}}$

제곱근의 성질을 이용한 계산

다음을 계산하시오.

23 $(\sqrt{2})^2+(-\sqrt{3})^2=\square+\square=\square$

따라해

24 $\sqrt{3^2}+(-\sqrt{5^2})$

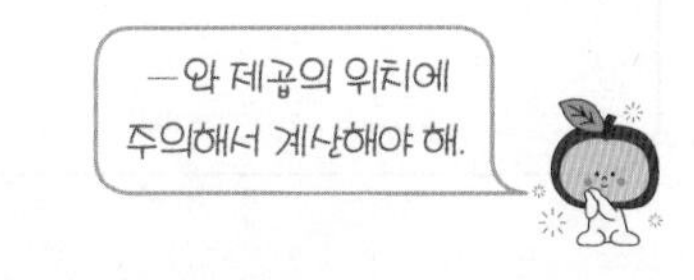

25 $\sqrt{(-10)^2}-(-\sqrt{6^2})$

26 $\sqrt{(-12)^2}-(\sqrt{11})^2$

27 $(\sqrt{2})^2-\sqrt{(-3)^2}+\sqrt{16}$

28 $\sqrt{13^2}\times\sqrt{(-2)^2}$

29 $\sqrt{(-100)^2}\times(-\sqrt{1.1^2})$

30 $(-\sqrt{54})^2\div\sqrt{6^2}$

▶ 정답 및 풀이 9쪽

$\sqrt{a^2}$의 꼴을 포함한 식

$\sqrt{a^2}=|a|=\begin{cases} a\geq 0\text{일 때, } a & \leftarrow \text{부호 그대로} \\ a<0\text{일 때, } -a & \leftarrow \text{부호 반대로} \end{cases}$ ($-a$: 양수)

$\sqrt{(a-b)^2}=\begin{cases} a-b\geq 0\text{일 때, } a-b & \leftarrow \text{부호 그대로} \\ a-b<0\text{일 때, } -(a-b) & \leftarrow \text{부호 반대로} \end{cases}$ ($-(a-b)$: 양수)

• $\sqrt{2^2}=2$ (부호 그대로) • $\sqrt{(-2)^2}=-(-2)=2$ (부호 반대로)

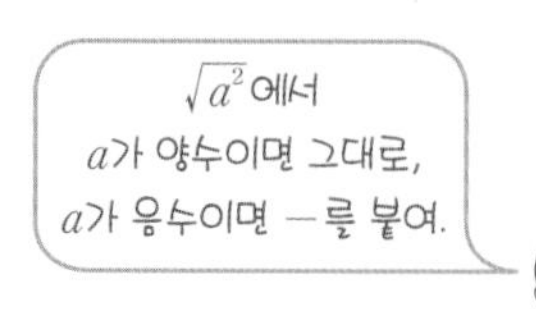

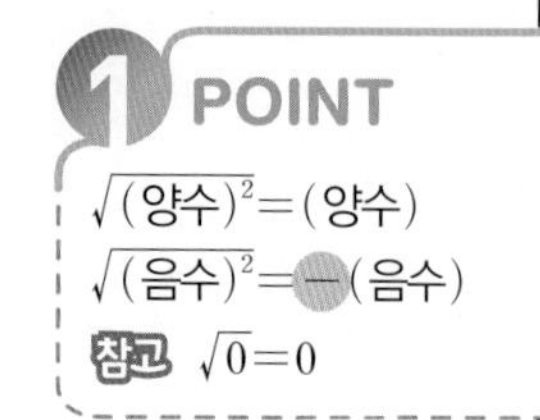

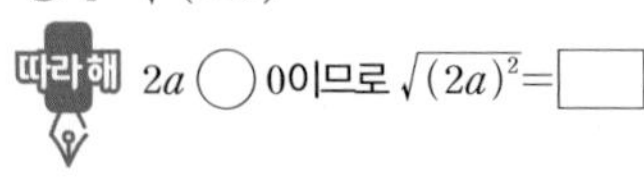

$a>0$일 때, 다음 식을 간단히 하시오.

01 $\sqrt{(2a)^2}$

따라해 $2a$ ◯ 0이므로 $\sqrt{(2a)^2}=$ □

02 $\sqrt{(3a)^2}$

03 $-\sqrt{(4a)^2}$

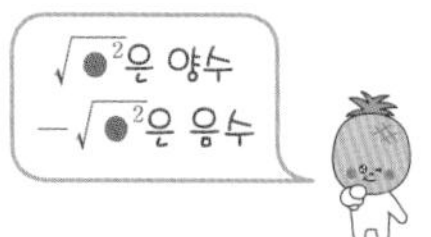

04 $\sqrt{(-a)^2}$

따라해 $-a$ ◯ 0이므로 $\sqrt{(-a)^2}=$ □

05 $\sqrt{(-5a)^2}$

06 $-\sqrt{(-6a)^2}$

$a<0$일 때, 다음 식을 간단히 하시오.

07 $\sqrt{(3a)^2}$

따라해 $3a$ ◯ 0이므로 $\sqrt{(3a)^2}=$ □

08 $\sqrt{(2a)^2}$

09 $-\sqrt{(5a)^2}$

10 $\sqrt{(-4a)^2}$

따라해 $-4a$ ◯ 0이므로 $\sqrt{(-4a)^2}=$ □

11 $\sqrt{(-7a)^2}$

12 $-\sqrt{(-3a)^2}$

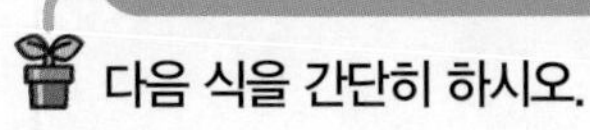

$\sqrt{(a-b)^2}$의 꼴 간단히 하기

다음 식을 간단히 하시오.

13 $a>2$일 때, $\sqrt{(a-2)^2}$ ________

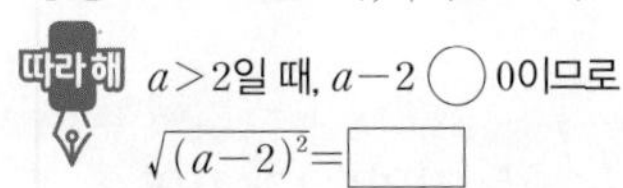

따라해 $a>2$일 때, $a-2$ ◯ 0이므로
$\sqrt{(a-2)^2}=$ ☐

14 $a>-1$일 때, $\sqrt{(a+1)^2}$ ________

15 $a>-3$일 때, $-\sqrt{(a+3)^2}$ ________

16 $a>1$일 때, $-\sqrt{(a-1)^2}$ ________

17 $a<3$일 때, $\sqrt{(a-3)^2}$ ________

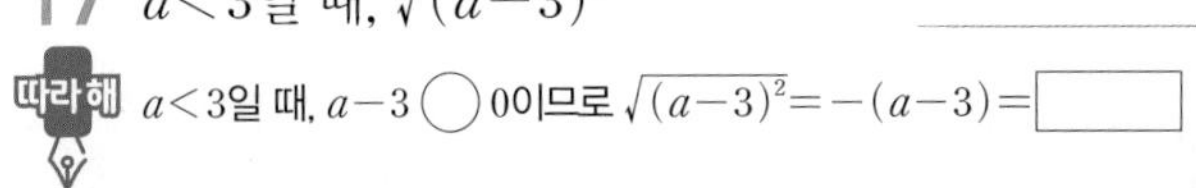

따라해 $a<3$일 때, $a-3$ ◯ 0이므로 $\sqrt{(a-3)^2}=-(a-3)=$ ☐

18 $a<-2$일 때, $\sqrt{(a+2)^2}$ ________

19 $a<-5$일 때, $-\sqrt{(a+5)^2}$ ________

20 $a<4$일 때, $-\sqrt{(a-4)^2}$ ________

근호 안에 문자가 포함된 식의 계산

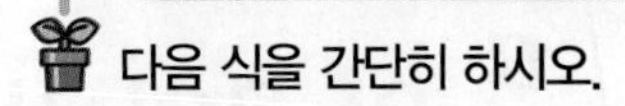

다음 식을 간단히 하시오.

21 $a>0$일 때, $\sqrt{(2a)^2}+\sqrt{(-a)^2}$ ________

따라해 $2a$ ◯ 0, $-a$ ◯ 0이므로
$\sqrt{(2a)^2}+\sqrt{(-a)^2}=2a+$ ☐ $=$ ☐

22 $a>0$일 때, $\sqrt{(3a)^2}-\sqrt{(-6a)^2}$ ________

23 $a<0$일 때, $\sqrt{(4a)^2}+\sqrt{(-5a)^2}$ ________

24 $a<0$일 때, $\sqrt{(-2a)^2}-\sqrt{(-8a)^2}$ ________

25 $a<2$일 때, $\sqrt{(a-2)^2}-\sqrt{(2-a)^2}$ ________

26 $a>3$일 때, $\sqrt{(-a)^2}+\sqrt{(a-3)^2}$ ________

27 $-1<a<2$일 때, $\sqrt{(a-2)^2}+\sqrt{(a+1)^2}$ ________

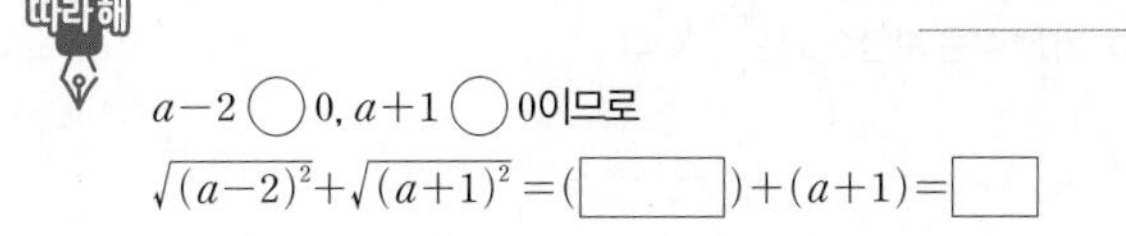

따라해 $a-2$ ◯ 0, $a+1$ ◯ 0이므로
$\sqrt{(a-2)^2}+\sqrt{(a+1)^2}=($ ☐ $)+(a+1)=$ ☐

28 $-2<a<4$일 때, $\sqrt{(a-4)^2}-\sqrt{(a+2)^2}$ ________

$\sqrt{ax}$, $\sqrt{\dfrac{a}{x}}$ 의 꼴이 자연수가 되는 조건

- $\sqrt{12x} = \sqrt{2^2 \times 3 \times x}$ —❷ 지수가 짝수가 되려면 3이 하나 더 필요해!→ $x=3\times(\text{자연수})^2$

  ❶ 12를 소인수분해

- $\sqrt{\dfrac{50}{x}} = \sqrt{\dfrac{2\times 5^2}{x}}$ —❷ 지수가 짝수가 되려면 2가 약분되어야 해!→ $x=2\times(\text{자연수})^2$ (단, x는 50의 약수)

  ❶ 50을 소인수분해

$\sqrt{ax}$, $\sqrt{\dfrac{a}{x}}$ (a는 자연수)가 자연수가 되는 x의 값을 구하려면

❶ a를 소인수분해한다.

❷ ax, $\dfrac{a}{x}$의 소인수의 지수가 모두 짝수가 되도록 하는 자연수 x의 값을 구한다.

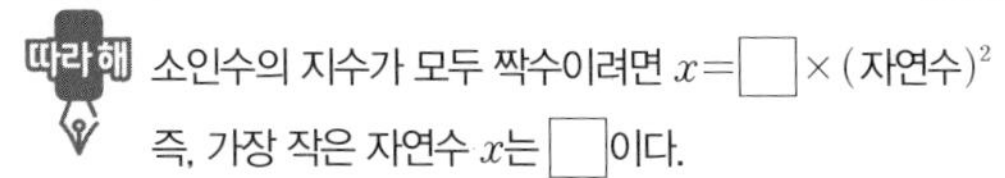

다음 식이 자연수가 되도록 하는 가장 작은 자연수 x의 값을 구하시오.

01 $\sqrt{2\times 5^2\times x}$ ________

따라해 소인수의 지수가 모두 짝수이려면 $x=\square\times(\text{자연수})^2$

즉, 가장 작은 자연수 x는 $\square$이다.

02 $\sqrt{3^2\times 7\times x}$ ________

03 $\sqrt{2\times 3\times x}$ ________

04 $\sqrt{18x}$ ________

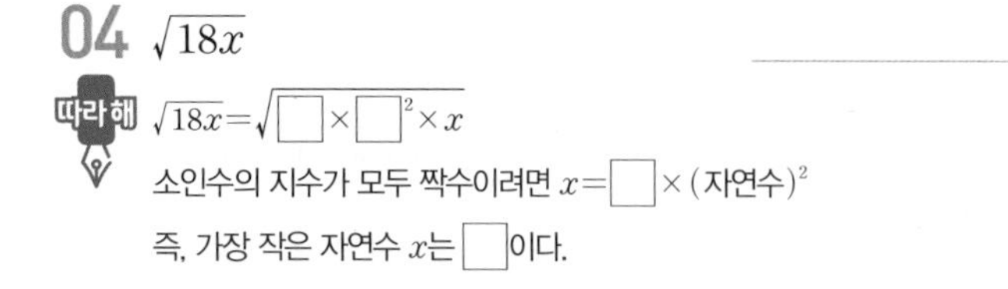
따라해 $\sqrt{18x}=\sqrt{\square\times\square^2\times x}$

소인수의 지수가 모두 짝수이려면 $x=\square\times(\text{자연수})^2$

즉, 가장 작은 자연수 x는 $\square$이다.

05 $\sqrt{20x}$ ________

06 $\sqrt{56x}$ ________

$\sqrt{\dfrac{a}{x}}$가 자연수가 되도록 하는 자연수 x의 값 구하기

다음 식이 자연수가 되도록 하는 가장 작은 자연수 x의 값을 구하시오.

07 $\sqrt{\dfrac{2^2\times 7}{x}}$ ________

08 $\sqrt{\dfrac{2^2\times 3\times 5}{x}}$ ________

09 $\sqrt{\dfrac{2^3\times 5\times 7^2}{x}}$ ________

10 $\sqrt{\dfrac{40}{x}}$ ________

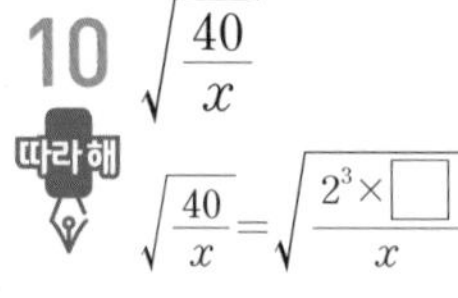
따라해 $\sqrt{\dfrac{40}{x}}=\sqrt{\dfrac{2^3\times\square}{x}}$

x는 40의 약수이어야 하므로 가장 작은 자연수 x는 $2\times\square=\square$

11 $\sqrt{\dfrac{150}{x}}$ ________

12 $\sqrt{\dfrac{240}{x}}$ ________

▶ 정답 및 풀이 10쪽

제곱근의 대소 관계

$\sqrt{2}$와 $\sqrt{3}$의 대소 비교

$2<3$이므로 $\sqrt{2}<\sqrt{3}$

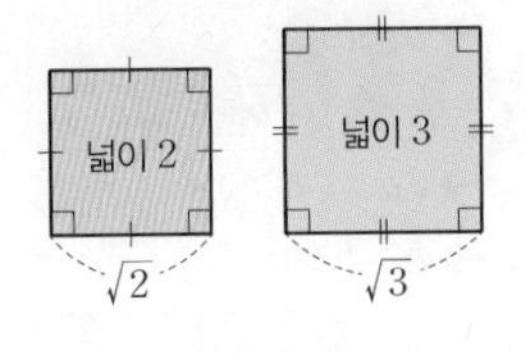

2와 $\sqrt{3}$의 대소 비교

[방법 ❶] $2=\sqrt{2^2}=\sqrt{4}$이므로 $\sqrt{4}>\sqrt{3} \rightarrow 2>\sqrt{3}$ ← 모두 근호 있는 수로 바꾸어 비교

[방법 ❷] $2^2=4$, $(\sqrt{3})^2=3$이므로 $4>3 \rightarrow 2>\sqrt{3}$ ← 각 수를 제곱하여 비교

POINT

$a>0$, $b>0$일 때
→ $a<b$이면 $\sqrt{a}<\sqrt{b}$
→ $\sqrt{a}<\sqrt{b}$이면 $a<b$
→ $a<b$이면 $-\sqrt{a}>-\sqrt{b}$

$\sqrt{a}$와 $\sqrt{b}$의 대소 비교

다음 ○ 안에 부등호 >, < 중 알맞은 것을 써넣으시오.

01 $\sqrt{5}$ ○ $\sqrt{11}$

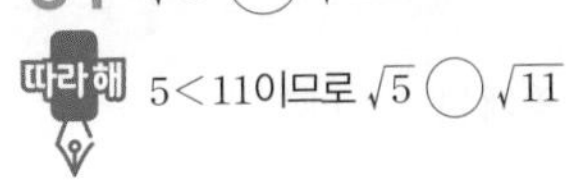
따라해 $5<11$이므로 $\sqrt{5}$ ○ $\sqrt{11}$

02 $\sqrt{7}$ ○ $\sqrt{3}$

03 $\sqrt{6}$ ○ $\sqrt{15}$

04 $-\sqrt{14}$ ○ $-\sqrt{10}$

√ 안의 수끼리 비교한 후 음수를 생각해.

05 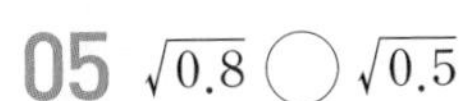 $\sqrt{0.8}$ ○ $\sqrt{0.5}$

06 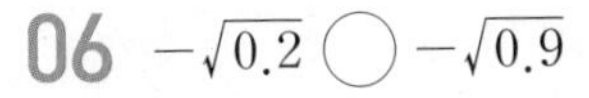 $-\sqrt{0.2}$ ○ $-\sqrt{0.9}$

07 $\sqrt{\frac{2}{3}}$ ○ $\sqrt{\frac{2}{5}}$

따라해 $\frac{2}{3}=\frac{10}{15}$, $\frac{2}{5}=\frac{6}{15}$이므로 $\sqrt{\frac{10}{15}}$ ○ $\sqrt{\frac{6}{15}}$ $\therefore \sqrt{\frac{2}{3}}$ ○ $\sqrt{\frac{2}{5}}$

08 $\sqrt{\frac{1}{8}}$ ○ $\sqrt{\frac{1}{6}}$

a와 $\sqrt{b}$의 대소 비교

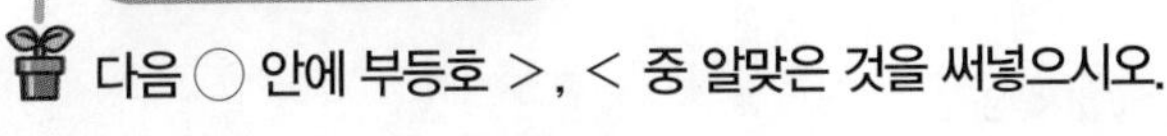
다음 ○ 안에 부등호 >, < 중 알맞은 것을 써넣으시오.

09 $\sqrt{15}$ ○ 4

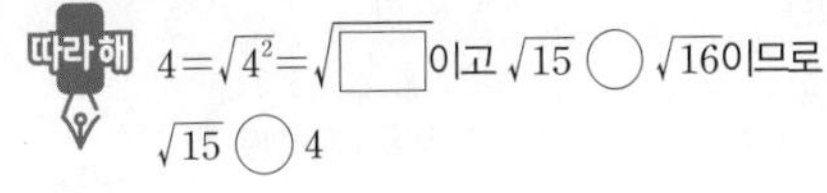
따라해 $4=\sqrt{4^2}=\sqrt{\square}$이고 $\sqrt{15}$ ○ $\sqrt{16}$이므로 $\sqrt{15}$ ○ 4

10 3 ○ $\sqrt{8}$

11 0.1 ○ $\sqrt{0.1}$

$0.1=\sqrt{0.1^2}=\sqrt{0.01}$이야.

12 $\sqrt{\frac{3}{4}}$ ○ $\frac{1}{2}$

13 -5 ○ $-\sqrt{24}$

14 $-\sqrt{0.3}$ ○ -0.6

15 $-\frac{3}{7}$ ○ $-\sqrt{\frac{2}{7}}$

제곱근을 포함한 부등식

▶ 정답 및 풀이 11쪽

$\sqrt{x} \le 5$

$\rightarrow (\sqrt{x})^2 \le 5^2$ 양변을 제곱하여 $\sqrt{\ }$를 없앤다.

$\rightarrow x \le 25$

$1 < \sqrt{x} < 2$

$\rightarrow 1^2 < (\sqrt{x})^2 < 2^2$ 각 변을 제곱하여 $\sqrt{\ }$를 없앤다.

$\rightarrow 1 < x < 4$

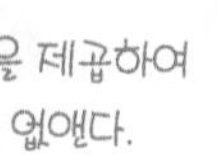

POINT

$a>0,\ b>0,\ c>0$일 때

- $\sqrt{a} < \sqrt{b} < \sqrt{c}$
  $\rightarrow (\sqrt{a})^2 < (\sqrt{b})^2 < (\sqrt{c})^2$
  $\rightarrow a < b < c$
- $-\sqrt{a} < -\sqrt{b} < -\sqrt{c}$ $\times(-1)$
  $\rightarrow \sqrt{a} > \sqrt{b} > \sqrt{c}$
  $\rightarrow a > b > c$

다음 부등식을 만족시키는 자연수 x의 값을 모두 구하시오.

01 $\sqrt{x} < 2$ ____________

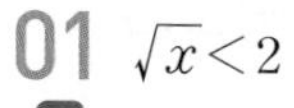

따라해 양변을 제곱하면 $x <$ □

따라서 자연수 x의 값은 ____________ 이다.

각 변이 모두 양수이면 각 변을 제곱해도 부등호의 방향은 바뀌지 않아.

02 $\sqrt{x} \le 3$ ____________

03 $2 \le \sqrt{x} < 3$ ____________

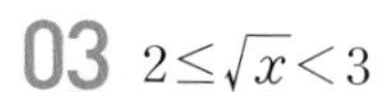

따라해 각 변을 제곱하면 □ $\le x <$ □

따라서 자연수 x의 값은 ____________ 이다.

04 $3 < \sqrt{x} \le 4$ ____________

05 $1 \le \sqrt{x} \le 2$ ____________

06 $4 < \sqrt{x} < 5$ ____________

다음 부등식을 만족시키는 자연수 x의 개수를 구하시오.

07 $-2 < -\sqrt{x} \le -1$ ____________

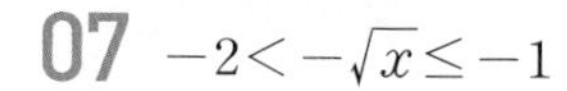

따라해 각 변에 -1을 곱하면 $1 \le \sqrt{x} < 2$

각 변을 제곱하면 □ $\le x <$ □

따라서 부등식을 만족시키는 자연수 x의 개수는 □이다.

각 변에 -1을 곱하여 음의 부호를 먼저 없애.

08 $-3 < -\sqrt{x} < -2$ ____________

09 $-4 < -\sqrt{x} < -3$ ____________

10 $2 < \sqrt{x+2} < 4$ ____________

11 $3 \le \sqrt{x-1} < 5$ ____________

12 $-6 < -\sqrt{2x} < -2$ ____________

10분 연산 TEST

▶ 정답 및 풀이 11쪽

[01 ~ 04] 다음 수의 제곱근을 구하시오.

01 64

02 0.16

03 $\frac{1}{9}$

04 -1

[05 ~ 06] 다음을 근호를 사용하여 나타내시오.

05 3의 음의 제곱근

06 제곱근 7

[07 ~ 08] 다음 수를 근호를 사용하지 않고 나타내시오.

07 $\sqrt{121}$

08 $-(-\sqrt{5})^2$

[09 ~ 10] 다음을 계산하시오.

09 $\sqrt{(-3)^2}-\sqrt{7^2}$

10 $\left(-\sqrt{\frac{15}{8}}\right)^2 \div \left(-\sqrt{\frac{5}{4}}\right)^2$

[11 ~ 12] 다음 식을 간단히 하시오.

11 $a<5$일 때, $\sqrt{(a-5)^2}+\sqrt{(5-a)^2}$

12 $-2<a<2$일 때, $\sqrt{(2-a)^2}-\sqrt{(a+2)^2}$

[13 ~ 14] 다음 식이 자연수가 되도록 하는 가장 작은 자연수 x의 값을 구하시오.

13 $\sqrt{104x}$

14 $\sqrt{\frac{126}{x}}$

[15 ~ 16] 다음 ○ 안에 부등호 $>$, $<$ 중 알맞은 것을 써넣으시오.

15 $-\sqrt{\frac{1}{3}}$ ○ $-\frac{1}{2}$

16 0.5 ○ $\sqrt{0.21}$

[17 ~ 18] 다음 부등식을 만족시키는 자연수 x의 개수를 구하시오.

17 $5<\sqrt{x}\le 6$

18 $3\le\sqrt{x-2}<4$

맞힌 개수 개/18개

▶ 정답 및 풀이 12쪽

유리수와 무리수

유리수 : $\frac{(\text{정수})}{(0\text{이 아닌 정수})}$ 의 꼴로 나타낼 수 있는 수 → 분수

→ 정수, 유한소수, 순환소수

→ $\sqrt{(\text{제곱수})}$

$-3=\frac{-3}{1}$, $0.35=\frac{35}{100}$, $0.\dot{2}=\frac{2}{9}$, $\sqrt{4}=\sqrt{2^2}=2$

(정수, 유한소수, 순환소수, $\sqrt{(\text{제곱수})}$)

무리수 : 유리수가 아닌 수

→ 순환소수가 아닌 무한소수

→ $\sqrt{(\text{제곱이 아닌 수})}$

$\sqrt{2}=1.414213\cdots$, $\pi=3.141592\cdots$

근호를 사용하여 나타낸 수이더라도 근호를 없앨 수 있으면 유리수이다.

다음 수가 유리수이면 '유', 무리수이면 '무'라고 쓰시오.

01 2.7 ______

02 $\sqrt{3}$ ______

03 -5 ______

04 $\sqrt{18}$ ______

05 $-\sqrt{\frac{1}{16}}$ ______

06 $0.3\dot{2}$ ______

07 $1.121231234\cdots$ ______

08 $-\frac{2}{3}$ ______

09 -3.14 ______

10 $\sqrt{\frac{9}{25}}$ ______

다음 수를 유리수와 무리수로 구분하여 쓰시오.

11

$-\sqrt{7}$, $-3.555\cdots$, $\sqrt{81}$, $\sqrt{\frac{1}{8}}$, $\frac{9}{4}$

유리수 : ______

무리수 : ______

12

$\sqrt{36}$, $\sqrt{\frac{3}{16}}$, $0.\dot{2}$, $\sqrt{1.6}$, $\sqrt{27}$

유리수 : ______

무리수 : ______

다음 중 무리수인 것의 개수를 구하시오.

13

$\sqrt{2}$, $\sqrt{25}$, $-\sqrt{\frac{5}{2}}$, $\sqrt{\frac{4}{9}}$

______

14

$0.12345\cdots$, $\sqrt{23}$, $\sqrt{\frac{10}{5}}$, $\sqrt{0.01}$, $-\sqrt{12}$

______

▶ 정답 및 풀이 12쪽

실수

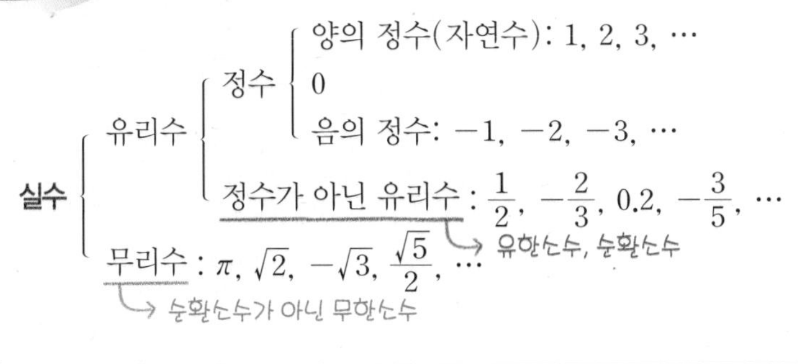

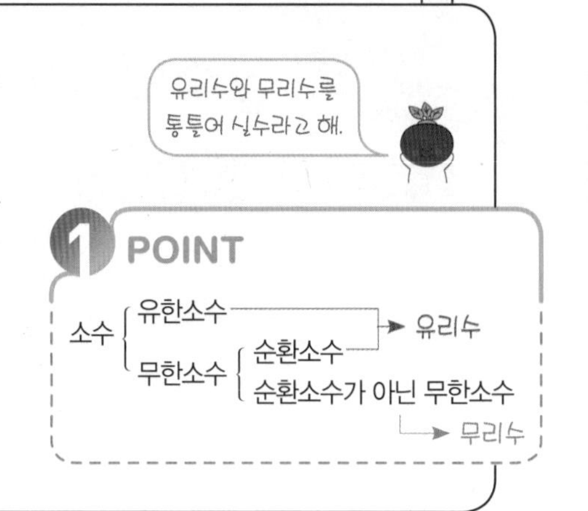

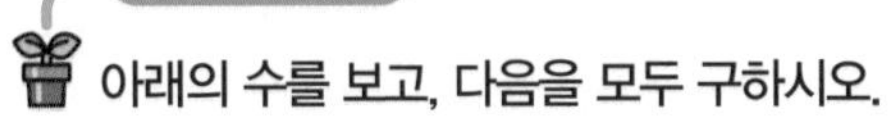

실수의 분류

아래의 수를 보고, 다음을 모두 구하시오.

$\sqrt{6}$, $-\frac{1}{2}$, 0, $1.\dot{2}\dot{7}$, $\frac{5}{7}$, $\sqrt{\frac{3}{4}}$, 2, $-\sqrt{81}$

01 자연수 ________

02 정수 ________

03 유리수 ________

04 무리수 ________

아래의 수를 보고, 다음을 모두 구하시오.

$\sqrt{64}$, $0.\dot{8}$, $-\sqrt{\frac{1}{2}}$, -5, $\sqrt{(-3)^2}$, 2.236, π

05 자연수 ________

06 정수 ________

07 유리수 ________

08 무리수 ________

실수의 이해

다음 설명 중 옳은 것에는 ○표, 옳지 않은 것에는 ×표를 하시오.

09 유한소수는 모두 유리수이다. (　　)

10 무한소수는 모두 무리수이다. (　　)

11 유리수는 모두 유한소수이다. (　　)

12 모든 무리수는 $\frac{(\text{정수})}{(0\text{이 아닌 정수})}$의 꼴로 나타낼 수 없다. (　　)

13 $\sqrt{4}$는 무리수이다. (　　)

14 유리수이면서 무리수인 수가 있다. (　　)

15 무리수는 순환소수로 나타낼 수 없다. (　　)

16 순환소수는 무리수가 아니다. (　　)

10 VISUAL 연산

실수와 수직선

무리수를 수직선 위에 나타내기

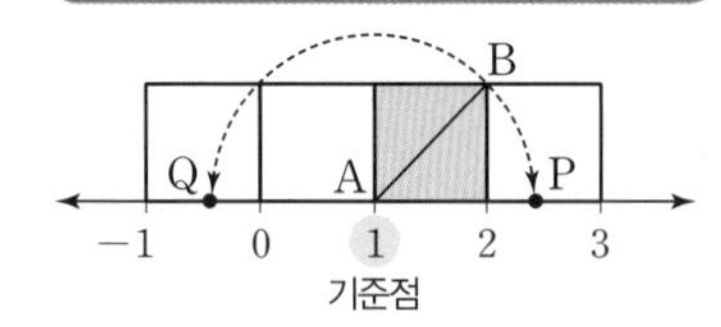

❶ 피타고라스 정리를 이용하여 $\overline{AB}$의 길이를 구한다.
$\overline{AB}^2=1^2+1^2=2$ $\therefore \overline{AB}=\sqrt{2}$

❷ 점 A를 중심으로 하고 $\overline{AB}$를 반지름으로 하는 원을 그려 수직선과 만나는 점을 찾는다.

점 P : 기준점의 오른쪽 $\xrightarrow{(기준점)+\sqrt{2}}$ P$(1+\sqrt{2})$

점 Q : 기준점의 왼쪽 $\xrightarrow{(기준점)-\sqrt{2}}$ Q$(1-\sqrt{2})$

실수와 수직선

(1) 모든 실수는 각각 수직선 위의 한 점에 대응된다.
(2) 서로 다른 두 실수 사이에는 무수히 많은 실수가 있다.
(3) 수직선은 실수에 대응하는 점으로 완전히 메울 수 있다.

무리수를 수직선 위에 나타내기

다음 그림에서 작은 사각형은 모두 한 변의 길이가 1인 정사각형이다. 점 A를 중심으로 하고 $\overline{AB}$를 반지름으로 하는 원이 수직선과 만나는 점을 각각 P, Q라 할 때, 두 점 P, Q에 대응하는 수를 각각 구하시오.

01 따라해

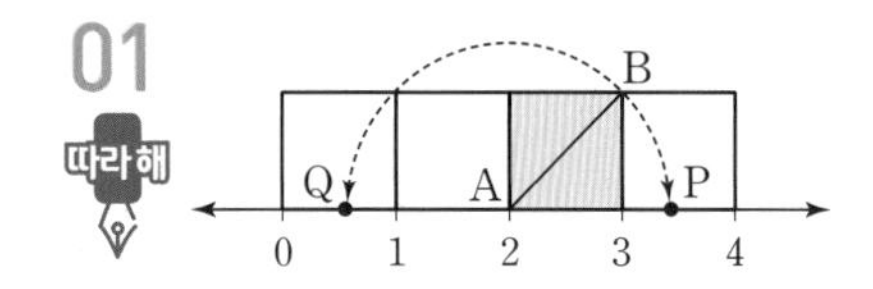

$\overline{AB}^2=\square^2+1^2=\square$이므로 $\overline{AB}=\square$
점 P는 기준점 A의 오른쪽에 있으므로 P($\square$)
점 Q는 기준점 A의 왼쪽에 있으므로 Q($\square$)

02

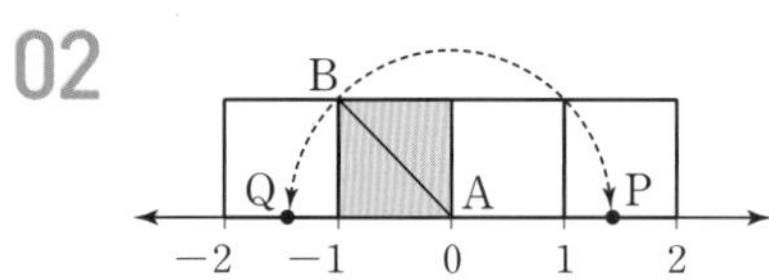

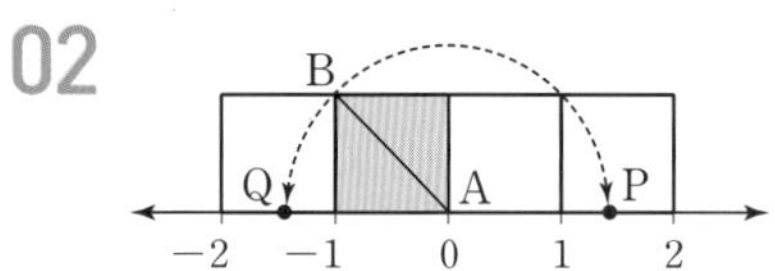

03

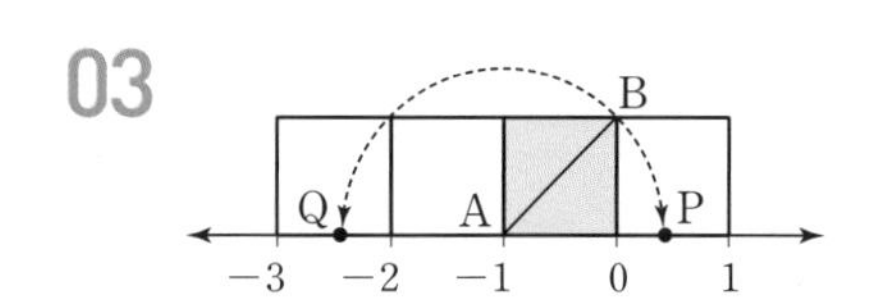

04 따라해

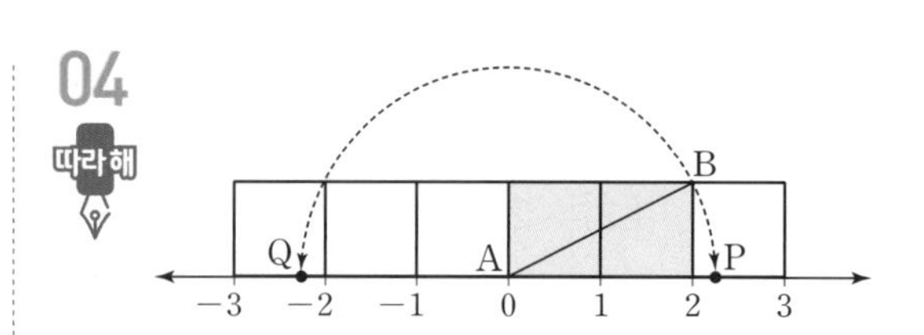

$\overline{AB}^2=\square^2+1^2=\square$이므로 $\overline{AB}=\square$
점 P는 기준점 A의 오른쪽에 있으므로
P$(0+\square)$, 즉 P($\square$)
점 Q는 기준점 A의 왼쪽에 있으므로
Q$(0-\square)$, 즉 Q$(-\square)$

05

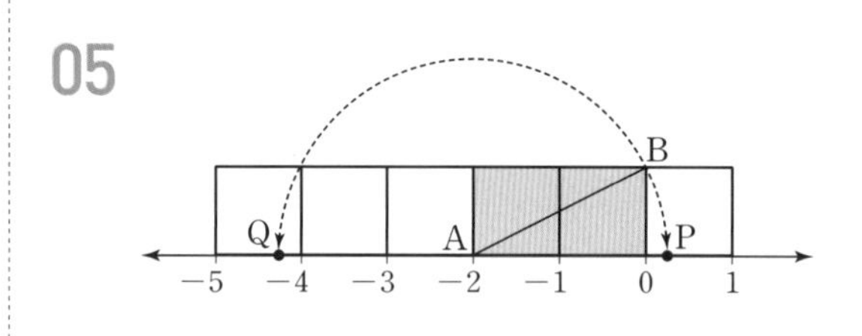

06

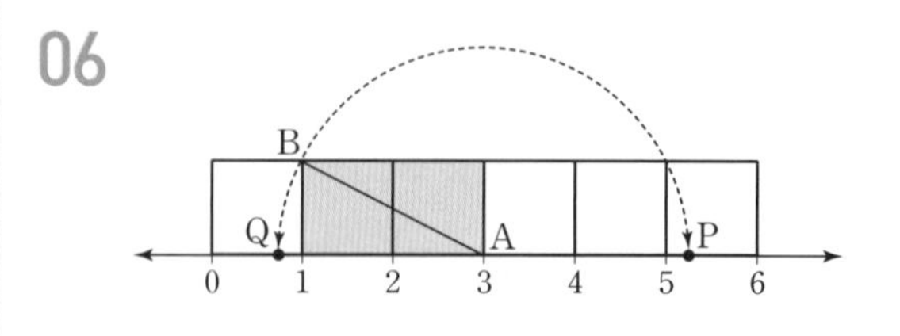

07

따라해

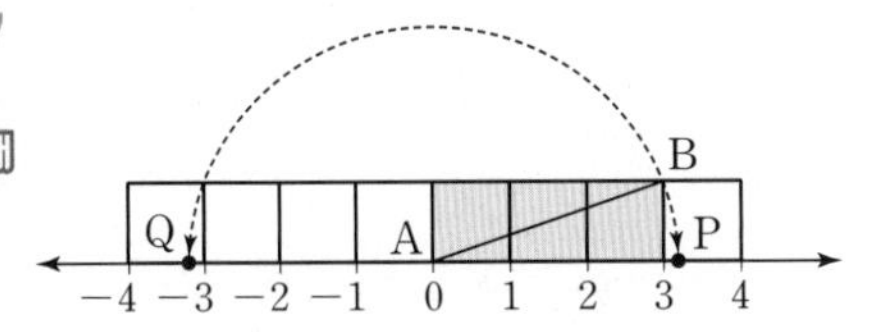

$\overline{AB}^2=\square^2+1^2=\square$이므로 $\overline{AB}=\square$

점 P는 기준점 A의 오른쪽에 있으므로

P(0+$\square$), 즉 P($\square$)

점 Q는 기준점 A의 왼쪽에 있으므로

Q(0−$\square$), 즉 Q(−$\square$)

08

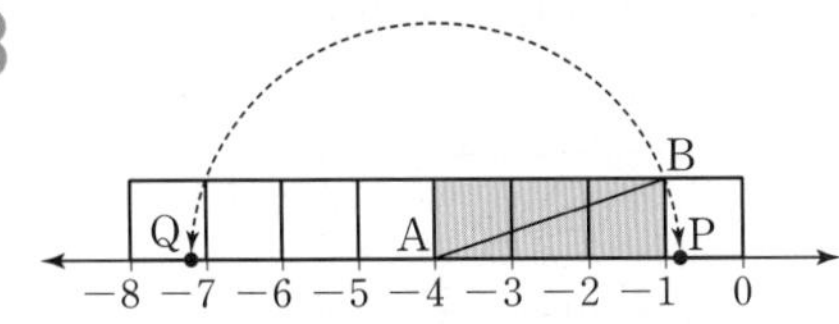

09

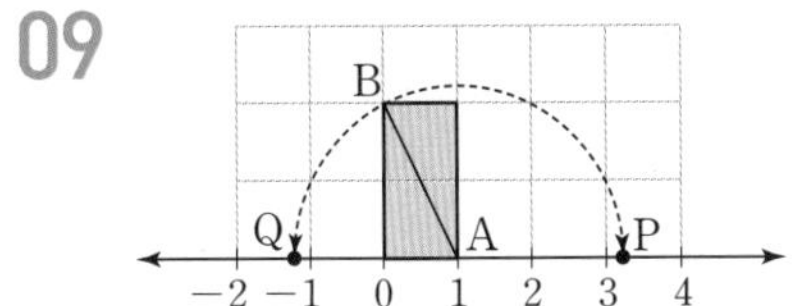

직사각형이 세로로 있어도 구하는 방법은 동일해.

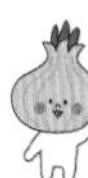

10

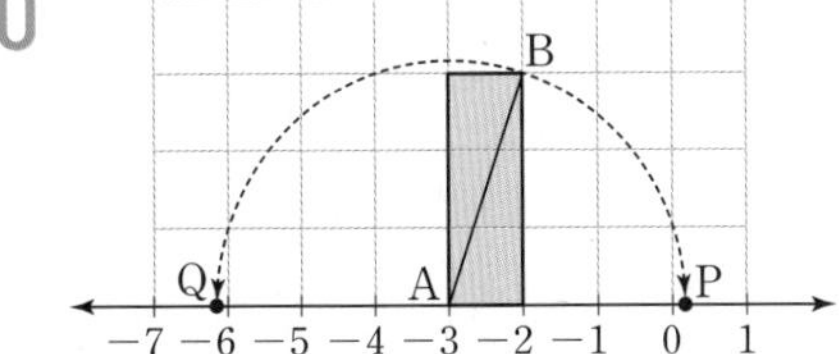

11

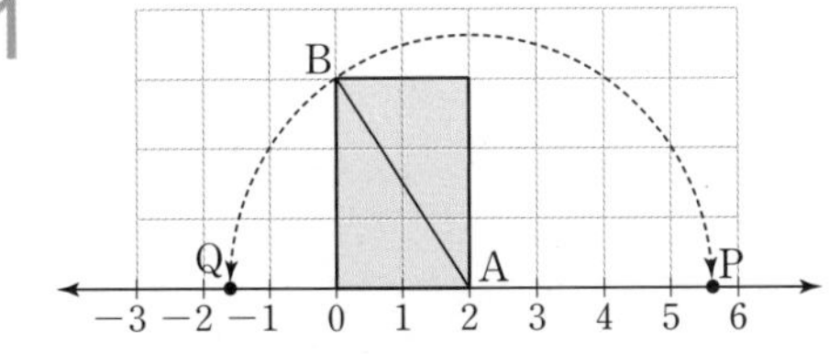

실수와 수직선

다음 설명 중 옳은 것에는 ○표, 옳지 않은 것에는 ×표를 하시오.

12 1과 2 사이에는 유리수가 없다. (   )

13 $\sqrt{2}$와 $\sqrt{3}$ 사이에는 무수히 많은 무리수가 있다. (   )

14 $\sqrt{3}$과 $\sqrt{5}$ 사이에는 1개의 정수가 있다. (   )

15 서로 다른 두 유리수 사이에는 무수히 많은 실수가 있다. (   )

16 유리수에 대응하는 점으로 수직선을 완전히 메울 수 없다. (   )

17 수직선 위에 π에 대응하는 점이 없다. (   )

18 모든 무리수는 수직선 위의 점에 대응시킬 수 있다. (   )

19 모든 실수는 수직선 위에 나타낼 수 있다. (   )

▶ 정답 및 풀이 13쪽

실수의 대소 관계

[방법 ❶] → 부등식의 성질을 이용

$2+\sqrt{5}\ \bigcirc\ 2+\sqrt{6}$

$\sqrt{5}\ (<)\ \sqrt{6}$ ← 양변에서 2를 뺀다.

$\therefore 2+\sqrt{5}\ (<)\ 2+\sqrt{6}$

부등식의 양변에 같은 수를 더하거나 양변에서 같은 수를 빼어도 부등호의 방향은 바뀌지 않아.

[방법 ❷] → 제곱근의 값을 이용

$\sqrt{5}\ \bigcirc\ 2+\sqrt{3}$

$\sqrt{5}=2.\times\times\times$

$\sqrt{3}=1.\times\times\times$이므로 $2+\sqrt{3}=3.\times\times\times$

$\therefore \sqrt{5}\ (<)\ 2+\sqrt{3}$

[방법 ❸] → 두 수의 차를 이용

$\sqrt{2}+1\ \bigcirc\ 2$

$(\sqrt{2}+1)-2$

$=\sqrt{2}-1$

$=\sqrt{2}-\sqrt{1}\ (>)\ 0$

$\therefore \sqrt{2}+1\ (>)\ 2$

$a-b>0$이면 $a>b$
$a-b=0$이면 $a=b$
$a-b<0$이면 $a<b$

다음 ◯ 안에 부등호 >, < 중 알맞은 것을 써넣으시오.

01 $\sqrt{3}+1\ \bigcirc\ \sqrt{5}+1$

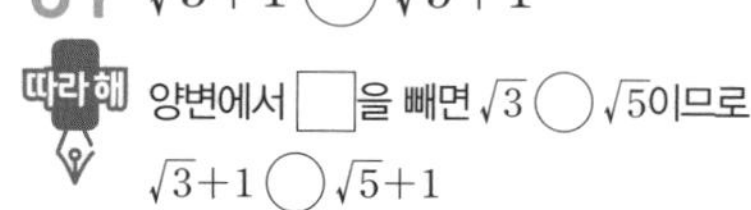

02 $\sqrt{5}-2\ \bigcirc\ \sqrt{2}-2$

03 $\sqrt{2}-1\ \bigcirc\ \sqrt{3}-1$

04 $3-\sqrt{6}\ \bigcirc\ 3-\sqrt{7}$

05 $2+\sqrt{7}\ \bigcirc\ \sqrt{5}+\sqrt{7}$

06 $\sqrt{10}-\sqrt{11}\ \bigcirc\ 3-\sqrt{11}$

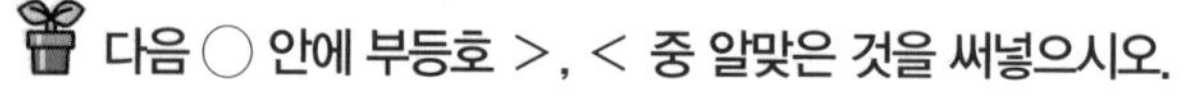

다음 ◯ 안에 부등호 >, < 중 알맞은 것을 써넣으시오.

07 $3\ \bigcirc\ \sqrt{7}+1$

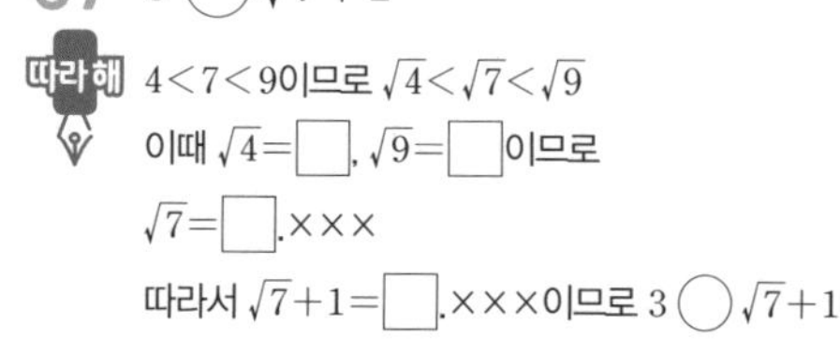

08 $\sqrt{2}+4\ \bigcirc\ 6$

09 $6-\sqrt{5}\ \bigcirc\ 3$

두 수의 차를 이용한 두 수의 대소 비교

다음 ◯ 안에 부등호 >, < 중 알맞은 것을 써넣으시오.

10 $\sqrt{5}+1\ \bigcirc\ 3$

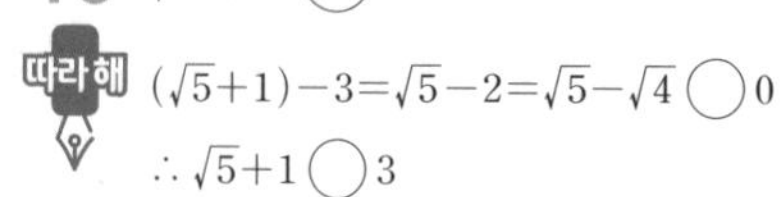

11 $5-\sqrt{3}\ \bigcirc\ 3$

12 4 ◯ $\sqrt{7}+2$

13 $\sqrt{13}+3$ ◯ 6

14 $\sqrt{20}-2$ ◯ 3

세 실수의 대소 관계

다음 세 수 a, b, c의 대소 관계를 부등호를 사용하여 나타내시오.

15 $a=\sqrt{3}+1$, $b=\sqrt{2}+2$, $c=3$ ________

$a-c=(\sqrt{3}+1)-3=\sqrt{3}-2<0$

$\therefore a$ ◯ c ······ ㉠

$c-b=3-(\sqrt{2}+2)=1-\sqrt{2}<0$

$\therefore c$ ◯ b ······ ㉡

㉠, ㉡에서 a ◯ c ◯ b

세 실수 a, b, c에 대하여 $a<b$이고 $b<c$이면 $a<b<c$

16 $a=\sqrt{2}+1$, $b=\sqrt{2}-1$, $c=2$ ________

17 $a=\sqrt{11}-2$, $b=\sqrt{10}-2$, $c=2$ ________

18 $a=4-\sqrt{2}$, $b=2$, $c=\sqrt{3}+4$ ________

수직선에서 무리수에 대응하는 점 찾기

아래 수직선 위의 점 중에서 다음 주어진 수에 대응하는 점을 찾으시오.

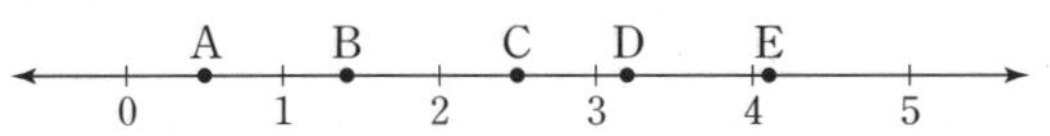

19 $\sqrt{2}$ ________

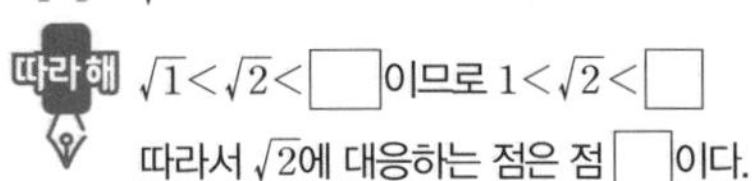

따라해 $\sqrt{1}<\sqrt{2}<$ ☐ 이므로 $1<\sqrt{2}<$ ☐

따라서 $\sqrt{2}$에 대응하는 점은 점 ☐ 이다.

20 $\sqrt{6}$ ________

21 $\sqrt{10}$ ________

22 $\sqrt{17}$ ________

아래 수직선 위의 점 중에서 다음 주어진 수에 대응하는 점을 찾으시오.

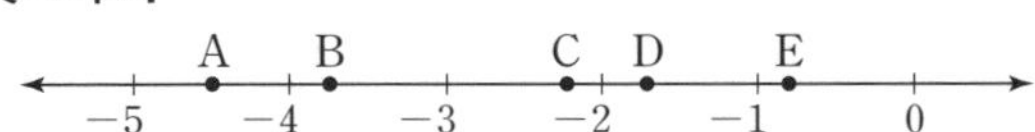

23 $-\sqrt{5}$ ________

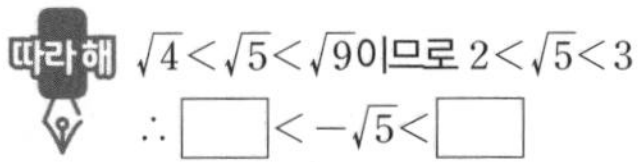

따라해 $\sqrt{4}<\sqrt{5}<\sqrt{9}$이므로 $2<\sqrt{5}<3$

$\therefore$ ☐ $<-\sqrt{5}<$ ☐

따라서 $-\sqrt{5}$에 대응하는 점은 점 ☐ 이다.

24 $-\sqrt{14}$ ________

25 $-\sqrt{21}$ ________

연산 능력 UP!

10분 연산 TEST

▶ 정답 및 풀이 13쪽

[01 ~ 02] 아래의 수를 보고, 다음을 모두 구하시오.

$\sqrt{100}$, $-2.1223334\cdots$, $\sqrt{\frac{17}{2}}$, $-\sqrt{\frac{4}{25}}$, $0.\dot{2}4\dot{1}$

01 유리수

02 무리수

[03 ~ 04] 아래의 수를 보고, 다음을 구하시오.

$-\frac{3}{4}$, $\sqrt{(-5)^2}$, $\sqrt{\frac{4}{81}}$, $\sqrt{0.1}$, $-(\sqrt{2})^2$, 2π, $0.3\dot{6}$

03 정수의 개수

04 무리수의 개수

[05 ~ 09] 다음 설명 중 옳은 것에는 ○표, 옳지 않은 것에는 ×표를 하시오.

05 근호를 사용하여 나타낸 수는 무리수이다. (　　　)

06 무리수는 모두 순환하지 않는 무한소수이다. (　　　)

07 무한소수 중에는 유리수도 있다. (　　　)

08 1과 $\sqrt{3}$ 사이에는 1개의 무리수가 있다. (　　　)

09 수직선은 유리수에 대응하는 점으로 완전히 메울 수 없다. (　　　)

[10 ~ 12] 다음 그림에서 작은 사각형은 모두 한 변의 길이가 1인 정사각형이다. 점 A를 중심으로 하고 $\overline{AB}$를 반지름으로 하는 원이 수직선과 만나는 점을 각각 P, Q라 할 때, 다음을 구하시오.

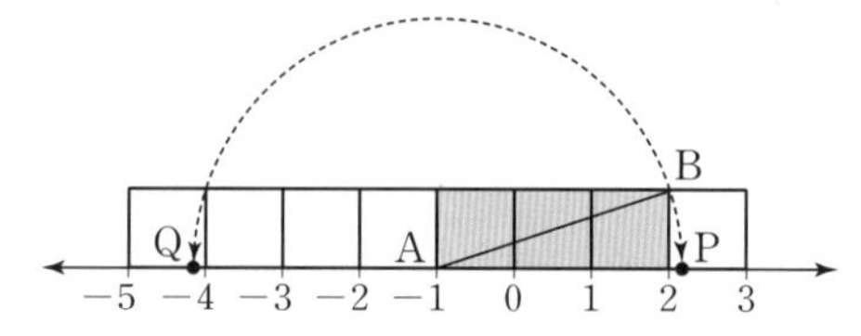

10 $\overline{AB}$의 길이

11 점 P에 대응하는 수

12 점 Q에 대응하는 수

[13 ~ 14] 다음 ◯ 안에 부등호 >, < 중 알맞은 것을 써넣으시오.

13 $\sqrt{3}+3$ ◯ 5

14 $\sqrt{10}-1$ ◯ 2

15 다음 세 수 a, b, c의 대소 관계를 부등호를 사용하여 나타내시오.

$a=\sqrt{7}-2$, $b=\sqrt{5}-2$, $c=2$

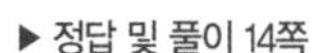
▶ 정답 및 풀이 14쪽

01

다음 중 'x는 4의 제곱근이다.'를 나타낸 관계식으로 옳은 것은?

① $x=2$　② $x=\sqrt{4}$　③ $x^2=\pm2$
④ $x^2=4$　⑤ $\sqrt{x}=4$

02 85% 출제율

다음 중 옳은 것을 모두 고르면? (정답 2개)

① 0의 제곱근은 없다.
② 음수의 제곱근은 음수이다.
③ $\sqrt{7}$은 7의 양의 제곱근이다.
④ 25의 제곱근은 ±5이다.
⑤ 제곱근 2와 2의 제곱근은 서로 같다.

03

다음 중 옳은 것은?

① $(\sqrt{6})^2=36$　② $(-\sqrt{7})^2=-7$
③ $-\sqrt{\left(\frac{2}{3}\right)^2}=\frac{2}{3}$　④ $\sqrt{\left(-\frac{1}{3}\right)^2}=\frac{1}{3}$
⑤ $-(-\sqrt{0.3})^2=0.3$

04

다음을 계산하시오.

$$(-\sqrt{3})^2\times\sqrt{100}\div\sqrt{(-5)^2}$$

05 실수 주의

$a>0$일 때, 다음 중 옳지 않은 것은?

① $\sqrt{(2a)^2}=2a$　② $\sqrt{(-3a)^2}=-3a$
③ $-\sqrt{(-4a)^2}=-4a$　④ $-\sqrt{(5a)^2}=-5a$
⑤ $-\sqrt{36a^2}=-6a$

06

$2<x<5$일 때, $\sqrt{(x-2)^2}-\sqrt{(x-5)^2}$을 간단히 하면?

① $-2x+7$　② -3　③ 0
④ 3　⑤ $2x-7$

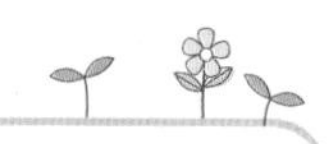

07 실수 주의

다음 중 두 수의 대소 관계가 옳지 않은 것은?

① $\sqrt{7}>1$
② $-\sqrt{4.8}<-\sqrt{3.6}$
③ $\sqrt{\frac{1}{3}}>\sqrt{\frac{1}{5}}$
④ $5<\sqrt{26}$
⑤ $-\sqrt{50}>-7$

08

부등식 $2<\sqrt{5x}<4$를 만족시키는 자연수 x의 값을 모두 구하시오.

09

다음 수 중 무리수인 것을 모두 고르시오.

-1, $\sqrt{9}$, $\sqrt{2}+1$, $\sqrt{0.4}$, π,
$3.\dot{1}$, $-\sqrt{\frac{1}{16}}$, $0.1010010001\cdots$

10

다음 그림에서 작은 사각형은 모두 한 변의 길이가 1인 정사각형이다. 점 A를 중심으로 하고 $\overline{AB}$를 반지름으로 하는 원이 수직선과 만나는 점을 각각 P, Q라 할 때, 두 점 P, Q에 대응하는 수를 각각 구하시오.

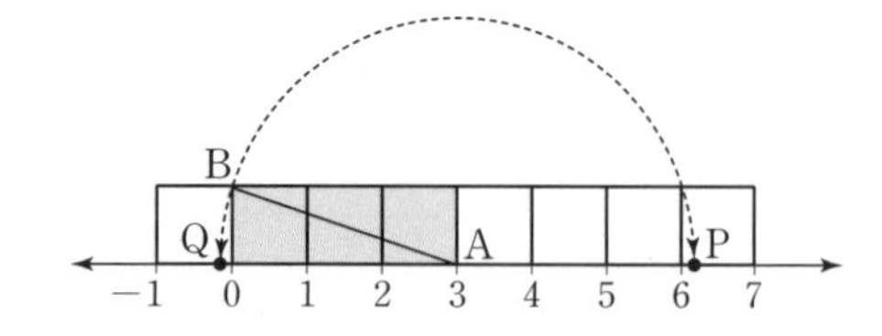

11 80% 출제율

다음 **보기**에서 옳은 것을 모두 고르시오.

보기

ㄱ. 무한소수는 모두 무리수이다.
ㄴ. $\sqrt{7}$은 실수이다.
ㄷ. 유리수이면서 무리수인 수도 있다.
ㄹ. 실수에 대응하는 모든 점들로 수직선을 완전히 메울 수 있다.
ㅁ. 서로 다른 두 유리수 사이에는 무수히 많은 무리수가 있다.

12

다음 중 두 수의 대소 관계가 옳지 않은 것은?

① $3+\sqrt{7}>3+\sqrt{6}$
② $-2-\sqrt{1.8}>-3-\sqrt{1.8}$
③ $8-\sqrt{2}>6$
④ $\sqrt{8}-2<1$
⑤ $5<7-\sqrt{5}$

13 서술형

$\sqrt{360a}$가 자연수가 되도록 하는 가장 작은 자연수 a의 값을 구하시오.

채점 기준 1 360을 소인수분해하기

채점 기준 2 $\sqrt{360a}$가 자연수가 되도록 하는 a의 조건 구하기

채점 기준 3 가장 작은 자연수 a의 값 구하기

Ⅰ-2 근호를 포함한 식의 계산

01 제곱근의 곱셈과 나눗셈

$a>0$, $b>0$이고 m, n이 유리수일 때

(1) 제곱근의 곱셈

① $\sqrt{a}\times\sqrt{b}=\sqrt{ab}$

② $m\sqrt{a}\times n\sqrt{b}=mn\sqrt{ab}$ ⟶ 근호 안의 수끼리, 근호 밖의 수끼리 곱한다.

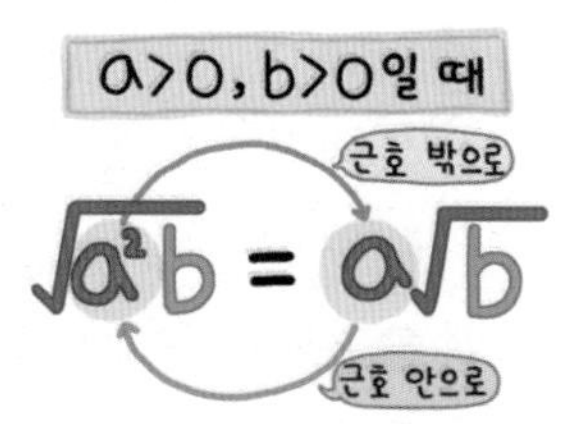

(2) 제곱근의 곱셈에서 근호가 있는 식의 변형

$\sqrt{a^2b}=a\sqrt{b}$

(3) 제곱근의 나눗셈

① $\sqrt{a}\div\sqrt{b}=\dfrac{\sqrt{a}}{\sqrt{b}}=\sqrt{\dfrac{a}{b}}$

② $m\sqrt{a}\div n\sqrt{b}=\dfrac{m\sqrt{a}}{n\sqrt{b}}=\dfrac{m}{n}\sqrt{\dfrac{a}{b}}$ (단, $n\neq0$)

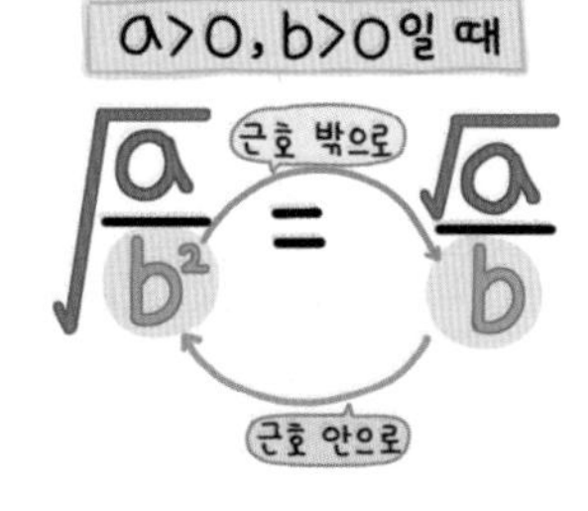

(4) 제곱근의 나눗셈에서 근호가 있는 식의 변형

$\sqrt{\dfrac{a}{b^2}}=\dfrac{\sqrt{a}}{\sqrt{b^2}}=\dfrac{\sqrt{a}}{b}$

02 분모의 유리화

(1) 분모의 유리화 : 분모에 근호가 있을 때, 분모와 분자에 각각 0이 아닌 같은 수를 곱하여 분모를 유리수로 고치는 것

$$\frac{2}{\sqrt{3}}=\frac{2\times\sqrt{3}}{\sqrt{3}\times\sqrt{3}}=\frac{2\sqrt{3}}{3}$$

무리수 → 유리수

분자, 분모에 $\sqrt{3}$을 각각 곱하니 분모가 유리수가 되네

(2) 분모를 유리화하는 방법

① $\dfrac{a}{\sqrt{b}}=\dfrac{a\times\sqrt{b}}{\sqrt{b}\times\sqrt{b}}=\dfrac{a\sqrt{b}}{b}$ (단, $b>0$)

② $\dfrac{\sqrt{a}}{\sqrt{b}}=\dfrac{\sqrt{a}\times\sqrt{b}}{\sqrt{b}\times\sqrt{b}}=\dfrac{\sqrt{ab}}{b}$ (단, $a>0$, $b>0$)

참고 근호 안에 제곱인 인수가 포함되어 있으면 제곱인 인수를 근호 밖으로 꺼낸 다음 분모를 유리화하면 편리하다.

03 제곱근의 덧셈과 뺄셈

근호 안의 수가 같은 것을 동류항으로 보고, 다항식의 덧셈, 뺄셈과 같은 방법으로 계산한다.

$a>0$이고 m, n이 유리수일 때,

(1) $m\sqrt{a}+n\sqrt{a}=(m+n)\sqrt{a}$ 예 $3\sqrt{2}+5\sqrt{2}=(3+5)\sqrt{2}=8\sqrt{2}$

(2) $m\sqrt{a}-n\sqrt{a}=(m-n)\sqrt{a}$ 예 $5\sqrt{3}-2\sqrt{3}=(5-2)\sqrt{3}=3\sqrt{3}$

04 근호를 포함한 복잡한 식의 계산

(1) 근호를 포함한 식의 분배법칙

$a>0$, $b>0$, $c>0$일 때,

① $\sqrt{a}(\sqrt{b}\pm\sqrt{c})=\sqrt{a}\sqrt{b}\pm\sqrt{a}\sqrt{c}=\sqrt{ab}\pm\sqrt{ac}$

② $(\sqrt{a}\pm\sqrt{b})\sqrt{c}=\sqrt{a}\sqrt{c}\pm\sqrt{b}\sqrt{c}=\sqrt{ac}\pm\sqrt{bc}$

(2) 근호를 포함한 복잡한 식의 계산

❶ 괄호가 있으면 분배법칙을 이용하여 괄호를 푼다.

❷ 근호 안에 제곱인 인수가 있으면 근호 밖으로 꺼낸다.

❸ 분모에 근호가 있으면 분모를 유리화한다.

❹ 곱셈과 나눗셈을 먼저 한 후 덧셈과 뺄셈을 한다.

05 제곱근표

(1) 제곱근표 : 1.00부터 99.9까지의 수에 대한 양의 제곱근을 반올림하여 소수점 아래 셋째 자리까지 구하여 나타낸 표를 제곱근표라 한다.

수	0	1	2	3	4
⋮	⋮	⋮	⋮	⋮	⋮
1.5	1.225	1.229	1.233	1.237	1.241
1.6	1.265	1.269	1.273	1.277	1.281
1.7	1.304	1.308	1.311	1.315	1.319
⋮	⋮	⋮	⋮	⋮	⋮

(2) 제곱근표 읽는 방법

$\sqrt{1.62}$의 값은 제곱근표에서 1.6의 가로줄과 2의 세로줄이 만나는 곳의 수인 1.273이다.

→ $\sqrt{1.62}=1.273$과 같이 등호를 사용하여 나타낸다.

(3) 제곱근표에 없는 수의 제곱근의 값

1.00보다 작거나 100보다 큰 수의 제곱근의 값은 제곱근표에서 찾을 수 없으므로 제곱근의 성질 $\sqrt{a^2b}=a\sqrt{b}$를 이용하여 근호 안의 수를 제곱근표에 있는 수로 만들어서 구한다.

예 $\sqrt{7}=2.646$, $\sqrt{70}=8.367$일 때,

$\sqrt{700}=\sqrt{7\times100}=10\sqrt{7}=10\times2.646=26.46$

$\sqrt{700000}=\sqrt{70\times10000}=100\sqrt{70}=100\times8.367=836.7$

$\sqrt{0.07}=\sqrt{\frac{7}{100}}=\frac{\sqrt{7}}{10}=\frac{2.646}{10}=0.2646$

$\sqrt{0.007}=\sqrt{\frac{70}{10000}}=\frac{\sqrt{70}}{100}=\frac{8.367}{100}=0.08367$

06 무리수의 정수 부분과 소수 부분

무리수는 정수 부분과 소수 부분으로 나눌 수 있다.

예 $\sqrt{2}=1.414\cdots=1+0.414\cdots$ (1: 정수 부분, $0.414\cdots$: 소수 부분)

→ $\sqrt{2}-1=0.414\cdots$ → $\sqrt{2}$의 소수 부분은 $\sqrt{2}-1$로 나타낼 수 있다.

(무리수) = (정수 부분) + (소수 부분)
→ (소수 부분) = (무리수) − (정수 부분)

▶ 정답 및 풀이 15쪽

제곱근의 곱셈

• $\sqrt{2}\times\sqrt{3}=\sqrt{2}\sqrt{3}=\sqrt{2\times3}=\sqrt{6}$

근호 안의 수끼리 곱한다.

근호 밖의 수끼리 곱한다.

• $3\sqrt{2}\times2\sqrt{5}=(3\times2)\times\sqrt{2\times5}=6\sqrt{10}$

근호 안의 수끼리 곱한다.

$a>0$, $b>0$이고

m, n이 유리수일 때

• $\sqrt{a}\times\sqrt{b}=\sqrt{a}\sqrt{b}=\sqrt{ab}$
• $m\sqrt{a}\times n=mn\sqrt{a}$
• $m\sqrt{a}\times n\sqrt{b}=mn\sqrt{ab}$

다음을 계산하시오.

01 $\sqrt{3}\times\sqrt{5}=\sqrt{3\times\square}=\sqrt{\square}$

따라해

02 $\sqrt{2}\times\sqrt{7}$ ______

03 $\sqrt{5}\times\sqrt{6}$ ______

04 $\sqrt{12}\times\sqrt{\frac{1}{3}}=\sqrt{12\times\square}=\sqrt{\square}=\square$

따라해

$\sqrt{\ }$ 안의 수가 제곱수이면 근호 밖으로 뺄 수 있어.

05 $\sqrt{\frac{2}{3}}\times\sqrt{15}$ ______

06 $\sqrt{2}\times\sqrt{3}\times\sqrt{7}$ ______

$\sqrt{a}\times\sqrt{b}\times\sqrt{c}=\sqrt{abc}$

07 $\sqrt{5}\times\sqrt{11}\times\sqrt{\frac{7}{11}}$ ______

08 $4\sqrt{3}\times3=(4\times\square)\times\sqrt{3}=\square\sqrt{3}$

따라해

09 $2\sqrt{6}\times5$ ______

10 $3\sqrt{5}\times5\sqrt{2}=(3\times\square)\times\sqrt{\square\times2}=\square\sqrt{10}$

11 $(-2\sqrt{11})\times\sqrt{3}$ ______

12 $(-5\sqrt{3})\times(-6\sqrt{7})$ ______

13 $4\sqrt{\frac{2}{13}}\times2\sqrt{39}$ ______

14 $\frac{4}{3}\sqrt{3}\times\frac{3}{2}\sqrt{5}$ ______

근호가 있는 식의 변형 (1)

(1) $\sqrt{a^2b}$를 $a\sqrt{b}$로 변형해 보자.

$$\sqrt{12}=\sqrt{2^2\times3}=\sqrt{2^2}\sqrt{3}=2\sqrt{3}$$

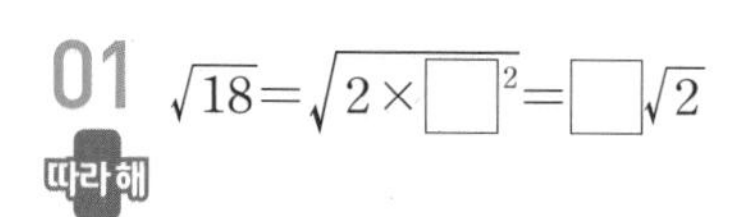

(2) $a\sqrt{b}$를 $\sqrt{a^2b}$로 변형해 보자.

$$2\sqrt{3}=\sqrt{2^2}\sqrt{3}=\sqrt{2^2\times3}=\sqrt{12}$$

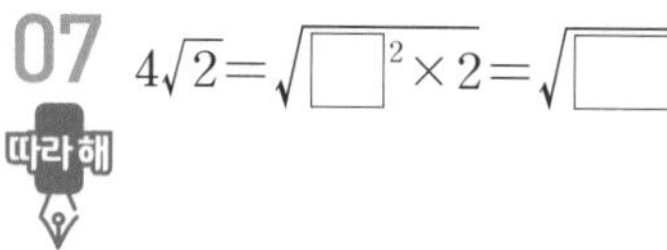

참고 $a\sqrt{b}$의 꼴로 나타낼 때 a는 유리수, b는 가장 작은 자연수이다.

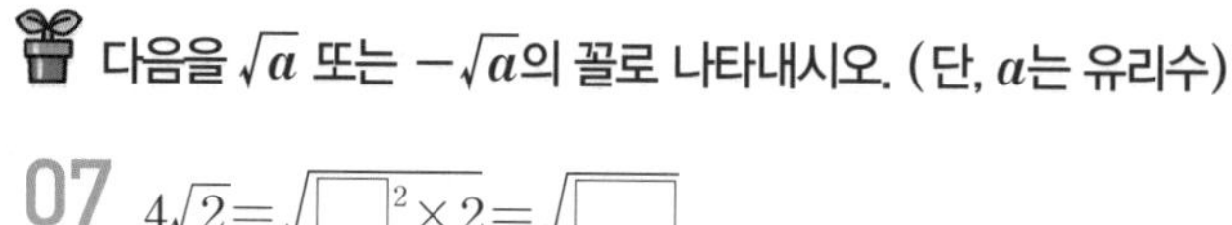

근호 밖에 음수가 있는 경우 부호를 뺀 양수 부분만 제곱하여 근호 안에 넣는다.
→ $-2\sqrt{3}=\sqrt{(-2)^2\times3}=\sqrt{12}$ (×), $-2\sqrt{3}=-\sqrt{2^2\times3}=-\sqrt{12}$ (○)

다음을 $a\sqrt{b}$의 꼴로 나타내시오. (단, b는 가장 작은 자연수)

01 $\sqrt{18}=\sqrt{2\times\square^2}=\square\sqrt{2}$ 따라해

02 $\sqrt{27}$ ______

03 $\sqrt{45}$ ______

04 $\sqrt{48}$ ______

05 $\sqrt{50}$ ______

06 $\sqrt{63}$ ______

다음을 $\sqrt{a}$ 또는 $-\sqrt{a}$의 꼴로 나타내시오. (단, a는 유리수)

07 $4\sqrt{2}=\sqrt{\square^2\times2}=\sqrt{\square}$ 따라해

08 $2\sqrt{7}$ ______

09 $5\sqrt{3}$ ______

10 $-7\sqrt{2}=-\sqrt{\square^2\times2}=-\sqrt{\square}$ 따라해

근호 밖의 −는 근호 안에 넣을 수 없어.

11 $-3\sqrt{10}$ ______

12 $-4\sqrt{5}$ ______

제곱근의 나눗셈

근호 안의 수끼리 나눈다.

$$\sqrt{3}\div\sqrt{2}=\frac{\sqrt{3}}{\sqrt{2}}=\sqrt{\frac{3}{2}}$$

근호 밖의 수끼리 나눈다. 근호 안의 수끼리 나눈다.

$$3\sqrt{2}\div2\sqrt{5}=\frac{3\sqrt{2}}{2\sqrt{5}}=\frac{3}{2}\sqrt{\frac{2}{5}}$$

참고 나눗셈은 역수의 곱셈으로 고쳐서 계산할 수도 있다.

$\sqrt{3}\div\sqrt{2}=\sqrt{3}\times\frac{1}{\sqrt{2}}=\sqrt{3\times\frac{1}{2}}=\sqrt{\frac{3}{2}}$, $3\sqrt{2}\div2\sqrt{5}=3\sqrt{2}\times\frac{1}{2\sqrt{5}}=\left(3\times\frac{1}{2}\right)\times\sqrt{2\times\frac{1}{5}}=\frac{3}{2}\sqrt{\frac{2}{5}}$

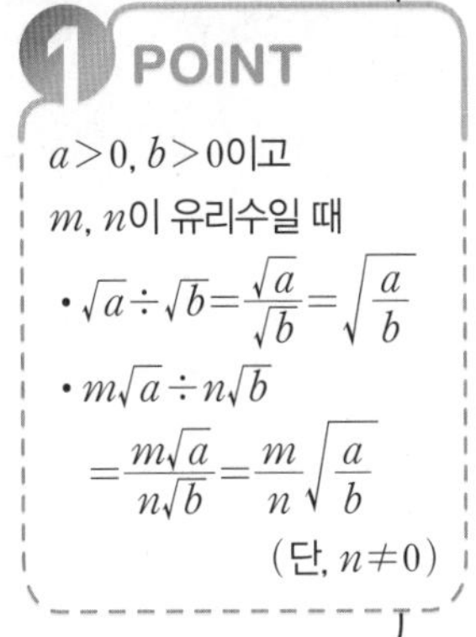

다음을 계산하시오.

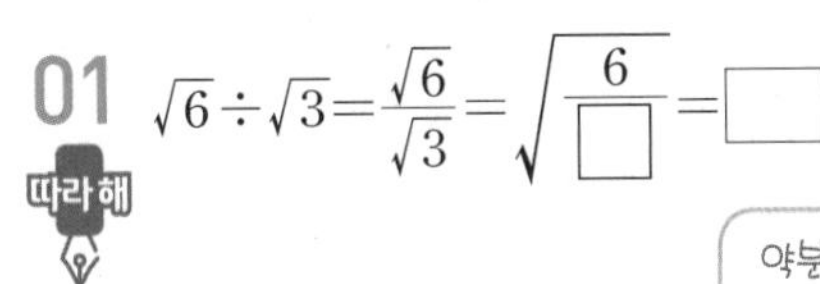

01 (따라해) $\sqrt{6}\div\sqrt{3}=\frac{\sqrt{6}}{\sqrt{3}}=\sqrt{\frac{6}{\square}}=\square$

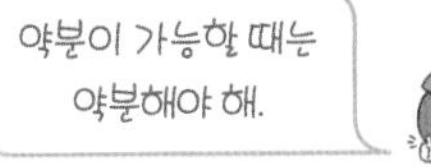

02 $\sqrt{10}\div\sqrt{5}$

03 $\sqrt{8}\div\sqrt{2}$

04 $\sqrt{2}\div\sqrt{14}$

05 (따라해) $2\sqrt{7}\div3\sqrt{5}=\frac{2\sqrt{7}}{\square}=\frac{2}{3}\sqrt{\square}$

06 $(-6\sqrt{5})\div3\sqrt{10}$

07 $\sqrt{30}\div2\sqrt{3}$

08 $15\sqrt{7}\div10\sqrt{7}$

09 (따라해) $\sqrt{15}\div\left(-\sqrt{\frac{3}{2}}\right)=\sqrt{15}\times\left(-\sqrt{\frac{2}{3}}\right)$

$=-\sqrt{15\times\square}=\square$

나누는 수가 분수이면
역수의 곱셈으로 계산해 봐.

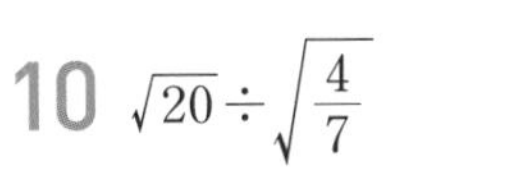

10 $\sqrt{20}\div\sqrt{\frac{4}{7}}$

11 (따라해) $\frac{\sqrt{26}}{\sqrt{3}}\div\frac{\sqrt{13}}{\sqrt{15}}=\frac{\sqrt{26}}{\sqrt{3}}\times\frac{\sqrt{\square}}{\sqrt{\square}}$

$=\sqrt{\frac{26}{3}\times\square}=\sqrt{\square}$

12 $\frac{\sqrt{3}}{\sqrt{8}}\div\frac{\sqrt{21}}{\sqrt{2}}$

13 $(-\sqrt{38})\div\frac{\sqrt{19}}{\sqrt{3}}$

14 $(-6\sqrt{11})\div\frac{\sqrt{99}}{5}$

▶ 정답 및 풀이 16쪽

근호가 있는 식의 변형 (2)

(1) $\sqrt{\dfrac{b}{a^2}}$를 $\dfrac{\sqrt{b}}{a}$로 변형해 보자.

$$\sqrt{\frac{3}{4}}=\sqrt{\frac{3}{2^2}}=\frac{\sqrt{3}}{\sqrt{2^2}}=\frac{\sqrt{3}}{2}$$

제곱인 인수는 근호 밖으로!

(2) $\dfrac{\sqrt{b}}{a}$를 $\sqrt{\dfrac{b}{a^2}}$로 변형해 보자.

$$\frac{\sqrt{3}}{2}=\frac{\sqrt{3}}{\sqrt{2^2}}=\sqrt{\frac{3}{2^2}}=\sqrt{\frac{3}{4}}$$

근호 밖의 수는 제곱하여 근호 안으로!

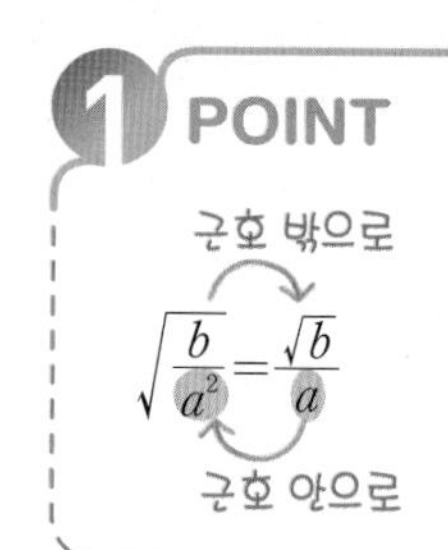

다음을 $\dfrac{\sqrt{b}}{a}$의 꼴로 나타내시오. (단, b는 가장 작은 자연수)

01 따라해 $\sqrt{\dfrac{7}{9}}=\sqrt{\dfrac{7}{\square^2}}=\dfrac{\sqrt{7}}{\sqrt{\square^2}}=\dfrac{\sqrt{7}}{\square}$

02 $\sqrt{\dfrac{13}{16}}$

03 $\sqrt{\dfrac{23}{36}}$

04 $\sqrt{\dfrac{11}{100}}$

05 따라해 $\sqrt{0.29}=\sqrt{\dfrac{29}{100}}=\sqrt{\dfrac{29}{\square^2}}=\dfrac{\sqrt{29}}{\sqrt{\square^2}}=\dfrac{\sqrt{29}}{\square}$

06 $\sqrt{1.41}$

다음을 $\sqrt{\dfrac{b}{a}}$의 꼴로 나타내시오. (단, a, b는 서로소)

07 따라해 $\dfrac{\sqrt{5}}{3}=\dfrac{\sqrt{5}}{\sqrt{\square^2}}=\sqrt{\dfrac{5}{\square^2}}=\sqrt{\dfrac{5}{\square}}$

08 $\dfrac{\sqrt{10}}{4}$

답은 항상 기약분수로 나타내.

09 $\dfrac{\sqrt{6}}{7}$

10 $\dfrac{\sqrt{2}}{8}$

11 따라해 $\dfrac{2\sqrt{3}}{5}=\dfrac{\sqrt{\square^2\times 3}}{\sqrt{\square^2}}=\sqrt{\dfrac{\square^2\times 3}{\square^2}}=\sqrt{\dfrac{\square}{\square}}$

12 $\dfrac{7\sqrt{2}}{3}$

13 $\dfrac{3\sqrt{6}}{8}$

▶ 정답 및 풀이 16쪽

분모의 유리화

(1) **분모의 유리화** : 분모에 근호가 있을 때, 분모, 분자에 0이 아닌 같은 수를 각각 곱하여 분모를 유리수로 고치는 것

$\frac{1}{\sqrt{2}}=\frac{1\times\sqrt{2}}{\sqrt{2}\times\sqrt{2}}=\frac{\sqrt{2}}{2}$ → 유리수 (분모, 분자에 $\sqrt{2}$를 각각 곱한다.)

$\frac{\sqrt{3}}{\sqrt{2}}=\frac{\sqrt{3}\times\sqrt{2}}{\sqrt{2}\times\sqrt{2}}=\frac{\sqrt{6}}{2}$ → 유리수 (분모, 분자에 $\sqrt{2}$를 각각 곱한다.)

$\frac{3}{2\sqrt{2}}=\frac{3\times\sqrt{2}}{2\sqrt{2}\times\sqrt{2}}=\frac{3\sqrt{2}}{4}$ → 유리수 (분모, 분자에 $\sqrt{2}$를 각각 곱한다.)

(2) 분모의 근호 안에 제곱인 인수가 있으면 $a\sqrt{b}$의 꼴로 고친 후 분모를 유리화한다.

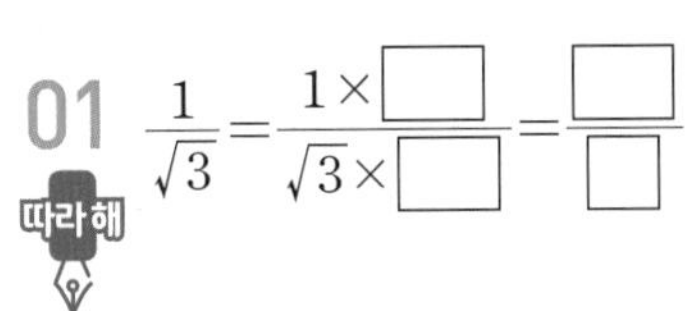

$\frac{4}{\sqrt{20}}=\frac{4}{\sqrt{2^2\times5}}=\frac{4}{2\sqrt{5}}=\frac{2}{\sqrt{5}}=\frac{2\sqrt{5}}{5}$

근호 안을 소인수분해 / $a\sqrt{b}$의 꼴 / 약분 / 분모의 유리화

다음 수의 분모를 유리화하시오.

01 $\frac{1}{\sqrt{3}}=\frac{1\times\square}{\sqrt{3}\times\square}=\frac{\square}{\square}$ 따라해

02 $\frac{1}{\sqrt{5}}$

03 $\frac{1}{\sqrt{10}}$

04 $\frac{5}{\sqrt{6}}=\frac{5\times\square}{\sqrt{6}\times\square}=\frac{\square}{\square}$ 따라해

05 $\frac{3}{\sqrt{7}}$

06 $\frac{2}{\sqrt{10}}$

07 $\frac{6}{\sqrt{3}}$

다음 수의 분모를 유리화하시오.

08 $\frac{\sqrt{2}}{\sqrt{5}}=\frac{\sqrt{2}\times\square}{\sqrt{5}\times\square}=\frac{\sqrt{\square}}{\square}$ 따라해

09 $\frac{\sqrt{3}}{\sqrt{7}}$

10 $\frac{\sqrt{10}}{\sqrt{3}}$

11 $\frac{\sqrt{6}}{\sqrt{11}}$

12 $\frac{\sqrt{2}}{\sqrt{17}}$

13 $\frac{\sqrt{5}}{\sqrt{13}}$

14 $\frac{\sqrt{14}}{\sqrt{3}}$

다음 수의 분모를 유리화하시오.

15 따라해

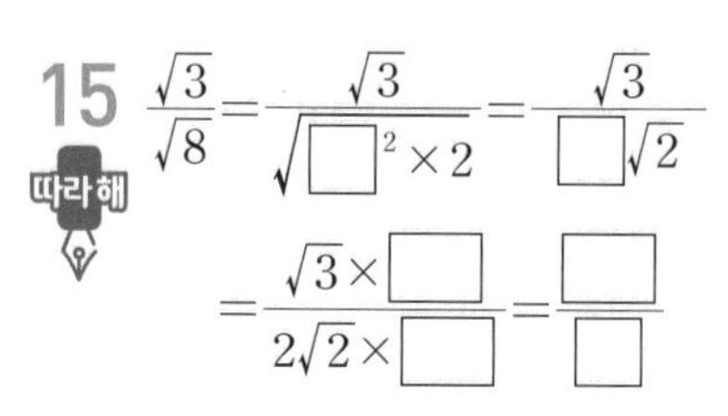

$\dfrac{\sqrt{3}}{\sqrt{8}}=\dfrac{\sqrt{3}}{\sqrt{\square^2\times2}}=\dfrac{\sqrt{3}}{\square\sqrt{2}}$

$=\dfrac{\sqrt{3}\times\square}{2\sqrt{2}\times\square}=\dfrac{\square}{\square}$

16 $\dfrac{\sqrt{7}}{\sqrt{20}}$ ________

17 $\dfrac{\sqrt{5}}{\sqrt{24}}$ ________

18 $\dfrac{\sqrt{7}}{\sqrt{12}}$ ________

19 $\dfrac{\sqrt{2}}{\sqrt{27}}$ ________

20 $\dfrac{\sqrt{11}}{\sqrt{80}}$ ________

21 $\dfrac{\sqrt{5}}{\sqrt{96}}$ ________

분모에 있는 근호 안의 값이 크면 제곱인 인수가 있는지 확인해 봐.

22 $\dfrac{\sqrt{13}}{\sqrt{98}}$ ________

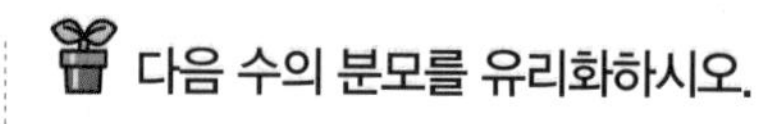

23 따라해

(근호 안을 소인수분해) ($a\sqrt{b}$의 꼴)

$\dfrac{3\sqrt{5}}{\sqrt{12}}=\dfrac{3\sqrt{5}}{\sqrt{\square^2\times3}}=\dfrac{3\sqrt{5}}{\square\sqrt{3}}$

$=\dfrac{3\sqrt{5}\times\square}{2\sqrt{3}\times\square}=\dfrac{3\sqrt{\square}}{\square}=\dfrac{\sqrt{\square}}{\square}$

(분모의 유리화) (약분)

24 $\dfrac{4\sqrt{7}}{\sqrt{18}}$ ________

25 $\dfrac{5\sqrt{3}}{\sqrt{20}}$ ________

26 $\dfrac{2\sqrt{5}}{\sqrt{32}}$ ________

27 $\dfrac{6\sqrt{11}}{\sqrt{54}}$ ________

28 $\dfrac{3\sqrt{2}}{\sqrt{75}}$ ________

29 $\dfrac{5\sqrt{7}}{\sqrt{90}}$ ________

06 VISUAL 연산 제곱근의 곱셈과 나눗셈의 혼합 계산

앞에서부터 순서대로

$$\sqrt{6}\div\sqrt{12}\times\sqrt{5}=\sqrt{6}\times\frac{1}{\sqrt{12}}\times\sqrt{5}$$

나눗셈은 역수의 곱셈으로

$$=\sqrt{6\times\frac{1}{12}\times5}$$

$$=\sqrt{\frac{5}{2}}=\frac{\sqrt{5}}{\sqrt{2}}=\frac{\sqrt{10}}{2}$$

분모의 유리화

① 앞에서부터 순서대로 계산한다.
② 나눗셈은 역수의 곱셈으로 고쳐서 계산한다.
③ 제곱근의 성질과 분모의 유리화를 이용하여 계산한다.

다음을 계산하시오.

01 (따라해) $\sqrt{3}\div\sqrt{2}\times\sqrt{10}=\sqrt{3}\times\frac{1}{\square}\times\sqrt{10}$

$=\sqrt{3\times\frac{1}{\square}\times\square}$

$=\sqrt{\square}$

02 $\sqrt{15}\div\sqrt{3}\times\sqrt{2}$ ________

03 (따라해) $4\sqrt{5}\div2\sqrt{3}\times3\sqrt{6}=4\sqrt{5}\times\frac{1}{2\sqrt{3}}\times3\sqrt{6}$

$=\left(4\times\square\times3\right)\times\sqrt{5\times\square\times6}$

$=\square\sqrt{\square}$

04 $2\sqrt{6}\times2\sqrt{7}\div\sqrt{21}$ ________

05 (따라해) $\sqrt{27}\times\sqrt{6}\div\sqrt{12}=3\sqrt{\square}\times\sqrt{6}\times\frac{1}{2\sqrt{\square}}$

$=\left(3\times1\times\frac{1}{2}\right)\times\sqrt{\square\times6\times\frac{1}{\square}}$

$=\frac{3\sqrt{\square}}{\square}$

06 $\sqrt{10}\div\sqrt{24}\times\frac{2\sqrt{3}}{\sqrt{5}}$ ________

07 $2\sqrt{5}\times\sqrt{10}\div\frac{5}{\sqrt{15}}$ ________

08 $\frac{1}{\sqrt{18}}\div\frac{4}{\sqrt{3}}\times\sqrt{\frac{6}{5}}$ ________

▶ 정답 및 풀이 17쪽

[01 ~ 04] 다음을 계산하시오.

01 $4\sqrt{3}\times2\sqrt{5}$

02 $2\sqrt{\frac{15}{4}}\times6\sqrt{\frac{8}{3}}$

03 $18\sqrt{39}\div6\sqrt{13}$

04 $\sqrt{\frac{16}{3}}\div\left(-\sqrt{\frac{8}{21}}\right)$

[05 ~ 06] 다음을 $a\sqrt{b}$의 꼴로 나타내시오.
(단, b는 가장 작은 자연수)

05 $\sqrt{75}$

06 $\sqrt{128}$

[07 ~ 10] 다음을 $\sqrt{a}$ 또는 $-\sqrt{a}$의 꼴로 나타내시오.
(단, a는 유리수)

07 $5\sqrt{2}$

08 $-3\sqrt{6}$

09 $2\sqrt{11}$

10 $-10\sqrt{7}$

[11 ~ 12] 다음을 $\frac{\sqrt{b}}{a}$의 꼴로 나타내시오.
(단, b는 가장 작은 자연수)

11 $\sqrt{\frac{2}{49}}$

12 $\sqrt{0.13}$

[13~14] 다음을 $\sqrt{\frac{b}{a}}$의 꼴로 나타내시오. (단, a, b는 서로소)

13 $\frac{\sqrt{13}}{9}$

14 $\frac{3\sqrt{11}}{5}$

[15 ~ 18] 다음 수의 분모를 유리화하시오.

15 $\frac{2}{\sqrt{13}}$

16 $-\frac{\sqrt{5}}{\sqrt{7}}$

17 $\frac{\sqrt{11}}{\sqrt{12}}$

18 $\frac{5}{\sqrt{80}}$

[19 ~ 20] 다음을 계산하시오.

19 $\sqrt{24}\times\frac{\sqrt{3}}{2}\div\frac{\sqrt{6}}{\sqrt{21}}$

20 $\left(-\frac{\sqrt{3}}{2}\right)\div\frac{\sqrt{3}}{\sqrt{10}}\times\frac{1}{\sqrt{5}}$

맞힌 개수 개/20개

다항식의 덧셈과 뺄셈

중학교 (2) 학년 때 배웠어요!

다항식의 덧셈

$(5x+3y)+(4x+2y)$
$=5x+3y+4x+2y$ — 괄호 풀기
$=5x+4x+3y+2y$ — 교환법칙
$=(5+4)x+(3+2)y$ — 동류항끼리 계산
$=9x+5y$

다항식의 뺄셈

$(2x+6y)-(4x-3y)=2x+6y-4x+3y$ — 괄호 풀기
$=2x-4x+6y+3y$ — 교환법칙
$=(2-4)x+(6+3)y$ — 동류항끼리 계산
$=-2x+9y$

참고 다항식의 뺄셈은 빼는 식의 각 항의 부호를 바꾸어 더한다.

다음 식을 간단히 하시오.

01 $2a+6a$ ______

02 $3x-7x$ ______

03 $-4b+10b$ ______

04 $-6y-8y$ ______

다음 식을 간단히 하시오.

05 $(2a+5b)+(4a-3b)$ ______

06 $(3x+7y)-(x-4y)$ ______

07 $(3a-2b)+(-8a+b)$ ______

08 $(5a+b)-(2a+5b)$ ______

09 $(2x+3y)-(-x+y)$ ______

10 $(-5x-y)+(7x-5y)$ ______

11 $(3x-2y+1)-(-x+2y-2)$ ______

12 $(5a-8b+7)-(4a-2b+2)$ ______

제곱근의 덧셈과 뺄셈 (1)

- $\underline{3}\sqrt{2}+\underline{5}\sqrt{2}=(3+5)\sqrt{2}=8\sqrt{2}$

근호 안의 수가 같은 것끼리 묶은 다음 계산한다.

- $\underline{3}\sqrt{2}-\underline{5}\sqrt{2}=(3-5)\sqrt{2}=-2\sqrt{2}$

근호 안의 수가 같은 것끼리 묶은 다음 계산한다.

$\sqrt{2}$를 문자 x라 생각하여 다항식의 동류항의 덧셈, 뺄셈과 같은 방법으로 계산해!

1 POINT

$a>0$이고, m, n이 유리수일 때

- $m\sqrt{a}+n\sqrt{a}=(m+n)\sqrt{a}$
- $m\sqrt{a}-n\sqrt{a}=(m-n)\sqrt{a}$

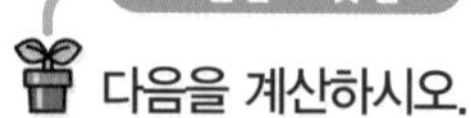

제곱근의 덧셈

다음을 계산하시오.

01 $4\sqrt{2}+\sqrt{2}=(4+\square)\sqrt{2}=\square\sqrt{2}$

근호 앞에 아무 숫자가 없으면 1이 생략된 거야.

02 $2\sqrt{7}+3\sqrt{7}$

03 $\sqrt{3}+2\sqrt{3}$

04 $6\sqrt{2}+3\sqrt{2}$

05 $5\sqrt{5}+2\sqrt{5}$

06 $2\sqrt{7}+8\sqrt{7}$

07 $3\sqrt{10}+14\sqrt{10}$

08 $10\sqrt{3}+11\sqrt{3}$

제곱근의 뺄셈

다음을 계산하시오.

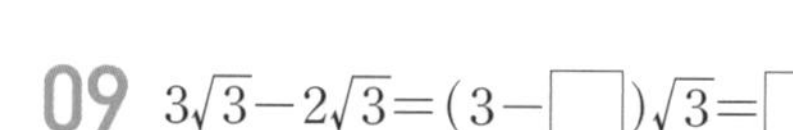

09 $3\sqrt{3}-2\sqrt{3}=(3-\square)\sqrt{3}=\square$

10 $5\sqrt{2}-2\sqrt{2}$

11 $4\sqrt{5}-2\sqrt{5}$

12 $8\sqrt{3}-4\sqrt{3}$

13 $4\sqrt{2}-3\sqrt{2}$

14 $2\sqrt{3}-5\sqrt{3}$

15 $\sqrt{5}-6\sqrt{5}$

16 $5\sqrt{10}-6\sqrt{10}$

▶ 정답 및 풀이 18쪽

제곱근의 덧셈과 뺄셈 (2)

$$3\sqrt{2}-4\sqrt{3}+5\sqrt{2}+3\sqrt{3}=(3+5)\sqrt{2}+(-4+3)\sqrt{3}$$

근호 안의 수가 같은 것끼리 묶은 다음 계산한다.

$$=8\sqrt{2}-\sqrt{3}$$

→ -1에서 1은 생략

근호 안의 수가 다르면 더 이상 간단히 할 수 없다.

→ $\sqrt{2}+\sqrt{3}\neq\sqrt{5}$

$\sqrt{5}-\sqrt{2}\neq\sqrt{3}$

제곱근의 덧셈과 뺄셈

다음을 계산하시오.

01 $3\sqrt{2}-4\sqrt{2}+5\sqrt{2}=(\square-\square+\square)\sqrt{2}$

따라해 $=\square\sqrt{2}$

02 $10\sqrt{3}+2\sqrt{3}-9\sqrt{3}$ ______

03 $\sqrt{5}+4\sqrt{5}-3\sqrt{5}$ ______

04 $8\sqrt{7}-2\sqrt{7}+3\sqrt{7}$ ______

05 $3\sqrt{2}-10\sqrt{2}+5\sqrt{2}$ ______

06 $2\sqrt{2}+3\sqrt{3}-\sqrt{3}-\sqrt{2}=(2-\square)\sqrt{2}+(3-\square)\sqrt{3}$

따라해 $=\sqrt{2}+\square\sqrt{3}$

07 $3\sqrt{5}-10\sqrt{11}+2\sqrt{5}+3\sqrt{11}$ ______

08 $-3\sqrt{6}-12\sqrt{6}-\sqrt{2}+5\sqrt{2}$ ______

09 $-\sqrt{5}+2\sqrt{7}-8\sqrt{7}+3\sqrt{5}$ ______

뺄셈을 이용한 실수의 대소 관계

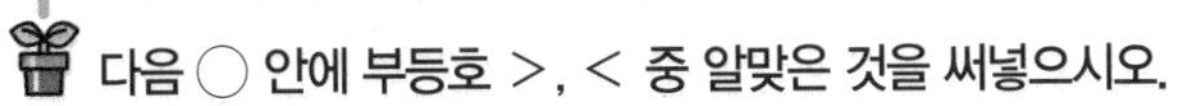

다음 ○ 안에 부등호 >, < 중 알맞은 것을 써넣으시오.

10 $3\sqrt{5}$ ○ $\sqrt{5}+3$

따라해 $3\sqrt{5}-(\sqrt{5}+3)=2\sqrt{5}-3=\sqrt{\square}-\sqrt{9}$ ○ 0

$\therefore 3\sqrt{5}$ ○ $\sqrt{5}+3$

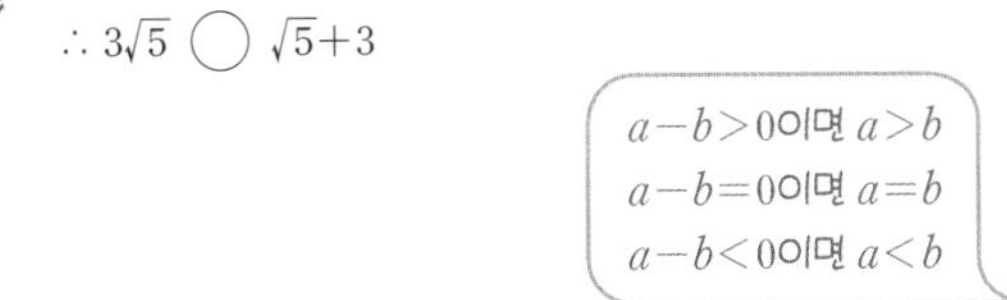

11 $3\sqrt{2}-7$ ○ $-2\sqrt{2}$

12 $2\sqrt{7}$ ○ $3\sqrt{7}-2$

13 $2+\sqrt{10}$ ○ $8-\sqrt{10}$

▶ 정답 및 풀이 18쪽

제곱근의 덧셈과 뺄셈 (3)

분모를 유리화하기

$$\sqrt{12}-\sqrt{27}+\frac{6}{\sqrt{3}}=2\sqrt{3}-3\sqrt{3}+\frac{6\sqrt{3}}{3}$$

$\sqrt{a^2b}$를 $a\sqrt{b}$의 꼴로 바꾸기

$$=(2-3+2)\sqrt{3}$$

근호 안의 수가 같은 것끼리 계산하기

$$=\sqrt{3}$$

① 근호 안에 제곱인 인수가 있으면 근호 밖으로 꺼낸다. ($\sqrt{a^2b}$를 $a\sqrt{b}$의 꼴로)
② 분모를 유리화한다.
③ 근호 안의 수가 같은 것끼리 계산한다.

실수 Check $a\sqrt{b}$의 꼴로 바꿀 때, b는 가장 작은 자연수가 되게 한다. 또, 분수가 있을 때는 약분하여 간단하게 만든다.

$\sqrt{a^2b}=a\sqrt{b}$를 이용한 제곱근의 덧셈과 뺄셈

 다음을 계산하시오.

01 따라해 $\sqrt{32}+\sqrt{18}=\square\sqrt{2}+\square\sqrt{2}$
$=(\square+\square)\sqrt{2}=\square\sqrt{2}$

02 $\sqrt{54}+\sqrt{24}$

03 $\sqrt{12}-\sqrt{27}$

04 $\sqrt{96}-\sqrt{54}$

05 $\sqrt{20}+\sqrt{45}-\sqrt{80}$

06 $\sqrt{18}-\sqrt{50}+\sqrt{72}$

07 $\sqrt{5}+\sqrt{45}-\sqrt{125}$

분모의 유리화를 이용한 제곱근의 덧셈과 뺄셈

 다음을 계산하시오.

08 따라해 $\sqrt{24}+\frac{3}{\sqrt{6}}=\square\sqrt{6}+\frac{3\times\square}{\sqrt{6}\times\square}=\square\sqrt{6}+\frac{\sqrt{\square}}{2}$
$=\frac{\square\sqrt{6}+\sqrt{\square}}{2}=\frac{5\sqrt{\square}}{2}$

09 $\frac{2}{\sqrt{8}}-\sqrt{50}$

10 $\sqrt{80}-\frac{6}{\sqrt{45}}$

11 $\frac{1}{\sqrt{27}}+\frac{4}{\sqrt{12}}$

12 $-\frac{2}{\sqrt{6}}+\frac{3}{\sqrt{54}}$

13 $\frac{2}{\sqrt{5}}+\frac{4}{\sqrt{20}}$

▶ 정답 및 풀이 19쪽

근호를 포함한 식의 분배법칙

- $\sqrt{2}(\sqrt{3}+\sqrt{5})=\sqrt{2}\sqrt{3}+\sqrt{2}\sqrt{5}=\sqrt{6}+\sqrt{10}$
- $(\sqrt{3}-\sqrt{5})\sqrt{2}=\sqrt{3}\sqrt{2}-\sqrt{5}\sqrt{2}=\sqrt{6}-\sqrt{10}$

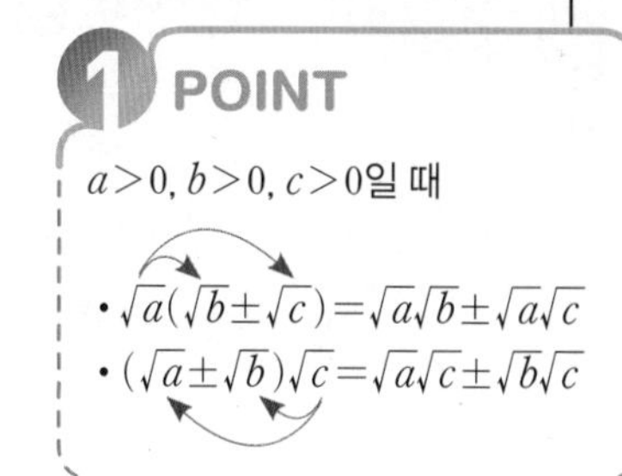

다음을 계산하시오.

01 $\sqrt{2}(\sqrt{3}+\sqrt{7})$

02 $\sqrt{3}(\sqrt{2}-\sqrt{5})$

03 $\sqrt{5}(\sqrt{3}+3\sqrt{5})$

04 $2\sqrt{3}(\sqrt{3}-\sqrt{2})$

05 $4\sqrt{2}(\sqrt{6}-\sqrt{2})$

06 $(\sqrt{2}+\sqrt{5})\sqrt{3}$

07 $(\sqrt{3}-\sqrt{7})\sqrt{2}$

08 $(2\sqrt{2}-\sqrt{3})\sqrt{3}$

09 $(\sqrt{5}+3\sqrt{7})\sqrt{7}$

10 $(6\sqrt{6}+\sqrt{22})\sqrt{3}$

11 $(3\sqrt{10}-12\sqrt{5})\frac{\sqrt{5}}{3}$

▶ 정답 및 풀이 19쪽

12 VISUAL 연산

분배법칙을 이용한 분모의 유리화

$$\frac{\sqrt{3}+\sqrt{5}}{\sqrt{2}}=\frac{(\sqrt{3}+\sqrt{5})\times\sqrt{2}}{\sqrt{2}\times\sqrt{2}}=\frac{\sqrt{3}\sqrt{2}+\sqrt{5}\sqrt{2}}{2}$$

↑ 분모의 유리화　　↑ 분배법칙

$$=\frac{\sqrt{6}+\sqrt{10}}{2}$$

실수 Check

근호 안의 수와 근호 밖의 수는 약분할 수 없다.

→ $\frac{\sqrt{10}+\sqrt{15}}{5}=\sqrt{2}+\sqrt{3}$ (×)

다음 수의 분모를 유리화하시오.

01 (따라해) $\frac{\sqrt{2}+\sqrt{3}}{\sqrt{5}}=\frac{(\sqrt{2}+\sqrt{3})\times\square}{\sqrt{5}\times\square}=\frac{\square+\sqrt{15}}{\square}$

02 $\frac{\sqrt{3}+\sqrt{7}}{\sqrt{10}}$ ＿＿＿＿＿＿

03 $\frac{\sqrt{5}-3}{\sqrt{2}}$ ＿＿＿＿＿＿

04 $\frac{\sqrt{2}-\sqrt{3}}{\sqrt{6}}$ ＿＿＿＿＿＿

05 $\frac{4+\sqrt{2}}{\sqrt{10}}$ ＿＿＿＿＿＿

06 $\frac{\sqrt{3}+\sqrt{5}}{\sqrt{8}}$ ＿＿＿＿＿＿

분모에 있는 근호 안의 수에 제곱인 인수가 있으면 근호 밖으로 빼낸 후 유리화하는 것이 편리해!

07 $\frac{\sqrt{7}-\sqrt{2}}{\sqrt{20}}$ ＿＿＿＿＿＿

08 $\frac{\sqrt{18}-\sqrt{12}}{\sqrt{72}}$ ＿＿＿＿＿＿

09 $\frac{\sqrt{27}+\sqrt{2}}{\sqrt{2}}$ ＿＿＿＿＿＿

10 $\frac{\sqrt{6}-\sqrt{28}}{\sqrt{3}}$ ＿＿＿＿＿＿

근호를 포함한 복잡한 식의 계산

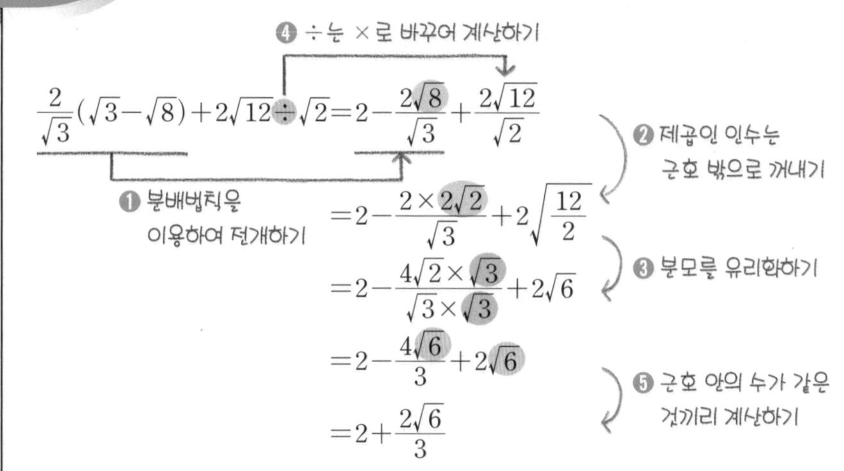

❶ 괄호가 있으면 분배법칙을 이용하여 전개한다.
❷ 근호 안에 제곱인 인수가 있으면 근호 밖으로 꺼낸다.
❸ 분모에 무리수가 있으면 분모의 유리화를 한다.
❹ 곱셈, 나눗셈을 계산한다.
❺ 덧셈, 뺄셈을 계산한다.

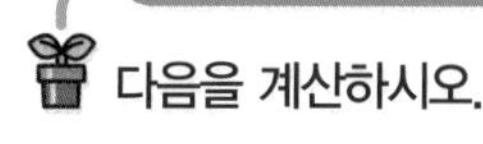

다음을 계산하시오.

01 $(\sqrt{2}+2\sqrt{3})\sqrt{3}+(\sqrt{24}-8)\div2$

따라해

$=\sqrt{6}+\square+\frac{\square\sqrt{6}-8}{2}$

$=\sqrt{6}+\square+\sqrt{6}-\square$

$=\square\sqrt{6}+\square$

02 $\sqrt{2}(\sqrt{10}-\sqrt{2})-(3\sqrt{15}-\sqrt{3})\div\sqrt{3}$

03 $(\sqrt{54}-5\sqrt{2})\sqrt{3}-\frac{3}{\sqrt{3}}(\sqrt{18}-\sqrt{6})$

04 $\frac{\sqrt{45}+1}{\sqrt{5}}-\frac{\sqrt{8}+\sqrt{40}}{\sqrt{2}}$

05 $(\sqrt{2}-\sqrt{3})\times\frac{1}{\sqrt{5}}-\frac{\sqrt{24}+8}{\sqrt{10}}$

06 $\frac{3}{\sqrt{2}}(\sqrt{48}+\sqrt{2})+\left(3\sqrt{3}+\frac{3}{\sqrt{5}}\right)\div\left(-\frac{1}{\sqrt{5}}\right)$

제곱근의 계산 결과가 유리수가 될 조건

다음 계산 결과가 유리수가 되도록 하는 유리수 a의 값을 구하시오.

07 $3\sqrt{2}+a\sqrt{2}-5\sqrt{2}=(3+\square-5)\sqrt{2}=(-2+a)\sqrt{2}$

따라해

→ $-2+a=\square$이어야 하므로 $a=\square$

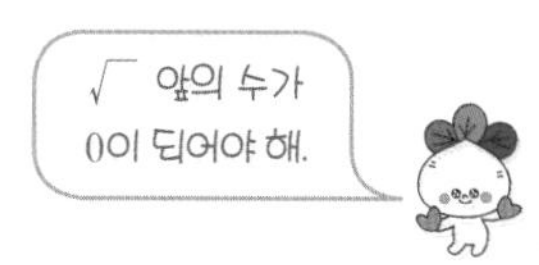

08 $-\sqrt{5}+4\sqrt{5}+a\sqrt{5}$

09 $\sqrt{3}+3\sqrt{3}+a\sqrt{3}$

14 VISUAL 연산 제곱근표

제곱근표 : 1부터 99.9까지의 수의 양의 제곱근의 값을 소수점 아래 넷째 자리에서 반올림하여 나타낸 표

수	0	1	2	…	9
1.0	1.000	1.005	1.010	…	1.044
1.1	1.049	1.054	1.058	…	1.091
1.2	1.095	1.100	1.105	…	1.136
1.3	1.140	1.145	1.149	…	1.179
⋮	⋮	⋮	⋮	…	⋮

$\sqrt{1.32}$의 값을 구해 보자.

→ 제곱근 표에서 1.3의 가로줄과 2의 세로줄이 만나는 수

→ 1.149

반올림한 값이지만 등호를 사용하여 나타내.
$\sqrt{1.32}=1.149$

아래의 제곱근표를 이용하여 다음 수를 구하시오.

수	0	1	2	3	4
3.0	1.732	1.735	1.738	1.741	1.744
3.1	1.761	1.764	1.766	1.769	1.772
3.2	1.789	1.792	1.794	1.797	1.800
3.3	1.817	1.819	1.822	1.825	1.828
3.4	1.844	1.847	1.849	1.852	1.855
3.5	1.871	1.873	1.876	1.879	1.881
3.6	1.897	1.900	1.903	1.905	1.908
3.7	1.924	1.926	1.929	1.931	1.934
3.8	1.949	1.952	1.954	1.957	1.960
3.9	1.975	1.977	1.980	1.982	1.985

01 $\sqrt{3.44}$ ________

02 $\sqrt{3.61}$ ________

03 $\sqrt{3.1}$ ________

04 $\sqrt{3.8}$ ________

05 $\sqrt{3.92}$ ________

$\sqrt{x}$의 값이 다음과 같을 때, 아래 제곱근표를 이용하여 x의 값을 구하시오.

수	0	1	2	3	4
10	3.162	3.178	3.194	3.209	3.225
11	3.317	3.332	3.347	3.362	3.376
12	3.464	3.479	3.493	3.507	3.521
13	3.606	3.619	3.633	3.647	3.661
14	3.742	3.755	3.768	3.782	3.795
15	3.873	3.886	3.899	3.912	3.924
16	4.000	4.012	4.025	4.037	4.050
17	4.123	4.135	4.147	4.159	4.171
18	4.243	4.254	4.266	4.278	4.290
19	4.359	4.370	4.382	4.393	4.405

06 $\sqrt{x}=3.479$ ________

07 $\sqrt{x}=3.873$ ________

08 $\sqrt{x}=4.037$ ________

09 $\sqrt{x}=4.171$ ________

10 $\sqrt{x}=4.266$ ________

▶ 정답 및 풀이 20쪽

15 VISUAL 연산 제곱근표에 없는 수

100보다 큰 수의 제곱근

$\sqrt{312}=\sqrt{3.12\times 100}=10\sqrt{3.12}$ (근호 밖으로)

$=10\times 1.766=17.66$

(1.766: 제곱근표에 있는 수)

$\sqrt{100a}=10\sqrt{a}$, $\sqrt{10000a}=100\sqrt{a}$, …를 이용

0과 1 사이의 수의 제곱근

$\sqrt{0.485}=\sqrt{\dfrac{48.5}{100}}=\dfrac{\sqrt{48.5}}{10}$ (근호 밖으로)

$=\dfrac{6.964}{10}=0.6964$

(6.964: 제곱근표에 있는 수)

$\sqrt{\dfrac{a}{100}}=\dfrac{\sqrt{a}}{10}$, $\sqrt{\dfrac{a}{10000}}=\dfrac{\sqrt{a}}{100}$, …를 이용

$\sqrt{2}=1.414$, $\sqrt{20}=4.472$일 때, 다음 수의 값을 구하시오.

01 따라해

$\sqrt{200}=\sqrt{2\times\square}=\square\sqrt{2}$

$=10\times\square$

$=\square$

$\sqrt{a^2b}=a\sqrt{b}$를 이용하여 근호 안의 수를 제곱근표에 있는 수로 만들어 봐.

02 $\sqrt{2000}$ ______

03 $\sqrt{20000}$ ______

04 따라해

$\sqrt{0.2}=\sqrt{\dfrac{20}{\square}}=\dfrac{\sqrt{20}}{10}=\dfrac{\square}{10}=\square$

05 $\sqrt{0.02}$ ______

06 $\sqrt{0.002}$ ______

$\sqrt{3}=1.732$, $\sqrt{30}=5.477$일 때, 다음 수의 값을 구하시오.

07 $\sqrt{300}$ ______

08 $\sqrt{3000}$ ______

09 $\sqrt{30000}$ ______

10 $\sqrt{0.3}$ ______

11 $\sqrt{0.03}$ ______

12 $\sqrt{0.003}$ ______

▶ 정답 및 풀이 20쪽

무리수의 정수 부분과 소수 부분

$\sqrt{3}=1.732\cdots=1+0.732\cdots$ → (무리수)=(정수 부분)+(소수 부분)

정수 부분 → $\sqrt{1}<\sqrt{3}<\sqrt{4}$, 즉 $1<\sqrt{3}<2$이므로 $\sqrt{3}$의 정수 부분은 1이다.

소수 부분 → (소수 부분)=(무리수)−(정수 부분)이므로
$\sqrt{3}$의 소수 부분은 $\sqrt{3}-1$이다.

POINT

$\sqrt{a}=n.\times\times\times$일 때
- $\sqrt{a}$의 정수 부분 → n
- $\sqrt{a}$의 소수 부분 → $\sqrt{a}-n$

소수 부분은 항상 0 초과 1 미만이다.

다음 수의 정수 부분과 소수 부분을 각각 구하시오.

01 $\sqrt{2}$

정수 부분 : ______
소수 부분 : ______

따라해

$\sqrt{1}<\sqrt{2}<\sqrt{4}$, 즉 $\square<\sqrt{2}<2$이므로 $\sqrt{2}=1.\cdots$
따라서 $\sqrt{2}$의 정수 부분은 $\square$이고, 소수 부분은 $\square$이다.

02 $\sqrt{5}$

정수 부분 : ______
소수 부분 : ______

03 $\sqrt{7}$

정수 부분 : ______
소수 부분 : ______

04 $\sqrt{15}$

정수 부분 : ______
소수 부분 : ______

05 $2\sqrt{2}$

정수 부분 : ______
소수 부분 : ______

$2\sqrt{2}=\sqrt{8}$임을 이용해 봐!

06 $2\sqrt{3}$

정수 부분 : ______
소수 부분 : ______

07 $\sqrt{6}+2$

정수 부분 : ______
소수 부분 : ______

따라해

$\sqrt{4}<\sqrt{6}<\sqrt{9}$, 즉 $\square<\sqrt{6}<\square$이므로
$\square<\sqrt{6}+2<\square$ $\quad\therefore \sqrt{6}+2=4.\cdots$
따라서 $\sqrt{6}+2$의 정수 부분은 $\square$이고,
소수 부분은 $\sqrt{6}+2-\square=\square$이다.

08 $\sqrt{10}+3$

정수 부분 : ______
소수 부분 : ______

09 $\sqrt{21}-2$

정수 부분 : ______
소수 부분 : ______

10 $2\sqrt{10}-3$

정수 부분 : ______
소수 부분 : ______

11 $3\sqrt{6}+1$

정수 부분 : ______
소수 부분 : ______

연산 능력 UP! 10분 연산 TEST

▶ 정답 및 풀이 21쪽

[01 ~ 04] 다음을 계산하시오.

01 $3\sqrt{7}+2\sqrt{7}-6\sqrt{7}$

02 $-4\sqrt{3}+5\sqrt{10}+8\sqrt{3}-3\sqrt{10}$

03 $\sqrt{32}-\sqrt{18}+\sqrt{50}$

04 $-\sqrt{80}+\dfrac{25}{\sqrt{5}}-\dfrac{30}{\sqrt{45}}$

[05 ~ 06] 다음 ◯ 안에 부등호 >, < 중 알맞은 것을 써넣으시오.

05 $4\sqrt{3}-3$ ◯ $\sqrt{3}+1$

06 $6+2\sqrt{5}$ ◯ $6\sqrt{5}-2$

[07 ~ 10] 다음을 계산하시오.

07 $\sqrt{5}(\sqrt{10}-\sqrt{15})$

08 $-3\sqrt{2}(\sqrt{6}-\sqrt{3})$

09 $(4\sqrt{2}-2\sqrt{6})\sqrt{3}$

10 $(-2\sqrt{7}+6\sqrt{5})\times\left(-\dfrac{\sqrt{2}}{2}\right)$

[11 ~ 12] 다음 수의 분모를 유리화하시오.

11 $\dfrac{\sqrt{6}-\sqrt{2}}{\sqrt{3}}$

12 $\dfrac{\sqrt{6}+\sqrt{3}}{\sqrt{12}}$

[13 ~ 14] 다음을 계산하시오.

13 $\sqrt{5}(2-\sqrt{6})-\dfrac{2}{\sqrt{2}}(\sqrt{12}+\sqrt{3})$

14 $\sqrt{3}(\sqrt{24}-\sqrt{18})+\dfrac{\sqrt{12}-\sqrt{48}}{\sqrt{2}}$

[15 ~ 16] $\sqrt{5}=2.236$, $\sqrt{50}=7.071$일 때, 다음 수의 값을 구하시오.

15 $\sqrt{50000}$

16 $\sqrt{0.005}$

[17 ~ 18] 다음 수의 소수 부분을 구하시오.

17 $3\sqrt{2}$

18 $1+\sqrt{7}$

맞힌 개수 개/18개

학교 시험 미리보기!

학교 시험 PREVIEW

01

$a>0$, $b>0$일 때, 다음 중 옳은 것은?

① $a\sqrt{b}=\sqrt{ab^2}$　② $\sqrt{a}\times\sqrt{b}=\sqrt{ab}$

③ $\sqrt{a}+\sqrt{b}=\sqrt{a+b}$　④ $\sqrt{a}\div\sqrt{b}=\sqrt{\dfrac{b}{a}}$

⑤ $-(\sqrt{ab})^2=ab$

02

$\sqrt{153}$을 $a\sqrt{b}$의 꼴로 나타내었을 때, b의 값은?

(단, b는 가장 작은 자연수)

① 3　② 7　③ 13

④ 17　⑤ 19

03

85% 출제율

$3\sqrt{8}\div\sqrt{2}\times\sqrt{12}=a\sqrt{3}$일 때, 유리수 a의 값은?

① 4　② 6　③ 8

④ 10　⑤ 12

04

$3\sqrt{15}\times\sqrt{2}\div\sqrt{3}$을 계산하면?

① 6　② 9　③ $3\sqrt{5}$

④ $3\sqrt{10}$　⑤ $3\sqrt{15}$

05

다음 중 □ 안에 들어갈 수가 가장 큰 것은?

① $-2\sqrt{6}=-\sqrt{\square}$　② $-\sqrt{800}=-\square\sqrt{2}$

③ $\sqrt{2}\times\sqrt{10}=2\sqrt{\square}$　④ $4\sqrt{\dfrac{7}{8}}=\sqrt{\square}$

⑤ $\sqrt{2^2\times3\times5^3}=\square\sqrt{15}$

06

$\dfrac{\sqrt{40}-\sqrt{5}}{\sqrt{5}}-\dfrac{\sqrt{48}-\sqrt{6}}{\sqrt{3}}$을 계산하면?

① $-3\sqrt{2}-2$　② $3\sqrt{2}-5$

③ $3\sqrt{2}+3$　④ $5\sqrt{2}-5$

⑤ $5\sqrt{2}-2$

07

$2\sqrt{6}+5\sqrt{6}-4\sqrt{6}$을 계산하면?

① $-11\sqrt{6}$　② $3\sqrt{6}$　③ $6\sqrt{6}$

④ $9\sqrt{6}$　⑤ $11\sqrt{6}$

08

$5\sqrt{20}-\sqrt{45}+\sqrt{180}$을 계산하면?

① $9\sqrt{5}$　② $10\sqrt{5}$　③ $11\sqrt{5}$

④ $12\sqrt{5}$　⑤ $13\sqrt{5}$

▶ 정답 및 풀이 22쪽

09

다음 중 옳지 않은 것은?

① $\sqrt{3}\times\sqrt{18}=3\sqrt{6}$
② $\sqrt{\frac{4}{7}}\times\sqrt{\frac{35}{2}}=\sqrt{10}$
③ $\sqrt{\frac{3}{8}}\div\sqrt{\frac{9}{2}}=\frac{3}{2}\sqrt{3}$
④ $\sqrt{8}-4\sqrt{2}+\sqrt{50}=3\sqrt{2}$
⑤ $2\sqrt{6}(2\sqrt{3}-\sqrt{2})=12\sqrt{2}-4\sqrt{3}$

10

$\sqrt{6}=2.449$, $\sqrt{60}=7.746$일 때, 다음 중 옳지 않은 것은?

① $\sqrt{600}=24.49$
② $\sqrt{6000}=77.46$
③ $\sqrt{0.6}=0.07746$
④ $\sqrt{0.06}=0.2449$
⑤ $\sqrt{0.0006}=0.02449$

11

다음 중 $\sqrt{2}=1.414$임을 이용하여 그 값을 소수로 나타낼 수 없는 것은?

① $\sqrt{0.02}$
② $\sqrt{0.2}$
③ $\sqrt{8}$
④ $\sqrt{32}$
⑤ $\sqrt{50}$

12 실수 주의

$\sqrt{2}=a$, $\sqrt{5}=b$라 할 때, 다음 중 $\sqrt{360}$을 a, b를 사용하여 바르게 나타낸 것은?

① $3ab$
② $3a^2b$
③ $3ab^2$
④ $6ab$
⑤ $6a^2b$

13

$2+\sqrt{7}$의 정수 부분을 a, 소수 부분을 b라 할 때, $\sqrt{7}a-b$의 값은?

① $2\sqrt{7}+1$
② $2\sqrt{7}+2$
③ $2\sqrt{7}+3$
④ $3\sqrt{7}+1$
⑤ $3\sqrt{7}+2$

14 서술형

$\sqrt{6}(\sqrt{18}-5)-\sqrt{3}\left(\frac{6}{\sqrt{2}}-1\right)=a\sqrt{3}+b\sqrt{6}$일 때, $a+b$의 값을 구하시오. (단, a, b는 유리수)

채점 기준 1 분배법칙을 이용하여 전개하기

채점 기준 2 a, b의 값 구하기

채점 기준 3 $a+b$의 값 구하기

아이스크림, 종이비행기, 촛불, 버섯, 피자, 컵케이크, 단추, 체리, 물고기, 지렁이, 높은음자리표, 풍선

Ⅱ 문자와 식

문자와 식을 배우고 나면
다항식의 곱셈과 인수분해를 할 수 있고,
이를 활용하여 이차방정식의 해를 구할 수 있어요.
또, 중1과 중2에서 배운
일차방정식, 연립일차방정식 등과 비교하여
그 성질을 탐구할 수도 있어요.

Ⅱ-1 다항식의 곱셈과 인수분해

01 다항식의 곱셈과 곱셈 공식

(1) 다항식과 다항식의 곱셈

❶ 분배법칙을 이용하여 식을 전개한다.

❷ 동류항이 있으면 동류항끼리 모아서 간단히 한다.

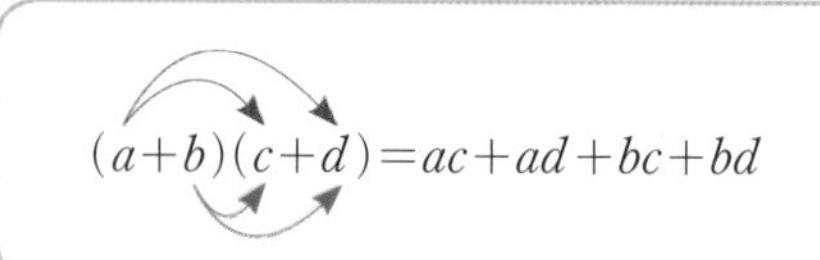

(2) 곱셈 공식

① $(a+b)^2=a^2+2ab+b^2$

② $(a-b)^2=a^2-2ab+b^2$

③ $(a+b)(a-b)=a^2-b^2$

④ $(x+a)(x+b)=x^2+(a+b)x+ab$

⑤ $(ax+b)(cx+d)=acx^2+(ad+bc)x+bd$

참고
- $(-a-b)^2=\{-(a+b)\}^2=(a+b)^2$
- $(-a+b)^2=\{-(a-b)\}^2=(a-b)^2$
- $(-a+b)(-a-b)=(-a)^2-b^2=a^2-b^2$
- $(-a+b)(a+b)=(b-a)(b+a)=b^2-a^2$

02 곱셈 공식의 활용

(1) 곱셈 공식을 이용한 수의 계산

① $(a+b)^2=a^2+2ab+b^2$ 또는 $(a-b)^2=a^2-2ab+b^2$을 이용하여 계산한다.

예 $104^2=(100+4)^2=100^2+2\times100\times4+4^2=10000+800+16=10816$
$97^2=(100-3)^2=100^2-2\times100\times3+3^2=10000-600+9=9409$

② $(a+b)(a-b)=a^2-b^2$ 또는 $(x+a)(x+b)=x^2+(a+b)x+ab$를 이용하여 계산한다.

예 $103\times97=(100+3)(100-3)=100^2-3^2=10000-9=9991$
$101\times102=(100+1)(100+2)=100^2+3\times100+1\times2=10000+300+2=10302$

참고 소수의 곱을 계산할 때는 소수에 가까운 정수를 찾아 곱셈 공식을 이용한다.

(2) 공통인 부분이 있는 다항식의 전개

❶ 공통인 부분을 한 문자로 치환한다.

❷ ❶의 식을 곱셈 공식을 이용하여 전개한다.

❸ ❷의 식에 치환하기 전의 식을 대입한다.

❹ ❸의 식을 전개한 후 동류항끼리 모아서 간단히 한다.

예 $(x+y+1)(x+y-1)$
$=(A+1)(A-1)$ ← $x+y=A$로 치환하기
$=A^2-1^2$ ← 전개하기
$=(x+y)^2-1^2$ ← $A=x+y$를 대입하기
$=x^2+2xy+y^2-1$ ← 전개하기

(3) 곱셈 공식의 변형

① $a^2+b^2=(a+b)^2-2ab$

② $a^2+b^2=(a-b)^2+2ab$

③ $(a+b)^2=(a-b)^2+4ab$

④ $(a-b)^2=(a+b)^2-4ab$

참고
- $(a+b)^2=a^2+2ab+b^2$이므로 $a^2+b^2=(a+b)^2-2ab$
- $(a-b)^2=a^2-2ab+b^2$이므로 $a^2+b^2=(a-b)^2+2ab$
- $(a+b)^2=a^2+b^2+2ab=\{(a-b)^2+2ab\}+2ab=(a-b)^2+4ab$
- $(a-b)^2=a^2+b^2-2ab=\{(a+b)^2-2ab\}-2ab=(a+b)^2-4ab$

03 인수분해와 인수분해 공식

(1) 인수분해

① **인수** : 하나의 다항식을 두 개 이상의 다항식의 곱으로 나타낼 때, 곱해진 각각의 식을 처음 식의 인수라 한다.

$x^2+5x+6 \underset{\text{전개}}{\overset{\text{인수분해}}{\rightleftarrows}} (x+2)(x+3)$ (인수)

참고 다항식에서 1과 자기 자신도 그 다항식의 인수이다.

예 $x^2+5x+6=(x+2)(x+3)$에서 1, $x+2$, $x+3$, $(x+2)(x+3)$은 x^2+5x+6의 인수이다.

② **인수분해** : 하나의 다항식을 두 개 이상의 인수의 곱으로 나타내는 것을 그 다항식을 인수분해한다고 한다.

(2) 공통인 인수를 이용한 인수분해

다항식의 각 항에 공통인 인수가 있을 때, 분배법칙을 이용하여 공통인 인수를 묶어 내어 인수분해한다.

$ma+mb=m(a+b)$ (공통인 인수)

주의 인수분해할 때는 공통인 인수가 남지 않도록 모두 묶어 내야 한다.

예 $6a^2b-3a=3a(2ab-1)$

(3) 완전제곱식 : 다항식의 제곱으로 이루어진 식이나 이 식에 수를 곱한 식

예 $(a+b)^2$, $(2x-1)^2$, $3(a+1)^2$

(4) 완전제곱식이 될 조건

① $x^2\pm ax+b$가 완전제곱식이 될 b의 조건 ➜ $b=\left(\dfrac{a}{2}\right)^2$

② x^2+ax+b^2이 완전제곱식이 될 a의 조건 ➜ $a=\pm 2b$

(5) 인수분해 공식

① $a^2+2ab+b^2=(a+b)^2$

② $a^2-2ab+b^2=(a-b)^2$

③ $a^2-b^2=(a+b)(a-b)$

④ $x^2+(a+b)x+ab=(x+a)(x+b)$

⑤ $acx^2+(ad+bc)x+bd=(ax+b)(cx+d)$

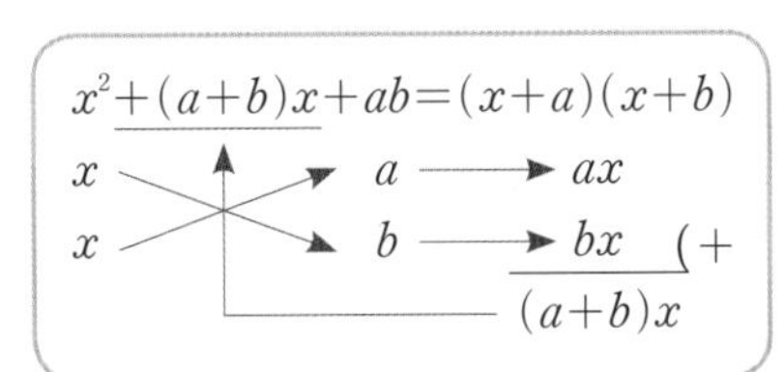

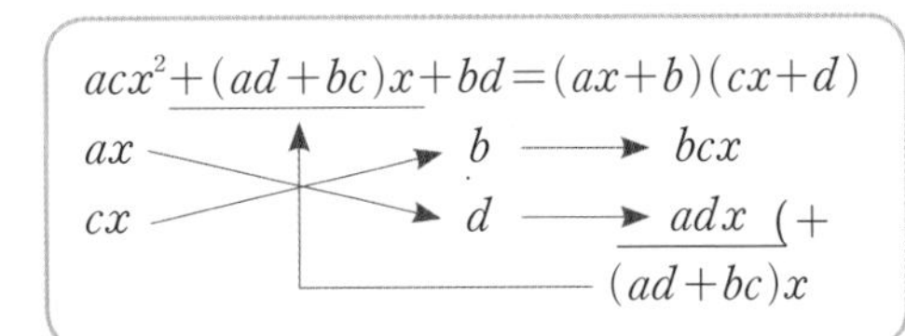

04 복잡한 식의 인수분해

❶ 공통인 인수가 있으면 공통인 인수로 묶은 후 인수분해 공식을 이용한다.

❷ 공통인 부분이 있으면 공통인 부분을 한 문자로 치환한다.

❸ 항이 여러 개 있으면 적당한 항끼리 묶는다.

❹ 문자가 여러 개 있으면 차수가 가장 작은 한 문자에 대하여 차수가 큰 항부터 차례대로 나열하여 정리한다.

참고 항이 4개일 때는 (2항)+(2항)으로 묶어서 공통인 인수를 찾거나, 공통인 인수가 없으면 (1항)+(3항) 또는 (3항)+(1항)으로 묶어서 $(\quad)^2-(\quad)^2$ 꼴로 만들어 인수분해한다.

01 VISUAL 연산

▶ 정답 및 풀이 23쪽 

(다항식)×(다항식)

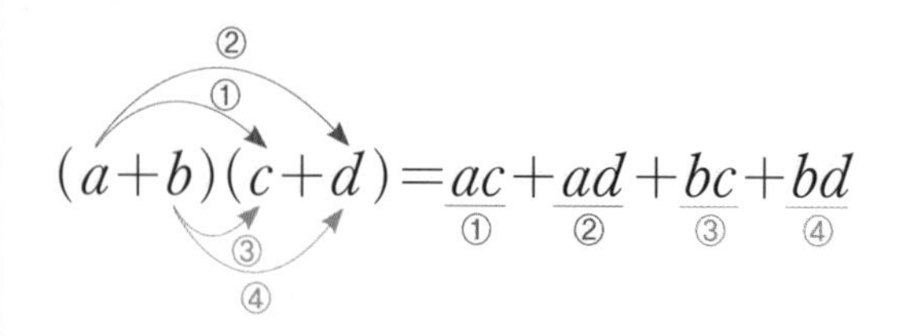

	a	b
c	ac	bc
d	ad	bd

분배법칙을 이용하여 전개하고 동류항이 있으면 동류항끼리 모아서 간단히 정리해.

다음 식을 전개하시오.

01 따라해 $(x-1)(y+5)=xy+\square-y-\square$

02 $(a-2b)(c-5d)$

03 $(2x-1)(3y+2)$

04 $(1-a)(-3-4b)$

05 $(a+2)(b+3)$

06 $(a+3b)(2c-3d)$

07 따라해 $(x+1)(x+2)=x^2+\square x+x+\square$
$=x^2+\square x+2$

08 $(a+2)(a-4)$

09 따라해 $(x+2y)(x-3y)=x^2-3xy+\square xy-\square y^2$
$=x^2-xy-\square y^2$

10 $(3a-4b)(-a-b)$

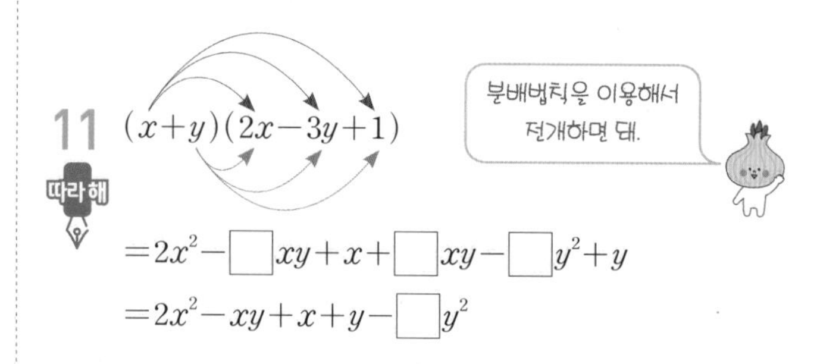

11 따라해 $(x+y)(2x-3y+1)$
$=2x^2-\square xy+x+\square xy-\square y^2+y$
$=2x^2-xy+x+y-\square y^2$

12 $(2x-y+4)(3x-4y)$

▶ 정답 및 풀이 23쪽 

02 VISUAL 연산 곱셈 공식 (1)

합의 제곱

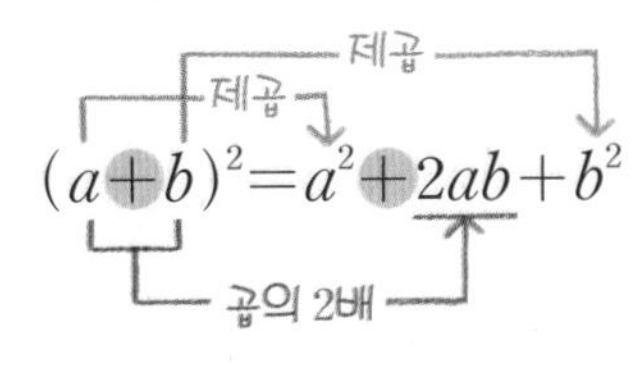

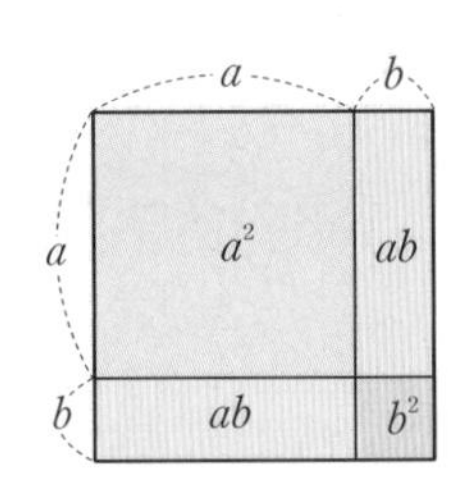

참고 $(a+b)^2=(a+b)(a+b)=a^2+ab+ab+b^2$
$=a^2+2ab+b^2$

차의 제곱

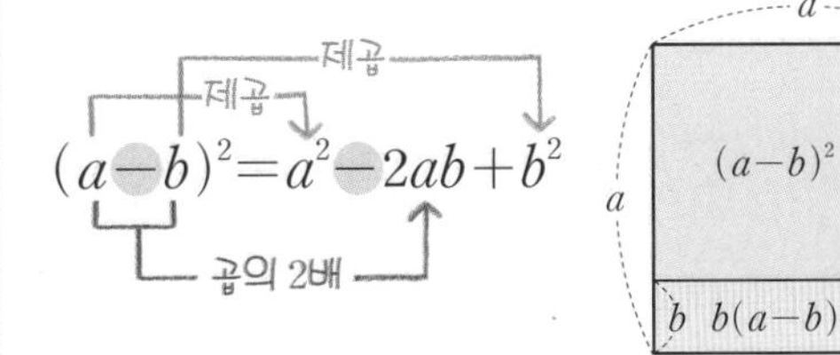

참고 $(a-b)^2=(a-b)(a-b)=a^2-ab-ab+b^2$
$=a^2-2ab+b^2$

$(a+b)^2\neq a^2+b^2$, $(a-b)^2\neq a^2-b^2$임에 주의한다.

합의 제곱

다음 식을 전개하시오.

01 $(x+1)^2=x^2+2\times\square\times1+\square^2$
따라해 $=x^2+\square x+\square$

02 $(x+2)^2$

03 $(a+3)^2$

04 $(3a+2)^2$

05 $(2x+1)^2$

06 $(x+2y)^2=x^2+2\times x\times\square+(\square)^2$
따라해 $=x^2+\square xy+\square$

07 $(2x+3y)^2$

08 $(3a+b)^2$

09 $(-2x-y)^2$

$(-a-b)^2=\{-(a+b)\}^2$
$=(-1)^2(a+b)^2$
$=(a+b)^2$

10 $(-2x-3y)^2$

차의 제곱

다음 식을 전개하시오.

11 $(x-1)^2=x^2-2\times x\times\square+\square^2$
따라해
$=x^2-\square x+\square$

12 $(a-3)^2$

13 $(3a-2)^2$

14 $(2x-1)^2$

15 $(3x-4)^2$

16 $(7x-5)^2$

17 $(2x-y)^2=(2x)^2-2\times\square\times y+y^2$
따라해
$=\square x^2-\square xy+y^2$

18 $(a-2b)^2$

19 $(4a-3b)^2$

20 $(-x+3y)^2$

$(-a+b)^2=\{-(a-b)\}^2$
$=(-1)^2(a-b)^2$
$=(a-b)^2$

21 $(-x+2)^2$

22 $(-a+2b)^2$

▶ 정답 및 풀이 23쪽

곱셈 공식 (2)

합과 차의 곱

$(a+b)(a-b)=a^2-b^2$

↑ 합 ↑ 차 제곱의 차

참고 $(a+b)(a-b)=a^2-ab+ab-b^2$
$=a^2-b^2$

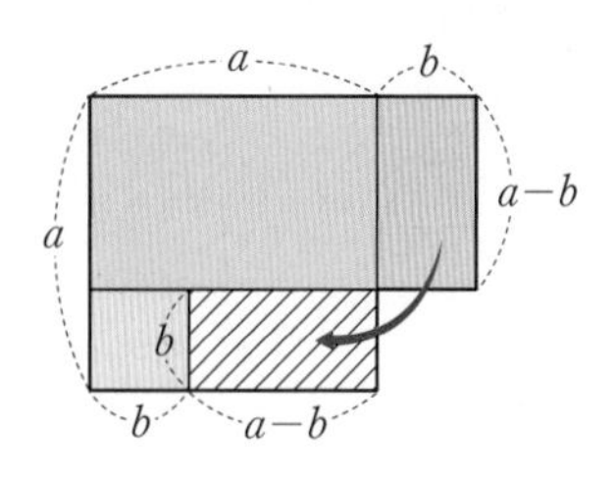

다음 식을 전개하시오.

01 $(x+1)(x-1)=x^2-\square^2$
$=x^2-\square$

따라해

02 $(a-3)(a+3)$ ________

03 $(2+x)(2-x)$ ________

04 $(2x+1)(2x-1)$ ________

05 $(2a-3)(2a+3)$ ________

06 $(x+2y)(x-2y)=x^2-(\square)^2$
$=x^2-\square$

따라해

07 $(a-4b)(a+4b)$ ________

08 $(2x+y)(2x-y)$ ________

09 $(3a+2b)(3a-2b)$ ________

10 $(4x-3y)(4x+3y)$ ________

11 $(-x+1)(-x-1)=(\square)^2-1^2$

따라해

$=\square^2-\square$

$(-a+b)(-a-b)$
$=(-a)^2-b^2$
$=a^2-b^2$

12 $(-a-4)(-a+4)$ ________

13 $(-2a+5)(-2a-5)$ ________

14 $(-3x-2y)(-3x+2y)$ ________

15 $(-8x+1)(8x+1)=(1-8x)(1+8x)$

따라해

$=1^2-(\square)^2$

$=1-\square$

$(-a+b)(a+b)$
$=(b-a)(b+a)$
$=b^2-a^2$

16 $(5a+3)(-5a+3)$ ________

17 $(-2x+3)(2x+3)$ ________

18 $(5a+8b)(-5a+8b)$ ________

19 $(-2a-b)(2a-b)=(\square-2a)(\square+2a)$

따라해

$=(\square)^2-(2a)^2$

$=\square^2-\square$

$(-a-b)(a-b)$
$=(-b-a)(-b+a)$
$=(-b)^2-a^2$
$=b^2-a^2$

20 $(-x-y)(x-y)$ ________

21 $(-4a-b)(4a-b)$ ________

22 $(-8x-7y)(8x-7y)$ ________

▶ 정답 및 풀이 24쪽

곱셈 공식 (3)

x의 계수가 1인 두 일차식의 곱

합

$$(x+a)(x+b)=x^2+(a+b)x+ab$$

곱

참고 $(x+a)(x+b)=x^2+bx+ax+ab=x^2+(a+b)x+ab$

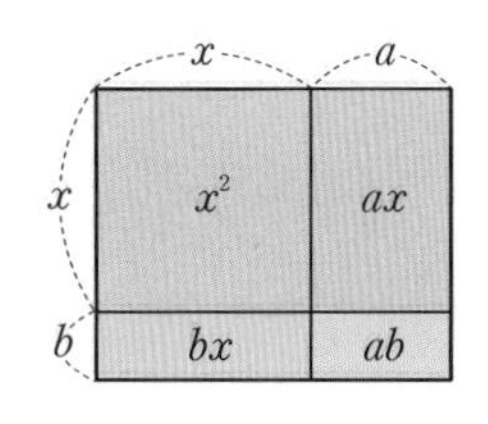

실수 Check

x의 계수와 상수항을 구할 때, 부호에 주의한다.
$(x+1)(x-2)$
$=x^2+\{1+(-2)\}x+1\times(-2)$

다음 식을 전개하시오.

01 $(x+1)(x+2)=x^2+(1+\square)x+1\times\square$
따라해
$=x^2+\square x+\square$

02 $(x+2)(x+3)$ ________

03 $(x+1)(x+5)$ ________

04 $(x+1)(x+3)$ ________

05 $(x+2)(x+4)$ ________

06 $(x+1)(x-3)=x^2+\{1+(\square)\}x+1\times(\square)$
따라해
$=x^2-\square x-\square$

07 $(x-3)(x+4)$ ________

08 $(x-1)(x+2)$ ________

09 $(x+1)(x-4)$ ________

10 $(x+2)(x-5)$ ________

11 따라해

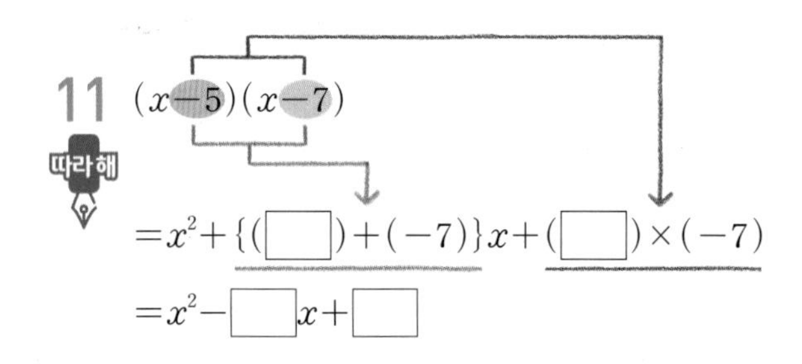

12 $(x-2)(x-7)$ ________

13 $(x-1)(x-8)$ ________

14 $(x-4)(x-5)$ ________

15 $(x-3)(x-2)$ ________

16 $(x-1)(x-6)$ ________

17 따라해 $(x+y)(x+2y)=x^2+(y+\square)x+y\times\square$

$=x^2+\square xy+\square y^2$

18 $(x-5y)(x-6y)$ ________

19 $(x+2y)(x-5y)$ ________

20 $(x-2y)(x+4y)$ ________

21 $(x+y)(x+4y)$ ________

22 $(x-3y)(x-4y)$ ________

▶ 정답 및 풀이 24쪽

곱셈 공식 (4)

x의 계수가 1이 아닌 두 일차식의 곱

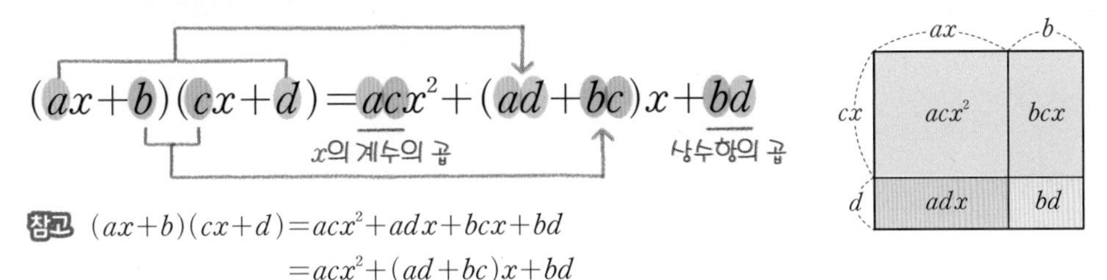

ax, b, cx, d, acx^2, bcx, adx, bd

참고 $(ax+b)(cx+d)=acx^2+adx+bcx+bd$
$=acx^2+(ad+bc)x+bd$

다음 식을 전개하시오.

01 $(3x+2)(2x+3)$

따라해 $=(3\times2)x^2+(3\times\square+2\times\square)x+2\times\square$
$=6x^2+\square x+\square$

02 $(2x+1)(4x+3)$ ________

03 $(2x+1)(3x+2)$ ________

04 $(3x+4)(6x+1)$ ________

05 $(4x+1)(5x+2)$ ________

06 $(3x+2)(2x-5)$

따라해 $=(3\times2)x^2+\{3\times(\square)+2\times\square\}x+2\times(\square)$
$=6x^2-\square x-\square$

음수는 괄호를 사용해!

07 $(2x+1)(7x-3)$ ________

08 $(9x-1)(3x+5)$ ________

09 $(3x-2)(2x+3)$ ________

10 $(2x+5)(4x-3)$ ________

11 $(2x-1)(3x-2)$

따라해 $=(2\times3)x^2+\{2\times(\square)+(-1)\times\square\}x+(-1)\times(\square)$

$=6x^2-\square x+\square$

12 $(4x-5)(2x-3)$ __________

13 $(2x-3)(4x-1)$ __________

14 $(-2x-5)(3x-4)$

따라해 $=\{(-2)\times3\}x^2+\{(-2)\times(\square)+(-5)\times\square\}x+(-5)\times(\square)$

$=-6x^2-\square x+\square$

15 $(7x-3)(-2x-1)$ __________

16 $(-3x+3)(5x-1)$ __________

17 $(7x+4y)(4x+y)$

따라해 $=(7\times4)x^2+(7\times\square+4\times\square)xy+(4\times\square)y^2$

$=28x^2+\square xy+\square y^2$

18 $(5x+2y)(2x-3y)$ __________

19 $(3x-2y)(4x-y)$ __________

20 $(6x-5y)(-5x+y)$ __________

21 $(-x-6y)(3x-4y)$ __________

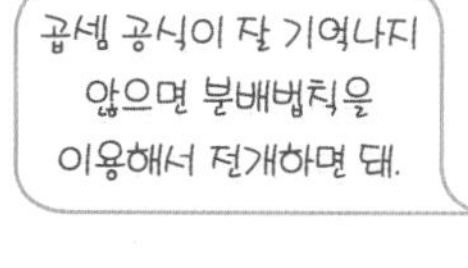

22 $(2x-3y)(-7x-2y)$ __________

▶ 정답 및 풀이 24쪽

곱셈 공식을 이용한 수의 제곱의 계산

수의 제곱의 계산은 $(a+b)^2=a^2+2ab+b^2$ 또는 $(a-b)^2=a^2-2ab+b^2$을 이용한다.

$(a+b)^2=a^2+2ab+b^2$을 이용

$101^2=(100+1)^2$
$=100^2+2\times100\times1+1^2$
$=10000+200+1$
$=10201$

공식의 a, b에 해당하는 수를 찾을 때, a를 10의 배수로 만들면 계산하기 편리해.

$(a-b)^2=a^2-2ab+b^2$을 이용

$99^2=(100-1)^2$
$=100^2-2\times100\times1+1^2$
$=10000-200+1$
$=9801$

$(a+b)^2=a^2+2ab+b^2$을 이용

곱셈 공식을 이용하여 다음을 계산하시오.

01 $52^2=(50+\square)^2=50^2+2\times50\times\square+\square^2$
$=2500+\square+\square=\square$

02 64^2

03 103^2

04 5.3^2

소수를 계산할 때는 소수에 가장 가까운 정수를 찾으면 돼.

05 10.1^2

06 30.2^2

$(a-b)^2=a^2-2ab+b^2$을 이용

곱셈 공식을 이용하여 다음을 계산하시오.

07 $48^2=(50-\square)^2=50^2-2\times50\times\square+\square^2$
$=2500-\square+\square=\square$

08 39^2

09 98^2

10 9.9^2

11 29.7^2

12 49.8^2

▶ 정답 및 풀이 25쪽

곱셈 공식을 이용한 두 수의 곱의 계산

두 수의 곱의 계산은 $(a+b)(a-b)=a^2-b^2$ 또는 $(x+a)(x+b)=x^2+(a+b)x+ab$를 이용한다.

$(a+b)(a-b)=a^2-b^2$을 이용

$$101\times99=(100+1)(100-1)$$
$$=100^2-1^2$$
$$=10000-1$$
$$=9999$$

$(x+a)(x+b)=x^2+(a+b)x+ab$를 이용

$$101\times102=(100+1)(100+2)$$
$$=100^2+(1+2)\times100+1\times2$$
$$=10000+300+2$$
$$=10302$$

$(a+b)(a-b)=a^2-b^2$을 이용

곱셈 공식을 이용하여 다음을 계산하시오.

01 따라해 $41\times39=(40+□)(40-□)$
$=40^2-□^2=□-1=□$

02 51×49

03 102×98

04 201×199

05 10.1×9.9

06 50.2×49.8

$(x+a)(x+b)=x^2+(a+b)x+ab$를 이용

곱셈 공식을 이용하여 다음을 계산하시오.

07 따라해 $41\times42=(40+□)(40+□)$
$=40^2+(□+□)\times40+□\times□$
$=1600+□+□=□$

08 52×53

09 81×83

10 102×104

11 99×103

$99=100-1$
$103=100+3$

12 49×52

▶ 정답 및 풀이 25쪽

곱셈 공식을 이용한 제곱근의 계산

근호를 포함한 식의 계산은 제곱근을 문자로 생각하고 곱셈 공식을 이용한다.

1 $(\sqrt{2}+\sqrt{3})^2$
$=(\sqrt{2})^2+2\times\sqrt{2}\times\sqrt{3}+(\sqrt{3})^2$
$=2+2\sqrt{6}+3$
$=5+2\sqrt{6}$

2 $(\sqrt{2}+\sqrt{3})(\sqrt{2}-\sqrt{3})$
$=(\sqrt{2})^2-(\sqrt{3})^2$
$=2-3$
$=-1$

3 $(\sqrt{2}+1)(\sqrt{2}+2)$
$=(\sqrt{2})^2+(1+2)\sqrt{2}+1\times2$
$=2+3\sqrt{2}+2$
$=4+3\sqrt{2}$

$(a+b)^2=a^2+2ab+b^2$을 이용

곱셈 공식을 이용하여 다음을 계산하시오.

01 따라해 $(\sqrt{2}+\sqrt{5})^2=(\square)^2+2\times\square\times\sqrt{5}+(\sqrt{5})^2$
$=\square+2\sqrt{\square}+5=\square$

02 $(\sqrt{3}+\sqrt{7})^2$ ______

03 $(\sqrt{2}+4)^2$ ______

04 $(\sqrt{3}+2)^2$ ______

05 $(2\sqrt{3}+\sqrt{6})^2$ ______

06 $(\sqrt{5}+3\sqrt{3})^2$ ______

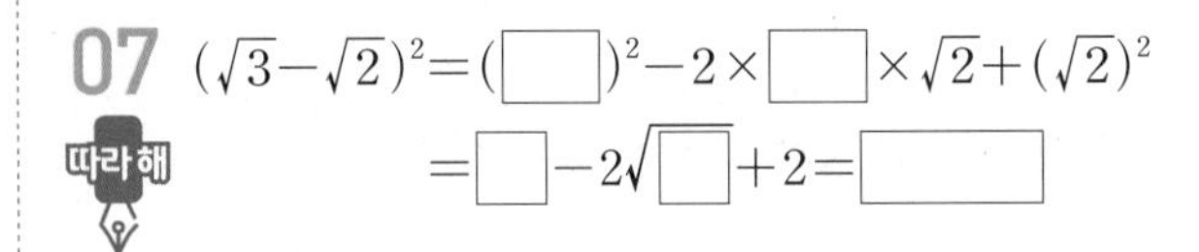

$(a-b)^2=a^2-2ab+b^2$을 이용

곱셈 공식을 이용하여 다음을 계산하시오.

07 따라해 $(\sqrt{3}-\sqrt{2})^2=(\square)^2-2\times\square\times\sqrt{2}+(\sqrt{2})^2$
$=\square-2\sqrt{\square}+2=\square$

08 $(\sqrt{6}-\sqrt{5})^2$ ______

09 $(\sqrt{2}-1)^2$ ______

10 $(\sqrt{3}-4)^2$ ______

11 $(3\sqrt{2}-\sqrt{5})^2$ ______

12 $(\sqrt{6}-2\sqrt{10})^2$ ______

$(a+b)(a-b)=a^2-b^2$을 이용

곱셈 공식을 이용하여 다음을 계산하시오.

13 $(\sqrt{6}+\sqrt{5})(\sqrt{6}-\sqrt{5})=(\sqrt{6})^2-(\square)^2$

따라해 $=6-\square=\square$

14 $(\sqrt{13}+\sqrt{10})(\sqrt{13}-\sqrt{10})$

15 $(\sqrt{5}+2)(\sqrt{5}-2)$

16 $(\sqrt{7}+3)(\sqrt{7}-3)$

17 $(8+\sqrt{2})(8-\sqrt{2})$

18 $(3+\sqrt{3})(3-\sqrt{3})$

19 $(3\sqrt{3}+2\sqrt{7})(3\sqrt{3}-2\sqrt{7})$

20 $(2\sqrt{5}+3\sqrt{2})(2\sqrt{5}-3\sqrt{2})$

$(ax+b)(cx+d)=acx^2+(ad+bc)x+bd$를 이용

곱셈 공식을 이용하여 다음을 계산하시오.

21 $(\sqrt{2}+3)(\sqrt{2}+4)=(\square)^2+(3+4)\square+\square$

따라해 $=\square+\square\sqrt{2}$

22 $(2\sqrt{3}+3)(\sqrt{3}+5)$

23 $(2\sqrt{5}+1)(3\sqrt{5}+2)$

24 $(\sqrt{6}-4)(2\sqrt{6}+3)$

연산 능력 UP! 10분 연산 TEST

01-08 VISUAL

▶ 정답 및 풀이 26쪽

[01 ~ 11] 다음 식을 전개하시오.

01 $(a+5)(2a-3)$

02 $(3x+y)(x-2y+4)$

03 $(x+7)^2$

04 $(6a+b)^2$

05 $(4x-3)^2$

06 $(-3x+5y)^2$

07 $(x+5)(x-5)$

08 $(2a+3b)(2a-3b)$

09 $(x+4)(x+7)$

10 $(x-5)(x+2)$

11 $(3x-2)(2x+5)$

[12 ~ 23] 곱셈 공식을 이용하여 다음을 계산하시오.

12 102^2

13 23^2

14 59^2

15 9.6^2

16 198×202

17 2.7×3.3

18 96×101

19 1.9×1.7

20 $(\sqrt{5}-\sqrt{2})^2$

21 $(3\sqrt{5}+\sqrt{6})^2$

22 $(3+\sqrt{7})(4+\sqrt{7})$

23 $(2\sqrt{2}+1)(2\sqrt{2}-3)$

맞힌 개수 개/23개

▶ 정답 및 풀이 27쪽

곱셈 공식을 이용한 분모의 유리화

분모가 $a+\sqrt{b}$ 또는 $\sqrt{a}+\sqrt{b}$ 꼴인 분수는 곱셈 공식 $(a+b)(a-b)=a^2-b^2$을 이용하여 분모를 유리화한다.

$$\frac{1}{\sqrt{5}+\sqrt{2}}=\frac{\sqrt{5}-\sqrt{2}}{(\sqrt{5}+\sqrt{2})(\sqrt{5}-\sqrt{2})}=\frac{\sqrt{5}-\sqrt{2}}{(\sqrt{5})^2-(\sqrt{2})^2}=\frac{\sqrt{5}-\sqrt{2}}{5-2}=\frac{\sqrt{5}-\sqrt{2}}{3}$$

부호 반대

$(a+b)(a-b)=a^2-b^2$을 이용

3 → 유리수

곱셈 공식을 이용하여 다음 수의 분모를 유리화하시오.

01 따라해

$\frac{1}{\sqrt{3}-\sqrt{2}}=\frac{\square}{(\sqrt{3}-\sqrt{2})(\sqrt{3}+\sqrt{2})}$

$=\frac{\square}{3-2}=\square$

02 $\frac{1}{2\sqrt{2}-3}$ ________

03 $\frac{2}{\sqrt{5}+\sqrt{3}}$ ________

04 $\frac{4}{\sqrt{3}+\sqrt{5}}$ ________

05 $\frac{13}{5+2\sqrt{3}}$ ________

06 $\frac{\sqrt{2}}{\sqrt{3}-\sqrt{2}}$ ________

07 $\frac{\sqrt{3}}{2+\sqrt{7}}$ ________

08 $\frac{\sqrt{2}}{6-3\sqrt{2}}$ ________

09 $\frac{3\sqrt{2}}{2\sqrt{3}+3}$ ________

10 $\frac{\sqrt{3}-\sqrt{2}}{\sqrt{3}+\sqrt{2}}$ ________

11 $\frac{\sqrt{7}+\sqrt{5}}{\sqrt{7}-\sqrt{5}}$ ________

12 $\frac{2\sqrt{3}}{2\sqrt{5}-3\sqrt{2}}$ ________

10 VISUAL 연산 곱셈 공식을 이용한 복잡한 식의 계산

복잡한 식의 곱셈에서는 공통인 부분 또는 식의 일부를 한 문자로 바꾼 후 곱셈 공식을 이용하여 전개한다. (바꾼 → 치환)

$(x-y+1)(x-y-1)$
$=(A+1)(A-1)$ ❶ $x-y=A$로 치환하기
$=A^2-1^2$ ❷ 곱셈 공식을 이용하여 전개하기
$=(x-y)^2-1$ ❸ $A=x-y$를 대입하기
$=x^2-2xy+y^2-1$ ❹ 곱셈 공식을 이용하여 전개하기

❶ 공통인 부분을 A로 치환한다.
❷ 곱셈 공식을 이용하여 전개한다.
❸ A에 다시 원래의 식을 대입한다.
❹ 식을 전개하여 동류항끼리 모아서 간단히 한다.

치환을 이용한 다항식의 전개

다음 식을 전개하시오.

01 $(2x-y+3)^2$ ______

따라해 $2x-y=A$라 하면
$(2x-y+3)^2=(A+3)^2=A^2+\square A+9$
$=(2x-y)^2+\square(2x-y)+\square$
$=4x^2-\square xy+y^2+\square x-\square y+\square$

02 $(x-y-2)^2$ ______

03 $(x+2y+1)(x+2y-3)$ ______

04 $(x+y+3)(x-y+3)$ ______

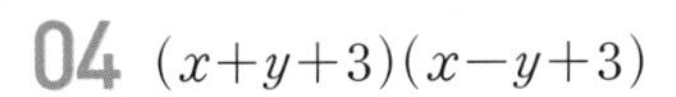

05 $(x+2y+1)(x-2y-1)$ ______

곱셈 공식을 이용한 다항식의 전개

다음 식을 전개하시오.

06 $(x-4)^2-(x+1)(x+7)$ ______

곱셈 공식을 이용하여 각각 전개한 후 동류항끼리 모아서 간단히 해.

07 $(x+2)(x-3)+(x-1)^2$ ______

08 $(x-2)(x-3)-(x-5)(x-6)$ ______

09 $(x-2)(x+2)+(2x+1)(3x+4)$ ______

10 $(2x+1)^2-(x+2)^2$ ______

▶ 정답 및 풀이 28쪽 

식의 값

중학교 1 학년 때 배웠어요!

$a=-3$일 때, $4a+5$의 값을 구해 보자.

$\rightarrow 4a+5=4\times a+5$
$=4\times(-3)+5$ ← a 대신 -3을 대입하기
$=-7$ ← 식의 값 구하기

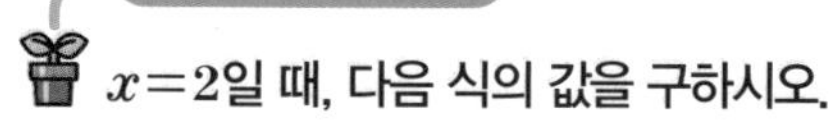

$x=2$, $y=-4$일 때, $5x-2y$의 값을 구해 보자.

$\rightarrow 5x-2y=5\times x-2\times y$
$=5\times 2-2\times(-4)$ ← x 대신 2, y 대신 -4를 대입하기
$=18$ ← 식의 값 구하기

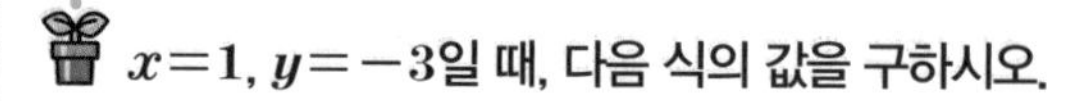

문자가 1개일 때

$x=2$일 때, 다음 식의 값을 구하시오.

01 $x+2$ ________

02 $2-4x$ ________

03 $\dfrac{3x}{x+2}$ ________

04 x^2-4x ________

05 $3-2x^2$ ________

06 $\dfrac{1}{x^2-3}$ ________

문자가 2개일 때

$x=1$, $y=-3$일 때, 다음 식의 값을 구하시오.

07 $2x+y$ ________

08 $x-3y$ ________

09 x^2-y ________

10 $-2(x-y)+(x+2y)$ ________

주어진 식이 복잡할 때는 먼저 주어진 식을 간단히 해.

11 $(21x^2y-6xy^2)\div 3xy$ ________

12 $\dfrac{4xy+5y}{2xy^2}$ ________

▶ 정답 및 풀이 28쪽

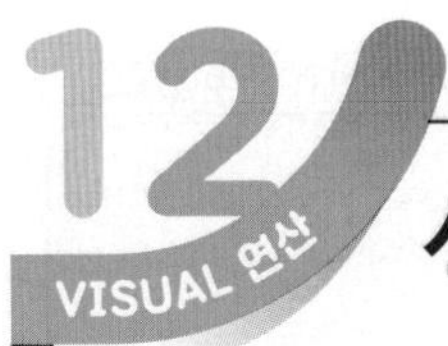

식의 대입

중학교 2 학년 때 배웠어요!

$y=2x+1$일 때, $3x-2y+5$를 x에 대한 식으로 나타내어 보자.

→ $3x-2y+5=3x-2(2x+1)+5$ ← y 대신 $2x+1$을 대입하기
$=3x-4x-2+5$ ← 식을 정리하기
$=-x+3$ (x에 대한 식)

$A=x+2y$, $B=3x-y$일 때, $2A+B$를 x, y에 대한 식으로 나타내어 보자.

→ $2A+B=2(x+2y)+(3x-y)$ ← A 대신 $x+2y$, B 대신 $3x-y$를 대입하기
$=2x+4y+3x-y$ ← 식을 정리하기
$=5x+3y$ (x, y에 대한 식)

$x=2y-3$일 때, 다음 식을 y에 대한 식으로 나타내시오.

01 따라해

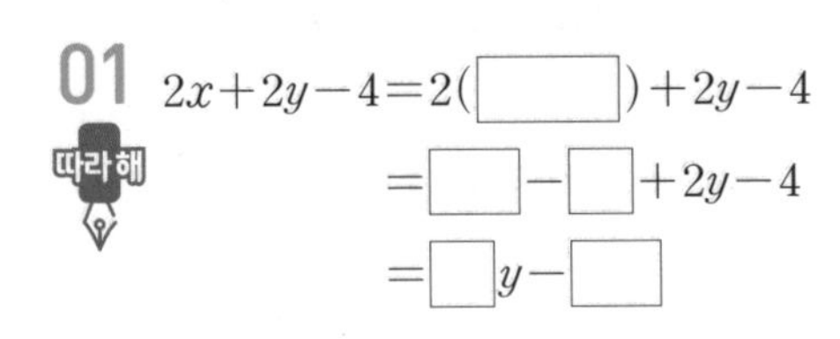
$2x+2y-4=2(\square)+2y-4$
$=\square-\square+2y-4$
$=\square y-\square$

02 $5x-3y-7$ ________

03 $2x-(y+1)$ ________

$y=-x+2$일 때, 다음 식을 x에 대한 식으로 나타내시오.

04 $2x+y$ ________

05 $4x-2y+3$ ________

06 $2(x+y)-1$ ________

$A=3x-2y$, $B=-x+y$일 때, 다음 식을 x, y에 대한 식으로 나타내시오.

07 따라해 $A-2B=(3x-2y)-2(\square)$
$=3x-2y+\square$
$=\square$

08 $2A+B$ ________

09 $-A-3B$ ________

10 $3(A-B)-(A+B)$ ________

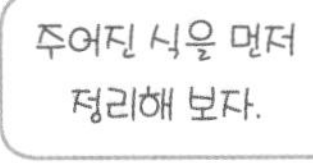

11 $2(3A+2B)-3(B+A)$ ________

▶ 정답 및 풀이 29쪽

곱셈 공식의 변형

- $a^2+b^2=(a+b)^2-2ab$
- $a^2+b^2=(a-b)^2+2ab$

참고
- $(a+b)^2-2ab=a^2+2ab+b^2-2ab$
  $=a^2+b^2$
- $(a-b)^2+2ab=a^2-2ab+b^2+2ab$
  $=a^2+b^2$

- $(a+b)^2=(a-b)^2+4ab$
- $(a-b)^2=(a+b)^2-4ab$

참고
- $(a-b)^2+4ab=a^2-2ab+b^2+4ab$
  $=a^2+2ab+b^2=(a+b)^2$
- $(a+b)^2-4ab=a^2+2ab+b^2-4ab$
  $=a^2-2ab+b^2=(a-b)^2$

$x+y=4$, $xy=1$일 때, 다음 □ 안에 알맞은 수를 써넣으시오.

01 $x^2+y^2=(x+y)^2-\square xy$
$=4^2-\square\times\square=\square$

02 $(x-y)^2=(x+y)^2-\square xy$
$=4^2-\square\times\square=\square$

$x-y=3$, $xy=2$일 때, 다음 □ 안에 알맞은 수를 써넣으시오.

03 $x^2+y^2=(x-y)^2+\square xy$
$=3^2+\square\times\square=\square$

04 $(x+y)^2=(x-y)^2+\square xy$
$=3^2+\square\times\square=\square$

$x+y=-5$, $xy=-6$일 때, 다음 식의 값을 구하시오.

05 x^2+y^2 ________

06 $(x-y)^2$ ________

$x-y=-2$, $xy=3$일 때, 다음 식의 값을 구하시오.

07 x^2+y^2 ________

08 $(x+y)^2$ ________

$x-y=6$, $xy=-2$일 때, 다음 식의 값을 구하시오.

09 x^2+y^2 ________

10 $(x+y)^2$ ________

연산 능력 UP!

10분 연산 TEST

09-13 VISUAL

▶ 정답 및 풀이 29쪽

[01 ~ 06] 곱셈 공식을 이용하여 다음 수의 분모를 유리화하시오.

01 $\frac{1}{\sqrt{2}+1}$

02 $\frac{2}{\sqrt{5}-3}$

03 $\frac{\sqrt{2}}{1-\sqrt{2}}$

04 $\frac{7}{3+\sqrt{2}}$

05 $\frac{\sqrt{6}-\sqrt{2}}{\sqrt{6}+\sqrt{2}}$

06 $\frac{\sqrt{5}}{2\sqrt{10}+\sqrt{5}}$

[07 ~ 12] 다음 식을 전개하시오.

07 $(5a+b-3)^2$

08 $(x-2y+1)(x-2y+5)$

09 $(a+b-3)(a-b-3)$

10 $(x+1)^2-(x-5)(x+2)$

11 $(x+1)(x-1)+(x+2)(x-2)$

12 $(3x-2)^2-(x+6)^2$

[13 ~ 15] $x+y=5$, $xy=4$일 때, 다음 식의 값을 구하시오.

13 x^2+y^2

14 $(x-y)^2$

15 $x-y$

16 $x-y=-3$, $xy=-2$일 때, x^2+y^2의 값을 구하시오.

맞힌 개수 개/16개

▶ 정답 및 풀이 30쪽

인수와 인수분해

(1) **인수** : 하나의 다항식을 두 개 이상의 다항식의 곱으로 나타낼 때, 각각의 다항식을 처음 다항식의 인수라 한다.
(2) **인수분해** : 하나의 다항식을 두 개 이상의 인수의 곱으로 나타내는 것

x^2+3x (다항식) —인수분해→ $x(x+3)$ (다항식, 다항식 → 인수), ←전개—

x^2+3x+2 (다항식) —인수분해→ $(x+1)(x+2)$ (다항식, 다항식 → 인수), ←전개—

인수분해는 전개를 거꾸로 한 과정이야.

$(x+1)(x+2)$의 인수에는 $x+1$, $x+2$뿐만 아니라 이들 인수끼리의 곱과 1도 포함된다.

인수분해의 뜻

다음은 어떤 다항식을 인수분해한 것인지 구하시오.

01 $a(x+y)=a\times\square+a\times\square$
$=\square$

02 $m(a-b)$ ______

03 $(x+1)^2$ ______

04 $(a-2b)^2$ ______

05 $(x-2)(x+2)$ ______

06 $(x-y)(x+3y)$ ______

인수 찾기

다음에서 주어진 식의 인수를 모두 찾아 ○표를 하시오.

07 ab^2

1, a, b, ab, a^2, b^2, ab^2

08 $x^2(x+1)$

x, x^2, x^3, $x+1$, $(x+1)^2$, $x(x+1)$

09 $x(x+y)(x-y)$

x, y, $x+y$, $x-y$, x^2-y^2, x^2+y^2

10 $-ab(a-b)$

ab, ab^2, $a+b$, $b-a$, $a-b$, a^2-ab

11 $x(x+y)^2$

1, x, y, xy, $x(x+y)$, $x(x+y)^2$

공통인 인수를 이용한 인수분해

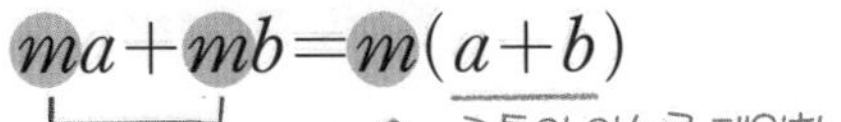

$ma+mb=m(a+b)$

공통인 인수를 제외한 나머지

공통인 인수로 묶기

분배법칙을 이용하여 다항식의 각 항에 공통으로 들어 있는 인수로 묶어 내어 인수분해해.

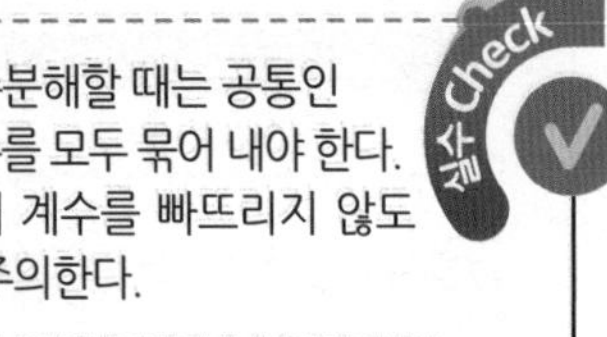

다음 식을 인수분해하시오.

01 $2a^3+4a^2$ ______

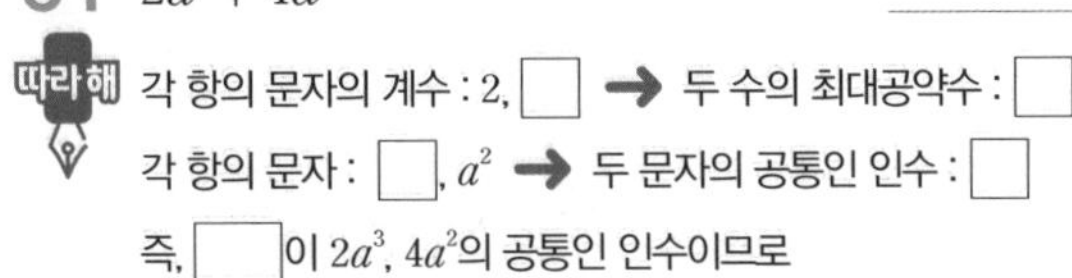

따라해 각 항의 문자의 계수 : 2, □ ➜ 두 수의 최대공약수 : □

각 항의 문자 : □, a^2 ➜ 두 문자의 공통인 인수 : □

즉, □이 $2a^3$, $4a^2$의 공통인 인수이므로

$2a^3+4a^2=$□$(a+2)$

02 x^2-2x ______

03 $4x^3-2x^2y$ ______

공통인 인수를 찾을 때, 최대공약수와 문자의 차수를 이용하면 편리해.

04 a^2b+ab^2-ab ______

05 $9xz-3xy+6x$ ______

06 $a(x-y)+b(x-y)=(x-y)($□$)$

따라해

$x-y$가 여러 번 보이면 $x-y$를 통째로 묶어 보자!

07 $a(x+1)-2b(x+1)$ ______

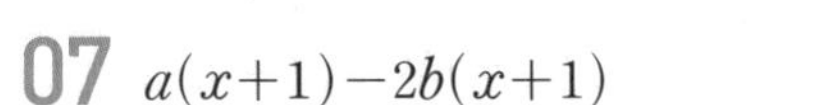

08 $(2a+b)(x+3y)-(2a+b)(2x+y)$ ______

09 $a(2x-y)+b(y-2x)$ ______

$=-(2x-y)$

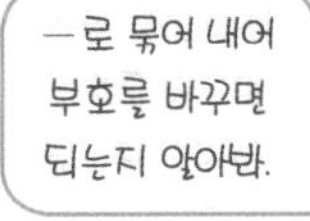

10 $a(b-c)-(c-b)$ ______

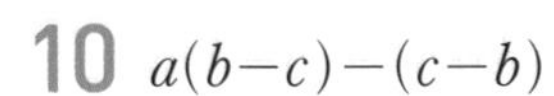

11 $xy(x-1)+x(1-x)$ ______

▶ 정답 및 풀이 30쪽

인수분해 공식 (1)

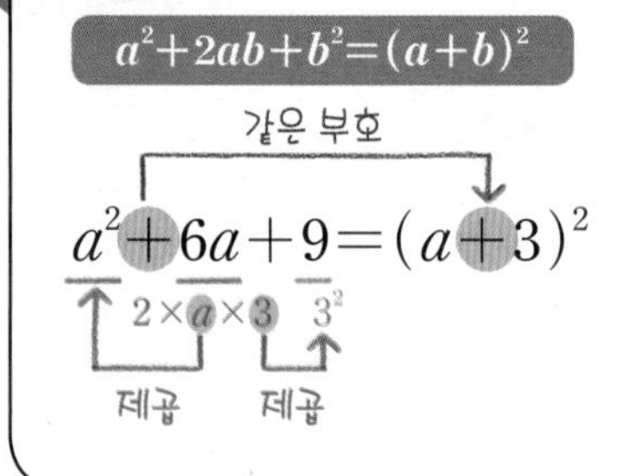

$a^2-2ab+b^2=(a-b)^2$

같은 부호

$x^2-4xy+4y^2=(x-2y)^2$

$2\times x\times 2y$ $(2y)^2$

제곱 제곱

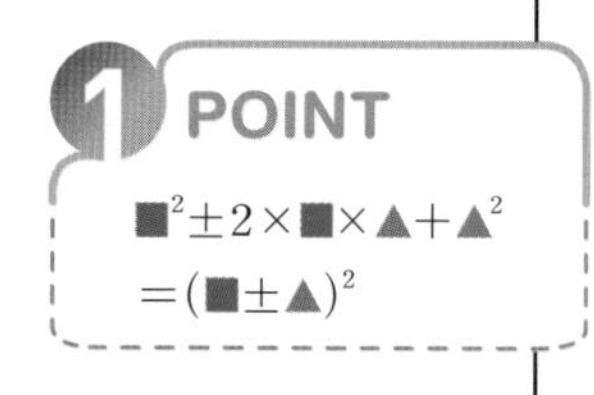

다음 식을 인수분해하시오.

01 $x^2+4x+4=x^2+2\times x\times\square+\square^2$

따라해

$=(\square)^2$

02 x^2+6x+9 ______

03 a^2+2a+1 ______

04 $a^2+8a+16$ ______

05 $a^2+18a+81$ ______

06 $x^2+x+\frac{1}{4}$ ______

07 x^2-2x+1 ______

08 $x^2-10x+25$ ______

09 x^2-4x+4 ______

10 $a^2-12a+36$ ______

11 $a^2-8a+16$ ______

12 $a^2-3a+\frac{9}{4}$ ______

다음 식을 인수분해하시오.

13 $9x^2+6xy+y^2=(\square)^2+2\times\square\times y+y^2$

따라해 $=(\square)^2$

14 $x^2+2xy+y^2$ ________

15 $4x^2+12xy+9y^2$ ________

16 $x^2-14xy+49y^2$ ________

17 $16x^2-24xy+9y^2$ ________

18 $4x^2-20xy+25y^2$ ________

19 $100a^2-60ab+9b^2$ ________

20 $2x^2-48x+288$ ________

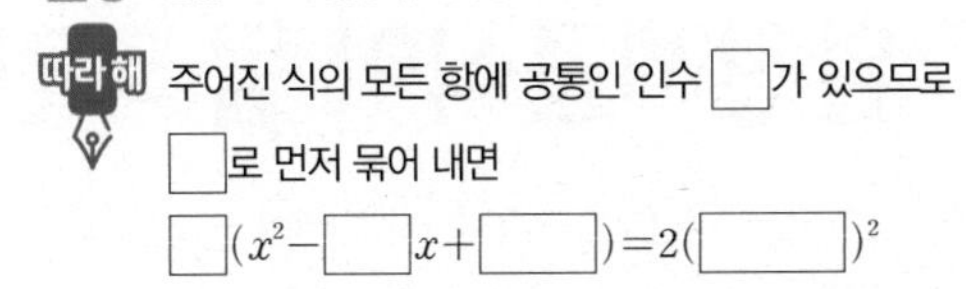
따라해 주어진 식의 모든 항에 공통인 인수 □가 있으므로 □로 먼저 묶어 내면

$\square(x^2-\square x+\square)=2(\square)^2$

21 $50x^2+60x+18$ ________

22 $4a^2b+4ab+b$ ________

23 $16ax^2-8ax+a$ ________

24 $18ax^2-72ax+72a$ ________

25 $3x^2+60xy+300y^2$ ________

26 $8ax^2+56axy+98ay^2$ ________

17 VISUAL 연산 완전제곱식이 될 조건

(1) **완전제곱식** : $(x+1)^2$, $2(a-b)^2$, $-5(2x-3y)^2$과 같이 다항식의 제곱으로 이루어진 식이나 이 식에 수를 곱한 식

(2) x^2+ax+b가 완전제곱식이 될 조건

① $x^2+ax+b=x^2+ax+\left(\frac{a}{2}\right)^2=\left(x+\frac{a}{2}\right)^2$ ➜ $b=\left(\frac{a}{2}\right)^2$

예 $x^2+6x+\square$ ➜ $\square=3^2=9$

$2\times x\times 3$ 제곱

② $x^2+ax+b=x^2\pm2\sqrt{b}x+b=(x\pm\sqrt{b})^2$ ➜ $a=\pm2\sqrt{b}$

예 $x^2+\square x+9$ ➜ $\square=2\times(\pm3)=\pm6$

2배 $(\pm3)^2$

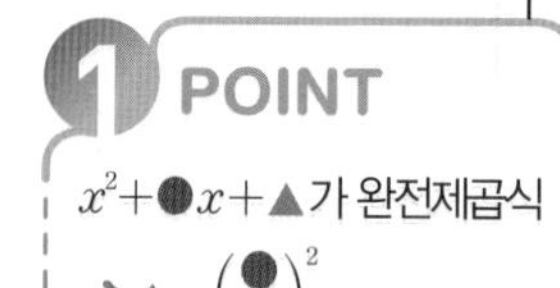

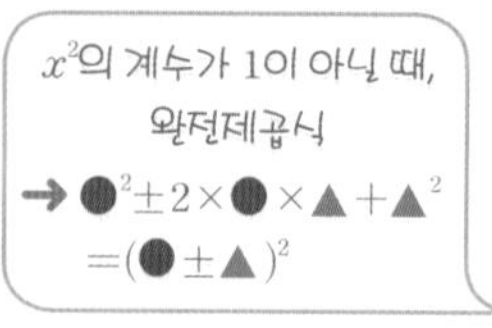

상수항 구하기

다음 식이 완전제곱식이 되도록 □ 안에 알맞은 수를 구하시오.

01 $x^2+2x+\square$

$2\times x\times ★$ 제곱

02 $a^2-6a+\square$

03 $x^2-x+\square$

04 $a^2-12ab+\square b^2$

05 $9a^2-12a+\square$

$(3a)^2$ $2\times3a\times★$ 제곱

06 $4x^2+4xy+\square y^2$

x의 계수 구하기

다음 식이 완전제곱식이 되도록 □ 안에 알맞은 수를 모두 구하시오.

07 $x^2+\square x+25$

$★^2$ $\pm2\times★$

08 $x^2+\square x+36$

09 $a^2+\square ab+16b^2$

10 $4x^2+\square xy+9y^2$

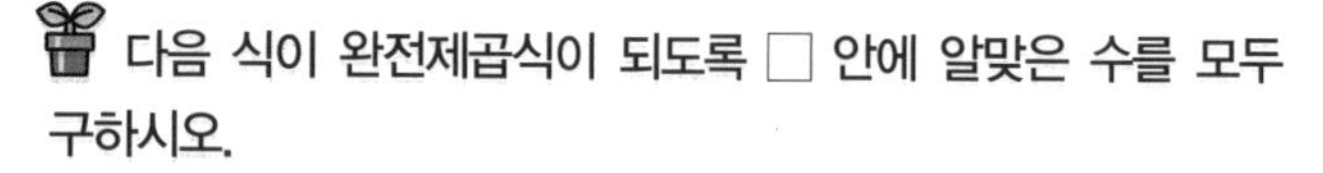

11 $16a^2+\square a+1$

12 $9x^2+\square xy+16y^2$

▶ 정답 및 풀이 31쪽

인수분해 공식 (2)

VISUAL 연산

$a^2-b^2=(a+b)(a-b)$

$x^2-4=x^2-2^2$ ← 제곱의 차
$=(x+2)(x-2)$
합 차

$9x^2-4y^2=(3x)^2-(2y)^2$ ← 제곱의 차
$=(3x+2y)(3x-2y)$
합 차

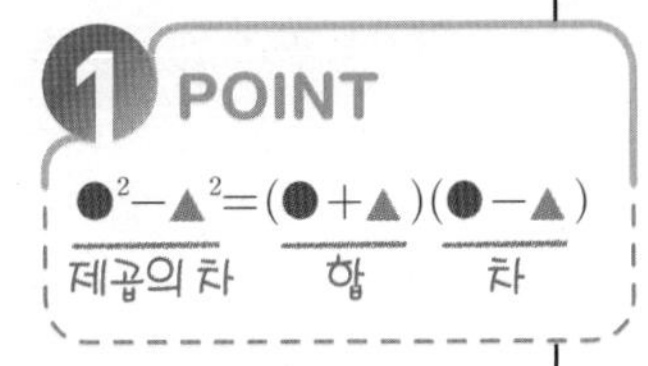

다음 식을 인수분해하시오.

01 x^2-16

02 $a^2-\frac{36}{25}$

03 $4-x^2$

04 $9x^2-1$

05 $49a^2-25$

06 $81-4x^2$

07 a^2-b^2

08 $x^2-\frac{1}{9}y^2$

09 $25x^2-4y^2$

10 $\frac{1}{4}a^2-\frac{1}{16}b^2$

11 따라해 $3x^2-12=\square(x^2-4)$
$=\square(x+\square)(x-\square)$

모든 항에 공통인 인수가 있으면 그 인수를 먼저 묶어 내.

12 a^3-ab^2

13 $50x^2-2y^2$

14 $-3a^2+48b^2$

▶ 정답 및 풀이 31쪽

19 VISUAL 연산

인수분해 공식 (3)

$x^2+(a+b)x+ab=(x+a)(x+b)$

$1x^2-3x+2=(x-1)(x-2)$

$(x-1) \leftarrow$ 1　　−1 ⟶ $1\times(-1)=-1$

$(x-2) \leftarrow$ 1　　−2 ⟶ $1\times(-2)=-2$

곱해서 2가 되는 수　　더해서 −3

참고 곱해서 상수항이 되는 두 정수를 찾은 다음 그 합이 x의 계수가 되는 수를 찾는 것이 거꾸로 찾는 것보다 더 편리하다.

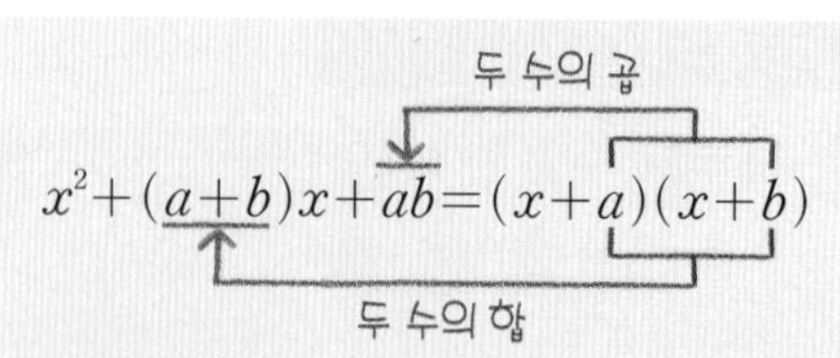

❶ 곱해서 상수항 ab가 되는 두 정수를 찾는다.

❷ ❶에서 찾은 두 정수 중 합이 $a+b$가 되는 두 정수 a, b를 찾는다.

❸ $(x+a)(x+b)$ 꼴로 나타낸다.

합과 곱이 각각 다음과 같은 두 정수를 구하시오.

01 합 : −6, 곱 : 8

따라해

곱이 8인 두 정수	두 정수의 합
1, 8	9

02 합 : 3, 곱 : 2

03 합 : −3, 곱 : −10

04 합 : −4, 곱 : 3

05 합 : 5, 곱 : −6

06 합 : −7, 곱 : −18

다음 식을 인수분해하시오.

07 x^2+2x-3

따라해

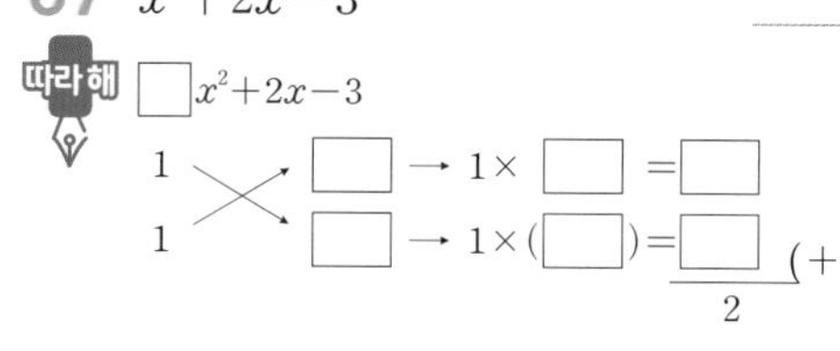

08 x^2-x-2

09 x^2+x-30

10 x^2+8x+7

11 $x^2-7x+12$

12 $x^2-5x-14$

13 $x^2+5xy+6y^2$

문자가 x, y 있는 경우에
y를 잊지 않고 꼭 써야 해.

14 $x^2-13xy+42y^2$

15 $x^2+4xy-5y^2$

16 $x^2-3xy-10y^2$

17 $x^2+4xy-21y^2$

18 $x^2-xy-6y^2$

19 $x^2-2xy-35y^2$

20 $x^2+9xy+14y^2$

21 

$2x^2-22x+56=\square(x^2-11x+28)$

$=\square$ 

공통인 인수를 먼저
묶어 내어 보자.

22 $3x^2+6x-45$

23 $2x^2+20x+18$

24 $-2x^2-24x-54$

첫 항이 음수이면
$-$까지 묶어 내는 게 좋아.

25 $-x^2-3xy-2y^2$

26 $-2x^2+18xy-40y^2$

27 $3x^2-12xy-135y^2$

28 $4x^2-40xy+96y^2$

인수분해 공식 (4)

$acx^2+(ad+bc)x+bd=(ax+b)(cx+d)$

$6x^2-7x-3=(3x+1)(2x-3)$

$(3x+1)$ ← 3, $+1$ → $2\times(+1)=2$

$(2x-3)$ ← 2, -3 → $3\times(-3)=-9$

곱해서 6이 되는 수 / 곱해서 -3이 되는 수 / 더해서 -7

$acx^2+(ad+bc)x+bd=(ax+b)(cx+d)$

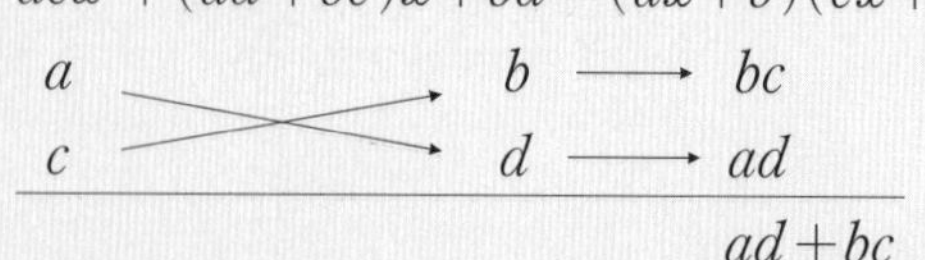

$ad+bc$

❶ 곱해서 x^2의 계수가 되는 두 정수 a, c를 찾는다.
❷ 곱해서 상수항이 되는 두 정수 b, d를 찾는다.
❸ ❶, ❷의 정수를 대각선으로 곱하여 더한 값이 x의 계수가 되는 것을 찾는다.
❹ $(ax+b)(cx+d)$ 꼴로 나타낸다.

다음은 다항식을 인수분해하는 과정이다. □ 안에 알맞은 수를 써넣고, 다항식을 인수분해하시오.

01 $7x^2+50x+7$

□ □ → □
1 □ → □
50

02 $2x^2-9x+10$

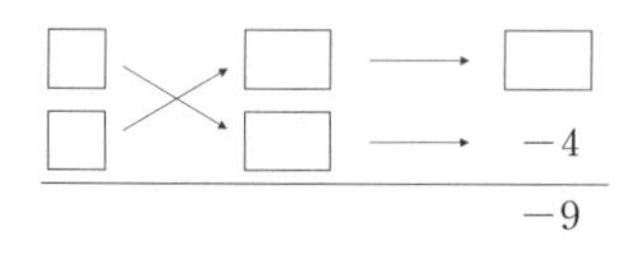

03 $3x^2-x-2$

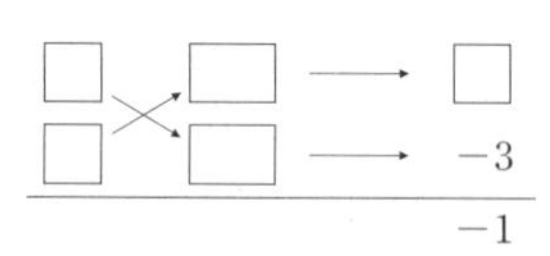

04 $12x^2+13x-14$

□ □ → 21
□ □ → □
13

다음 식을 인수분해하시오.

05 $2x^2+9x+7$

06 $2x^2-3x+1$

07 $3x^2+5x-2$

08 $2x^2+7x+3$

09 $10x^2+23x-42$

10 $35x^2+11x-6$

11 $2x^2-11x+15$

🪴 다음은 다항식을 인수분해하는 과정이다. □ 안에 알맞은 수를 써넣고, 다항식을 인수분해하시오.

12 $2x^2+7xy-30y^2$

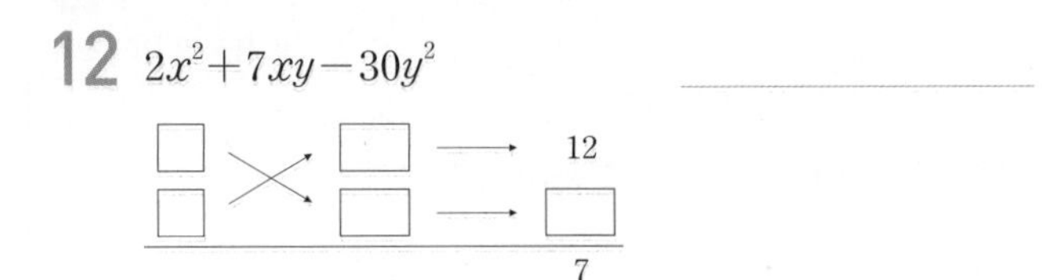

13 $10x^2+17xy+3y^2$

2

17

14 $2x^2-5xy+3y^2$

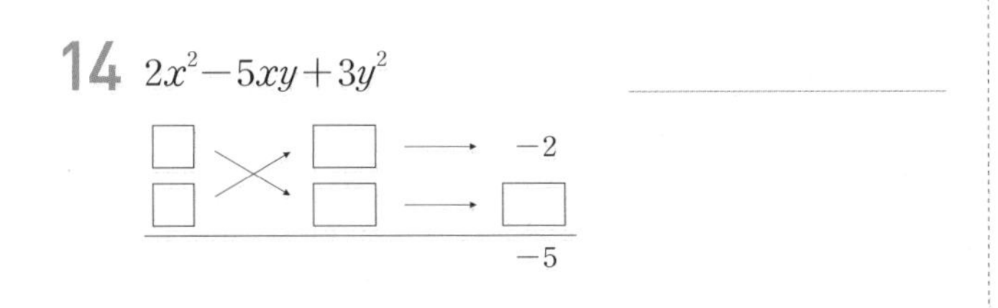

15 $12x^2-11xy-5y^2$

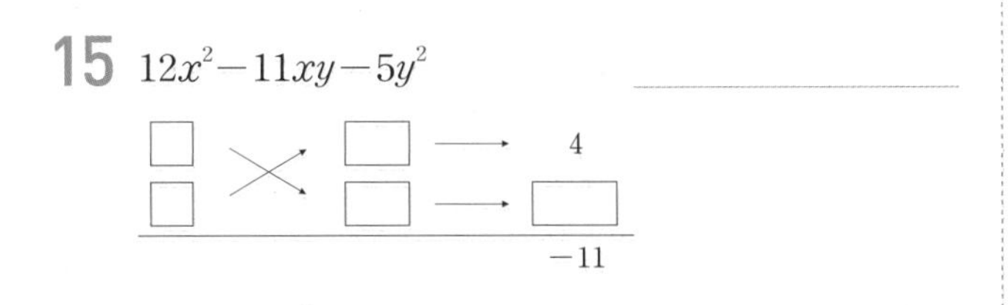

🪴 다음 식을 인수분해하시오.

16 $16x^2+8xy-3y^2$

17 $7x^2-3xy-4y^2$

18 $15x^2-31xy+14y^2$

19 $2x^2+19xy+42y^2$

20 $21x^2+13xy-20y^2$

21 $3x^2+8xy-35y^2$

22 $8x^2-38xy+35y^2$

23 $-6x^2+25xy-21y^2$

x^2의 계수가 음수이면 음의 부호를 붙여 봐.

24 $-10x^2+xy+2y^2$

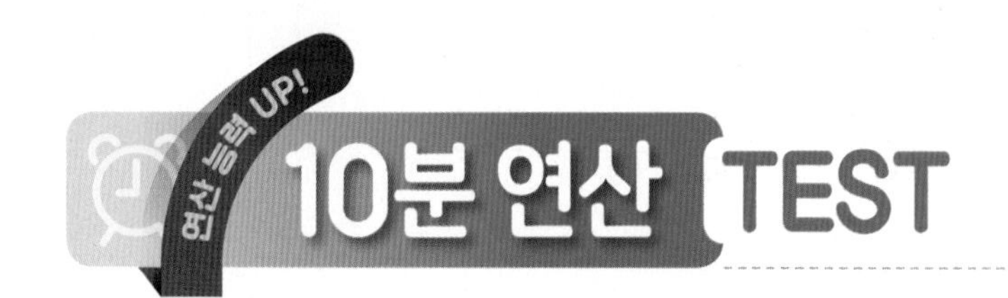

▶ 정답 및 풀이 32쪽

[01 ~ 02] 다음에서 주어진 식의 인수를 모두 찾아 ○표를 하시오.

01 $3(x-2)(x+1)$

3, $x-2$, $x-1$, $x+1$, $x+2$, $3(x+1)$, x^2-x-2, x^2-4, $(x+1)^2$

02 $(a+b)(a-b)$

1, $a+b$, $a-b$, a^2-b^2, a^2+b^2, $a(a+b)$

[03 ~ 08] 다음 식을 인수분해하시오.

03 $5x^2+10xy$

04 $3x^3y-12x^2y^2$

05 $x^2+12x+36$

06 $x^2-8x+16$

07 $25x^2-20x+4$

08 $9x^2+24xy+16y^2$

[09 ~ 10] 다음 식이 완전제곱식이 되도록 □ 안에 알맞은 수를 모두 구하시오.

09 $x^2-16x+\square$

10 $4x^2+\square xy+25y^2$

[11 ~ 20] 다음 식을 인수분해하시오.

11 x^2-64

12 $3a^2-12b^2$

13 $\frac{1}{9}x^2-\frac{1}{4}y^2$

14 x^2-7x-8

15 $x^2+10x+21$

16 $6x^2-5x-4$

17 $x^2-7xy+10y^2$

18 $3x^2+6xy-45y^2$

19 $12x^2+xy-6y^2$

20 $8x^2+22xy+15y^2$

맞힌 개수 개/20개

복잡한 식의 인수분해 (1)

공통인 인수가 있으면 공통인 인수로 묶어 낸 후 인수분해한다.

x^3y-4x^2y+3xy
$=xy(x^2-4x+3)$ ← 공통인 인수로 묶기
$=xy(x-1)(x-3)$ ← 인수분해하기

$ax-ay-2bx+2by$
$=a(x-y)-2b(x-y)$ ← 공통인 인수가 있는 항끼리 묶기 : (2항)+(2항)
$=(x-y)(a-2b)$ ← 공통인 인수로 묶어 인수분해하기

다음 식을 인수분해하시오.

01 따라해 $2a^2b+4ab^2-16b^3=\square(a^2+2ab-\square b^2)$
$=\square(a+\square)(a-\square)$

02 $-x^3+12x^2-35x$ ______

03 $x^3+x^2y-30xy^2$ ______

04 $-3a^3b-25a^2b^2-28ab^3$ ______

05 $8x^2y+4xy-24y$ ______

06 $12a^2b+33ab+18b$ ______

다음 식을 인수분해하시오.

07 따라해 $ab+2a-b-2=\square(b+2)-(\square+2)$
$=(\square)(a-\square)$

08 $ab-a+b-1$ ______

09 $x^2-xy-x+y$ ______

10 a^3-a^2-a+1 ______

더 인수분해되는 항이 없는지 꼭 확인해.

11 따라해 $x^3+y-x-x^2y$
$=x^3-x^2y-x+y$
$=\square(x-y)-(\square-y)$
$=(\square)(x^2-\square)$
$=(\square)(x+\square)(x-\square)$

공통인 인수를 갖도록 항들의 자리를 바꿔 봐.

12 $x^2-y^2-4x+4y$ ______

복잡한 식의 인수분해 (2)

치환을 이용한 인수분해

$(x+y)^2-4(x+y)+3$ ⟩ $x+y=A$로 치환하기

$=A^2-4A+3$ ⟩ 인수분해하기

$=(A-1)(A-3)$ ⟩ $A=x+y$를 대입하기

$=\{(x+y)-1\}\{(x+y)-3\}$

$=(x+y-1)(x+y-3)$

A^2-B^2 꼴로 변형하기

$x^2+2xy+y^2-9$ ⟩ (3항)+(1항) 또는 (1항)+(3항)으로 묶어 A^2-B^2 꼴로 만들기

$=(x+y)^2-3^2$ ⟩ 인수분해하기

$=(x+y+3)(x+y-3)$

치환하여 인수분해한 후에는 반드시 원래의 식을 대입하여 정리해야 한다.

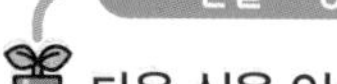

치환을 이용한 인수분해

다음 식을 인수분해하시오.

01 $(x+1)^2+8(x+1)+16$

따라해

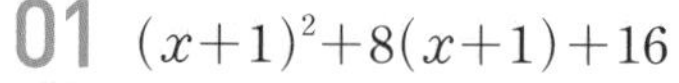

$=\square^2+8\square+16$ ⟩ $\square=A$로 치환하기

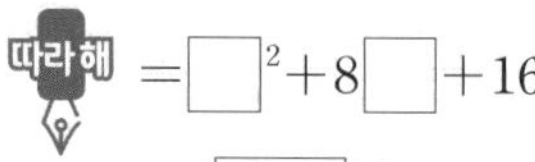

$=(\square)^2$ ⟩ 인수분해하기

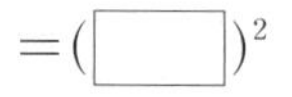

$=\{(\square)+\square\}^2$ ⟩ $A=x+1$을 대입하기

$=(\square)^2$

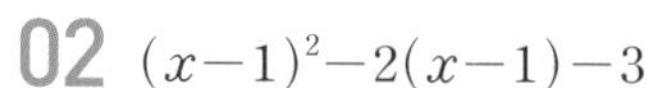

02 $(x-1)^2-2(x-1)-3$ ________

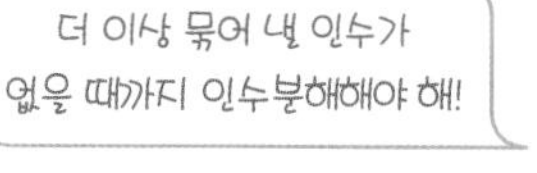

03 $(2x+1)^2+3(2x+1)-10$ ________

04 $(a+b)^2-(2a-b)^2$ ________

05 $(x+1)^2-(y-2)^2$ ________

A^2-B^2 꼴로 변형하기

다음 식을 인수분해하시오.

06 $a^2+14a+49-b^2$

따라해

$=(a+\square)^2-b^2$ ⟩ A^2-B^2 꼴로 만들기

$=(a+\square+b)(a+\square-b)$ ⟩ 인수분해하기

07 $4x^2-12xy+9y^2-9$ ________

08 $x^2-y^2+18y-81$ ________

09 $4a^2-b^2+10b-25$ ________

10 $1-a^2-4ab-4b^2$ ________

23 VISUAL 연산 인수분해 공식의 활용 (1)

복잡한 수의 계산은 인수분해 공식을 이용하여 간단히 할 수 있다.

$ma+mb=m(a+b)$ 이용	$a^2-b^2=(a+b)(a-b)$ 이용	$a^2\pm2ab+b^2=(a\pm b)^2$ 이용
$15\times21+15\times19$	18^2-12^2	$17^2+2\times17\times3+3^2$
$=15(21+19)$	$=(18+12)(18-12)$	$=(17+3)^2$
$=15\times40$	$=30\times6$	$=20^2$
$=600$	$=180$	$=400$

인수분해 공식을 이용하여 다음을 계산하시오.

01 따라해 $27\times35-27\times25=\square(35-25)$

$=\square\times10$

$=\square$

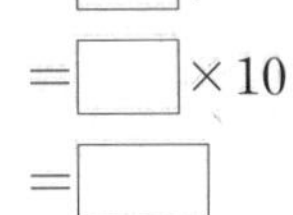

02 $48\times15+48\times35$

03 $13\times123-13\times23$

04 따라해 $36^2-24^2=(36+\square)(36-\square)$

$=\square\times12$

$=\square$

05 25^2-15^2

06 $\sqrt{58^2-42^2}$

07 따라해 $36^2+2\times36\times4+4^2=(\square+4)^2$

$=\square^2$

$=\square$

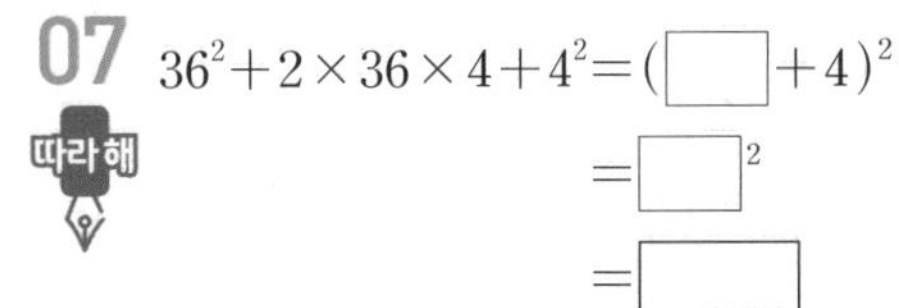

08 $9.8^2+2\times9.8\times0.2+0.2^2$

09 $45^2+10\times45+25$

10 $107^2-14\times107+7^2$

11 $53^2-106\times3+3^2$

▶ 정답 및 풀이 33쪽

인수분해 공식의 활용 (2)

$x=23$일 때, x^2-6x+9의 값을 구해 보자.

→ $x^2-6x+9=(x-3)^2$ ← 인수분해하기
$=(23-3)^2$ ← x의 값 대입
$=20^2=400$

$x=\sqrt{3}+\sqrt{2}$, $y=\sqrt{3}-\sqrt{2}$일 때, x^2-y^2의 값을 구해 보자.

→ $x^2-y^2=(x+y)(x-y)$ ← 인수분해하기
$=2\sqrt{3}\times2\sqrt{2}$ ← x, y의 값 대입
$=4\sqrt{6}$

문자가 1개일 때

 인수분해 공식을 이용하여 다음 식의 값을 구하시오.

01 $x=3$일 때, $x^2-2\times3\times x+3^2$의 값
$=(x-3)^2$

02 $x=\frac{101}{2}$일 때, $4x^2-1$의 값

03 $x=7$일 때, $x^2-14x-51$의 값

04 $x=2+\sqrt{3}$일 때, x^2-x-2의 값

05 $x=\sqrt{5}-2$일 때, x^2+4x+4의 값

06 $x=\sqrt{2}+3$일 때, x^2-6x+9의 값

문자가 2개일 때

인수분해 공식을 이용하여 다음 식의 값을 구하시오.

07 $x=\sqrt{3}+2\sqrt{2}$, $y=\sqrt{3}-\sqrt{2}$일 때, $x^2+4xy+4y^2$의 값

따라해 → $x^2+4xy+4y^2$
$=(x+2y)^2$
$=\{(\square)+2(\square)\}^2$
$=(\square)^2=\square$

08 $x=\sqrt{7}+\sqrt{5}$, $y=\sqrt{7}-\sqrt{5}$일 때, x^2-y^2의 값

09 $x=\sqrt{2}+1$, $y=\sqrt{2}-1$일 때, x^2y-xy^2의 값

10 $x=4+\sqrt{2}$, $y=4-\sqrt{2}$일 때, $x^2-2xy+y^2$의 값

11 $x=\frac{1}{2-\sqrt{3}}$, $y=\frac{1}{2+\sqrt{3}}$일 때, x^2-y^2의 값

12 $x=1.88$, $y=0.12$일 때, $(x+y)^2+2(x+y)+1$의 값

연산 능력 UP! 10분 연산 TEST

21-24 VISUAL

▶ 정답 및 풀이 34쪽

[01 ~ 10] 다음 식을 인수분해하시오.

01 $6xy^2-2xy-4x$

02 $3x^3y-18x^2y^2+27xy^3$

03 $4xy^2+20xy+24x$

04 $5x^2y+15xy-20y$

05 $ab+a-b-b^2$

06 $(x+3)^2+2(x+3)+1$

07 $(x-5)^2-3(x-5)-4$

08 $(a+2)^2-(b+1)^2$

09 $a^2+16a+64-9b^2$

10 $25a^2-4b^2+4b-1$

[11 ~ 16] 인수분해 공식을 이용하여 다음을 계산하시오.

11 $5\times83+5\times17$

12 $20\times42-20\times36$

13 $37^2-2\times37\times7+7^2$

14 28^2-22^2

15 $9.8^2-0.04$

16 $\sqrt{68^2-32^2}$

[17 ~ 20] 인수분해 공식을 이용하여 다음을 구하시오.

17 $x=98$일 때, x^2+x-2의 값

18 $x=2+\sqrt{3}$일 때, x^2-4x+4의 값

19 $x=1+\sqrt{2}$, $y=1-\sqrt{2}$일 때, x^2-y^2의 값

20 $x=\sqrt{5}+\sqrt{3}$, $y=\sqrt{5}-\sqrt{3}$일 때, x^2y-xy^2의 값

맞힌 개수 　　개/20개

학교 시험 미리보기!

학교 시험 PREVIEW

01

다음 중 옳은 것은?

① $(x+y)^2=x^2+y^2$
② $(3a-4b)^2=9a^2-16b^2$
③ $(a+2)(a-4)=a^2-6a-8$
④ $(2x+3y)(2x-3y)=4x^2+9y^2$
⑤ $(4x-y)(4x+y)=16x^2-y^2$

02

$(3x-5y)^2$의 전개식에서 xy의 계수는?

① -60 ② -30 ③ -15
④ 15 ⑤ 30

03

$(x-6)(x+4)$의 전개식에서 x의 계수를 a, 상수항을 b라 할 때, $a+b$의 값을 구하시오.

04 실수 주의

$x+y=3$, $xy=2$일 때, $(x-y)^2$의 값은?

① 9 ② 5 ③ 4
④ 2 ⑤ 1

05

성민이는 **보기**와 같이 (가)에서 직사각형 A를 옮겨 (나)를 만들었다. 다음 중 이 활동으로 설명할 수 있는 곱셈 공식은? (단, $a>0$, $b>0$)

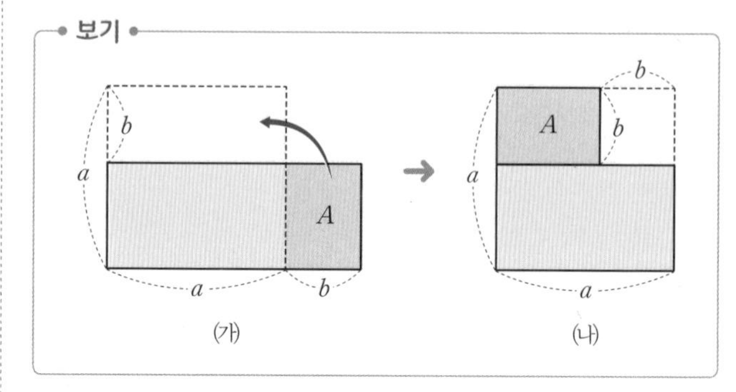

① $(a+b)^2=a^2+2ab+b^2$
② $(a-b)^2=a^2-2ab+b^2$
③ $(a+b)(a-b)=a^2-b^2$
④ $(x+a)(x+b)=x^2+(a+b)x+ab$
⑤ $(ax+b)(cx+d)=acx^2+(ad+bc)x+bd$

06

다음 중 $2x(x-1)(x+1)$의 인수가 아닌 것은?

① 2 ② x^2-1 ③ x^2+1
④ $x-1$ ⑤ $x+1$

07 85% 출제율

다음 식을 인수분해한 것으로 옳지 않은 것은?

① $2ax^2-4xy=2x(ax-2y)$
② $x^2y^2-9=(xy-3)^2$
③ $9x^2-6x+1=(3x-1)^2$
④ $a^2-4b^2=(a+2b)(a-2b)$
⑤ $6x^2-x-1=(2x-1)(3x+1)$

▶ 정답 및 풀이 35쪽

08

다항식 x^2-x+a를 인수분해하면 $(x+3)(x-4)$일 때, 상수 a의 값은?

① -12　② -7　③ -1
④ 7　⑤ 12

09 80% 출제율

다음 중 아래의 두 다항식에 공통으로 들어 있는 인수는?

$$x^2-x-20, \quad x^2-16$$

① $x-5$　② $x-4$　③ $x-2$
④ $x+4$　⑤ $x+5$

10

다음 □ 안에 들어갈 수가 가장 큰 것은?

① $3x^2-x-10=(x-2)(3x+\square)$
② $6x^2-7x+2=(2x-1)(\square x-2)$
③ $18x^2-9x-2=(3x-2)(\square x+1)$
④ $12x^2+17x+6=(3x+2)(\square x+3)$
⑤ $10x^2-9x-7=(2x+1)(5x-\square)$

11

다항식 $x^2+\square x+25$가 완전제곱식일 때, □ 안에 알맞은 수를 모두 고르면? (정답 2개)

① -10　② -5　③ 5
④ 10　⑤ 50

12

다음 **보기**에서 94×106을 계산하기 가장 편리한 곱셈 공식을 찾고, 계산한 결과를 차례대로 적은 것은?

보기
ㄱ. $(a+b)^2=a^2+2ab+b^2$
ㄴ. $(a-b)^2=a^2-2ab+b^2$
ㄷ. $(a+b)(a-b)=a^2-b^2$
ㄹ. $(x+a)(x+b)=x^2+(a+b)x+ab$
ㅁ. $(ax+b)(cx+d)=acx^2+(ad+bc)x+bd$

① ㄴ, 964　② ㄷ, 964
③ ㄷ, 9964　④ ㄹ, 964
⑤ ㄹ, 9964

13 서술형

다음 두 다항식이 모두 완전제곱식일 때, (가), (나)에 알맞은 수를 각각 구하시오.

$$x^2-2x+\boxed{(가)}, \quad 4x^2+\boxed{(나)}x+49$$

채점 기준 1 (가)에 알맞은 수 구하기

채점 기준 2 (나)에 알맞은 수 모두 구하기

Ⅱ-2 이차방정식

01 이차방정식과 그 해

(1) 이차방정식 : 등식의 모든 항을 좌변으로 이항하여 정리하였을 때,

(x에 대한 이차식)$=0$

의 꼴로 나타내어지는 방정식을 x에 대한 이차방정식이라 한다.

→ 일반적으로 x에 대한 이차방정식은 $ax^2+bx+c=0$ (a, b, c는 상수, $a\neq0$)의 꼴로 나타낼 수 있다.

(이차항의 계수)$\neq0$

(2) 이차방정식의 해

① 이차방정식의 해(근) : 이차방정식을 참이 되게 하는 미지수 x의 값을 이차방정식의 해 또는 근이라 한다.

② 이차방정식을 푼다 : 이차방정식의 해를 모두 구하는 것을 이차방정식을 푼다고 한다.

02 인수분해를 이용한 이차방정식의 풀이

(1) $AB=0$의 성질

두 수 또는 두 식 A, B에 대하여 $AB=0$이면 $A=0$ 또는 $B=0$이 성립한다.

다음 중 하나가 성립한다.
① $A=0$이고 $B=0$
② $A=0$이고 $B\neq0$
③ $A\neq0$이고 $B=0$

참고 거꾸로 $A=0$ 또는 $B=0$이면 $AB=0$이 성립한다.

(2) 인수분해를 이용한 이차방정식의 풀이

❶ 이차방정식을 $ax^2+bx+c=0$의 꼴로 정리한다.
❷ 좌변을 인수분해한다.
❸ $AB=0$의 성질을 이용한다.
❹ 해를 구한다.

예 $x^2+5x+6=0$
$(x+2)(x+3)=0$ — 인수분해
$x+2=0$ 또는 $x+3=0$ — $AB=0$의 성질
$\therefore x=-2$ 또는 $x=-3$ — 해 구하기

(3) 이차방정식의 중근

① **중근** : 이차방정식의 두 해(근)가 중복되어 서로 같을 때, 이 해(근)를 주어진 이차방정식의 중근이라 한다.

$a(x-\alpha)^2=0$
→ $x=\alpha$ (중근)

② 이차방정식이 중근을 가질 조건

주어진 이차방정식이 (완전제곱식)$=0$의 꼴이 되어야 한다. 즉,

이차방정식 $x^2+ax+b=0$이 중근을 가지려면 $b=\left(\frac{a}{2}\right)^2$이어야 한다.

03 완전제곱식을 이용한 이차방정식의 풀이

(1) 제곱근을 이용한 이차방정식의 풀이

① 이차방정식 $x^2=q$ $(q\geq0)$의 해 : $x=\pm\sqrt{q}$

② 이차방정식 $(x-p)^2=q$ $(q\geq0)$의 해 : $x=p\pm\sqrt{q}$

(2) **완전제곱식을 이용한 이차방정식의 풀이**

이차방정식을 $(x-p)^2=q\ (q\geq 0)$의 꼴로 변형한 후 제곱근을 이용하여 푼다.

❶ 이차항의 계수로 양변을 나눈다.
❷ 상수항을 우변으로 이항한다.
❸ 양변에 $\left(\dfrac{\text{일차항의 계수}}{2}\right)^2$을 더한다.
❹ $(x-p)^2=q$의 꼴로 고친다.
❺ 제곱근을 이용하여 해를 구한다.

> 예 $2x^2-8x-6=0$에서
> $x^2-4x-3=0$
> $x^2-4x=3$
> $x^2-4x+\left(\dfrac{4}{2}\right)^2=3+\left(\dfrac{4}{2}\right)^2$
> $(x-2)^2=7$
> $x-2=\pm\sqrt{7}$ $\quad\therefore x=2\pm\sqrt{7}$

04 이차방정식의 근의 공식

(1) **이차방정식의 근의 공식** : x에 대한 이차방정식 $ax^2+bx+c=0\ (a\neq 0)$의 근은

$$x=\frac{-b\pm\sqrt{b^2-4ac}}{2a}\ (\text{단, } b^2-4ac\geq 0)$$

참고 근의 짝수 공식 : x에 대한 이차방정식 $ax^2+2b'x+c=0$의 근은 $x=\dfrac{-b'\pm\sqrt{b'^2-ac}}{a}$ (단, $b'^2-ac\geq 0$)

(2) **복잡한 이차방정식의 풀이**

① 계수가 분수인 경우 : 양변에 분모의 최소공배수를 곱하여 계수를 정수로 바꾼다.
② 계수가 소수인 경우 : 양변에 10의 거듭제곱을 곱하여 계수를 정수로 바꾼다.
③ 괄호가 있는 경우 : 분배법칙이나 곱셈 공식 등을 이용하여 괄호를 푼 다음 $ax^2+bx+c=0$의 꼴로 정리한다.
④ 공통인 부분이 있는 경우 : 공통인 부분을 한 문자로 치환하여 정리한다.

05 이차방정식의 근의 개수

이차방정식 $ax^2+bx+c=0$의 근의 개수는 근의 공식 $x=\dfrac{-b\pm\sqrt{b^2-4ac}}{2a}$에서 근호 안에 있는 b^2-4ac의 부호에 따라 결정된다.

(1) $b^2-4ac>0$이면 서로 다른 두 근을 갖는다. → 근이 2개
(2) $b^2-4ac=0$이면 중근을 갖는다. → 근이 1개
(3) $b^2-4ac<0$이면 근이 없다. → 근이 0개 — 근호 안에는 음수가 올 수 없다.

근을 가질 조건 : $b^2-4ac\geq 0$

06 이차방정식의 활용

이차방정식의 활용 문제는 다음과 같은 순서로 해결한다.

❶ 미지수 정하기 : 문제의 뜻을 이해하고 구하려는 것을 미지수 x로 놓는다.
❷ 이차방정식 세우기: 문제의 뜻에 맞게 이차방정식을 세운다.
❸ 이차방정식 풀기 : 이차방정식을 푼다.
❹ 확인하기 : 문제의 조건(뜻)에 맞는지 확인한다.

▶ 정답 및 풀이 36쪽

01 VISUAL 연산 일차방정식의 뜻과 해

중학교 1 학년 때 배웠어요!

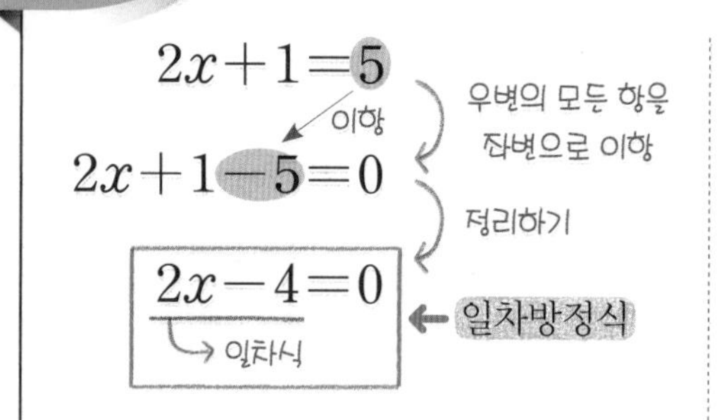

$3x+1=-2x+6$ — 이항 — x를 포함한 항은 좌변으로, 상수항은 우변으로 이항

$3x+2x=6-1$ — 양변 정리하기

$5x=5$ — x의 계수로 양변 나누기

$\therefore x=1$ → 일차방정식의 해

1 POINT

- $ax+b=0$ (a, b는 상수, $a\neq0$) → 일차방정식
- ▲$x=$■의 꼴로 정리하면 일차방정식의 해는 $x=\frac{■}{▲}$

일차방정식의 뜻

다음 중 일차방정식인 것에는 ○표, 일차방정식이 아닌 것에는 ×표를 하시오.

01 $x^2=x+1$ ( )

02 $3x-2x=-1$ ( )

03 $3(x-1)=3x+1$ ( )

04 $x+4>0$ ( )

'방정식'은 등호(=)가 꼭 있어야 해.

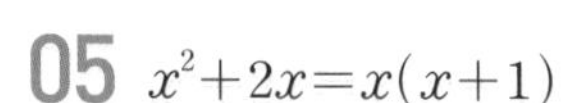

05 $x^2+2x=x(x+1)$ ( )

06 $x=1-x$ ( )

일차방정식의 풀이

다음 [ ] 안의 수가 주어진 방정식의 해이면 ○표, 해가 아니면 ×표를 하시오.

07 $x+4=6$ [-2] ( )

08 $2x-3=5$ [4] ( )

09 $1-3x=7$ [3] ( )

10 $-4x+1=5$ [-1] ( )

다음 일차방정식을 푸시오.

11 $2x+6=7x+1$ ______

12 $5x+4=-4x-14$ ______

▶ 정답 및 풀이 36쪽

이차방정식의 뜻

이차방정식 : 등식의 모든 항을 좌변으로 이항하여 정리하였을 때, (x에 대한 이차식)$=0$의 꼴이 되는 방정식

$$2x^2+3=x^2-5x$$

우변의 모든 항을 좌변으로 이항하기

$$2x^2+3-x^2+5x=0$$

간단히 정리하기

$$x^2+5x+3=0$$

이차식 ← 이차방정식

$ax^2+bx+c=0$ (a, b, c는 상수, $a\neq0$)
→ 이차방정식

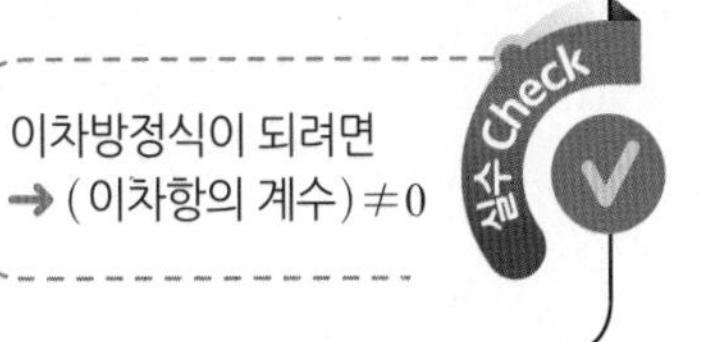

이차방정식이 되려면
→ (이차항의 계수)$\neq0$

다음 중 이차방정식인 것에는 ○표, 이차방정식이 아닌 것에는 ×표를 하시오.

01 $x^2-x+1=0$ ( )

02 $2x+1=0$ ( )

03 x^2+5x-3 ( )

04 $x-x^2=3$ ( )

05 $2(x^2+3x)-2x^2=-1$ ( )

06 $-x^3+x^2=-x^3$ ( )

07 $(x+2)(x-1)=3x$ ( )

이차방정식이 되는 조건

다음 등식이 x에 대한 이차방정식이 되도록 하는 상수 a의 조건을 구하시오.

08 $(a-1)x^2+3x-6=0$ ______

따라해 (x^2의 계수)$\neq0$이어야 하므로
$a-1$ □ 0
$\therefore a$ □ 1

09 $(2a+4)x^2-2x+7=0$ ______

10 $ax^2+3x+5=3x^2-2x$ ______

11 $(ax-2)(2x+1)=4x^2+1$ ______

전개하고 정리하여 $ax^2+bx+c=0$의 꼴로 만든 후 생각해 봐!

12 $2x^2+3x-4=(a-2)x^2+x$ ______

13 $(x+1)(-ax+1)=1-2x^2$ ______

▶ 정답 및 풀이 36쪽

이차방정식의 해

(1) **이차방정식의 해** : x에 대한 이차방정식을 참이 되게 하는 x의 값
(2) **이차방정식을 푼다** : 이차방정식의 해를 모두 구하는 것

x의 값이 -2, -1, 0, 1일 때, 이차방정식 $x^2+x-2=0$을 풀어 보자.

x의 값	좌변	우변	참/거짓
-2	$(-2)^2+(-2)-2=0$	0	참
-1	$(-1)^2+(-1)-2=-2$	0	거짓
0	$0^2+0-2=-2$	0	거짓
1	$1^2+1-2=0$	0	참

→ 이차방정식 $x^2+x-2=0$의 해는 $x=-2$ 또는 $x=1$이다.

$x=m$이 $ax^2+bx+c=0$의 해
→ $x=m$을 대입하면 등식이 성립
→ $am^2+bm+c=0$

다음 [ ] 안의 수가 주어진 이차방정식의 해이면 ○표, 해가 아니면 ×표를 하시오.

01 $x^2-3x=0$ [3] ( )

따라해 $x=3$을 대입하면
(좌변)$=\square^2-3\times\square=\square$
(우변)$=0$이므로 (좌변)$\square$(우변)

02 $x^2=0$ [1] ( )

03 $5x^2+4x+2=0$ [-2] ( )

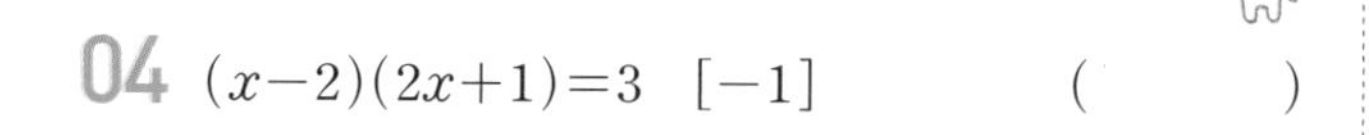

04 $(x-2)(2x+1)=3$ [-1] ( )

05 $(3x+2)(x+2)=x$ [0] ( )

06 $3x^2-8x+15=0$ [1] ( )

x의 값이 $0, 1, 2, 3$일 때, 다음 이차방정식의 해를 구하시오.

07 $x^2-3x=0$ ________

x의 값	좌변	우변	참/거짓
0	$0^2-3\times0=0$	0	참
1		0	
2		0	
3		0	

→ 이차방정식의 해는 $x=0$ 또는 $\square$

08 $2x^2-7x+5=0$ ________

09 $x^2-3x+2=0$ ________

x의 값이 $-3, -2, -1, 0$일 때, 다음 이차방정식의 해를 구하시오.

10 $x^2-x-2=0$ ________

11 $2x^2+4x=0$ ________

12 $x^2+4x+3=0$ ________

한 근이 주어질 때 미지수 구하기

다음 [ ] 안의 수가 주어진 이차방정식의 해일 때, 상수 a의 값을 구하시오.

13 $x^2-ax-10=0$ [5] ________

따라해
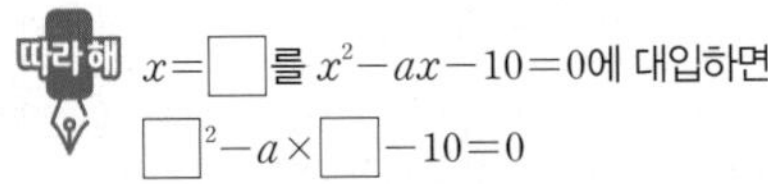
$x=\square$를 $x^2-ax-10=0$에 대입하면
$\square^2-a\times\square-10=0$
$\therefore a=\square$

14 $x^2+3x+a=0$ [1] ________

15 $x^2+ax-10=a$ [-2] ________

16 $x^2-a=0$ [2] ________

17 $x^2-ax+a=0$ [-2] ________

18 $ax^2+6x-(2a-3)=0$ [1] ________

19 $x^2+ax+2a=1$ [-1] ________

20 $(ax-1)(3x-4)=0$ [4] ________

이차방정식의 근을 이용하여 식의 값 구하기

다음을 구하시오.

21 이차방정식 $x^2-3x+2=0$의 한 근을 m이라 할 때, m^2-3m의 값 ________

따라해
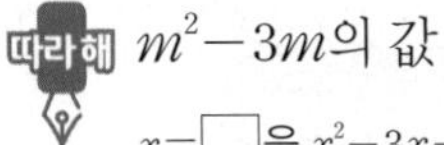
$x=\square$을 $x^2-3x+2=0$에 대입하면
$\square^2-3\square+2=0$
$\therefore \square^2-3\square=\square$

22 이차방정식 $x^2+4x-20=0$의 한 근을 m이라 할 때, m^2+4m의 값 ________

23 이차방정식 $x^2-x-1=0$의 한 근을 m이라 할 때, $2m^2-2m$의 값 ________

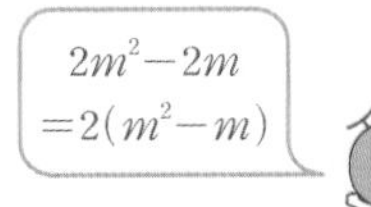

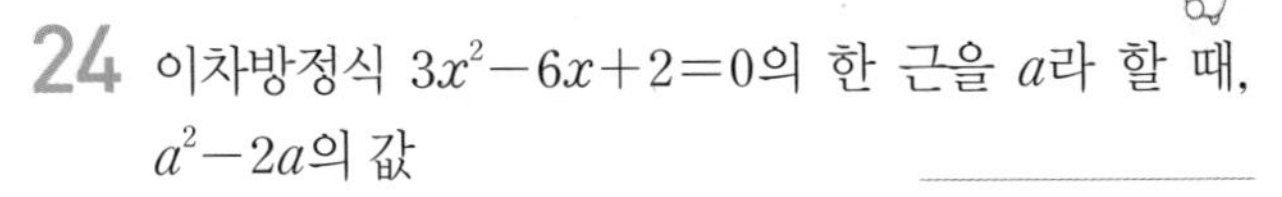

24 이차방정식 $3x^2-6x+2=0$의 한 근을 a라 할 때, a^2-2a의 값 ________

25 이차방정식 $\frac{1}{2}x^2-5x-1=0$의 한 근을 k라 할 때, k^2-10k의 값 ________

26 이차방정식 $-x^2+2x+1=0$의 한 근을 p라 할 때, p^2-2p의 값 ________

27 이차방정식 $4x^2-x-8=0$의 한 근을 m이라 할 때, $m^2-\frac{m}{4}+2$의 값 ________

28 이차방정식 $3x^2-2x-7=0$의 한 근을 a라 할 때, $a^2-\frac{2}{3}a-\frac{1}{3}$의 값 ________

▶ 정답 및 풀이 37쪽

$AB=0$의 성질을 이용한 이차방정식의 풀이

두 수 또는 두 식 A, B에 대하여

$AB=0$이면 $A=0$ 또는 $B=0$

① $A=0$이고 $B=0$
② $A=0$이고 $B\neq0$
③ $A\neq0$이고 $B=0$

$\underset{A}{\underline{(x+1)}}\underset{B}{\underline{(x-2)}}=0$

→ $x+1=0$ 또는 $x-2=0$

→ $x=-1$ 또는 $x=2$ ← 이차방정식의 해

다음 이차방정식을 푸시오.

01 $(x-2)(x-3)=0$

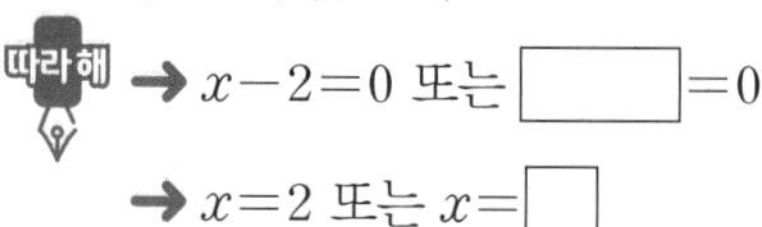
따라해 → $x-2=0$ 또는 $\square=0$

→ $x=2$ 또는 $x=\square$

02 $(x+4)(x+1)=0$ ________

03 $(x+8)(x-6)=0$ ________

04 $x(x+10)=0$ ________

05 $(x+5)^2=0$ ________

06 $(x+1)(x-1)=0$ ________

07 $(2x-1)(3x-4)=0$ ________

08 $(5x+4)(2x-7)=0$ ________

09 $(6x+1)(2x-3)=0$ ________

10 $\frac{1}{3}x(5x-1)=0$ ________

11 $\left(x+\frac{2}{3}\right)\left(x-\frac{3}{4}\right)=0$ ________

12 $\left(x+\frac{1}{2}\right)\left(x-\frac{1}{10}\right)=0$ ________

인수분해를 이용한 이차방정식의 풀이

$$2x^2-5x=3$$
$ax^2+bx+c=0$의 꼴로 정리하기
$$2x^2-5x-3=0$$
인수분해하기 : $(ax-p)(x-q)$의 꼴로 인수분해되면
$$(2x+1)(x-3)=0$$
$ax-p=0$ 또는 $x-q=0$
$$2x+1=0 \text{ 또는 } x-3=0$$
$x=\frac{p}{a}$ 또는 $x=q$
$$\therefore x=-\frac{1}{2} \text{ 또는 } x=3$$

POINT

인수분해 공식
① $ma+mb=m(a+b)$
② $a^2+2ab+b^2=(a+b)^2$
$a^2-2ab+b^2=(a-b)^2$
③ $a^2-b^2=(a+b)(a-b)$
④ $x^2+(a+b)x+ab$
$=(x+a)(x+b)$
⑤ $acx^2+(ad+bc)x+bd$
$=(ax+b)(cx+d)$

실수 Check

좌변이 두 일차식의 곱으로 인수분해될 때, $AB=0$의 성질을 이용한다.
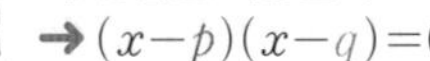
➜ $(x-p)(x-q)=0$
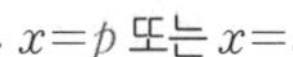
$\therefore x=p$ 또는 $x=q$

다음 이차방정식을 푸시오.

01 $x^2+6x=0$

따라해
$x^2+6x=0$
$x(x+6)=0$ ($ma+mb=m(a+b)$)
$x=0$ 또는 $\square=0$
$\therefore x=0$ 또는 $x=\square$

02 $x^2-8x=0$

03 $6x^2+4x=0$

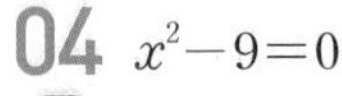
04 $x^2-9=0$

따라해
$x^2-9=0$
$(x+3)(x-3)=0$ ($a^2-b^2=(a+b)(a-b)$)
$x+3=0$ 또는 $\square=0$
$\therefore x=-3$ 또는 $x=\square$

05 $x^2-25=0$

06 $4x^2-9=0$

07 $x^2+x-12=0$

따라해
$x^2+x-12=0$
$(x+\square)(x-\square)=0$ ($x^2+(a+b)x+ab=(x+a)(x+b)$)
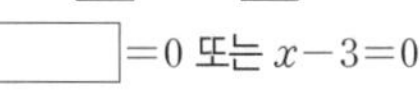
$\square=0$ 또는 $x-3=0$
$\therefore x=\square$ 또는 $x=\square$

08 $x^2-3x+2=0$

09 $x^2-x-20=0$

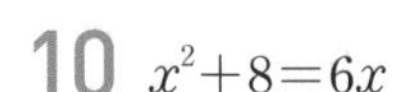
10 $x^2+8=6x$

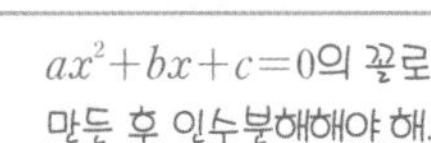

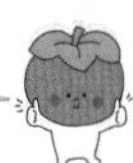

11 $x^2=4-3x$

12 $-5x+4=-x^2$

다음 이차방정식을 푸시오.

13 $(x+2)(x-3)=-3(x+1)$

14 $x(x-1)=2x+10$

15 $5x^2+16x+3=0$

따라해 $5x^2+16x+3=0$
$(x+\square)(\square x+1)=0$
$\square=0$ 또는 $5x+1=0$
$\therefore x=\square$ 또는 $x=\square$

$acx^2+(ad+bc)x+bd$
$=(ax+b)(cx+d)$

16 $5x^2-23x+12=0$

17 $15x^2-14x+3=0$

18 $3x^2=-x+4$

19 $2x^2+3x=-1$

20 $(2x-2)(x+4)=x-1$

21 $(x-6)(x+6)=x(-x+1)$

두 이차방정식의 공통인 해 구하기

다음 두 이차방정식의 공통인 해를 구하시오.

22 $x^2+2x-8=0$, $x^2+4x-12=0$

23 $x^2-9x-10=0$, $x^2-8x-9=0$

24 $x^2+7x-30=0$, $4x^2-15x+9=0$

25 $x^2-5x-36=0$, $2x^2+7x-4=0$

한 근이 주어졌을 때 다른 한 근 구하기

다음 이차방정식의 한 근이 [ ] 안의 수일 때, 다른 한 근을 구하시오. (단, a는 상수)

26 $x^2+ax-12=0$ [2]

❶ a의 값 구하기
$x=2$를 $x^2+ax-12=0$에 대입하면
$4+2a-12=0$ $\therefore a=\square$
❷ 다른 한 근 구하기
$a=4$를 $x^2+ax-12=0$에 대입하면
$x^2+4x-12=0$, $(x+\square)(x-\square)=0$
$\therefore x=\square$ 또는 $x=2$
➜ 다른 한 근은 $x=\square$

27 $x^2+12x+2a+3=0$ [-3]

28 $x^2-10x+4a=0$ [2]

29 $x^2-(a-3)x-2=0$ [1]

▶ 정답 및 풀이 39쪽 

06 VISUAL 연산 이차방정식의 중근

중근 : 이차방정식의 두 해가 중복되어 서로 같을 때, 이 해를 이차방정식의 중근이라 한다.

$x^2+2x+1=0$

$(x+1)^2=0$ ← $a^2+2ab+b^2=(a+b)^2$ 임을 이용하여 좌변을 인수분해하기

└→ 완전제곱식

$x+1=0$ ← $(x+1)(x+1)=0$이므로 $x+1=0$ 또는 $x+1=0$

$\therefore x=-1$

└→ 중근

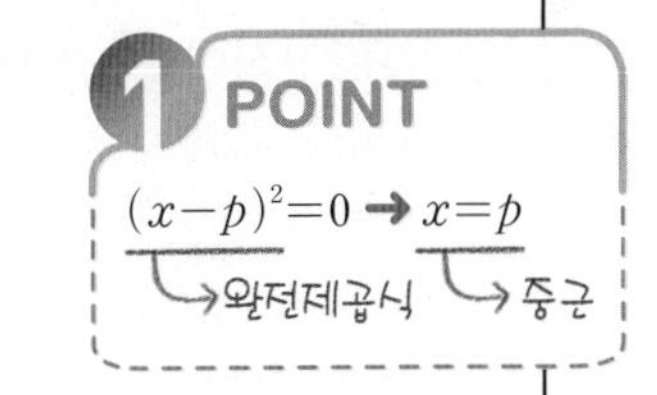

다음 이차방정식을 푸시오.

01 $x^2-6x+9=0$ ________

따라해
$x^2-6x+9=0$
$(x-\square)^2=0$ ← $a^2-2ab+b^2=(a-b)^2$ 이용
$\therefore x=\square$

02 $x^2+8x+16=0$ ________

03 $x^2+14x+49=0$ ________

04 $x^2-12x+36=0$ ________

05 $4x^2-4x+1=0$ ________

06 $16x^2+40x+25=0$ ________

07 $4x^2-20x+25=0$ ________

08 $9x^2-12x+4=0$ ________

09 $4x^2-3(4x-3)=0$ ________

10 $3x(3x+4)+4=0$ ________

11 $3x^2+6x+3=0$ ________

따라해
$3x^2+6x+3=0$
$\square(x^2+2x+1)=0$ ← $ma+mb=m(a+b)$ 이용
$3(x+\square)^2=0$ ← $a^2+2ab+b^2=(a+b)^2$ 이용
$\therefore x=\square$

12 $2x^2-16x+32=0$ ________

▶ 정답 및 풀이 39쪽

이차방정식이 중근을 가질 조건

VISUAL 연산

이차방정식이 (완전제곱식)=0의 꼴로 나타내어지면 중근을 갖는다.

$x^2+ax+b=0$이 중근을 갖는다. ➜ x^2+ax+b가 완전제곱식 ➜ $b=\left(\frac{a}{2}\right)^2$ ←(상수항)$=\left\{\frac{(x\text{의 계수})}{2}\right\}^2$

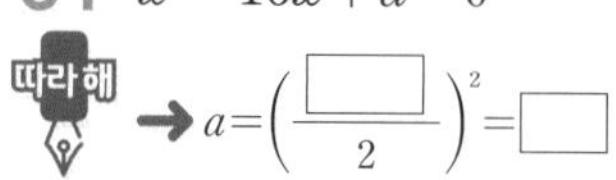

다음 이차방정식이 중근을 가질 때, 상수 a의 값을 구하시오.

01 $x^2-16x+a=0$

따라해 ➜ $a=\left(\frac{\square}{2}\right)^2=\square$

02 $x^2+4x+a=0$

03 $x^2-10x+a=0$

04 $x^2-18x+3a=0$

05 $4x^2+20x+a=0$

따라해 양변을 4로 나누면 $x^2+5x+\frac{a}{4}=0$

$\frac{a}{4}=\left(\frac{\square}{2}\right)^2=\frac{\square}{4}$ $\therefore a=\square$

x^2의 계수를 1로 만든 후 중근을 가질 조건을 생각해.

06 $2x^2-8x+2a+1=0$

07 $3x^2+12x+5a-3=0$

08 $4x^2-36x+8a+1=0$

다음 이차방정식이 중근을 가질 때, 상수 a의 값을 구하시오.

09 $x^2+ax+1=0$

따라해 $1=\left(\frac{a}{2}\right)^2$이므로

$a^2=\square$, 즉 a는 $\square$의 제곱근이다.

$\therefore a=\square$ 또는 $a=\square$

10 $x^2+ax+\frac{1}{4}=0$

11 $16x^2+ax+1=0$

12 $2x^2+(a+1)x+8=0$

다음 이차방정식이 중근을 가질 때, 양수 a의 값을 구하시오.

13 $x^2+ax+9=0$

14 $4x^2+ax+25=0$

15 $\frac{1}{2}x^2+ax+32=0$

16 $2x^2+(1-a)x+18=0$

연산 능력 UP!

10분 연산 TEST

▶ 정답 및 풀이 40쪽

[01 ~ 04] 다음 중 이차방정식인 것에는 ○표, 이차방정식이 아닌 것에는 ×표를 하시오.

01 $x^2-5=0$ ( )

02 $(x+1)(x+2)=x^2-3$ ( )

03 $x^3-4x+1=x^3+2x^2+6$ ( )

04 $3x(x-2)=6x^2+3x$ ( )

05 $(a-3)x^2+4x-2=0$이 x에 대한 이차방정식일 때, 상수 a의 조건을 구하시오.

06 x의 값이 -2, -1, 0, 1, 2일 때, 이차방정식 $x^2+x-2=0$의 해를 모두 구하시오.

07 $x=3$이 이차방정식 $2x^2+ax-6=0$의 해일 때, 상수 a의 값을 구하시오.

08 이차방정식 $7x^2-11x-6=0$의 한 근이 $x=k$일 때, $11k-7k^2$의 값을 구하시오.

[09 ~ 14] 다음 이차방정식을 푸시오.

09 $x^2-49=0$

10 $9x^2-64=0$

11 $x^2-x-30=0$

12 $8x^2+18x-35=0$

13 $24x^2-38x+15=0$

14 $18x^2+24x-10=0$

[15 ~ 16] 다음 이차방정식을 푸시오.

15 $16x^2-56x+49=0$

16 $x^2+\frac{1}{2}x+\frac{1}{16}=0$

17 이차방정식 $x^2+12x+a=0$이 중근을 가질 때, 상수 a의 값을 구하시오.

18 두 이차방정식 $x^2-8x+12=0$, $x^2-4x-12=0$의 공통인 근을 구하시오.

맞힌 개수 개/18개

▶ 정답 및 풀이 40쪽

08 VISUAL 연산 제곱근을 이용한 이차방정식의 풀이

이차방정식 $x^2=q$ $(q\geq 0)$ 풀기

$2x^2-10=0$
→ 이항하기
$2x^2=10$
→ $x^2=q$의 꼴로 변형하기
$x^2=5$
→ $x=\pm\sqrt{q}$
$\therefore x=\pm\sqrt{5}$

이차방정식 $(x-p)^2=q$ $(q\geq 0)$ 풀기

$(x-2)^2=5$
→ $x-p=\pm\sqrt{q}$
$x-2=\pm\sqrt{5}$
→ $x=p\pm\sqrt{q}$
$\therefore x=2\pm\sqrt{5}$

1 POINT
$x^2=●$ $(●\geq 0)$
→ x는 ●의 제곱근
→ $x=\pm\sqrt{●}$

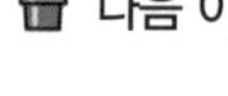

$ax^2=b$의 꼴의 이차방정식의 풀이

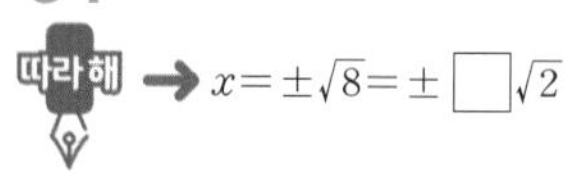

다음 이차방정식을 제곱근을 이용하여 푸시오.

01 $x^2=8$

따라해 → $x=\pm\sqrt{8}=\pm\square\sqrt{2}$

02 $x^2=3$

03 $x^2-9=0$

04 $x^2-12=0$

05 $2x^2=14$

따라해 $2x^2=14$의 양변을 2로 나누면 $x^2=\square$
$\therefore x=\pm\sqrt{\square}$

06 $3x^2=54$

07 $2x^2-12=0$

08 $5x^2-80=0$

$a(x+p)^2=q$의 꼴의 이차방정식의 풀이

다음 이차방정식을 제곱근을 이용하여 푸시오.

09 $(x-1)^2=16$

따라해 $(x-1)^2=16$
$x-1=\pm\square$
$\therefore x=-3$ 또는 $x=\square$

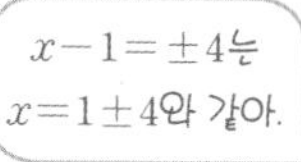
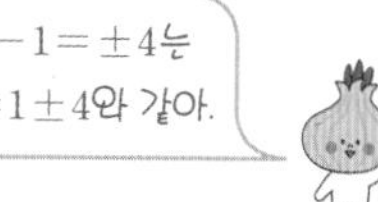

10 $(x-2)^2=7$

11 $(x+4)^2=8$

12 $(x+3)^2-12=0$

13 $3(x+2)^2=6$

14 $7(x+1)^2=28$

15 $5(x-3)^2-25=0$

16 $2(x-4)^2-32=0$

▶ 정답 및 풀이 41쪽

완전제곱식을 이용한 이차방정식의 풀이

이차방정식 $2x^2-8x-2=0$ 풀기 → 좌변이 인수분해가 되지 않을 때

$2x^2-8x-2=0$
) 이차항의 계수로 양변을 나누기
$x^2-4x-1=0$
) 상수항을 우변으로 이항하기
$x^2-4x=1$
) 양변에 $\left\{\frac{(x\text{의 계수})}{2}\right\}^2$을 더하기
$x^2-4x+\left(\frac{-4}{2}\right)^2=1+\left(\frac{-4}{2}\right)^2$
) $(x-p)^2=q$의 꼴로 고치기
$(x-2)^2=5$
) 제곱근을 이용하여 해 구하기
$x-2=\pm\sqrt{5}$
$\therefore x=2\pm\sqrt{5}$

1 POINT
$ax^2+bx+c=0$
→ 좌변이 인수분해가 되지 않으면
→ $(x-p)^2=q$의 꼴로 변형

다음 이차방정식을 $(x+p)^2=q$의 꼴로 고칠 때, 상수 p, q의 값을 각각 구하시오.

01 $x^2+8x+8=0$

따라해
$x^2+8x+8=0$
$x^2+8x=-8$
$x^2+8x+\square=-8+\square$
$(x+\square)^2=\square$
$\therefore p=\square, q=\square$

02 $x^2-6x-2=0$

03 $x^2-10x+15=0$

04 $x^2+3x-2=0$

05 $2x^2-12x+6=0$

06 $3x^2+6x-4=0$

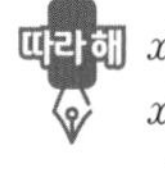

다음 이차방정식을 완전제곱식을 이용하여 푸시오.

07 $x^2-2x-7=0$

따라해
$x^2-2x-7=0$
$x^2-2x=7$
$x^2-2x+\square=7+\square$
$(x-\square)^2=\square$
$x-\square=\pm\sqrt{\square}$
$\therefore x=\square\pm\square\sqrt{\square}$

08 $x^2+8x-4=0$

09 $x^2-10x-5=0$

10 $3x^2-2x-3=0$

11 $-2x^2-4x+5=0$

12 $3x^2-6x+2=0$

10 VISUAL 연산

▶ 정답 및 풀이 42쪽 

이차방정식의 근의 공식

이차방정식 $ax^2+bx+c=0\ (a\neq0)$의 해 → $x=\dfrac{-b\pm\sqrt{b^2-4ac}}{2a}$ (단, $b^2-4ac\geq0$)

↳ $b^2-4ac<0$이면 해가 없다.

이차방정식 $x^2+3x-2=0$에서 $a=1$, $b=3$, $c=-2$이므로

→ $x=\dfrac{-3\pm\sqrt{3^2-4\times1\times(-2)}}{2\times1}=\dfrac{-3\pm\sqrt{17}}{2}$

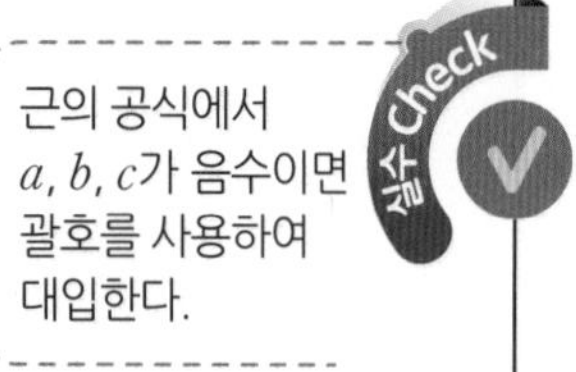

다음 이차방정식을 근의 공식을 이용하여 푸시오.

01 $x^2+5x+5=0$

따라해 근의 공식에 $a=1$, $b=5$, $c=5$를 대입하면

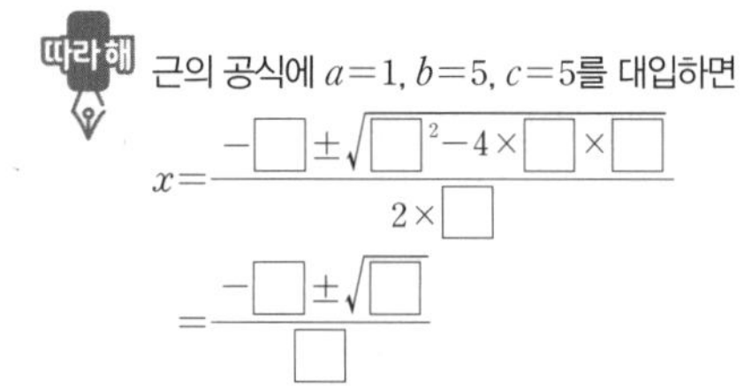

02 $x^2-7x+5=0$

03 $x^2+3x-1=0$

04 $x^2-x-4=0$

05 $x^2+8x+1=0$

06 $x^2-2x-5=0$

07 $2x^2-7x+1=0$

따라해 근의 공식에 $a=\square$, $b=\square$, $c=\square$을 대입하면

$x=\dfrac{-(\square)\pm\sqrt{(\square)^2-4\times\square\times\square}}{2\times\square}$

$=\dfrac{\square\pm\sqrt{\square}}{\square}$

08 $2x^2+x-2=0$

09 $3x^2+3x-2=0$

10 $2x^2+4x+1=0$

11 $3x^2-8x-2=0$

12 $4x^2-2x-5=0$

▶ 정답 및 풀이 42쪽

11 VISUAL 연산 일차항의 계수가 짝수인 이차방정식의 근의 공식

이차방정식 $ax^2+2b'x+c=0\ (a\neq0)$의 해 ➜ $x=\dfrac{-b'\pm\sqrt{b'^2-ac}}{a}$ (단, $b'^2-ac\geq0$) → 짝수 공식

이차방정식 $x^2+2x-1=0$에서 $a=1$, $b'=1$, $c=-1$이므로 (2×1)

➜ $x=\dfrac{-1\pm\sqrt{1^2-1\times(-1)}}{1}=-1\pm\sqrt{2}$

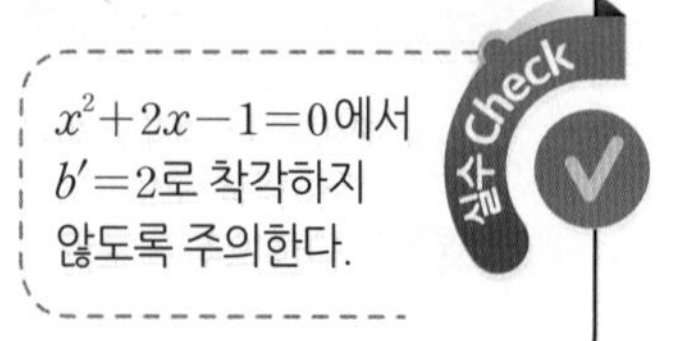

다음 이차방정식을 짝수 공식을 이용하여 푸시오.

01 $x^2+4x+1=0$ ______

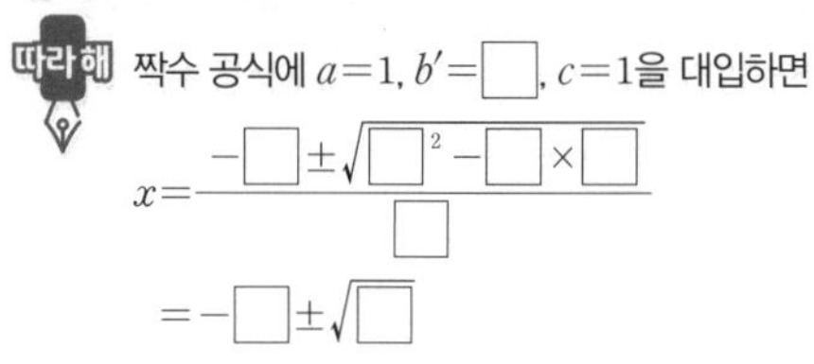

02 $x^2-10x-14=0$ ______

03 $x^2-6x-5=0$ ______

04 $x^2+4x-6=0$ ______

05 $x^2+2x-11=0$ ______

06 $x^2-8x+14=0$ ______

07 $3x^2+6x+1=0$ ______

따라해 짝수 공식에 $a=\square$, $b'=\square$, $c=\square$을 대입하면

$x=\dfrac{-\square\pm\sqrt{\square^2-\square\times\square}}{\square}$

$=\dfrac{-\square\pm\sqrt{\square}}{\square}$

짝수 공식을 이용하면 약분하는 한 단계를 줄일 수 있어.

08 $3x^2-2x-14=0$ ______

09 $2x^2+10x-7=0$ ______

10 $3x^2+4x-12=0$ ______

11 $5x^2+6x-2=0$ ______

12 $4x^2+12x-11=0$ ______

▶ 정답 및 풀이 43쪽 

12 VISUAL 연산

복잡한 이차방정식의 풀이

계수가 분수인 경우 ➜ 양변에 분모의 최소공배수를 곱한다. → 계수가 정수가 되도록

$\frac{1}{3}x^2-\frac{1}{2}x+\frac{1}{6}=0$ $\xrightarrow[\text{6을 곱한다.}]{\text{양변에 분모의 최소공배수}}$ $2x^2-3x+1=0$

계수가 소수인 경우 ➜ 양변에 10, 100, 1000, …을 곱한다. → 계수가 정수가 되도록

$0.4x^2-x+0.3=0$ $\xrightarrow{\text{양변에 10을 곱한다.}}$ $4x^2-10x+3=0$

괄호가 있는 경우 ➜ 전개한 후 동류항끼리 정리한다. → $ax^2+bx+c=0$의 꼴로

$x(x+3)=4$ $\xrightarrow{\text{분배법칙}}$ $x^2+3x-4=0$

공통인 부분이 있는 경우 ➜ (공통인 부분)$=A$로 치환하여 정리한다.

$(x-2)^2-5(x-2)+6=0$ $\xrightarrow[\text{치환한다.}]{x-2=A\text{로}}$ $A^2-5A+6=0$

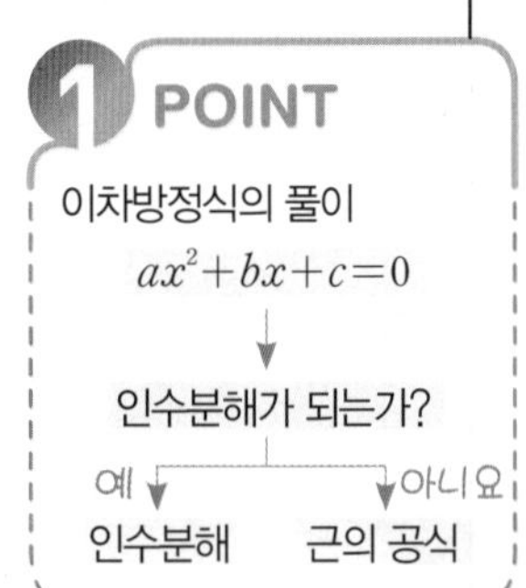

계수가 분수인 이차방정식의 풀이

 다음 이차방정식을 푸시오.

01 $\frac{1}{2}x^2-\frac{3}{4}x-\frac{1}{2}=0$

 따라해

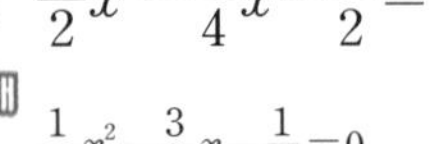

$\frac{1}{2}x^2-\frac{3}{4}x-\frac{1}{2}=0$) 양변에 분모의 최소공배수 □를 곱하기

$2x^2-3x-2=0$) 좌변을 인수분해하기

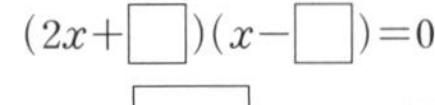

$(2x+\square)(x-\square)=0$

$\therefore x=\square$ 또는 $x=\square$

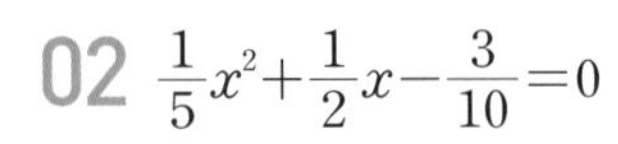

02 $\frac{1}{5}x^2+\frac{1}{2}x-\frac{3}{10}=0$

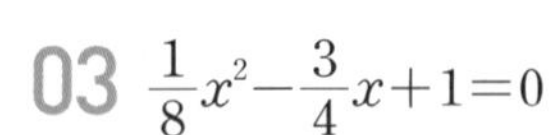

03 $\frac{1}{8}x^2-\frac{3}{4}x+1=0$

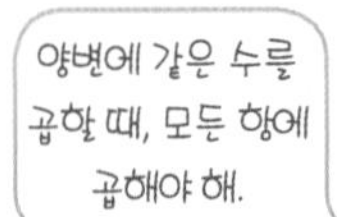

04 $\frac{1}{2}x^2-\frac{1}{6}=\frac{1}{2}x$

05 $\frac{x^2-2x}{2}=\frac{-1+5x}{5}$

계수가 소수인 이차방정식의 풀이

다음 이차방정식을 푸시오.

06 $0.3x^2-0.4x-0.2=0$

따라해

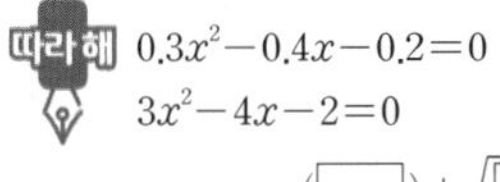

$0.3x^2-0.4x-0.2=0$

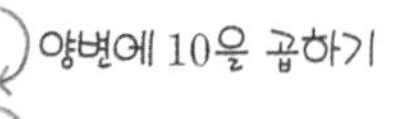

) 양변에 10을 곱하기

$3x^2-4x-2=0$) 근의 공식을 이용하여 풀기

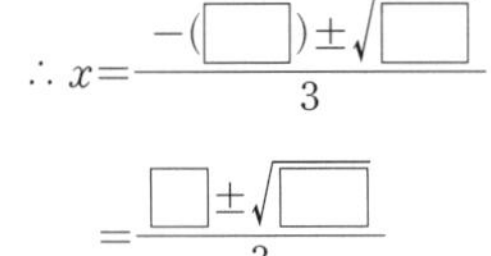

$\therefore x=\frac{-(\square)\pm\sqrt{\square}}{3}$

$=\frac{\square\pm\sqrt{\square}}{3}$

07 $0.4x^2+0.1x-0.3=0$

08 $0.03x^2+0.1x-0.02=0.02x$

09 $\frac{1}{5}x^2-1.2x+1.4=0$

소수와 분수가 섞여 있으면 소수를 기약분수로 바꾸어 풀어.

10 $\frac{3}{2}x^2+1.3x=1+0.3x$

괄호가 있는 이차방정식의 풀이

다음 이차방정식을 푸시오.

11 $(x+2)^2=x+7$ ____________

따라해

$(x+2)^2=x+7$
$x^2+\square x-3=0$) 괄호를 풀어 정리하기
$\therefore x=\dfrac{\square\pm\sqrt{\square}}{2}$) 근의 공식을 이용하여 풀기

12 $2x(x-4)=x-4$ ____________

13 $(x-2)(2x+3)=x(x-4)$ ____________

14 $-(3x-4)(x+1)=5x$ ____________

15 $x(x-2)=-\dfrac{7}{16}$ ____________

16 $\dfrac{1}{2}x(x+1)=2\left(x+\dfrac{1}{3}\right)$ ____________

17 $(x+3)^2=3(x+9)$ ____________

18 $4(x-2)^2=3(x-1)^2$ ____________

공통인 부분이 있는 이차방정식의 풀이

다음 이차방정식을 푸시오.

19 $(x+1)^2-(x+1)-6=0$ ____________

따라해

$(x+1)^2-(x+1)-6=0$) $x+1=A$로 치환하기
$A^2-A-6=0$) 좌변을 인수분해하기
$(A+\square)(A-\square)=0$
$\therefore A=\square$ 또는 $A=\square$
즉, $x+1=\square$ 또는 $x+1=\square$이므로
$x=\square$ 또는 $x=\square$

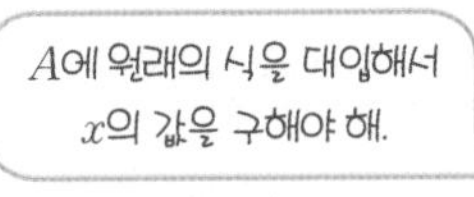

20 $3(x-1)^2+5(x-1)+2=0$ ____________

21 $6(x+2)^2-2(x+2)-4=0$ ____________

22 $(x+4)^2-10(x+4)+25=0$ ____________

23 $(2x+1)^2+2(2x+1)-3=0$ ____________

24 $\left(x-\dfrac{1}{2}\right)^2-x+\dfrac{1}{2}=0$ ____________

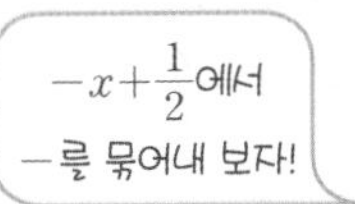

25 $4\left(\dfrac{1}{4}-x\right)^2-6\left(\dfrac{1}{4}-x\right)+2=0$ ____________

▶ 정답 및 풀이 45쪽

[01 ~ 03] 다음 이차방정식을 제곱근을 이용하여 푸시오.

01 $x^2-5=0$

02 $(x+1)^2=3$

03 $3(x-2)^2=21$

[04 ~ 05] 다음 이차방정식을 완전제곱식을 이용하여 푸시오.

04 $x^2-8x+10=0$

05 $3x^2-6x+2=0$

[06 ~ 08] 다음 이차방정식을 근의 공식을 이용하여 푸시오.

06 $x^2-5x+3=0$

07 $2x^2+x-4=0$

08 $3x^2+5x+1=0$

[09 ~ 10] 다음 이차방정식을 짝수 공식을 이용하여 푸시오.

09 $x^2-2x-6=0$

10 $2x^2+6x-1=0$

[11 ~ 16] 다음 이차방정식을 푸시오.

11 $x^2-\frac{3}{4}x-\frac{1}{2}=0$

12 $0.2x^2+0.1x-0.3=0$

13 $\frac{3}{5}x^2-0.8x+1=1.4$

14 $x(x-5)=24$

15 $(x-2)^2-6(x-1)+11=0$

16 $(x+3)^2-2(x+3)-8=0$

맞힌 개수 개/16개

▶ 정답 및 풀이 46쪽

이차방정식의 근의 개수

이차방정식 $ax^2+bx+c=0\ (a\neq0)$의 근의 개수는 근의 공식 $x=\dfrac{-b\pm\sqrt{b^2-4ac}}{2a}$에서 b^2-4ac의 부호에 따라 결정된다.

(1) $b^2-4ac>0$ → 서로 다른 두 근 → 근이 2개
(2) $b^2-4ac=0$ → 중근 → 근이 1개
(3) $b^2-4ac<0$ → 근이 없다. → 근이 0개

근이 존재할 조건 : $b^2-4ac\geq0$

다음 이차방정식에서 ◯ 안에 부등호 또는 등호를 써넣고, 근의 개수를 구하시오.

01 $x^2+6x-4=0$

따라해 $a=1$, $b=6$, $c=-4$이므로
→ $b^2-4ac=\square^2-4\times\square\times(\square)=\square$ ◯ 0
따라서 주어진 이차방정식의 근의 개수는 $\square$이다.

02 $x^2-10x-14=0$
→ b^2-4ac ◯ 0

03 $x^2-6x+9=0$
→ b^2-4ac ◯ 0

04 $x^2+x+6=0$
→ b^2-4ac ◯ 0

05 $9x^2=-6x-1$
→ b^2-4ac ◯ 0

06 $x^2+x+1=\dfrac{x+1}{2}$
→ b^2-4ac ◯ 0

근의 개수에 따른 미지수의 값의 범위

이차방정식 $x^2+8x+k=0$의 근이 다음과 같을 때, 상수 k의 값 또는 k의 값의 범위를 구하시오.

07 서로 다른 두 근

따라해 $8^2-4\times1\times k$ ◯ 0이어야 하므로
$64-4k>0$ $\quad\therefore k<\square$

08 중근

09 근이 없다.

이차방정식 $3x^2-4x-k=0$의 근이 다음과 같을 때, 상수 k의 값 또는 k의 값의 범위를 구하시오.

10 서로 다른 두 근

11 중근

12 근이 없다.

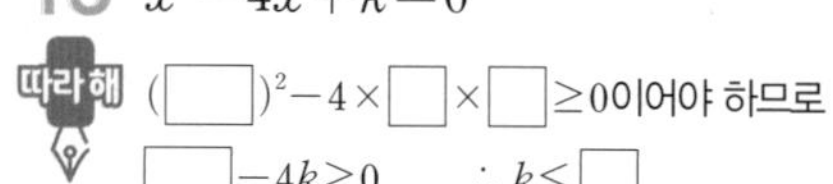

다음 이차방정식이 근을 가질 때, 상수 k의 값의 범위를 구하시오.

13 $x^2-4x+k=0$

따라해 $(\square)^2-4\times\square\times\square\geq 0$이어야 하므로

$\square-4k\geq 0 \quad \therefore k\leq\square$

14 $x^2-2x+k=0$

15 $2x^2-3x+k=0$

16 $3x^2+3x-k=0$

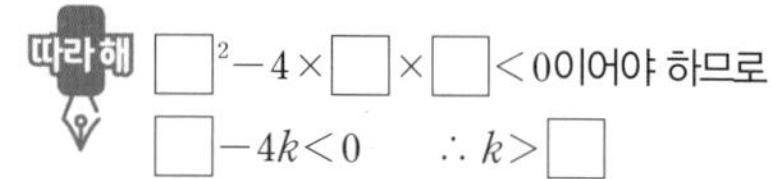

다음 이차방정식이 근을 갖지 않을 때, 상수 k의 값의 범위를 구하시오.

17 $x^2+2x+k=0$

따라해 $\square^2-4\times\square\times\square<0$이어야 하므로

$\square-4k<0 \quad \therefore k>\square$

18 $3x^2+2x-k=0$

19 $x^2-10x+5k=0$

20 $2x^2-8x-k=0$

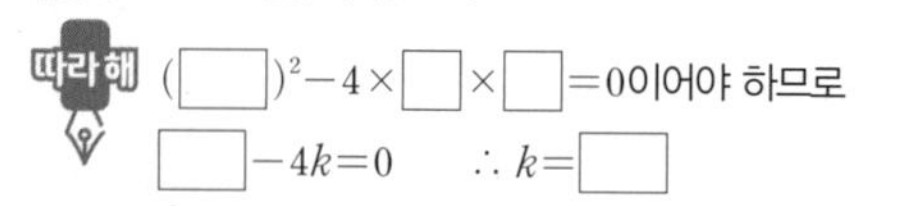

다음 이차방정식이 중근을 가질 때, 상수 k의 값을 구하시오.

21 $x^2-8x+k=0$

따라해 $(\square)^2-4\times\square\times\square=0$이어야 하므로

$\square-4k=0 \quad \therefore k=\square$

22 $x^2-2x+k=0$

23 $3x^2-4x-k=0$

24 $x^2+10x-k=0$

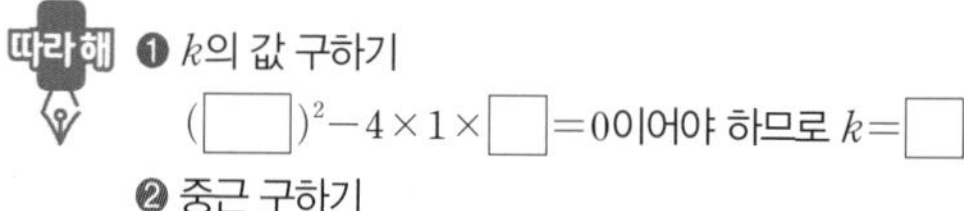

다음 이차방정식이 중근을 가질 때 상수 k의 값을 구하고, 그 중근을 구하시오.

25 $x^2-6x+k=0$

따라해 ❶ k의 값 구하기

$(\square)^2-4\times1\times\square=0$이어야 하므로 $k=\square$

❷ 중근 구하기

$k=9$를 $x^2-6x+k=0$에 대입하면 $x^2-6x+\square=0$

$(x-3)^2=0 \quad \therefore x=\square$

26 $2x^2-4x-k=0$

27 $x^2+5x+k=0$

28 $3x^2+9x+k=0$

이차방정식의 활용

연속하는 두 정수의 곱이 30일 때, 두 정수를 구해 보자.

❶ 연속하는 두 정수 중 작은 수를 x라 하면 큰 정수는 $x+1$로 나타낼 수 있다.

❷ 연속하는 두 정수 x와 $x+1$의 곱이 30이므로 식으로 나타내면
$x(x+1)=30$, $x^2+x-30=0$

❸ $(x+6)(x-5)=0$ $\quad\therefore x=-6$ 또는 $x=5$

❹ (i) $x=-6$일 때, 연속하는 두 정수는 -6, -5이다.
(ii) $x=5$일 때, 연속하는 두 정수는 5, 6이다.
따라서 연속하는 두 정수는 -6, -5 또는 5, 6이다.

이차방정식의 활용
❶ 미지수 정하기
❷ 이차방정식 세우기
❸ 이차방정식 풀기
❹ 확인하기

POINT
① 연속하는 두 정수 ➔ x, $x+1$
② 연속하는 세 정수 ➔ $x-1$, x, $x+1$
③ 연속하는 두 짝수(홀수) ➔ x, $x+2$

수에 대한 문제

01 차가 5인 두 자연수의 곱이 66일 때, 다음 물음에 답하시오.

(1) 작은 수를 x라 할 때, 큰 수를 x에 대한 식으로 나타내시오.

(2) x에 대한 이차방정식을 세우시오.

(3) (2)에서 세운 방정식을 풀어 두 자연수를 구하시오.

02 차가 4인 두 자연수의 곱이 96일 때, 다음 물음에 답하시오.

(1) 작은 수를 x라 할 때, 큰 수를 x에 대한 식으로 나타내시오.

(2) x에 대한 이차방정식을 세우시오.

(3) (2)에서 세운 방정식을 풀어 두 자연수를 구하시오.

연속하는 수에 대한 문제

03 연속하는 두 홀수의 곱이 195일 때, 다음 물음에 답하시오.

(1) 연속하는 두 홀수 중 작은 수를 x라 할 때, 다른 홀수를 x에 대한 식으로 나타내시오.

(2) x에 대한 이차방정식을 세우시오.

(3) (2)에서 세운 방정식을 풀어 두 홀수를 구하시오.

04 연속하는 두 자연수의 제곱의 합이 221일 때, 다음 물음에 답하시오.

(1) 연속하는 두 자연수 중 작은 자연수를 x라 할 때, 다른 자연수를 x에 대한 식으로 나타내시오.

(2) x에 대한 이차방정식을 세우시오.

(3) (2)에서 세운 방정식을 풀어 두 자연수를 구하시오.

위로 쏘아 올린 물체에 대한 문제

05 지면에서 초속 60 m로 똑바로 위로 쏘아 올린 공의 x초 후의 높이가 $(60x-5x^2)$ m일 때, 이 공의 지면으로부터의 높이가 160 m가 되는 것은 공을 쏘아 올린 지 몇 초 후인지 구하려고 한다. 다음 물음에 답하시오.

(1) x에 대한 이차방정식을 세우시오.

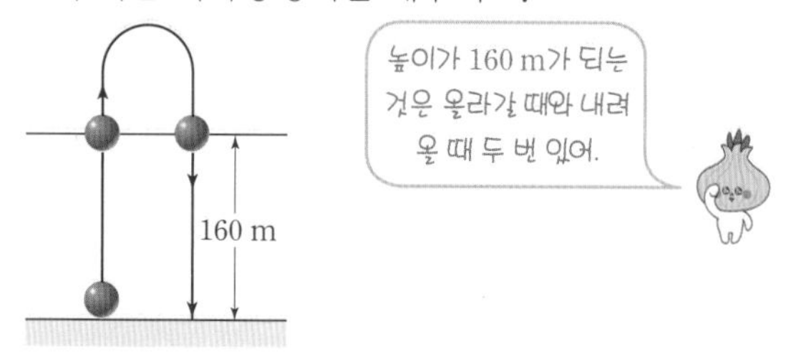

(2) (1)에서 세운 방정식을 풀어 공의 높이가 160 m가 되는 것은 공을 쏘아 올린 지 몇 초 후인지 구하시오.

06 지면에서 초속 30 m로 똑바로 위로 쏘아 올린 공의 x초 후의 높이가 $(30x-5x^2)$ m일 때, 이 공이 지면에 떨어지는 것은 공을 쏘아 올린 지 몇 초 후인지 구하려고 한다. 다음 물음에 답하시오.

(1) x에 대한 이차방정식을 세우시오.

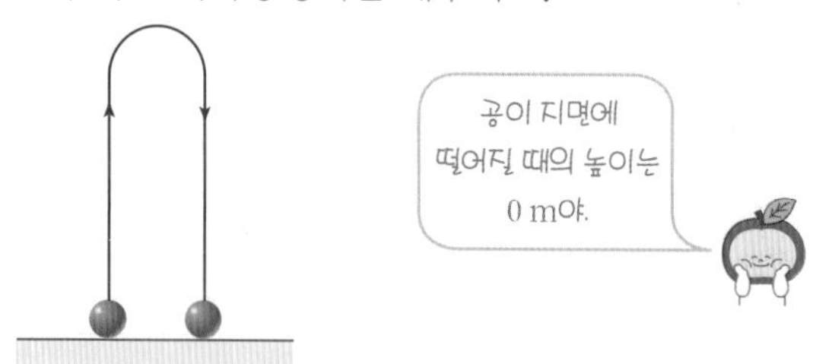

(2) (1)에서 세운 방정식을 풀어 공이 지면에 떨어지는 것은 공을 쏘아 올린 지 몇 초 후인지 구하시오.

도형에 대한 문제

07 오른쪽 그림과 같이 길이가 14 cm인 선분을 두 부분으로 나누어 각각의 길이를 한 변으로 하는 정사각형을 만들었더니 두 정사각형의 넓이의 합이 116 cm^2이었다. 다음 물음에 답하시오.

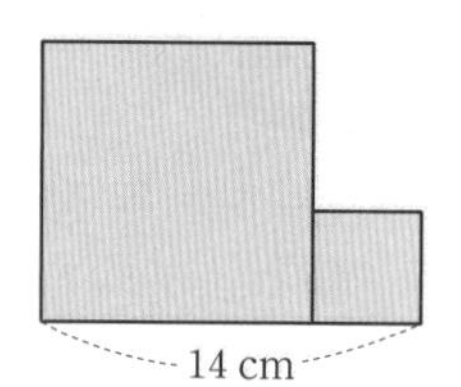

(1) 두 정사각형 중 큰 정사각형의 한 변의 길이를 x cm라 할 때, 작은 정사각형의 한 변의 길이를 x에 대한 식으로 나타내시오.

(2) x에 대한 이차방정식을 세우시오.

(3) (2)에서 세운 방정식을 풀어 큰 정사각형의 한 변의 길이를 구하시오.

08 오른쪽 그림과 같이 가로의 길이와 세로의 길이가 각각 16 m, 12 m인 직사각형 모양의 꽃밭이 있다. 가로의 길이와 세로의 길이를 똑같은 길이만큼 더 늘였더니 꽃밭의 넓이는 처음보다 128 m^2만큼 더 넓어졌다. 다음 물음에 답하시오.

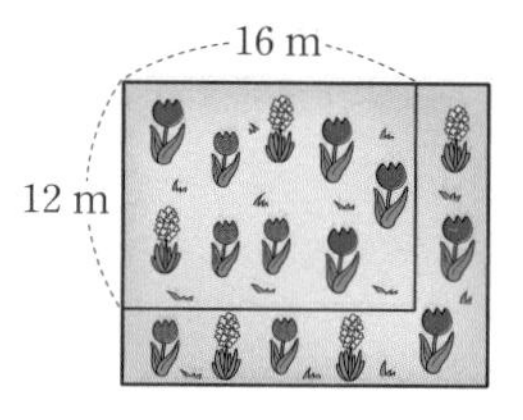

(1) 늘인 길이를 x m라 할 때, 늘인 꽃밭의 가로의 길이와 세로의 길이를 각각 x에 대한 식으로 나타내시오.

(2) x에 대한 이차방정식을 세우시오.

(3) (2)에서 세운 방정식을 풀어 가로의 길이와 세로의 길이를 각각 몇 m 늘였는지 구하시오.

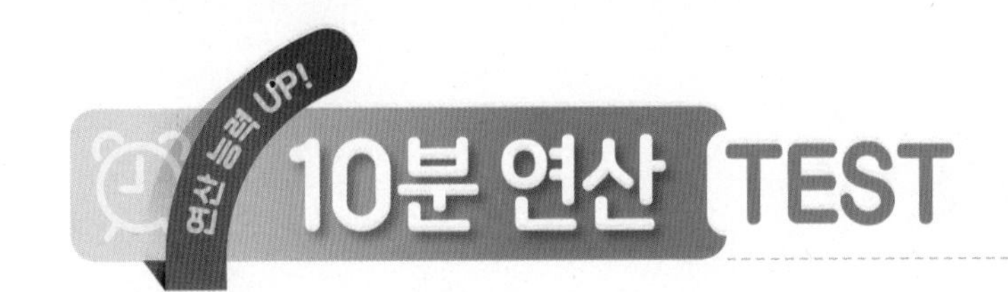

▶ 정답 및 풀이 47쪽

[01 ~ 02] 다음 이차방정식의 근의 개수를 구하시오.

01 $2x^2-x-5=0$

02 $25x^2-10x+1=0$

[03 ~ 05] 이차방정식 $2x^2+5x+k=0$의 근이 다음과 같을 때, 상수 k의 값 또는 k의 값의 범위를 구하시오.

03 서로 다른 두 근

04 중근

05 근이 없다.

06 이차방정식 $6x^2-3x+k=0$이 근을 가질 때, 상수 k의 값의 범위를 구하시오.

[07 ~ 08] 이차방정식 $9x^2-12x+k=0$이 중근을 가질 때, 다음 물음에 답하시오.

07 상수 k의 값을 구하시오.

08 중근을 구하시오.

09 연속하는 두 자연수의 곱이 156일 때, 다음 물음에 답하시오.

(1) 연속하는 두 자연수 중 작은 수를 x라 할 때, 다른 자연수를 x에 대한 식으로 나타내시오.

(2) x에 대한 이차방정식을 세우시오.

(3) (2)에서 세운 방정식을 풀어 두 자연수를 구하시오.

10 예솔이와 오빠의 나이의 차는 3살이다. 두 사람의 나이의 곱이 208일 때, 다음 물음에 답하시오.

(1) 예솔이의 나이를 x살이라 할 때, 오빠의 나이를 x에 대한 식으로 나타내시오.

(2) x에 대한 이차방정식을 세우시오.

(3) (2)에서 세운 방정식을 풀어 예솔이의 나이를 구하시오.

[11 ~ 12] 지면으로부터 25 m 높이에서 쏘아 올린 물체의 x초 후의 지면으로부터의 높이가 $(25+20x-5x^2)$ m일 때, 다음 물음에 답하시오.

11 이 물체의 지면으로부터의 높이가 40 m가 되는 것은 물체를 쏘아 올린 지 몇 초 후인지 구하시오.

12 이 물체가 지면에 떨어지는 것은 물체를 쏘아 올린 지 몇 초 후인지 구하시오.

맞힌 개수 개/12개

학교 시험 미리보기!

학교 시험 PREVIEW

01

다음 **보기**에서 이차방정식을 모두 고른 것은?

보기

ㄱ. $x^2+5=5$ ㄴ. $2x^2+3x=1+2x^2$

ㄷ. $x(x-1)=(x-1)^2$ ㄹ. $x^2-2x+1=-x^2$

① ㄱ, ㄴ ② ㄱ, ㄷ ③ ㄱ, ㄹ

④ ㄴ, ㄹ ⑤ ㄷ, ㄹ

02 80% 출제율

다음 중 [ ] 안의 수가 주어진 이차방정식의 해인 것은?

① $x(x-5)=24$ [5]

② $x^2+3x-4=0$ [1]

③ $x^2=3x$ [-3]

④ $x^2+2x=5(x+2)$ [2]

⑤ $2x^2-6x-8=0$ [-4]

03 실수 주의

x에 대한 이차방정식 $-x^2-5x+a=0$의 한 근이 -2일 때, 상수 a의 값은?

① -14 ② -6 ③ 0

④ 2 ⑤ 6

04

이차방정식 $3x^2-7x+4=0$의 해가 $x=a$ 또는 $x=b$일 때, $a-b$의 값은? (단, $a>b$)

① $-\frac{4}{3}$ ② $-\frac{1}{3}$ ③ $\frac{1}{3}$

④ 1 ⑤ $\frac{4}{3}$

05

다음 중 중근을 갖는 것을 모두 고르면? (정답 2개)

① $x^2-2x-1=0$

② $2x^2-4x+2=0$

③ $x^2-1=0$

④ $4x^2+12x+9=0$

⑤ $3x^2+6x+9=0$

06

이차방정식 $x^2-8x+3k-2=0$이 중근을 가질 때, 상수 k의 값은?

① -6 ② -3 ③ 3

④ 6 ⑤ 9

▶ 정답 및 풀이 48쪽

07

이차방정식 $3(x-2)^2=15$의 해가 $x=a\pm\sqrt{b}$일 때, $a+b$의 값은? (단, a, b는 유리수)

① -6 ② -4 ③ 2
④ 5 ⑤ 7

08 80% 출제율

이차방정식 $9x^2+6x-1=0$을 풀면?

① $x=-\frac{1}{3}$ ② $x=\pm\frac{1}{3}$ ③ $x=\frac{-1\pm\sqrt{2}}{3}$
④ $x=\frac{5\pm\sqrt{17}}{2}$ ⑤ $x=\frac{3\pm\sqrt{6}}{18}$

09

다음 **보기**의 이차방정식 중 서로 다른 두 근을 갖는 것을 모두 고른 것은?

보기
ㄱ. $x^2-6x-1=0$ ㄴ. $3x^2-x+2=0$
ㄷ. $2x^2+5x-10=0$ ㄹ. $4x^2-20x+25=0$

① ㄱ, ㄴ ② ㄱ, ㄷ ③ ㄴ, ㄷ
④ ㄴ, ㄹ ⑤ ㄷ, ㄹ

10

이차방정식 $2x^2-8x+k-3=0$이 근을 갖지 않을 때, 상수 k의 값의 범위는?

① $k\geq-11$ ② $k\leq-11$ ③ $k>11$
④ $k<11$ ⑤ $k\geq11$

11

정사각형의 가로의 길이를 3 cm 늘이고, 세로의 길이를 2 cm 줄여 직사각형을 만들었더니 넓이가 50 cm^2가 되었다. 처음 정사각형의 한 변의 길이는?

① 4 cm ② 5 cm ③ 6 cm
④ 7 cm ⑤ 8 cm

12 서술형

연속하는 두 홀수의 제곱의 합이 130일 때, 이 두 홀수 중 큰 수를 구하시오.

채점 기준 1 식 세우기

채점 기준 2 이차방정식 풀기

채점 기준 3 조건에 맞는 수 구하기

개수는 차례대로 11, 6, 11, 10, 7

III

이차함수

이차함수를 배우고 나면
중2에서 배운 일차함수와 다른 특징을
발견할 수 있어요. 함수의 의미를 폭넓게 이해하고
함수의 식과 그래프 사이의 관계, 그래프의
성질 등을 탐구할 수 있어요.
이차함수를
왜 배우나요?

III-1 이차함수와 그래프

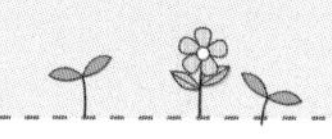

01 이차함수의 뜻

이차함수 : 함수 $y=f(x)$에서 y가 x에 대한 이차식

$y=ax^2+bx+c$ (a, b, c는 상수, $a\neq0$) → $y=$(x에 대한 이차식)

로 나타내어질 때, 이 함수를 x에 대한 이차함수라 한다.

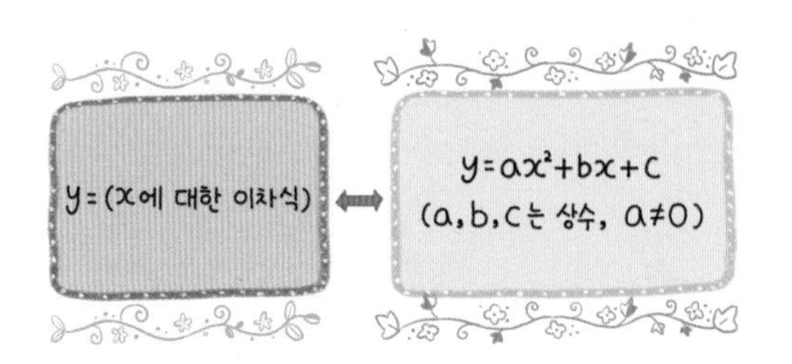

예 $y=3x^2$, $y=-x^2+1$, $y=\frac{1}{2}x^2-2x+4$ → 이차함수

참고 특별한 언급이 없으면 x의 값의 범위는 실수 전체로 생각한다.

02 이차함수 $y=x^2$과 $y=-x^2$의 그래프

(1) 이차함수 $y=x^2$의 그래프

① 원점 (0, 0)을 지나고 아래로 볼록한 곡선이다.

② y축에 대칭이다. → y축을 접는 선으로 하여 접었을 때 그래프가 완전히 포개어진다.

③ $x<0$일 때, x의 값이 증가하면 y의 값은 감소한다.
$x>0$일 때, x의 값이 증가하면 y의 값도 증가한다.

④ 원점을 제외한 모든 부분은 x축보다 위쪽에 있다.

⑤ 두 이차함수 $y=x^2$과 $y=-x^2$의 그래프는 x축에 대하여 서로 대칭이다.

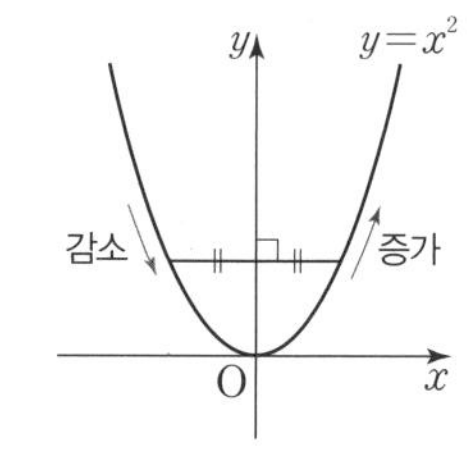

(2) **포물선** : 이차함수 $y=x^2$, $y=-x^2$의 그래프와 같은 모양의 곡선을 포물선이라 한다.

① **축** : 포물선은 선대칭도형으로 그 대칭축을 포물선의 축이라 한다.

② **꼭짓점** : 포물선과 축과의 교점을 꼭짓점이라 한다.

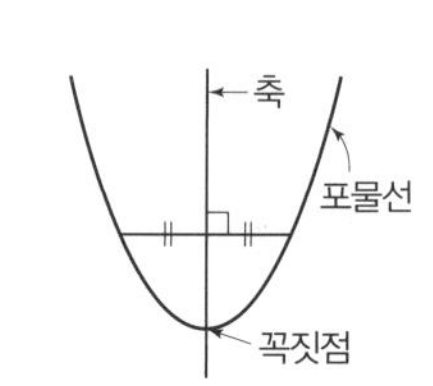

참고 이차함수 $y=x^2$과 $y=-x^2$의 그래프에서
(1) 축의 방정식 : $x=0$ (y축) (2) 꼭짓점의 좌표 : (0, 0)
→ 포물선의 축을 나타내는 직선의 방정식

03 이차함수 $y=ax^2$의 그래프

(1) 원점 (0, 0)을 꼭짓점으로 하는 포물선이다.

(2) y축에 대칭이다. → 축의 방정식 : $x=0$ (y축)

(3) a의 부호에 따라 그래프의 모양이 달라진다.

① $a>0$일 때 → 아래로 볼록(∪)

② $a<0$일 때 → 위로 볼록(∩)

(4) a의 절댓값이 클수록 그래프의 폭이 좁아진다.

(5) 두 이차함수 $y=ax^2$과 $y=-ax^2$의 그래프는 x축에 대하여 서로 대칭이다.

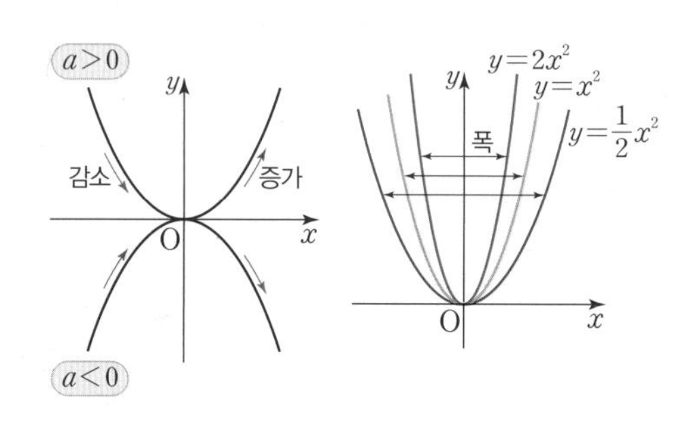

04 이차함수 $y=ax^2+q$의 그래프

$y=ax^2 \xrightarrow[q\text{만큼 평행이동}]{y\text{축의 방향으로}} y=ax^2+q$

① 꼭짓점의 좌표: $(0,\ q)$

② 축의 방정식 : $x=0$ (y축)

참고 이차함수 $y=ax^2$의 그래프를 평행이동하여도 이차항의 계수 a는 변하지 않으므로 그래프의 모양과 폭은 변하지 않는다.

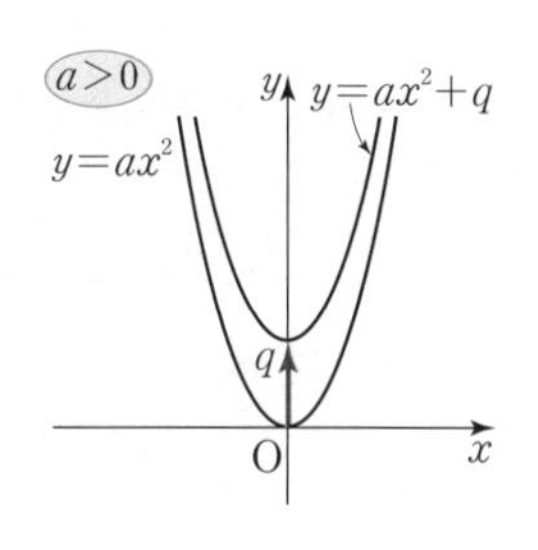

05 이차함수 $y=a(x-p)^2$의 그래프

$y=ax^2 \xrightarrow[p\text{만큼 평행이동}]{x\text{축의 방향으로}} y=a(x-p)^2$

① 꼭짓점의 좌표 : $(p,\ 0)$

② 축의 방정식 : $x=p$

참고 이차함수의 그래프를 x축의 방향으로 p만큼 평행이동하면 축의 방정식이 $x=p$가 되므로 x의 값이 증가할 때 y의 값이 증가하거나 감소하는 범위는 $x=p$를 기준으로 나뉜다.

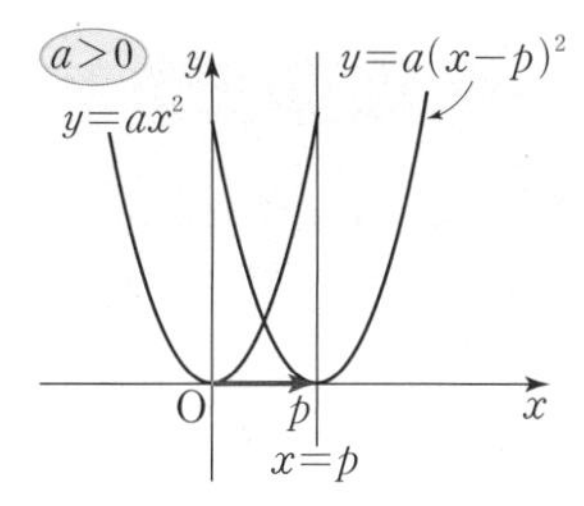

06 이차함수 $y=a(x-p)^2+q$의 그래프

$y=ax^2 \xrightarrow[y\text{축의 방향으로 }q\text{만큼 평행이동}]{x\text{축의 방향으로 }p\text{만큼}} y=a(x-p)^2+q$

① 꼭짓점의 좌표 : $(p,\ q)$

② 축의 방정식 : $x=p$

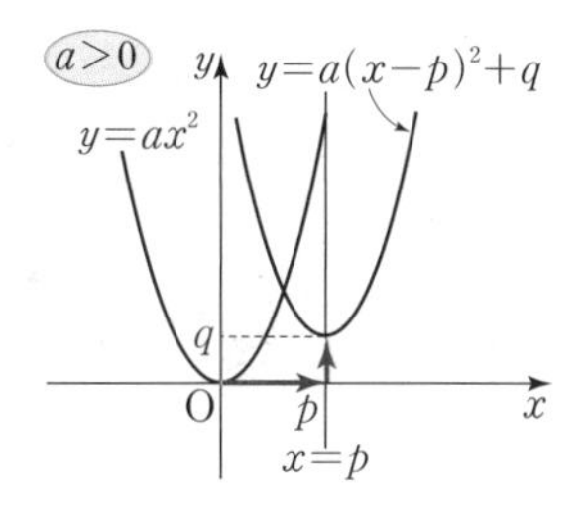

07 이차함수 $y=a(x-p)^2+q$에서 a, p, q의 부호

(1) a의 부호 : 그래프의 모양에 따라 결정

① 아래로 볼록(∪)하면 $a>0$

② 위로 볼록(∩)하면 $a<0$

(2) p와 q의 부호 : 꼭짓점 $(p,\ q)$의 위치에 따라 결정

① 제1사분면 ➜ $p>0,\ q>0$

② 제2사분면 ➜ $p<0,\ q>0$

③ 제3사분면 ➜ $p<0,\ q<0$

④ 제4사분면 ➜ $p>0,\ q<0$

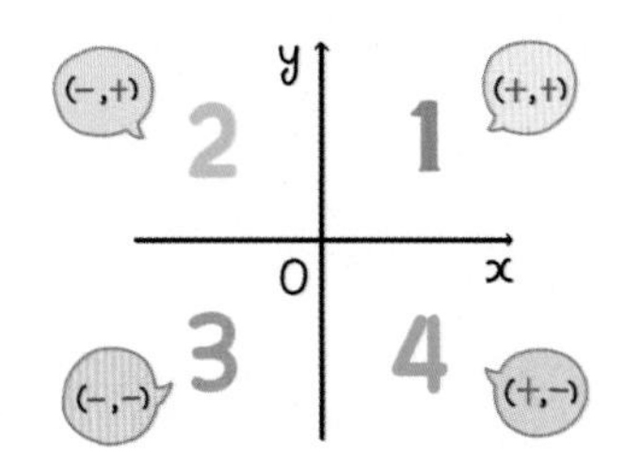

예 이차함수 $y=(x-p)^2+q$의 그래프가 오른쪽 그림과 같을 때

(1) 그래프의 모양이 아래로 볼록하므로 $a>0$

(2) 꼭짓점 $(p,\ q)$가 제3사분면에 있으므로 $p<0,\ q<0$

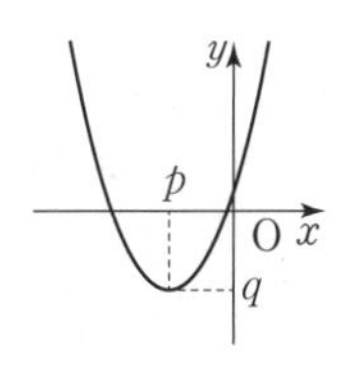

▶ 정답 및 풀이 49쪽

01 VISUAL 연산

일차함수

중학교 2 학년 때 배웠어요!

(1) **일차함수** : 함수 $y=f(x)$에서 y가 x에 대한 일차식, 즉 $y=ax+b$ (a, b는 상수, $a\neq0$)로 나타내어질 때, 이 함수를 x에 대한 일차함수라 한다.

예 $y=5x$, $y=-2x+1$, $y=\frac{2}{3}x$ → 일차함수

$y=2$, $y=-\frac{5}{x}$, $y=-2x^2$ → 일차함수가 아니다.

(2) **함숫값** : 함수 $y=f(x)$에서 x의 값에 따라 하나씩 정해지는 y의 값

예 함수 $f(x)=2x+1$에 대하여 $x=1$일 때의 함숫값 → $f(1)=2\times1+1=3$

x 대신 1 대입

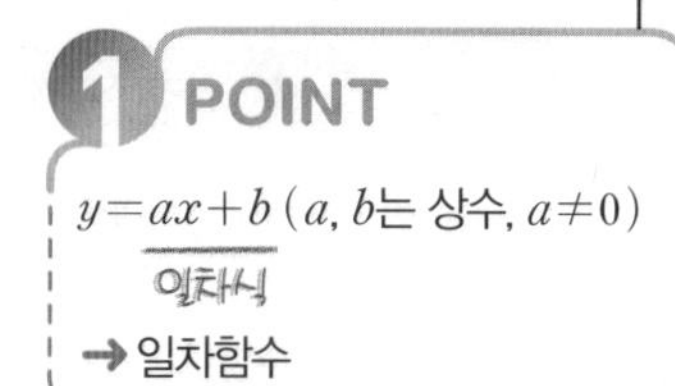

일차함수 찾기

다음 중 y가 x에 대한 일차함수인 것에는 ○표, 일차함수가 아닌 것에는 ×표를 하시오.

01 $y=\frac{1}{2}x+1$ ( )

02 $y=5$ ( )

03 $y=-x^2+2x+3$ ( )

04 $y=\frac{2}{x}+5$ ( )

05 $y=2-3x$ ( )

06 $y=(x-1)x$ ( )

우변의 괄호를 풀고 전개해.

07 $x-y+7=0$ ( )

08 $y-x=-(2+x)$ ( )

일차함수의 함숫값

다음을 구하시오.

09 $f(x)=x-3$에 대하여 $f(2)$의 값

x 대신 2 대입

10 $f(x)=2x+5$에 대하여 $f(-1)$의 값

11 $f(x)=5-2x$에 대하여 $f(0)$의 값

12 $f(x)=\frac{1}{2}x-1$에 대하여 $f(-2)$의 값

13 $f(x)=-3x+4$에 대하여 $f(1)$의 값

14 $f(x)=-6x-2$에 대하여 $f\left(\frac{2}{3}\right)$의 값

▶ 정답 및 풀이 49쪽

이차함수의 뜻

이차함수 : 함수 $y=f(x)$에서 y가 x에 대한 이차식, 즉 $y=ax^2+bx+c$ (a, b, c는 상수, $a\neq0$)로 나타내어질 때, 이 함수를 x에 대한 이차함수라 한다.

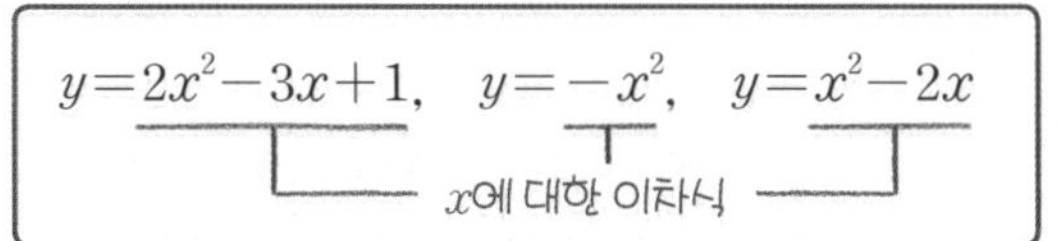

→ 이차함수

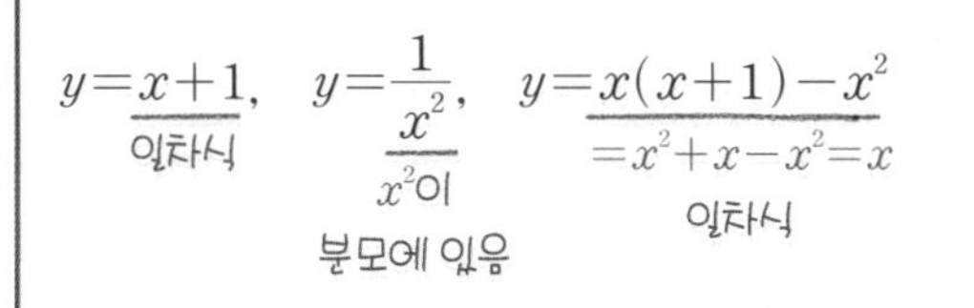

→ 이차함수가 아니다.

$a\neq0$일 때
- ax^2+bx+c → 이차식
- $ax^2+bx+c=0$ → 이차방정식
- $y=ax^2+bx+c$ → 이차함수

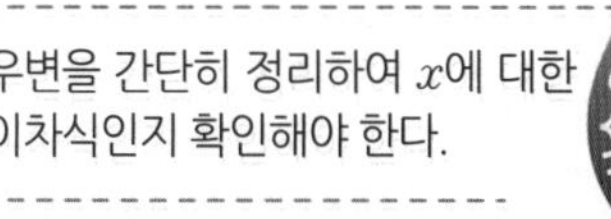

우변을 간단히 정리하여 x에 대한 이차식인지 확인해야 한다.

이차함수 찾기

다음 중 y가 x에 대한 이차함수인 것에는 ○표, 이차함수가 아닌 것에는 ×표를 하시오.

01 $y=-2+4x$ (　　)

02 $y=\frac{1}{3}x^2$ (　　)

03 $5x^2+x+1=0$ (　　)

04 $y=x(x-1)+1$ (　　)

우변을 정리하면 $y=$☐이므로 y는 x에 대한 (이차함수이다, 이차함수가 아니다).

05 $y=(x+2)^2-x^2$ (　　)

06 $y=x+\frac{1}{x^2}$ (　　)

관계식을 구하고 이차함수인지 확인하기

다음에서 y를 x에 대한 식으로 나타내고, y가 x에 대한 이차함수인 것에는 ○표, 이차함수가 아닌 것에는 ×표를 하시오.

07 반지름의 길이가 x cm인 원의 넓이 y cm^2
→ $y=$☐ (　　)

08 한 변의 길이가 x cm인 정사각형의 둘레의 길이 y cm
→ $y=$☐ (　　)

09 밑변의 길이가 x cm이고 높이가 $(10-x)$ cm인 삼각형의 넓이 y cm^2
→ $y=$☐ (　　)

10 밑면의 반지름의 길이가 x cm이고 높이가 5 cm인 원기둥의 부피 y cm^3
→ $y=$☐ (　　)

11 시속 x km로 3시간 동안 이동한 거리 y km
→ $y=$☐ (　　)

이차함수의 함숫값

이차함수 $f(x)=2x^2-3x+1$에 대하여 다음을 구하시오.

12 $f(2)=2\times\square^2-3\times\square+1=\square$

$f(x)=ax^2+bx+c$에서
$f(\bullet)=a\times\bullet^2+b\times\bullet+c$

13 $f\left(\frac{1}{2}\right)$ ________

14 $f(-3)$ ________

15 $f(1)+f(-2)$ ________

16 $f(5)-f(3)$ ________

다음을 구하시오.

17 $f(x)=x^2+1$에 대하여 $f(3)$의 값 ________

18 $f(x)=3x^2+x-1$에 대하여 $f(-1)$의 값 ________

19 $f(x)=\frac{1}{2}x^2-\frac{3}{2}x-3$에 대하여 $f(2)$의 값 ________

20 $f(x)=-\frac{1}{3}x^2+2x-1$에 대하여 $2f(3)$의 값 ________

21 $f(x)=2x^2+5x$에 대하여 $f(0)+f(1)$의 값 ________

22 $f(x)=-4x^2+2x+1$에 대하여 $f\left(\frac{1}{2}\right)-f(2)$의 값 ________

다음 이차함수 $y=f(x)$에 대하여 주어진 함숫값을 만족시키는 상수 a의 값을 구하시오.

23 $f(x)=2x^2-x+a$, $f(1)=2$ ________

따라해

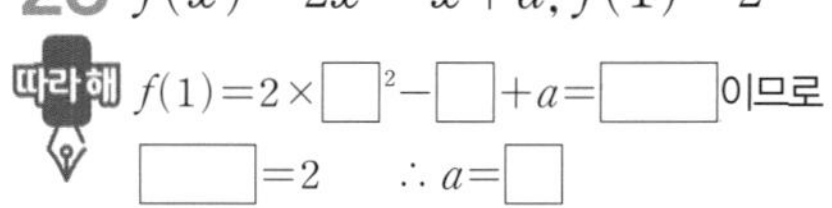

$f(1)=2\times\square^2-\square+a=\square$이므로
$\square=2$ $\therefore a=\square$

24 $f(x)=3x^2+a$, $f(-1)=1$ ________

25 $f(x)=-x^2+2x+a$, $f(0)=-3$ ________

26 $f(x)=x^2+ax-3$, $f(2)=5$ ________

27 $f(x)=ax^2-4x+2$, $f\left(-\frac{1}{2}\right)=2$ ________

이차함수 $y=x^2$과 $y=-x^2$의 그래프

$y=x^2$의 그래프

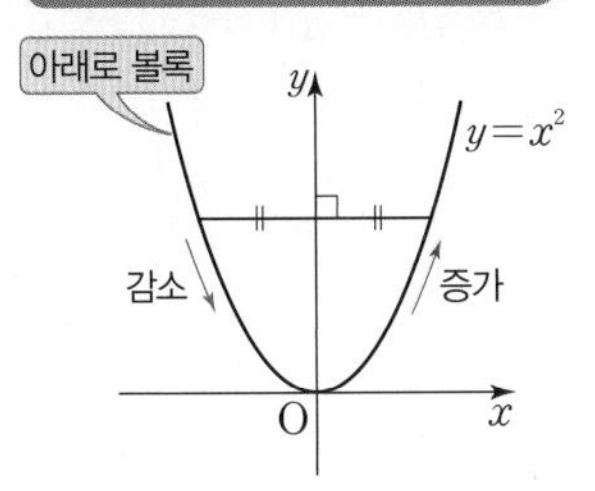

x축에 대하여 서로 대칭

$y=-x^2$의 그래프

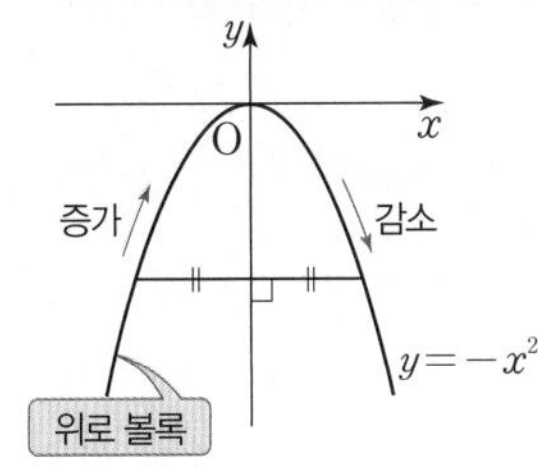

→ $x<0$일 때, x의 값이 증가하면 y의 값은 감소
$x>0$일 때, x의 값이 증가하면 y의 값도 증가

→ $x<0$일 때, x의 값이 증가하면 y의 값도 증가
$x>0$일 때, x의 값이 증가하면 y의 값은 감소

이차함수 $y=x^2$, $y=-x^2$의 그래프 그리기

01 이차함수 $y=x^2$에 대하여 다음 물음에 답하시오.

(1) 다음 표를 완성하시오.

x	⋯	-2	-1	0	1	2	⋯
y	⋯						⋯

(2) (1)의 표를 이용하여 x의 값의 범위가 수 전체일 때, 이차함수 $y=x^2$의 그래프를 오른쪽 좌표평면 위에 그리시오.

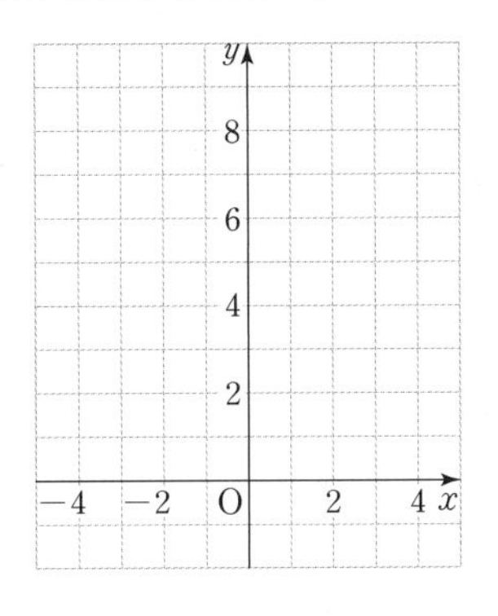

02 이차함수 $y=-x^2$에 대하여 다음 물음에 답하시오.

(1) 다음 표를 완성하시오.

x	⋯	-2	-1	0	1	2	⋯
y	⋯						⋯

(2) (1)의 표를 이용하여 x의 값의 범위가 수 전체일 때, 이차함수 $y=-x^2$의 그래프를 오른쪽 좌표평면 위에 그리시오.

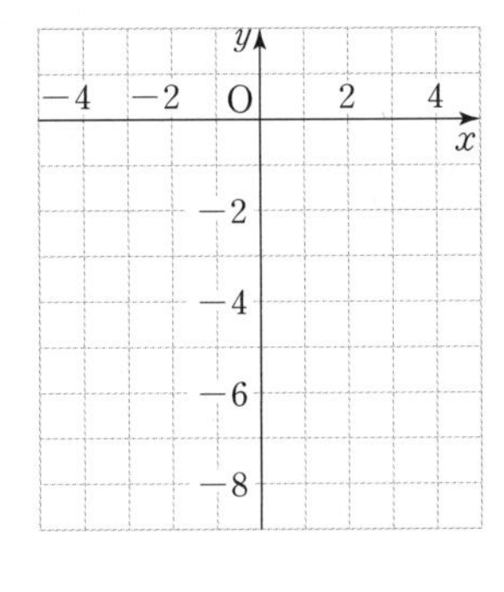

이차함수 $y=x^2$, $y=-x^2$의 그래프의 성질

이차함수 $y=x^2$의 그래프에 대하여 다음 □ 안에 알맞은 것을 써넣으시오.

03 □로 볼록한 곡선이다.

04 □축에 대칭이다.

05 $x<0$일 때, x의 값이 증가하면 y의 값은 □한다.

06 x □ 0일 때, x의 값이 증가하면 y의 값도 증가한다.

이차함수 $y=-x^2$의 그래프에 대하여 다음 □ 안에 알맞은 것을 써넣으시오.

07 □로 볼록한 곡선이다.

08 □축에 대하여 대칭이다.

09 x □ 0일 때, x의 값이 증가하면 y의 값도 증가한다.

10 $x>0$일 때, x의 값이 증가하면 y의 값은 □한다.

▶ 정답 및 풀이 50쪽

이차함수 $y=ax^2$의 그래프

이차함수 $y=2x^2$에 대하여

x	$\cdots$	-2	-1	0	1	2	$\cdots$
$y=x^2$	$\cdots$	4	1	0	1	4	$\cdots$
$y=2x^2$	$\cdots$	8	2	0	2	8	$\cdots$

× 2배

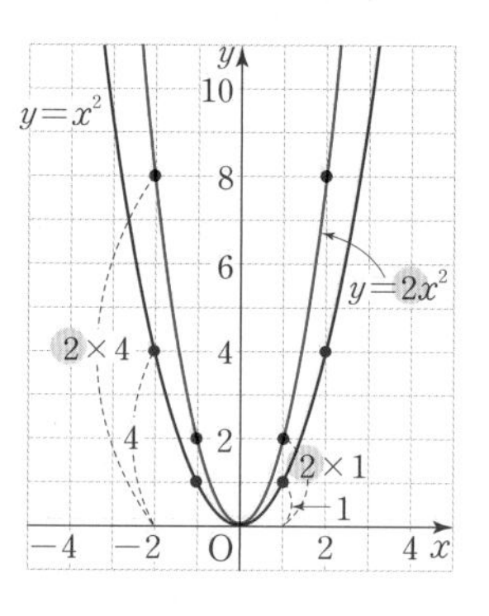

→ x의 각 값에 대하여 $y=2x^2$의 함숫값은 $y=x^2$의 함숫값의 2배이다.

→ 이차함수 $y=2x^2$의 그래프는 이차함수 $y=x^2$의 그래프의 각 점에 대하여 y좌표를 2배로 하는 점을 잡아서 그린 것과 같다.

참고 $y=-ax^2$의 그래프는 $y=ax^2$의 그래프와 x축에 대하여 서로 대칭이다.

이차함수 $y=x^2$의 그래프를 이용하여 다음 이차함수의 그래프를 좌표평면 위에 그리시오.

01 $y=3x^2$

따라해

x	$\cdots$	-2	-1	0	1	2	$\cdots$
x^2	$\cdots$						$\cdots$
$3x^2$	$\cdots$						$\cdots$

이차함수 $y=3x^2$의 그래프는 이차함수 $y=x^2$의 그래프의 각 점에 대하여 y좌표를 □배로 하는 점을 잡아 그린 것과 같다.

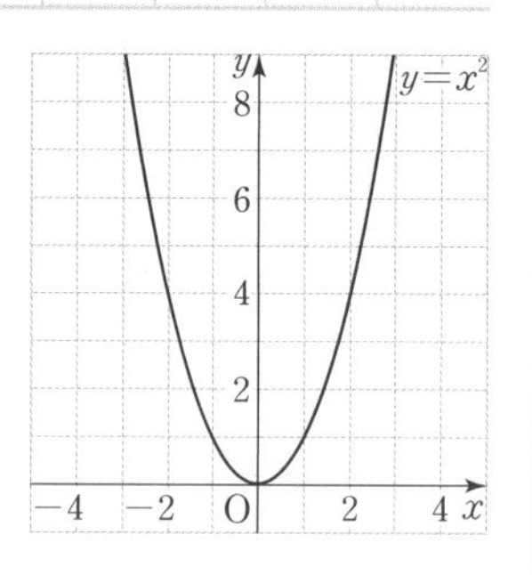

02 $y=\frac{1}{2}x^2$

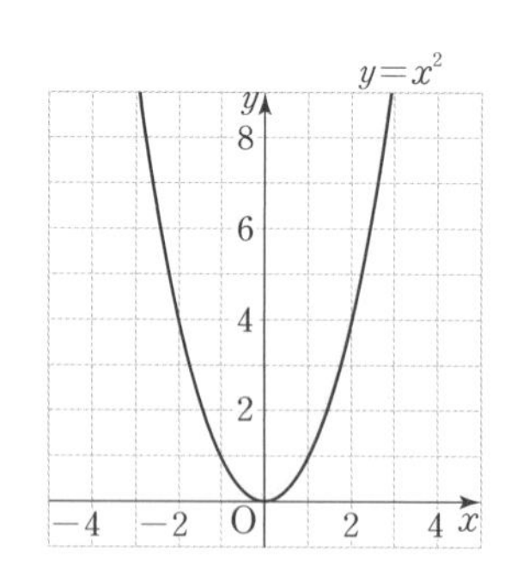

이차함수 $y=-x^2$의 그래프를 이용하여 다음 이차함수의 그래프를 좌표평면 위에 그리시오.

03 $y=-\frac{1}{3}x^2$

따라해

x	$\cdots$	-3	-2	-1	0	1	2	3	$\cdots$
$-x^2$	$\cdots$								$\cdots$
$-\frac{1}{3}x^2$	$\cdots$								$\cdots$

이차함수 $y=-\frac{1}{3}x^2$의 그래프는 이차함수 $y=-x^2$의 그래프의 각 점에 대하여 y좌표를 □배로 하는 점을 잡아 그린 것과 같다.

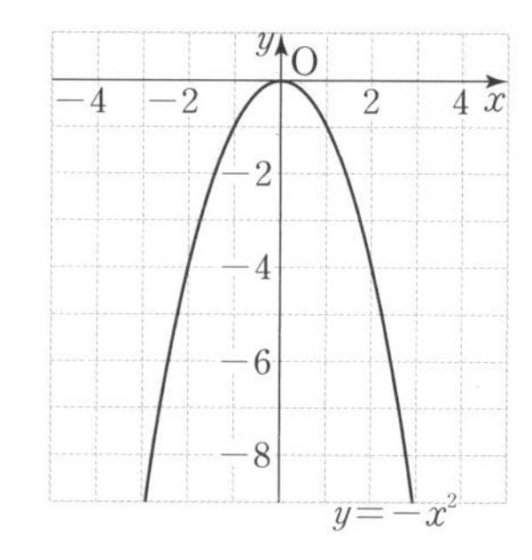

04 $y=-2x^2$

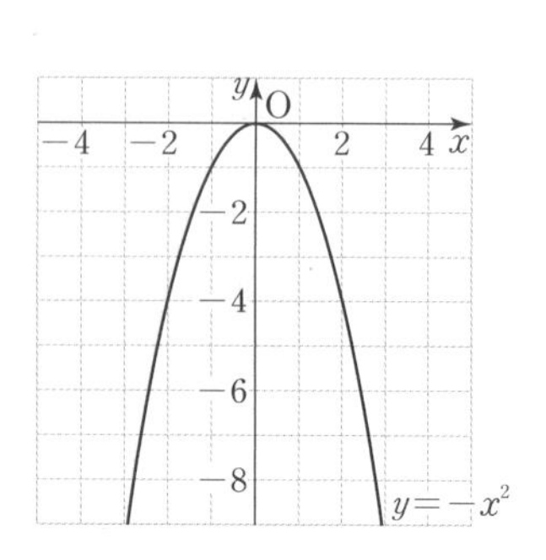

▶ 정답 및 풀이 51쪽

이차함수 $y=ax^2$의 그래프의 성질

(1) **포물선** : 이차함수 $y=x^2$, $y=-x^2$의 그래프와 같은 모양의 곡선
① **축** : 포물선은 선대칭도형으로 그 대칭축을 포물선의 축이라 한다.
② **꼭짓점** : 포물선과 축의 교점

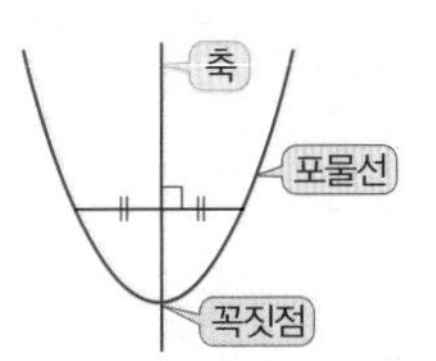

(2) 이차함수 $y=ax^2$의 그래프의 성질

$a>0$

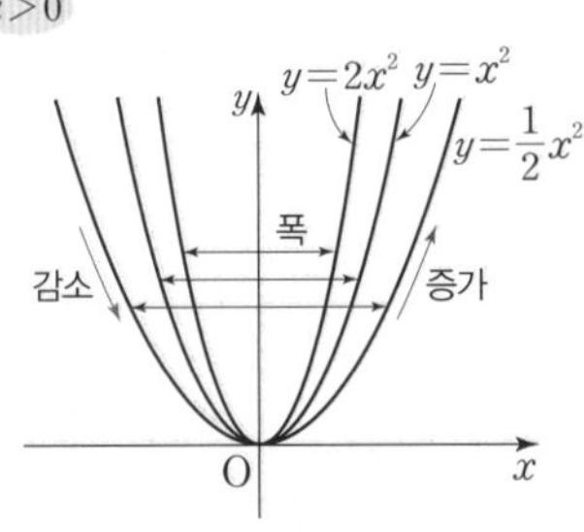

$a<0$

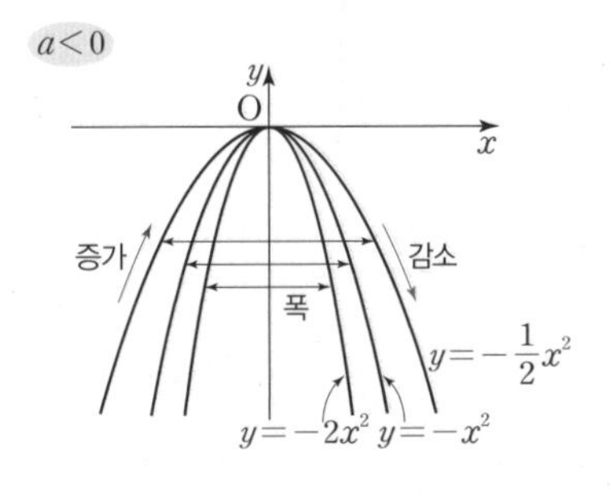

POINT
이차함수 $y=ax^2$의 그래프
a의 부호 → 그래프의 모양 결정
a의 절댓값 → 그래프의 폭 결정

① 꼭짓점의 좌표는 $(0, 0)$이다.
② y축을 축으로 하는 포물선이다. → 축의 방정식 : $x=0$
③ $a>0$이면 아래로 볼록하고, $a<0$이면 위로 볼록하다.
④ a의 절댓값이 클수록 그래프의 폭이 좁아진다. → 그래프가 y축에 가까울수록 그래프의 폭이 좁다.
⑤ $y=ax^2$의 그래프와 $y=-ax^2$의 그래프는 x축에 대하여 서로 대칭이다.

이차함수 $y=\frac{1}{3}x^2$의 그래프에 대하여 다음 □ 안에 알맞은 것을 써넣으시오.

01 □로 볼록한 포물선이다.

02 꼭짓점의 좌표는 (□, □)이다.

03 축의 방정식은 □이다.

04 $x>0$일 때, x의 값이 증가하면 y의 값은 □한다.

05 이차함수 $y=$□의 그래프와 x축에 대하여 서로 대칭이다.

06 점 (6, □)를 지난다.

이차함수의 그래프가 점 (a, b)를 지난다.
→ 이차함수의 식에 $x=a$, $y=b$를 대입하면 등식이 성립한다.

이차함수 $y=-\frac{3}{2}x^2$의 그래프에 대하여 다음 □ 안에 알맞은 것을 써넣으시오.

07 □로 볼록한 포물선이다.

08 꼭짓점의 좌표는 (□, □)이다.

09 축의 방정식은 □이다.

10 $x>0$일 때, x의 값이 증가하면 y의 값은 □한다.

11 이차함수 $y=$□의 그래프와 x축에 대하여 서로 대칭이다.

12 점 (−2, □)을 지난다.

다음 조건을 만족시키는 이차함수의 그래프를 보기에서 모두 고르시오.

보기

ㄱ. $y=x^2$　　ㄴ. $y=\frac{1}{8}x^2$　　ㄷ. $y=-5x^2$

ㄹ. $y=-\frac{3}{2}x^2$　　ㅁ. $y=-2x^2$　　ㅂ. $y=\frac{3}{2}x^2$

13 아래로 볼록한 그래프

14 위로 볼록한 그래프

15 폭이 가장 좁은 그래프

16 $x<0$일 때, x의 값이 증가하면 y의 값은 감소하는 그래프

17 x축에 대하여 서로 대칭인 그래프

18 다음 이차함수의 그래프로 알맞은 것을 오른쪽 그림의 ㉠~㉣ 중에서 찾으시오.

(1) $y=\frac{1}{3}x^2$

(2) $y=-3x^2$

(3) $y=4x^2$

(4) $y=-\frac{3}{4}x^2$

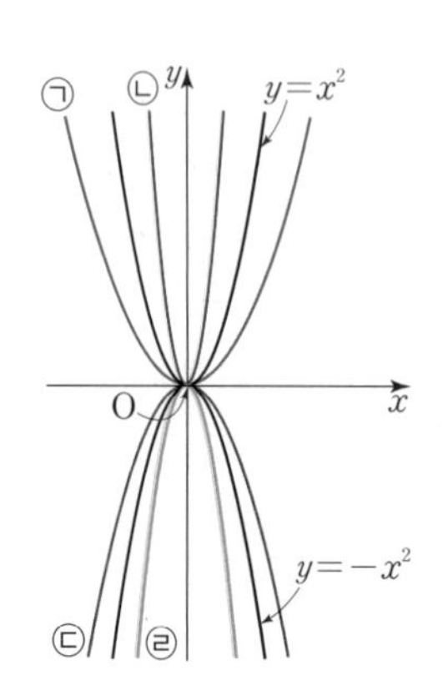

이차함수 $y=ax^2$의 그래프가 지나는 점

이차함수 $y=ax^2$의 그래프가 다음 점을 지날 때, 상수 a의 값을 구하시오.

19 $(-2,\ 8)$

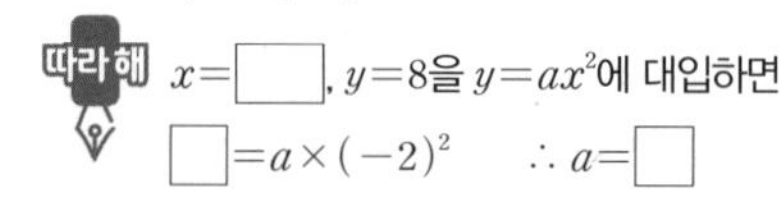
따라해 $x=$□, $y=8$을 $y=ax^2$에 대입하면

□$=a\times(-2)^2$　　$\therefore a=$□

20 $(1,\ 3)$

21 $(2,\ -4)$

22 $(-5,\ -5)$

23 $\left(\frac{1}{2},\ -\frac{3}{2}\right)$

이차함수 $y=ax^2$의 그래프가 다음 점을 지날 때, a, b의 값을 각각 구하시오. (단, a는 상수)

24 $(-1,\ 2)$, $(2,\ b)$

25 $(3,\ 3)$, $(-1,\ b)$

▶ 정답 및 풀이 51쪽

[01 ~ 06] 다음 중 y가 x에 대한 이차함수인 것에는 ○표, 이차함수가 아닌 것에는 ×표를 하시오.

01 $y=3x+2$ ( )

02 $y=x(x+1)$ ( )

03 $y=-\frac{1}{2}x^2$ ( )

04 $y=\frac{4}{x^2}+5$ ( )

05 $y=(2x-1)^2-4x^2$ ( )

06 $y=(x-1)(x+2)$ ( )

[07 ~ 10] 이차함수 $f(x)=x^2+x-1$에 대하여 다음을 구하시오.

07 $f(1)$

08 $f\left(-\frac{1}{2}\right)$

09 $f(3)-f(2)$

10 $2f(-1)+f(0)$

[11 ~ 13] 다음 조건을 만족시키는 이차함수의 그래프를 보기에서 모두 고르시오.

보기

ㄱ. $y=x^2$　ㄴ. $y=-4x^2$　ㄷ. $y=-x^2$

ㄹ. $y=3x^2$　ㅁ. $y=-5x^2$　ㅂ. $y=\frac{1}{3}x^2$

11 아래로 볼록한 그래프

12 폭이 가장 넓은 그래프

13 x축에 대하여 서로 대칭인 그래프

[14 ~ 16] 이차함수 $y=ax^2$의 그래프가 다음 점을 지날 때, 상수 a의 값을 구하시오.

14 $(-2, 12)$

15 $(-3, -1)$

16 $\left(1, -\frac{1}{2}\right)$

[17 ~ 18] 이차함수 $y=ax^2$의 그래프가 다음 점을 지날 때, a, b의 값을 각각 구하시오. (단, a는 상수)

17 $(2, -8)$, $(-3, b)$

18 $\left(-1, \frac{1}{3}\right)$, $(6, b)$

맞힌 개수　개/18개

▶ 정답 및 풀이 52쪽

이차함수 $y=ax^2+q$의 그래프

$y=3x^2$의 그래프
꼭짓점의 좌표 : $(0,\ 0)$
축의 방정식 : $x=0$ (y축)

$\xrightarrow{y\text{축의 방향으로 }1\text{만큼 평행이동}}$

$y=3x^2+1$의 그래프 (x^2의 계수는 변하지 않는다.)
꼭짓점의 좌표 : $(0,\ 1)$
축의 방정식 : $x=0$ (변하지 않는다.)

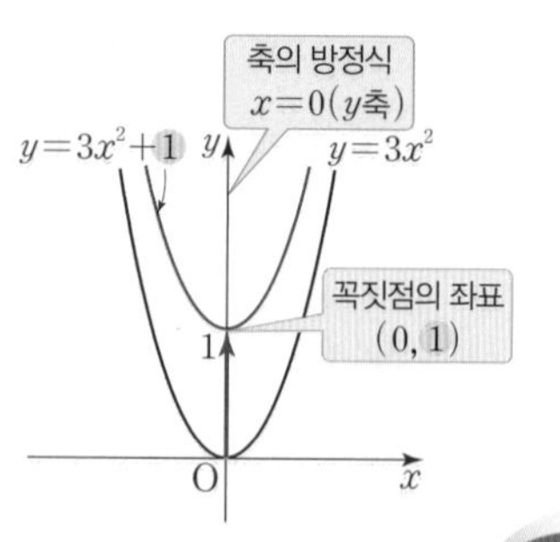

$y=ax^2 \xrightarrow[q\text{만큼 평행이동}]{y\text{축의 방향으로}} y=ax^2+q$ ➜ 꼭짓점의 좌표 : $(0,\ q)$, 축의 방정식 : $x=0$

실수 Check 그래프를 평행이동하여도 모양과 폭은 변하지 않는다.

다음 이차함수의 그래프를 y축의 방향으로 [ ] 안의 수만큼 평행이동한 그래프가 나타내는 이차함수의 식을 구하시오.

01 $y=-2x^2$ $[3]$

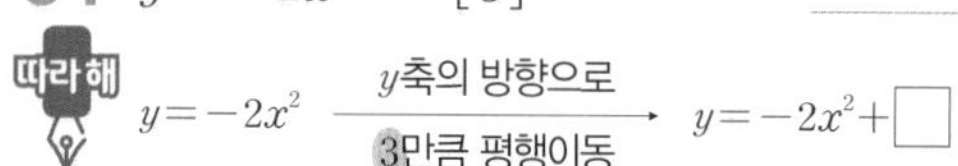

02 $y=x^2$ $[1]$

03 $y=-x^2$ $\left[\frac{1}{2}\right]$

04 $y=-3x^2$ $[-2]$

05 $y=\frac{1}{2}x^2$ $[-1]$

06 $y=-\frac{1}{3}x^2$ $[4]$

07 $y=-\frac{2}{5}x^2$ $\left[\frac{1}{3}\right]$

08 $y=\frac{3}{2}x^2$ $\left[-\frac{1}{2}\right]$

다음 이차함수의 그래프는 이차함수 $y=\frac{1}{2}x^2$의 그래프를 y축의 방향으로 얼마만큼 평행이동한 것인지 구하시오.

09 $y=\frac{1}{2}x^2+2$

10 $y=\frac{1}{2}x^2-3$

11 $y=\frac{1}{2}x^2+\frac{2}{3}$

12 $y=\frac{1}{2}x^2-\frac{5}{2}$

이차함수 $y=ax^2+q$의 그래프 그리기

 다음 이차함수의 그래프를 좌표평면 위에 그리시오.

13 $y=\frac{1}{2}x^2+3$

따라해

이차함수 $y=\frac{1}{2}x^2+3$의 그래프는 이차함수 $y=\frac{1}{2}x^2$의 그래프를 y축의 방향으로 □만큼 평행이동한 것이다.

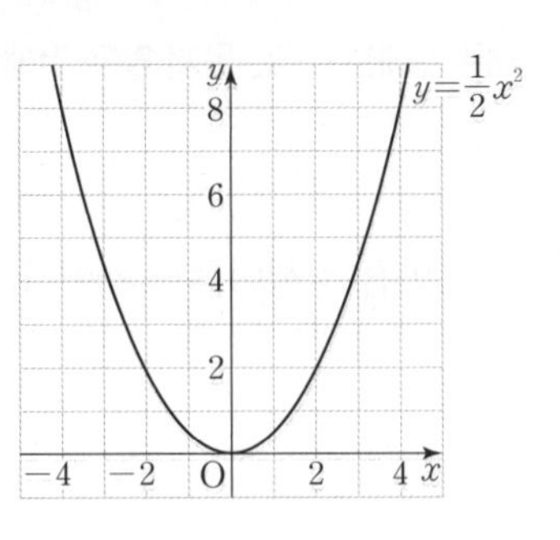

14 $y=2x^2-4$

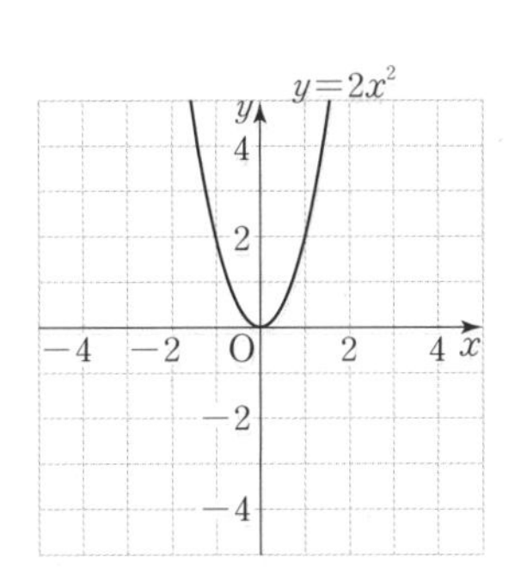

15 $y=-x^2+4$

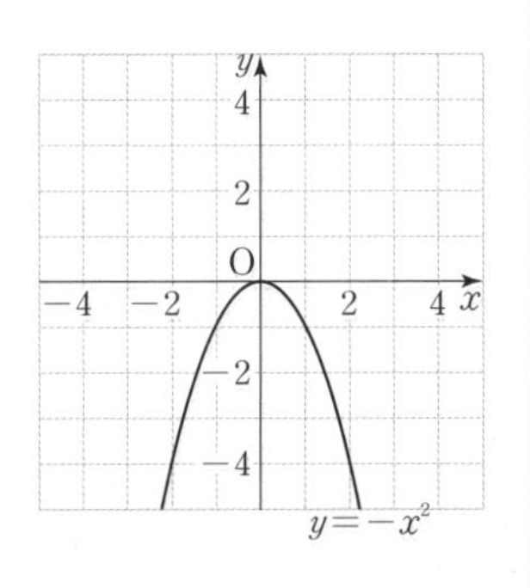

다음 이차함수의 그래프를 좌표평면 위에 그리고, 꼭짓점의 좌표와 축의 방정식을 각각 구하시오.

16 $y=x^2+2$

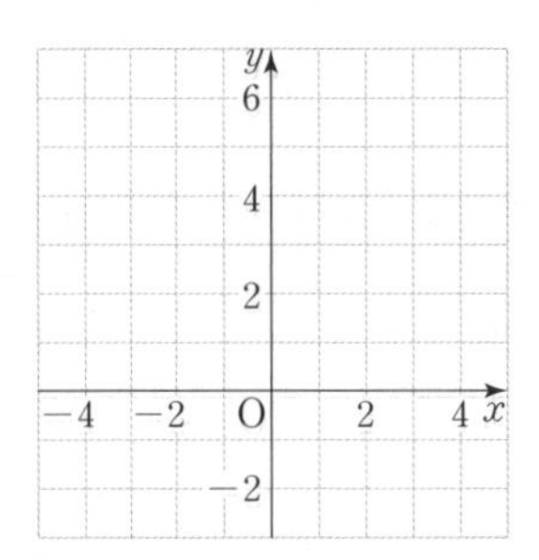

❶ 꼭짓점의 좌표 : ________

❷ 축의 방정식 : ________

17 $y=-\frac{1}{2}x^2+3$

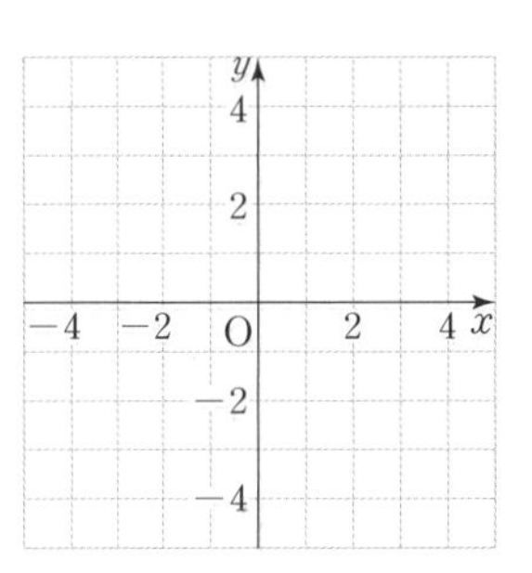

❶ 꼭짓점의 좌표 : ________

❷ 축의 방정식 : ________

18 $y=-2x^2-1$

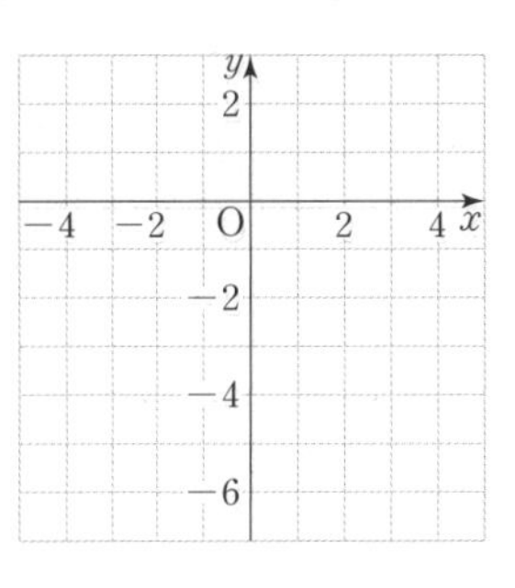

❶ 꼭짓점의 좌표 : ________

❷ 축의 방정식 : ________

이차함수 $y=ax^2+q$의 그래프의 꼭짓점과 축

다음 이차함수의 그래프의 꼭짓점의 좌표와 축의 방정식을 차례대로 구하시오.

19 $y=x^2-2$

20 $y=5x^2+7$

21 $y=-2x^2+3$

22 $y=4x^2-\frac{1}{4}$

23 $y=-3x^2-\frac{1}{2}$

24 $y=-5x^2+\frac{1}{3}$

25 $y=\frac{1}{2}x^2+1$

26 $y=-\frac{1}{3}x^2+\frac{1}{2}$

이차함수 $y=ax^2+q$의 그래프의 성질

다음 중 이차함수 $y=\frac{1}{2}x^2-1$의 그래프에 대한 설명으로 옳은 것에는 ○표, 옳지 않은 것에는 ×표를 하시오.

27 이차함수 $y=\frac{1}{2}x^2$의 그래프를 y축의 방향으로 -1만큼 평행이동한 것이다. (　　)

28 꼭짓점의 좌표는 $(0, 1)$이고, 축의 방정식은 $x=0$이다. (　　)

29 아래로 볼록한 포물선이다. (　　)

30 $x>0$일 때, x의 값이 증가하면 y의 값은 감소한다. (　　)

31 점 $(-2, 1)$을 지난다. (　　)

이차함수 $y=ax^2+q$의 그래프가 지나는 점

다음 이차함수의 그래프가 주어진 점을 지날 때, 상수 k의 값을 구하시오.

32 $y=2x^2+3$, $(-1, k)$

따라해 $x=\square$, $y=k$를 $y=2x^2+3$에 대입하면
$k=2\times(\square)^2+3=\square$

33 $y=-\frac{1}{2}x^2-1$, $(2, k)$

34 $y=3x^2+k$, $(1, 0)$

35 $y=kx^2-4$, $\left(\frac{1}{2}, -1\right)$

이차함수 $y=a(x-p)^2$의 그래프

$y=3x^2$의 그래프		$y=3(x-1)^2$의 그래프
꼭짓점의 좌표 : $(0,\ 0)$	x축의 방향으로 1만큼 평행이동 →	꼭짓점의 좌표 : $(1,\ 0)$
축의 방정식 : $x=0$		축의 방정식 : $x=1$

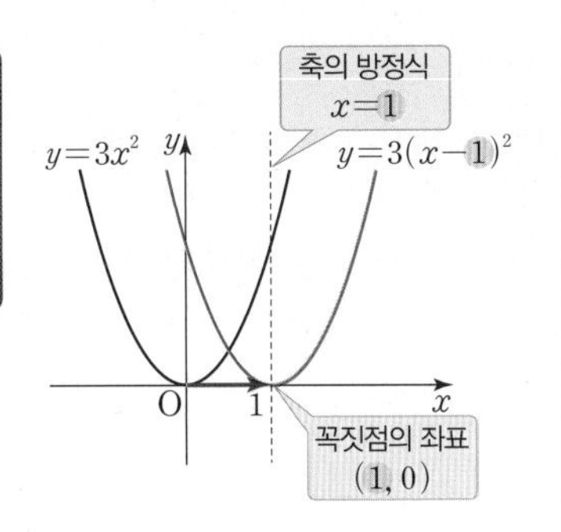

참고 이차함수 $y=a(x-p)^2$의 그래프에서 증가 또는 감소하는 범위는 축 $x=p$를 기준으로 나뉜다.

$y=ax^2$ $\xrightarrow[p\text{만큼 평행이동}]{x\text{축의 방향으로}}$ $y=a(x-p)^2$ ➔ 꼭짓점의 좌표 : $(p,\ 0)$, 축의 방정식 : $x=p$

다음 이차함수의 그래프를 x축의 방향으로 [ ] 안의 수만큼 평행이동한 그래프가 나타내는 이차함수의 식을 구하시오.

01 $y=x^2$ [2] ______

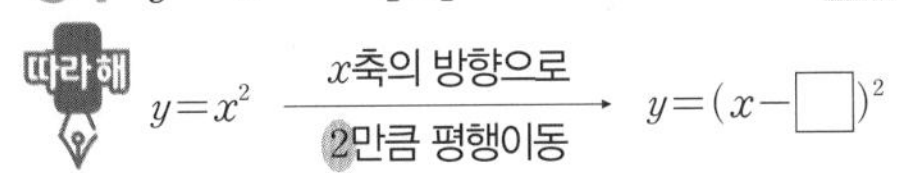

02 $y=\frac{1}{2}x^2$ [5] ______

03 $y=4x^2$ $\left[\frac{1}{2}\right]$ ______

04 $y=-2x^2$ $\left[\frac{2}{3}\right]$ ______

05 $y=2x^2$ [-2] ______

따라해 $y=2x^2$ $\xrightarrow[-2\text{만큼 평행이동}]{x\text{축의 방향으로}}$ $y=2\{x-(\square)\}^2$
$=2(x+\square)^2$

06 $y=-x^2$ $\left[-\frac{1}{2}\right]$ ______

07 $y=\frac{2}{3}x^2$ [-1] ______

08 $y=-\frac{1}{2}x^2$ $\left[-\frac{3}{2}\right]$ ______

다음 이차함수의 그래프는 이차함수 $y=-5x^2$의 그래프를 x축의 방향으로 얼마만큼 평행이동한 것인지 구하시오.

09 $y=-5(x-4)^2$ ______

10 $y=-5(x+3)^2$ ______

11 $y=-5\left(x-\frac{2}{5}\right)^2$ ______

12 $y=-5\left(x+\frac{1}{2}\right)^2$ ______

이차함수 $y=a(x-p)^2$의 그래프 그리기

다음 이차함수의 그래프를 좌표평면 위에 그리시오.

13 $y=(x-2)^2$

따라해 이차함수 $y=(x-2)^2$의 그래프는 이차함수 $y=x^2$의 그래프를 x축의 방향으로 □만큼 평행이동한 것이다.

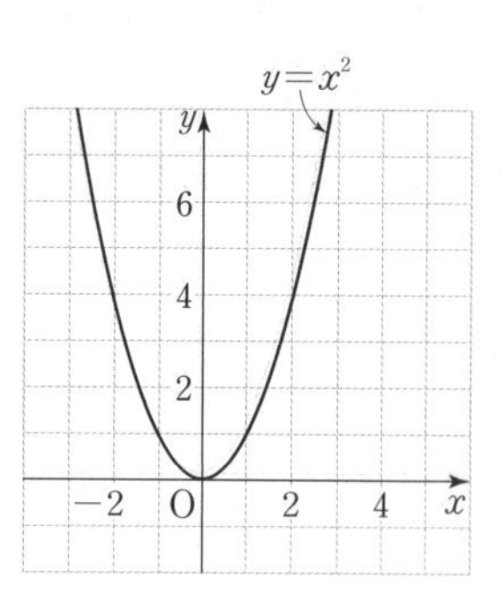

14 $y=2(x+1)^2$

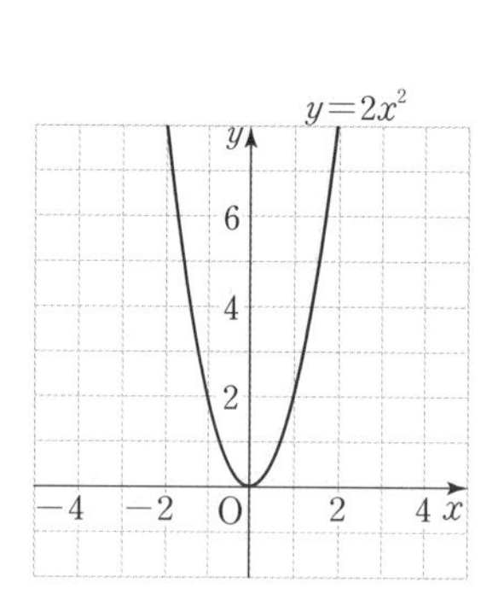

15 $y=-\frac{1}{2}(x-2)^2$

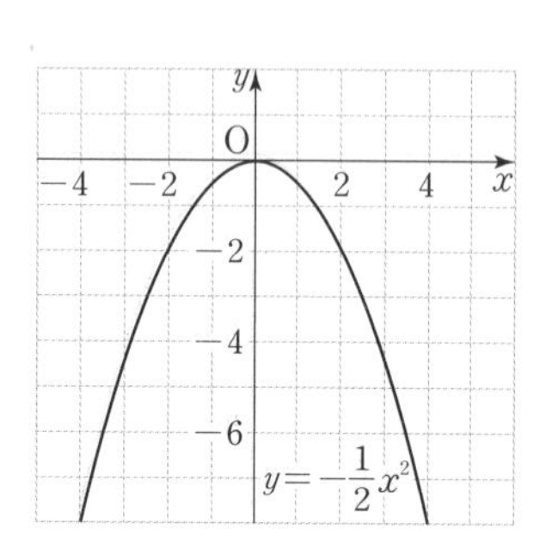

다음 이차함수의 그래프를 좌표평면 위에 그리고, 꼭짓점의 좌표와 축의 방정식을 각각 구하시오.

16 $y=-(x-1)^2$

❶ 꼭짓점의 좌표 : ____________

❷ 축의 방정식 : ____________

17 $y=\frac{1}{4}(x+2)^2$

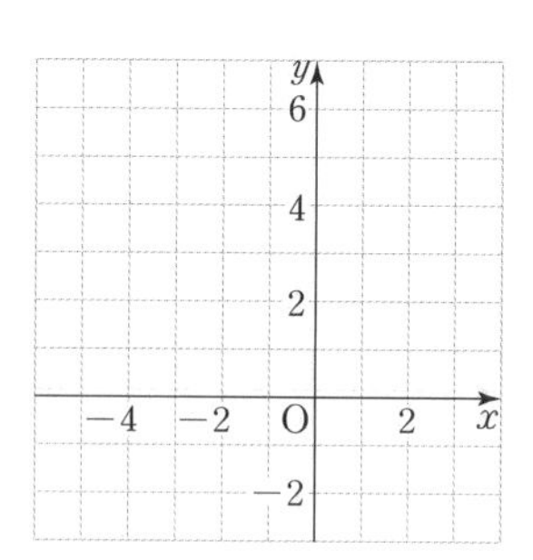

❶ 꼭짓점의 좌표 : ____________

❷ 축의 방정식 : ____________

18 $y=-2(x-3)^2$

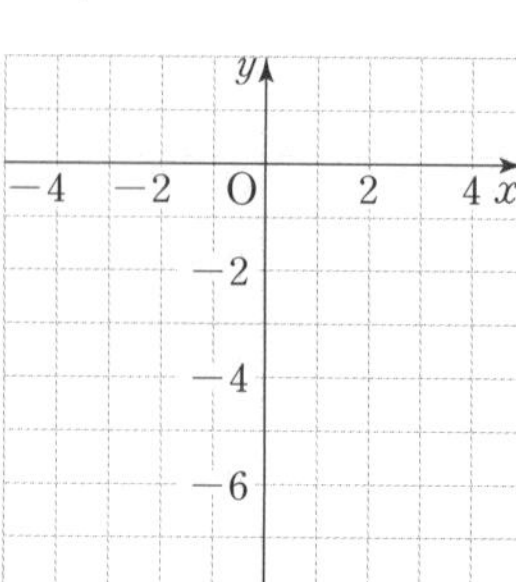

❶ 꼭짓점의 좌표 : ____________

❷ 축의 방정식 : ____________

이차함수 $y=a(x-p)^2$의 그래프의 꼭짓점과 축

다음 이차함수의 그래프의 꼭짓점의 좌표와 축의 방정식을 차례대로 구하시오.

19 $y=2(x-1)^2$ ______

따라해 이차함수 $y=2(x-1)^2$의 그래프는 이차함수 $y=2x^2$의 그래프를 x축의 방향으로 □만큼 평행이동한 것이다.
따라서 꼭짓점의 좌표는 (□, 0)이고, 축의 방정식은 □이다.

20 $y=\frac{5}{2}(x-4)^2$ ______

21 $y=-5(x-2)^2$ ______

22 $y=-3\left(x-\frac{1}{3}\right)^2$ ______

23 $y=2(x+5)^2$ ______

24 $y=-3(x+4)^2$ ______

25 $y=\frac{1}{2}(x+1)^2$ ______

26 $y=-\frac{2}{3}\left(x+\frac{3}{2}\right)^2$ ______

이차함수 $y=a(x-p)^2$의 그래프의 성질

다음 중 이차함수 $y=-3(x+2)^2$의 그래프에 대한 설명으로 옳은 것에는 ○표, 옳지 않은 것에는 ×표를 하시오.

27 꼭짓점의 좌표는 $(-2, 0)$이다. (　　)

28 축의 방정식은 $x=2$이다. (　　)

29 $x<-2$일 때, x의 값이 증가하면 y의 값은 감소한다. (　　)

30 제3, 4사분면을 지난다. (　　)

31 점 $(-3, 3)$을 지난다. (　　)

이차함수 $y=a(x-p)^2$의 그래프가 지나는 점

다음 이차함수의 그래프가 주어진 점을 지날 때, 상수 k의 값을 구하시오.

32 $y=5(x-1)^2$, $(2, k)$ ______

따라해 $x=$□, $y=k$를 $y=5(x-1)^2$에 대입하면
$k=5\times($□$-1)^2=$□

33 $y=-2(x+3)^2$, $(-1, k)$ ______

34 $y=k(x-2)^2$, $\left(1, -\frac{1}{2}\right)$ ______

35 $y=(x+k)^2$, $(1, 4)$ ______

따라해 $x=1$, $y=$□를 $y=(x+k)^2$에 대입하면
□$=(1+k)^2$, $1+k=\pm$□　$\therefore k=$□ 또는 $k=1$

▶ 정답 및 풀이 53쪽

이차함수 $y=a(x-p)^2+q$의 그래프

$y=3x^2$의 그래프
꼭짓점의 좌표 : $(0, 0)$
축의 방정식 : $x=0$

x축의 방향으로 1만큼
y축의 방향으로 2만큼 평행이동
→

$y=3(x-1)^2+2$의 그래프
꼭짓점의 좌표 : $(1, 2)$
축의 방정식 : $x=1$

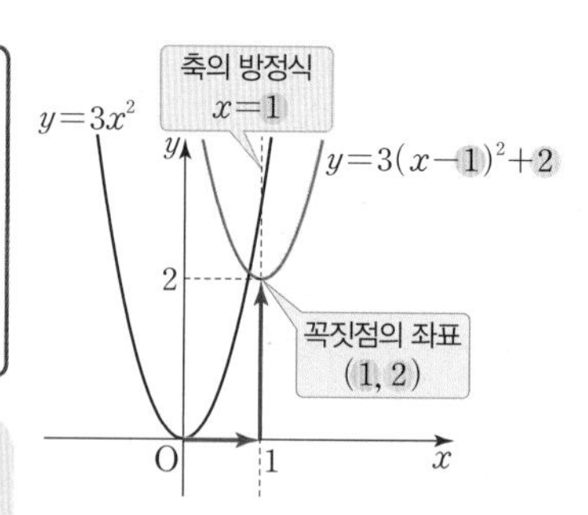

$y=ax^2$ $\xrightarrow[y\text{축의 방향으로 } q\text{만큼 평행이동}]{x\text{축의 방향으로 } p\text{만큼,}}$ $y=a(x-p)^2+q$ → 꼭짓점의 좌표 : (p, q)
축의 방정식 : $x=p$

다음 이차함수의 그래프를 x축의 방향으로 p만큼, y축의 방향으로 q만큼 평행이동한 그래프가 나타내는 이차함수의 식을 구하시오.

01 $y=x^2$ $[p=3,\ q=5]$ ________

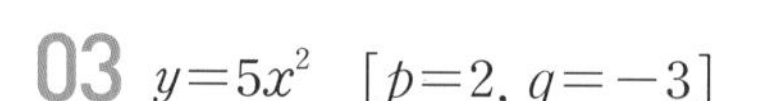

02 $y=\frac{1}{3}x^2$ $[p=-1,\ q=2]$ ________

03 $y=5x^2$ $[p=2,\ q=-3]$ ________

04 $y=2x^2$ $[p=-4,\ q=-1]$ ________

05 $y=-4x^2$ $[p=1,\ q=3]$ ________

06 $y=-\frac{1}{2}x^2$ $[p=-5,\ q=2]$ ________

07 $y=-6x^2$ $[p=4,\ q=-1]$ ________

08 $y=-3x^2$ $\left[p=-3,\ q=-\frac{1}{2}\right]$ ________

다음 이차함수의 그래프가 이차함수 $y=4x^2$의 그래프를 x축의 방향으로 p만큼, y축의 방향으로 q만큼 평행이동한 것일 때, p, q의 값을 각각 구하시오.

09 $y=4(x-1)^2+3$ ________

10 $y=4(x-2)^2-5$ ________

11 $y=4(x+5)^2+4$ ________

12 $y=4(x+3)^2-1$ ________

이차함수 $y=a(x-p)^2+q$의 그래프 그리기

다음 이차함수의 그래프를 좌표평면 위에 그리시오.

13 $y=(x-2)^2+3$

따라해 이차함수 $y=(x-2)^2+3$의 그래프는 이차함수 $y=x^2$의 그래프를 x축의 방향으로 □만큼, y축의 방향으로 □만큼 평행이동한 것이다.

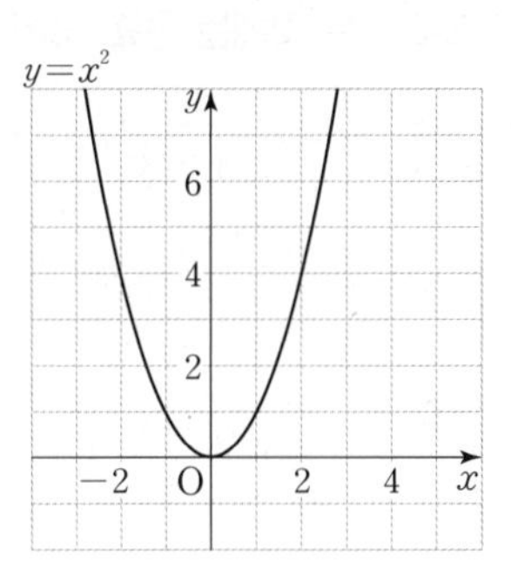

14 $y=2(x-1)^2-2$

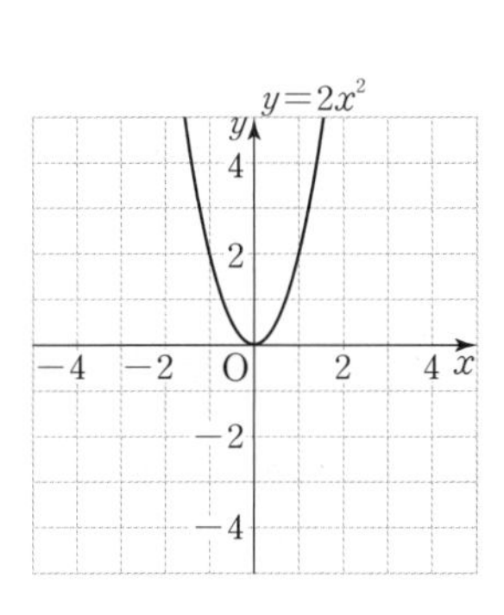

15 $y=-\frac{1}{2}(x+2)^2+1$

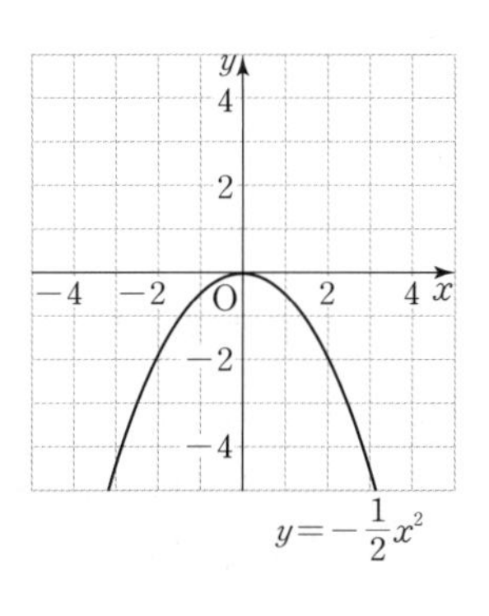

다음 이차함수의 그래프를 좌표평면 위에 그리고, 꼭짓점의 좌표와 축의 방정식을 각각 구하시오.

16 $y=-(x-1)^2+1$

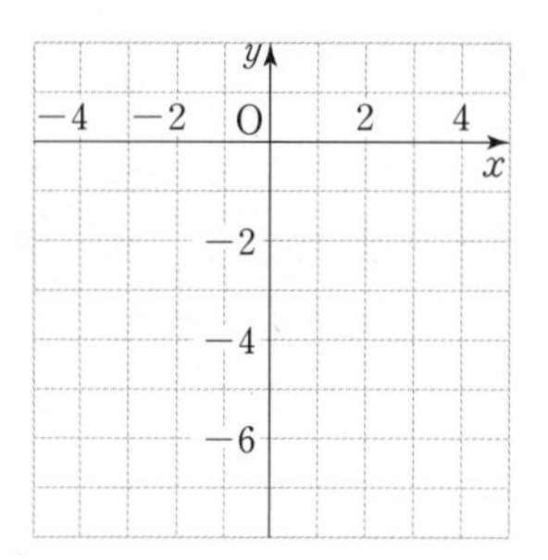

❶ 꼭짓점의 좌표 : ______________

❷ 축의 방정식 : ______________

17 $y=\frac{1}{4}(x+2)^2+2$

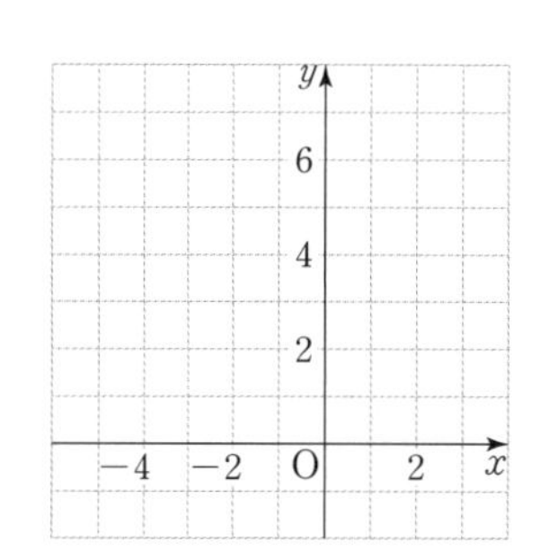

❶ 꼭짓점의 좌표 : ______________

❷ 축의 방정식 : ______________

18 $y=-2(x+1)^2-3$

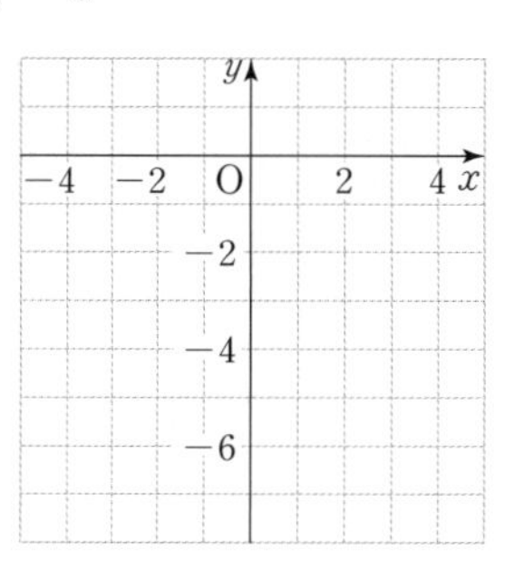

❶ 꼭짓점의 좌표 : ______________

❷ 축의 방정식 : ______________

이차함수 $y=a(x-p)^2+q$의 그래프의 꼭짓점과 축

다음 이차함수의 그래프의 꼭짓점의 좌표와 축의 방정식을 차례대로 구하시오.

19 $y=(x-2)^2+1$ ________

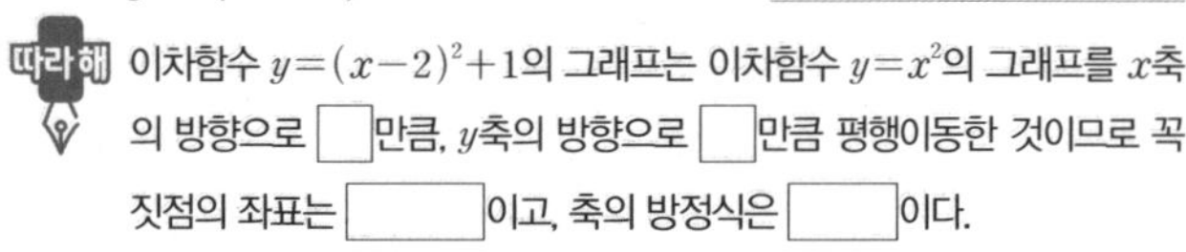
따라해 이차함수 $y=(x-2)^2+1$의 그래프는 이차함수 $y=x^2$의 그래프를 x축의 방향으로 □만큼, y축의 방향으로 □만큼 평행이동한 것이므로 꼭짓점의 좌표는 □이고, 축의 방정식은 □이다.

20 $y=5(x+3)^2-2$ ________

21 $y=-(x+1)^2+\frac{3}{2}$ ________

22 $y=3(x-2)^2-4$ ________

23 $y=-2\left(x+\frac{1}{2}\right)^2-1$ ________

24 $y=-\frac{1}{3}(x-5)^2-3$ ________

25 $y=\frac{5}{6}(x-4)^2+\frac{1}{2}$ ________

26 $y=-\frac{4}{7}\left(x+\frac{2}{3}\right)^2+6$ ________

이차함수 $y=a(x-p)^2+q$의 그래프의 성질

다음 중 이차함수 $y=2(x-3)^2+1$의 그래프에 대한 설명으로 옳은 것에는 ○표, 옳지 않은 것에는 ×표를 하시오.

27 꼭짓점의 좌표는 $(-3, 1)$이다. (　　)

28 축의 방정식은 $x=-3$이다. (　　)

29 $x<3$일 때, x의 값이 증가하면 y의 값은 감소한다. (　　)

30 제3사분면을 지나지 않는다. (　　)

31 점 $(2, -3)$을 지난다. (　　)

이차함수 $y=a(x-p)^2+q$의 그래프가 지나는 점

다음 이차함수의 그래프가 주어진 점을 지날 때, 상수 k의 값을 구하시오.

32 $y=2(x-1)^2+1$, $(-1, k)$ ________

따라해 $x=$□, $y=k$를 $y=2(x-1)^2+1$에 대입하면
$k=2\times($□$-1)^2+1=$□

33 $y=-\frac{1}{3}(x+2)^2-4$, $(1, k)$ ________

34 $y=k(x-3)^2-3$, $(4, -1)$ ________

35 $y=(x+k)^2+2$, $(2, 6)$ ________

따라해 $x=2$, $y=$□을 $y=(x+k)^2+2$에 대입하면
□$=(2+k)^2+2$, $(2+k)^2=$□, $2+k=\pm$□
$\therefore k=$□ 또는 $k=0$

▶ 정답 및 풀이 54쪽

[01 ~ 02] 다음 이차함수의 그래프를 y축의 방향으로 [ ] 안의 수만큼 평행이동한 그래프가 나타내는 이차함수의 식과 꼭짓점의 좌표를 차례대로 구하시오.

01 $y=\frac{1}{5}x^2$ [-6]

02 $y=-3x^2$ [4]

[03 ~ 05] 다음 중 이차함수 $y=2x^2-3$의 그래프에 대한 설명으로 옳은 것에는 ○표, 옳지 않은 것에는 ×표를 하시오.

03 이차함수 $y=2x^2$의 그래프를 y축의 방향으로 -3만큼 평행이동한 것이다. ( )

04 축의 방정식은 $y=0$이다. ( )

05 아래로 볼록한 포물선이다. ( )

[06 ~ 07] 다음 이차함수의 그래프를 x축의 방향으로 [ ] 안의 수만큼 평행이동한 그래프가 나타내는 이차함수의 식과 축의 방정식을 차례대로 구하시오.

06 $y=3x^2$ [3]

07 $y=-\frac{5}{6}x^2$ $\left[-\frac{2}{3}\right]$

[08 ~ 10] 다음 중 이차함수 $y=-(x+4)^2$의 그래프에 대한 설명으로 옳은 것에는 ○표, 옳지 않은 것에는 ×표를 하시오.

08 꼭짓점의 좌표는 $(0, -4)$이다. ( )

09 축의 방정식은 $x=-4$이다. ( )

10 점 $(-2, -4)$를 지난다. ( )

[11 ~ 12] 다음 이차함수의 그래프를 x축의 방향으로 p만큼, y축의 방향으로 q만큼 평행이동한 그래프가 나타내는 이차함수의 식과 꼭짓점의 좌표를 차례대로 구하시오.

11 $y=\frac{2}{5}x^2$ [$p=1, q=2$]

12 $y=-2x^2$ [$p=-2, q=-3$]

[13 ~ 15] 다음 중 이차함수 $y=-3(x-4)^2+2$의 그래프에 대한 설명으로 옳은 것에는 ○표, 옳지 않은 것에는 ×표를 하시오.

13 이차함수 $y=-3x^2$의 그래프를 x축의 방향으로 -4만큼, y축의 방향으로 2만큼 평행이동한 것이다. ( )

14 $x<4$일 때, x의 값이 증가하면 y의 값도 증가한다. ( )

15 제3사분면을 지난다. ( )

[16 ~ 17] 다음 이차함수의 그래프가 주어진 점을 지날 때, 상수 k의 값을 구하시오.

16 $y=-2x^2+5$, $(2, k)$

17 $y=k(x-4)^2$, $(6, 6)$

18 이차함수 $y=3x^2$의 그래프를 x축의 방향으로 2만큼, y축의 방향으로 -1만큼 평행이동하면 점 $(4, k)$를 지날 때, k의 값을 구하시오.

맞힌 개수 개/18개

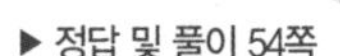
▶ 정답 및 풀이 54쪽

01 80% 출제율

다음 중 y가 x에 대한 이차함수인 것은?

① 한 변의 길이가 x cm인 정사각형의 넓이 y cm^2
② 둘레의 길이가 x cm인 정삼각형의 한 변의 길이 y cm
③ 시속 80 km로 달리는 자동차가 x시간 동안 달린 거리 y km
④ 한 모서리의 길이가 x cm인 정육면체의 부피 y cm^3
⑤ 한 자루에 500원인 볼펜을 x자루 샀을 때, 지불해야 하는 금액 y원

02

이차함수 $f(x)=x^2+2x-1$에 대하여 $f(1)-f(0)$의 값은?

① -1　② 0　③ 1
④ 2　⑤ 3

03

다음 중 이차함수 $y=-\frac{1}{4}x^2$의 그래프에 대한 설명으로 옳지 않은 것은?

① 위로 볼록한 포물선이다.
② 제1, 2사분면을 지난다.
③ y축에 대칭이다.
④ 꼭짓점의 좌표는 $(0, 0)$이다.
⑤ 이차함수 $y=\frac{1}{4}x^2$의 그래프와 x축에 대하여 서로 대칭이다.

04 실수 주의

이차함수 $y=ax^2$의 그래프를 y축의 방향으로 5만큼 평행이동하면 점 $(3, 11)$을 지날 때, 상수 a의 값은?

① $\frac{1}{3}$　② $\frac{2}{3}$　③ $\frac{5}{3}$
④ $\frac{8}{3}$　⑤ $\frac{11}{3}$

05

이차함수 $y=3(x+5)^2-2$의 그래프에서 x의 값이 증가할 때 y의 값도 증가하는 x의 값의 범위는?

① $x<-8$　② $x>-8$　③ $x<-5$
④ $x>-5$　⑤ $x<2$

06 서술형

이차함수 $y=-5(x-1)^2$의 그래프의 꼭짓점의 좌표를 (a, b), 축의 방정식을 $x=c$라 할 때, $a+b+c$의 값을 구하시오.

채점 기준 1 꼭짓점의 좌표 구하기

채점 기준 2 축의 방정식 구하기

채점 기준 3 $a+b+c$의 값 구하기

III-2 이차함수 $y=ax^2+bx+c$의 그래프

01 이차함수 $y=ax^2+bx+c$의 그래프

이차함수 $\underline{y=ax^2+bx+c}$의 그래프는 $\underline{y=a(x-p)^2+q}$의 꼴로 고쳐서 그릴 수 있다.
(일반형) (표준형)

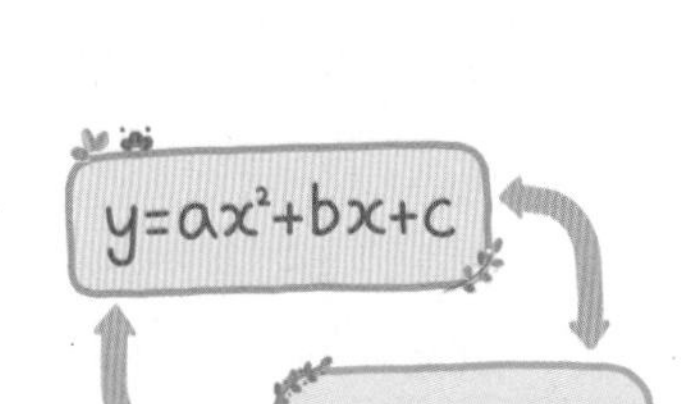

$$y=ax^2+bx+c \rightarrow y=a\left(x+\frac{b}{2a}\right)^2-\frac{b^2-4ac}{4a}$$

(1) 꼭짓점의 좌표 : $\left(-\frac{b}{2a}, -\frac{b^2-4ac}{4a}\right)$

(2) 축의 방정식 : $x=-\frac{b}{2a}$ ← 꼭짓점의 x좌표와 같다.

(3) y축과의 교점의 좌표 : $(0, c)$
→ $x=0$일 때의 y의 값

02 이차함수 $y=ax^2+bx+c$의 그래프에서 a, b, c의 부호

(1) a의 부호 : 그래프의 모양으로 결정
① 아래로 볼록(∪)하면 $a>0$
② 위로 볼록(∩)하면 $a<0$

(2) b의 부호 : 축의 위치로 결정
① 축이 y축의 왼쪽에 위치 → a, b는 같은 부호 $(ab>0)$
② 축이 y축과 일치 → $b=0$ $(ab=0)$
③ 축이 y축의 오른쪽에 위치 → a, b는 다른 부호 $(ab<0)$

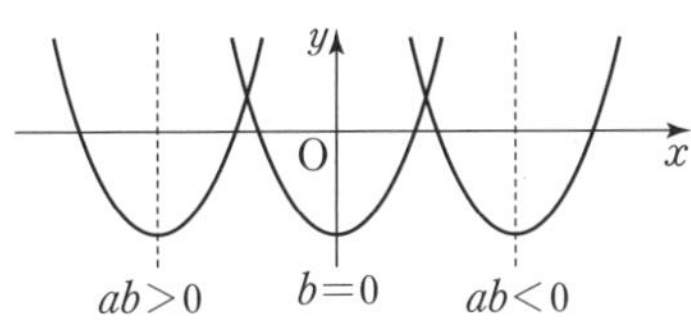

(3) c의 부호 : y축과의 교점의 위치로 결정
① y축과의 교점이 x축보다 위쪽에 위치 → $c>0$
② y축과의 교점이 원점에 위치 → $c=0$
③ y축과의 교점이 x축보다 아래쪽에 위치 → $c<0$

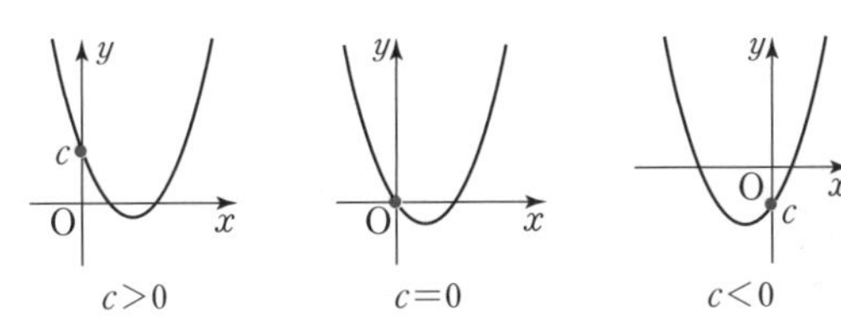

03 이차함수의 식 구하기

(1) 꼭짓점의 좌표 (p, q)와 다른 한 점이 주어질 때
→ $y=a(x-p)^2+q$로 놓고, 다른 한 점의 좌표를 대입하여 a의 값을 구한다.

(2) 축의 방정식 $x=p$와 서로 다른 두 점이 주어질 때
→ $y=a(x-p)^2+q$로 놓고, 두 점의 좌표를 각각 대입하여 a, q의 값을 구한다.

(3) y축과의 교점 $(0, c)$와 서로 다른 두 점이 주어질 때
→ $y=ax^2+bx+c$로 놓고, 두 점의 좌표를 각각 대입하여 a, b의 값을 구한다.

▶ 정답 및 풀이 55쪽

이차함수 $y=ax^2+bx+c$의 그래프

이차함수 $y=2x^2-4x+1$의 그래프를 그려 보자.

❶ $y=a(x-p)^2+q$의 꼴로 고치기 → ❷ 꼭짓점의 좌표, 축의 방정식, y축과의 교점의 좌표 구하기 → ❸ a의 부호를 확인하여 이차함수의 그래프 그리기

$y=2x^2-4x+1$
$=2(x^2-2x)+1$
$=2(x^2-2x+1-1)+1$
$=2(x^2-2x+1)-2+1$
$=2(x-1)^2-1$

- 꼭짓점의 좌표 : $(1,\ -1)$
- 축의 방정식 : $x=1$
- y축과의 교점의 좌표 : $y=2x^2-4x+1$에 $x=0$을 대입하면 $y=1$ → $(0,\ 1)$

$a=2>0$이므로 아래로 볼록한 포물선이다.

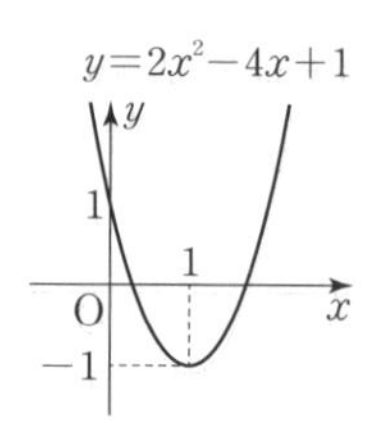

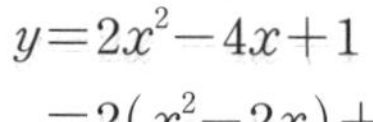

$y=a(x-p)^2+q$의 꼴로 고치기

다음 이차함수를 $y=a(x-p)^2+q$의 꼴로 나타내시오. (단, a, p, q는 상수)

01 $y=x^2-4x+7$

따라해
$=(x^2-4x+\square-\square)+7$
$=(x^2-4x+\square)-\square+7$
$=(x-\square)^2+\square$

02 $y=x^2+6x+2$

03 $y=2x^2-4x-5$

따라해
$=2(x^2-2x)-5$
$=2(x^2-2x+\square-\square)-5$
$=2(x^2-2x+\square)-\square-5$
$=2(x-\square)^2-\square$

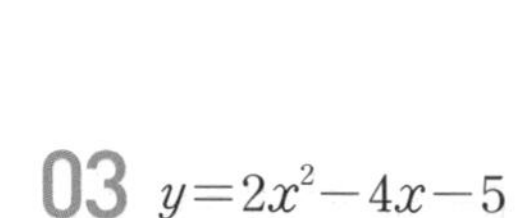

04 $y=3x^2-6x$

05 $y=4x^2+16x+10$

06 $y=-x^2+8x-4$

따라해
$=-(x^2-8x)-4$
$=-(x^2-8x+\square-\square)-4$
$=-(x^2-8x+\square)+\square-4$
$=-(x-\square)^2+\square$

07 $y=-x^2-6x+2$

08 $y=-3x^2+6x-3$

09 $y=-2x^2-8x-9$

10 $y=-\frac{1}{4}x^2-3x-7$

이차함수 $y=ax^2+bx+c$의 그래프 그리기

다음 이차함수의 식을 $y=a(x-p)^2+q$의 꼴로 나타내고, 그 그래프를 좌표평면 위에 그리시오. (단, a, p, q는 상수)

11 $y=x^2-2x-1$ ➜ $y=(x-1)^2-\square$

따라해

- 꼭짓점의 좌표 : $(1, \square)$
- 축의 방정식 : $x=\square$
- y축과 만나는 점의 좌표 : $(0, \square)$
- $\square$로 볼록한 포물선

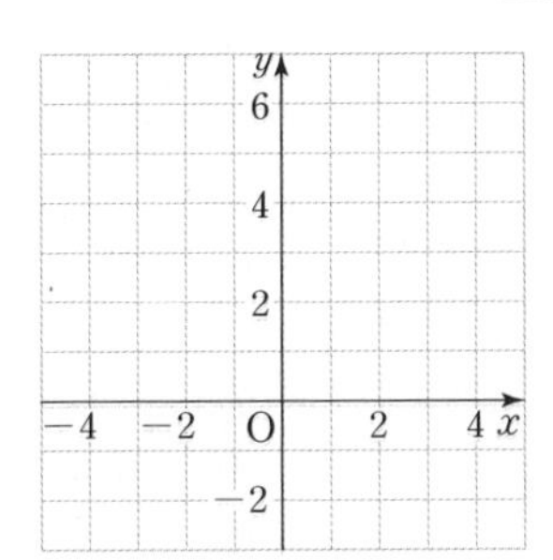

y축과의 교점의 좌표는 $y=ax^2+bx+c$에 $x=0$을 대입, 즉 $(0, c)$

12 $y=-x^2+2x-2$ ➜ ____________

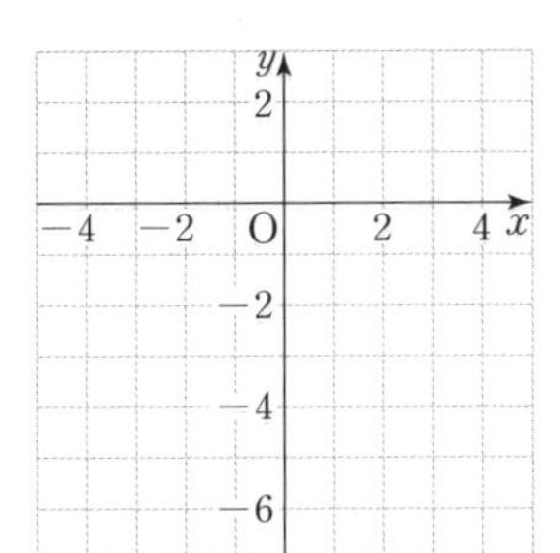

13 $y=2x^2-8x+4$ ➜ ____________

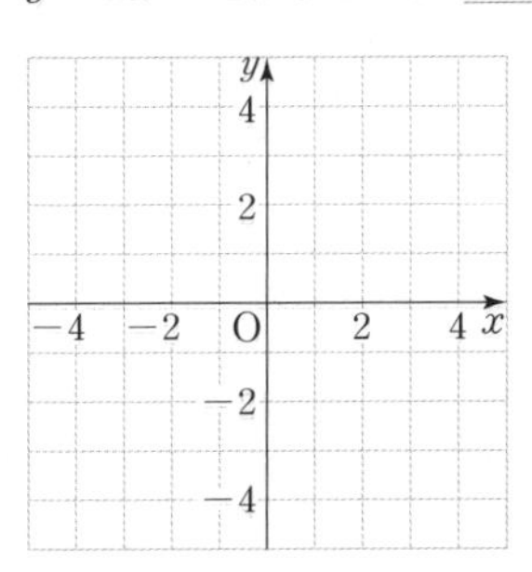

14 $y=-\frac{1}{2}x^2+4x-6$ ➜ ____________

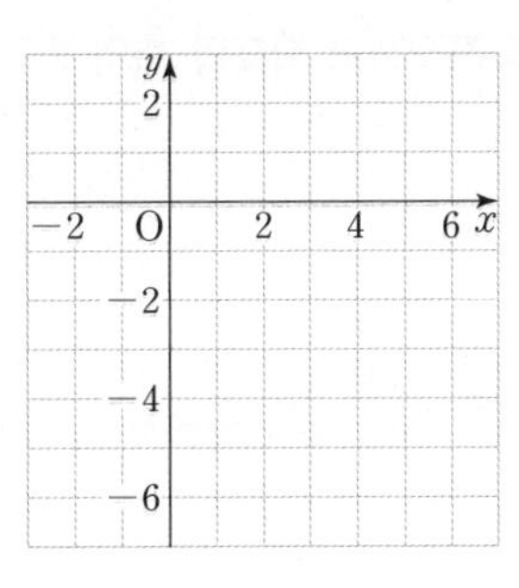

15 $y=x^2+6x+1$ ➜ ____________

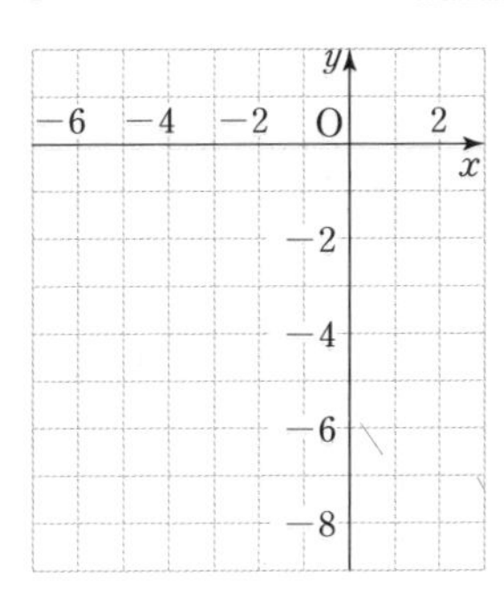

16 $y=-2x^2-4x+2$ ➜ ____________

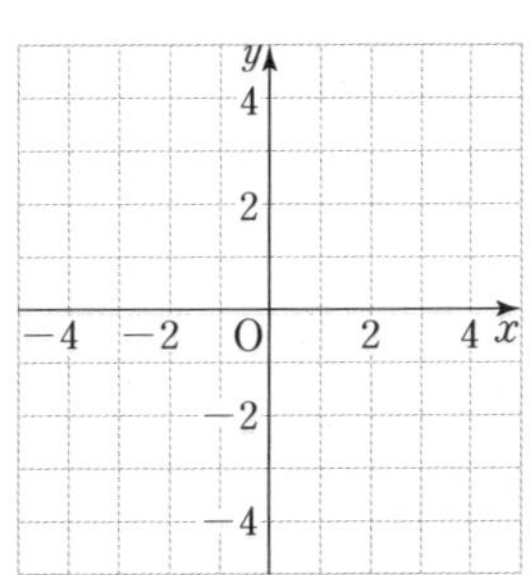

이차함수의 그래프의 꼭짓점의 좌표와 축의 방정식

다음 이차함수의 그래프의 꼭짓점의 좌표와 축의 방정식을 차례대로 구하시오.

17 $y=3x^2-12x+2$ ______

따라해 $y=3x^2-12x+2=3(x-2)^2-\square$

따라서 꼭짓점의 좌표는 $(2, \square)$이고, 축의 방정식은 $x=\square$이다.

18 $y=2x^2+4x+3$ ______

19 $y=-\frac{1}{3}x^2+2x-5$ ______

20 $y=-x^2+8x+6$ ______

21 $y=2x^2+4x-1$ ______

22 $y=\frac{1}{2}x^2-2x+1$ ______

23 $y=-x^2+2x-5$ ______

24 $y=x^2+6x+8$ ______

이차함수의 그래프와 y축의 교점

다음 이차함수의 그래프가 y축과 만나는 점의 좌표를 구하시오.

25 $y=2x^2-4x-6$ ______

따라해 $y=2x^2-4x-6$에 $x=0$을 대입하면 $y=\square$

따라서 y축과 만나는 점의 좌표는 $(0, \square)$이다.

26 $y=x^2-x+3$ ______

27 $y=5x^2+3x+2$ ______

28 $y=-\frac{1}{2}x^2+x+1$ ______

29 $y=-3x^2-2$ ______

30 $y=4x^2+2x-8$ ______

31 $y=-3x^2-6x-1$ ______

32 $y=x^2+2x$ ______

이차함수의 그래프와 x축의 교점

다음 이차함수의 그래프가 x축과 만나는 점의 좌표를 모두 구하시오.

33 $y=x^2-4x$ __________

따라해 $y=x^2-4x$에 $y=0$을 대입하면

$x^2-4x=0$에서 $x(x-\square)=0$

$\therefore x=0$ 또는 $x=\square$

따라서 x축과 만나는 점의 좌표는 $(\square, 0)$, $(\square, 0)$이다.

34 $y=x^2+2x-15$ __________

35 $y=x^2-3x+2$ __________

36 $y=-x^2+3x$ __________

37 $y=-x^2+8x-16$ __________

38 $y=9x^2+6x+1$ __________

이차함수 $y=ax^2+bx+c$의 그래프의 성질

다음 중 이차함수 $y=4x^2-8x+3$의 그래프에 대한 설명으로 옳은 것에는 ○표, 옳지 않은 것에는 ×표를 하시오.

39 꼭짓점의 좌표는 $(1, -1)$이다. (　　　)

40 y축과의 교점의 좌표는 $(0, 3)$이다. (　　　)

41 x축과의 교점의 좌표는 $\left(-\frac{1}{2}, 0\right)$, $\left(\frac{3}{2}, 0\right)$이다. (　　　)

42 $x>1$일 때, x의 값이 증가하면 y의 값은 감소한다. (　　　)

다음 중 이차함수 $y=-\frac{1}{3}x^2+4x-9$의 그래프에 대한 설명으로 옳은 것에는 ○표, 옳지 않은 것에는 ×표를 하시오.

43 꼭짓점의 좌표는 $(3, -6)$이다. (　　　)

44 y축과의 교점의 좌표는 $(0, 9)$이다. (　　　)

45 x축과의 교점의 좌표는 $(3, 0)$, $(9, 0)$이다. (　　　)

46 $x>6$일 때, x의 값이 증가하면 y의 값은 감소한다. (　　　)

▶ 정답 및 풀이 58쪽

이차함수 $y=ax^2+bx+c$의 그래프에서 a, b, c의 부호

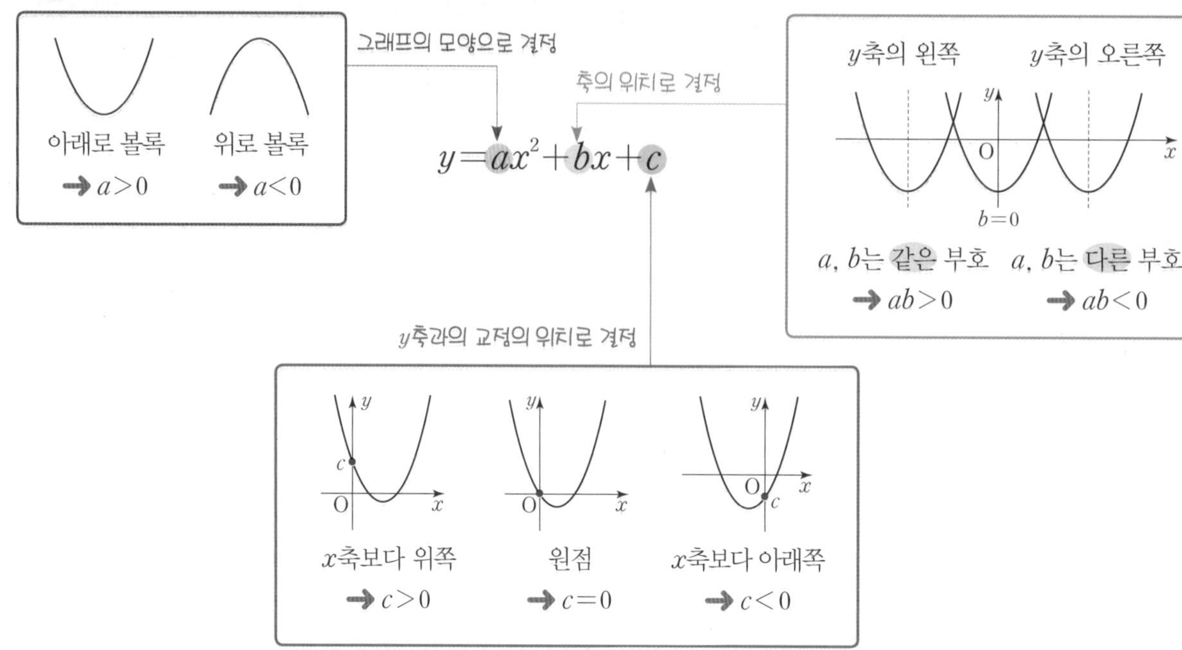

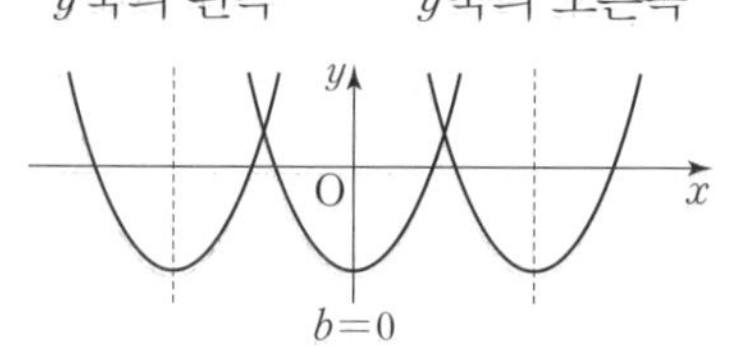

이차함수 $y=ax^2+bx+c$의 그래프가 다음과 같을 때, 상수 a, b, c의 부호를 정하시오.

01

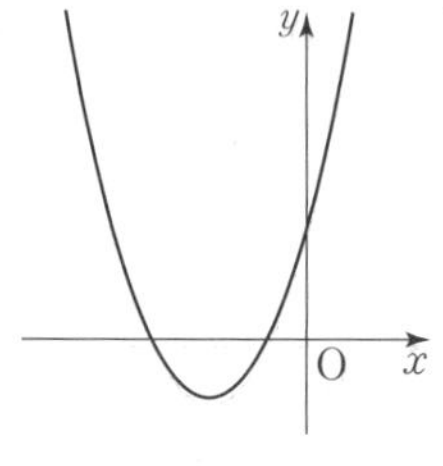

(1) 그래프가 □로 볼록
→ a ○ 0

(2) 축이 y축의 □쪽
→ a, b는 □ 부호이다.
→ b ○ 0

(3) y축과의 교점이 x축보다

□쪽 → c ○ 0

02

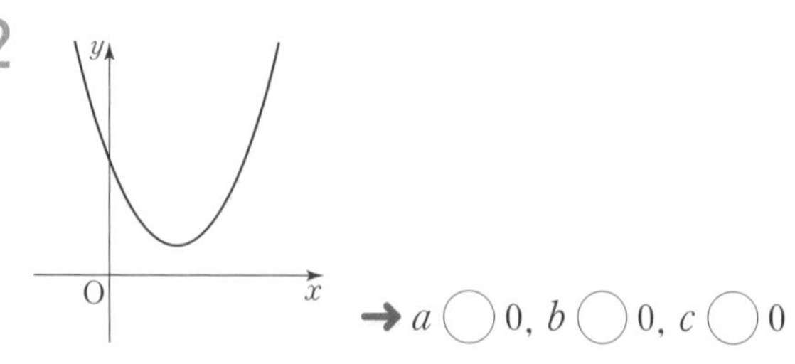

→ a ○ 0, b ○ 0, c ○ 0

03

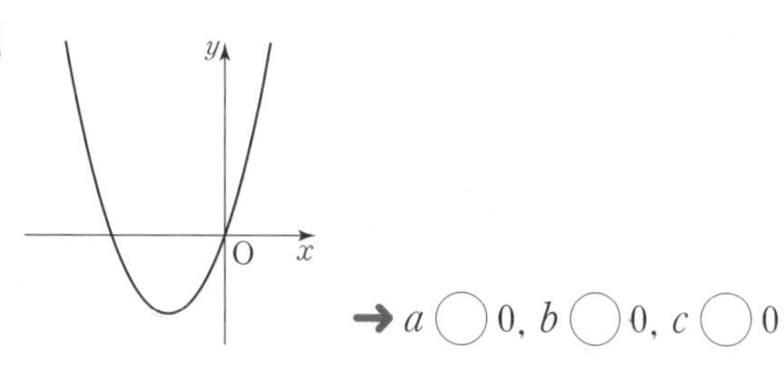

→ a ○ 0, b ○ 0, c ○ 0

04 따라해

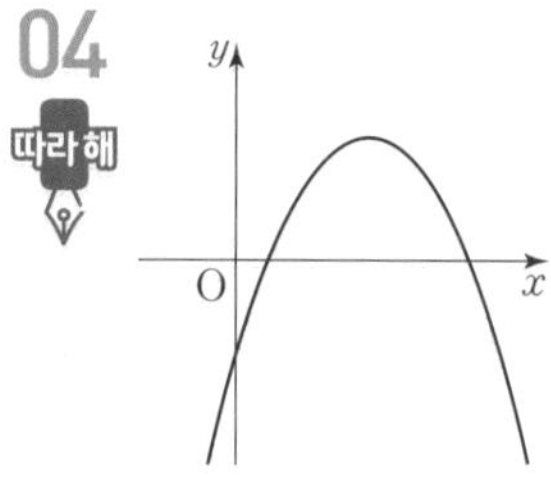

(1) 그래프가 □로 볼록

→ a ○ 0

(2) 축이 y축의 □쪽

→ a, b는 □ 부호이다.
→ b ○ 0

(3) y축과의 교점이 x축보다

□쪽 → c ○ 0

05

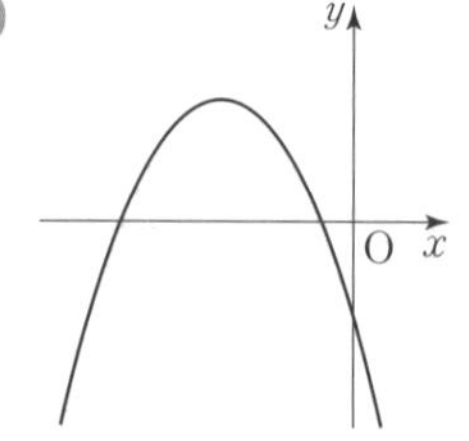

→ a ○ 0, b ○ 0, c ○ 0

06

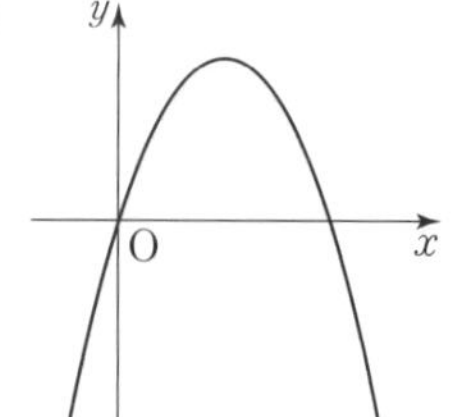

→ a ○ 0, b ○ 0, c ○ 0

▶ 정답 및 풀이 58쪽

꼭짓점과 다른 한 점이 주어진 이차함수의 식

꼭짓점의 좌표가 (2, 1)이고, 점 $(3, -1)$을 지나는 포물선을 그래프로 하는 이차함수의 식을 구해 보자.

❶ 이차함수의 식을 $y=a(x-p)^2+q$로 놓기 → ❷ 그래프가 지나는 다른 한 점의 좌표를 대입하여 a의 값 구하기 → ❸ 이차함수의 식 구하기

$y=a(x-2)^2+1$

$x=3$, $y=-1$을 대입하면
$-1=a\times(3-2)^2+1$
$\therefore a=-2$

❶의 식에 $a=-2$를 대입하면
$y=-2(x-2)^2+1$
$\therefore y=-2x^2+8x-7$

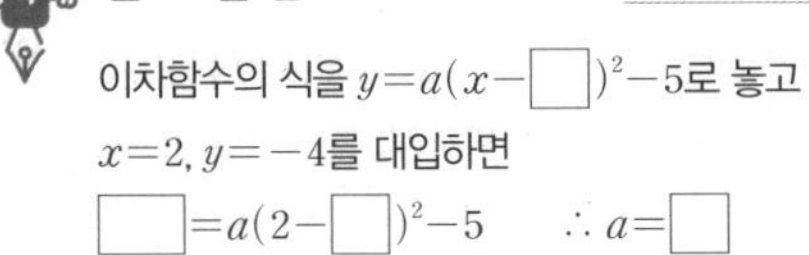

다음 조건을 만족시키는 포물선을 그래프로 하는 이차함수의 식을 $y=a(x-p)^2+q$의 꼴로 나타내시오.
(단, a, p, q는 상수)

01 꼭짓점의 좌표가 $(1, -5)$이고, 점 $(2, -4)$를 지나는 포물선 __________

따라해
이차함수의 식을 $y=a(x-\square)^2-5$로 놓고
$x=2$, $y=-4$를 대입하면
$\square=a(2-\square)^2-5$ $\quad\therefore a=\square$
따라서 구하는 이차함수의 식은 $\square$

02 꼭짓점의 좌표가 $(4, -2)$이고 점 $(6, 0)$을 지나는 포물선 __________

03 꼭짓점의 좌표가 $(0, -1)$이고 점 $(1, 2)$를 지나는 포물선 __________

04 꼭짓점의 좌표가 $(-1, -3)$이고 점 $(-3, -7)$을 지나는 포물선 __________

05 꼭짓점의 좌표가 $\left(-\frac{1}{4}, 2\right)$이고 점 $\left(\frac{1}{4}, \frac{9}{4}\right)$를 지나는 포물선 __________

06 꼭짓점의 좌표가 $(2, -4)$이고 점 $(4, 0)$을 지나는 포물선 __________

07 꼭짓점의 좌표가 $(-5, -1)$이고 점 $(-1, 15)$를 지나는 포물선 __________

08 꼭짓점의 좌표가 $(-3, -3)$이고 점 $(-2, -1)$을 지나는 포물선 __________

09 꼭짓점의 좌표가 $(2, -3)$이고 점 $(3, -4)$를 지나는 포물선 __________

10 꼭짓점의 좌표가 $(-1, 0)$이고 점 $(1, -8)$을 지나는 포물선 __________

그래프가 주어진 이차함수의 식

다음 그림과 같은 포물선을 그래프로 하는 이차함수의 식을 $y=ax^2+bx+c$의 꼴로 나타내시오. (단, a, b, c는 상수)

11 따라해

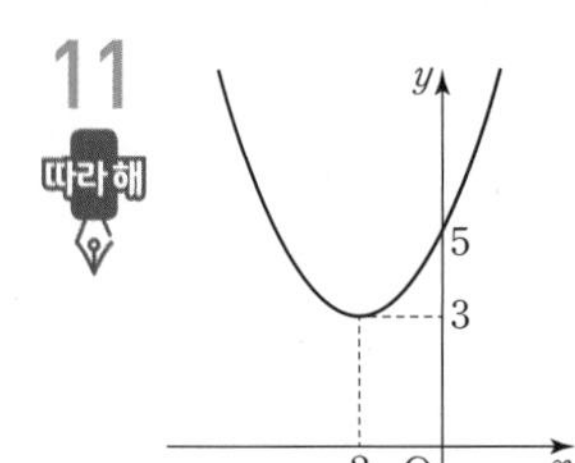

→ 꼭짓점의 좌표가 $(-2, 3)$이고 점 $(0, 5)$를 지난다.

→ 이차함수의 식을 $y=a(x+2)^2+3$으로 놓고

$x=0$, $y=\square$를 대입하면

$5=a(0+2)^2+3$ $\quad\therefore a=\square$

→ $y=\square(x+2)^2+3=\square x^2+\square x+5$

12

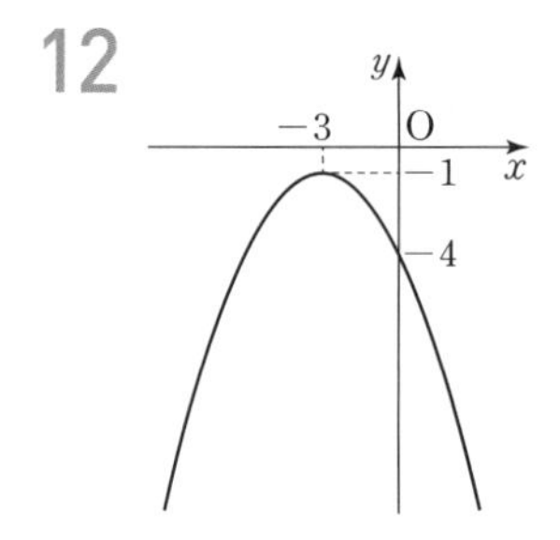

13

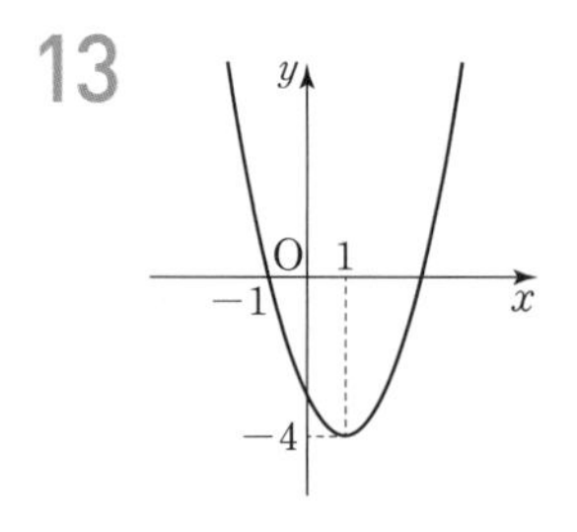

14

y
5
4
O
2
x
−3

15

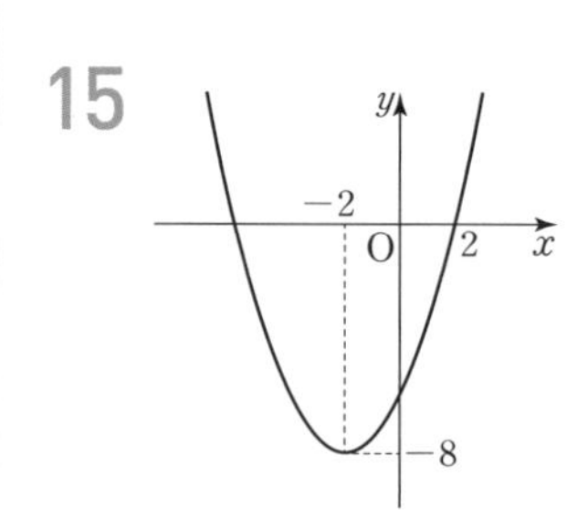

16

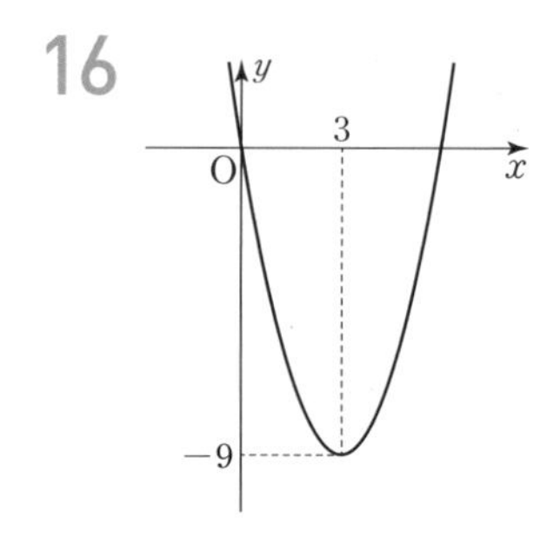

17

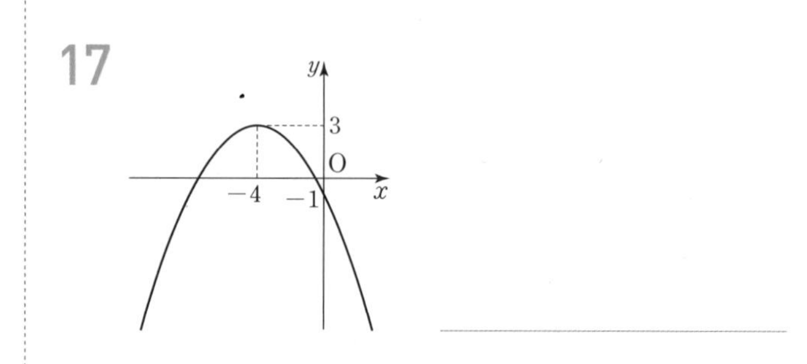

▶ 정답 및 풀이 59쪽

축의 방정식과 서로 다른 두 점이 주어진 이차함수의 식

축의 방정식이 $x=3$이고, 두 점 $(1, 3)$, $(6, -2)$를 지나는 포물선을 그래프로 하는 이차함수의 식을 구해 보자.

❶ 이차함수의 식을 $y=a(x-p)^2+q$로 놓기 → ❷ 그래프가 지나는 두 점의 좌표를 대입하여 a, q의 값 구하기 → ❸ 이차함수의 식 구하기

$y=a(x-3)^2+q$

$x=1$, $y=3$을 대입하면
$3=4a+q$ ⋯ ㉠
$x=6$, $y=-2$를 대입하면
$-2=9a+q$ ⋯ ㉡
㉠, ㉡을 연립하여 풀면
$a=-1$, $q=7$

❶의 식에
$a=-1$, $q=7$을 대입하면
$y=-(x-3)^2+7$
$\therefore y=-x^2+6x-2$

축의 방정식과 서로 다른 두 점이 주어진 이차함수의 식

다음 조건을 만족시키는 포물선을 그래프로 하는 이차함수의 식을 $y=a(x-p)^2+q$의 꼴로 나타내시오.
(단, a, p, q는 상수)

01 축의 방정식이 $x=-2$이고 두 점 $(0, 11)$, $(-3, 5)$를 지나는 포물선 ________

따라해

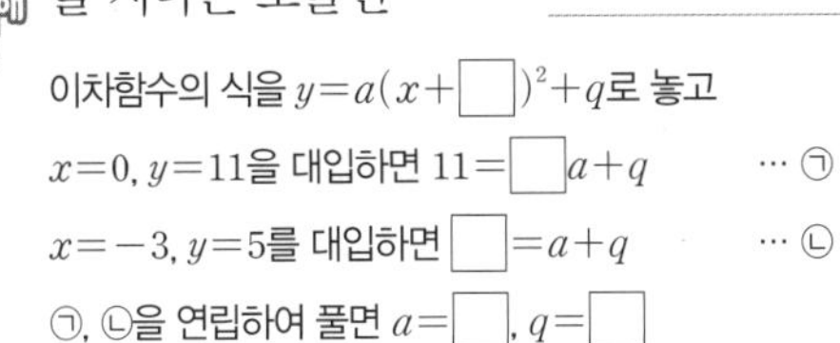
이차함수의 식을 $y=a(x+\square)^2+q$로 놓고
$x=0$, $y=11$을 대입하면 $11=\square a+q$ ⋯ ㉠
$x=-3$, $y=5$를 대입하면 $\square=a+q$ ⋯ ㉡
㉠, ㉡을 연립하여 풀면 $a=\square$, $q=\square$
따라서 구하는 이차함수의 식은 $y=\square(x+2)^2+\square$

02 축의 방정식이 $x=-1$이고 두 점 $(1, 8)$, $(-2, -1)$을 지나는 포물선 ________

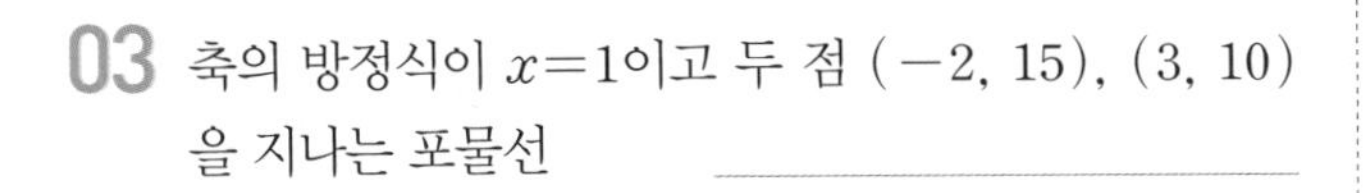
03 축의 방정식이 $x=1$이고 두 점 $(-2, 15)$, $(3, 10)$을 지나는 포물선 ________

04 축의 방정식이 $x=2$이고 두 점 $(3, -5)$, $(0, -11)$을 지나는 포물선 ________

그래프가 주어진 이차함수의 식

다음 그림과 같은 포물선을 그래프로 하는 이차함수의 식을 $y=ax^2+bx+c$의 꼴로 나타내시오. (단, a, b, c는 상수)

05

따라해

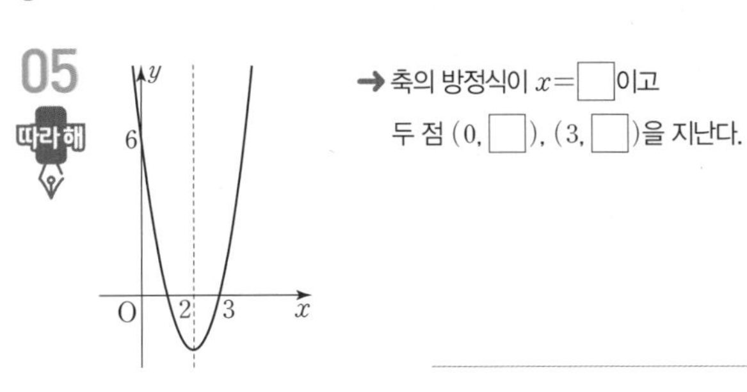

→ 축의 방정식이 $x=\square$이고
두 점 $(0, \square)$, $(3, \square)$을 지난다.

____

06

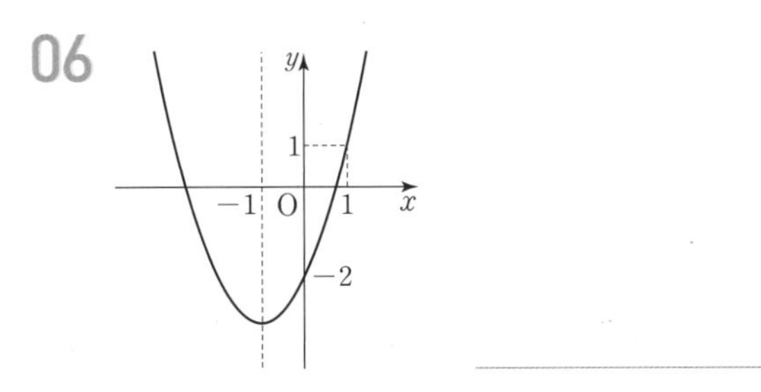

____

07

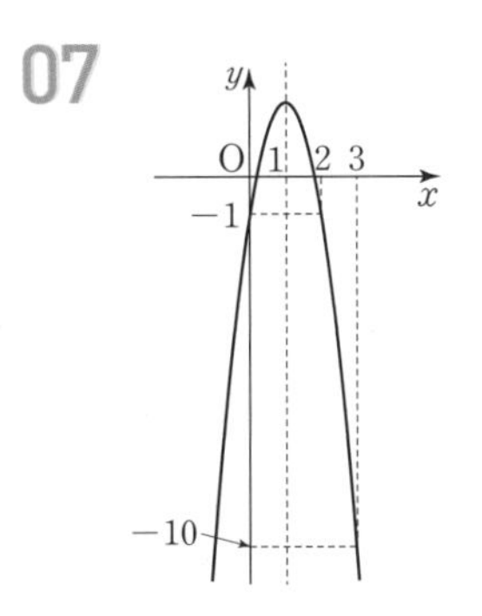

____

y축과의 교점과 서로 다른 두 점이 주어진 이차함수의 식

세 점 $(0, -4)$, $(-1, 0)$, $(2, 0)$을 지나는 포물선을 그래프로 하는 이차함수의 식을 구해 보자.

→ y축과의 교점

❶ 이차함수의 식을 $y=ax^2+bx+c$로 놓기 → ❷ 그래프가 지나는 두 점의 좌표를 각각 대입하여 a, b의 값 구하기 → ❸ 이차함수의 식 구하기

y절편이 -4이므로 $c=-4$

$\therefore y=ax^2+bx-4$

$x=-1$, $y=0$을 대입하면

$a-b=4$ ⋯ ㉠

$x=2$, $y=0$을 대입하면

$4a+2b=4$ ⋯ ㉡

㉠, ㉡을 연립하여 풀면

$a=2$, $b=-2$

❶의 식에 $a=2$, $b=-2$를 대입하면

$y=2x^2-2x-4$

y축의 교점과 서로 다른 두 점이 주어진 이차함수의 식

다음 세 점을 지나는 포물선을 그래프로 하는 이차함수의 식을 $y=ax^2+bx+c$의 꼴로 나타내시오. (단, a, b, c는 상수)

01 $(0, 7)$, $(1, 4)$, $(2, 3)$ ________

→ y축과의 교점

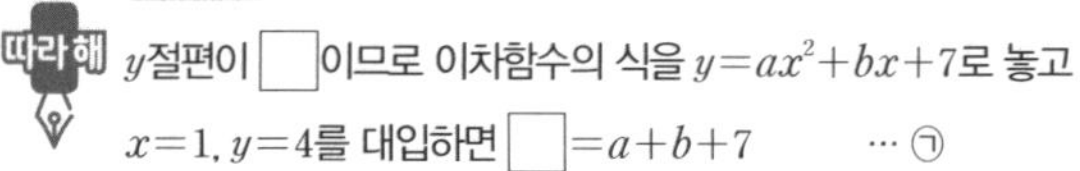

따라해 y절편이 ☐이므로 이차함수의 식을 $y=ax^2+bx+7$로 놓고

$x=1$, $y=4$를 대입하면 ☐$=a+b+7$ ⋯ ㉠

$x=2$, $y=3$을 대입하면 $3=4a+$☐$b+7$ ⋯ ㉡

㉠, ㉡을 연립하여 풀면 $a=$☐, $b=$☐

따라서 구하는 이차함수의 식은 ☐

02 $(0, -2)$, $(-1, -6)$, $(2, 0)$ ________

03 $(-1, 3)$, $(0, -1)$, $(1, -1)$ ________

04 $(1, 7)$, $(-1, 3)$, $(0, 2)$ ________

그래프가 주어진 이차함수의 식

다음 그림과 같은 포물선을 그래프로 하는 이차함수의 식을 $y=ax^2+bx+c$의 꼴로 나타내시오. (단, a, b, c는 상수)

05

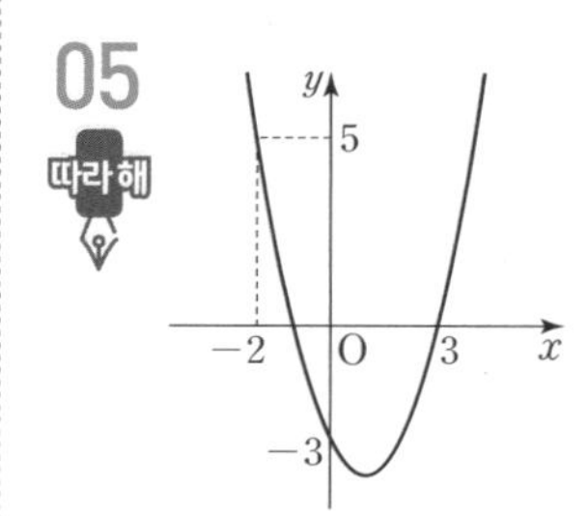

따라해 → y절편이 ☐이고, 두 점 $(-2,$ ☐$)$, $($☐$, 0)$을 지난다.

____

06

y 1 2 O x −2 −4 −6

____

07

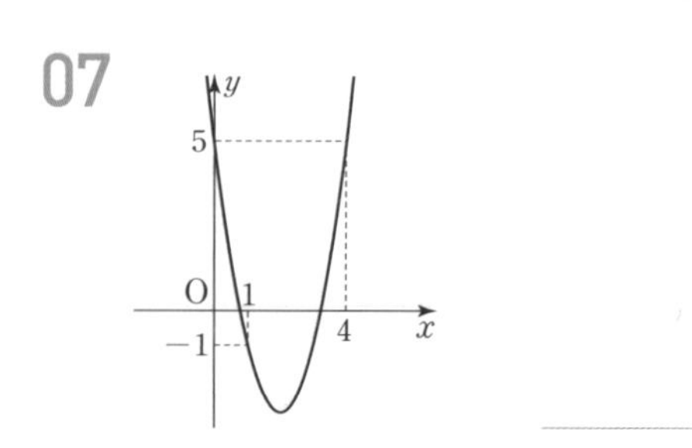

____

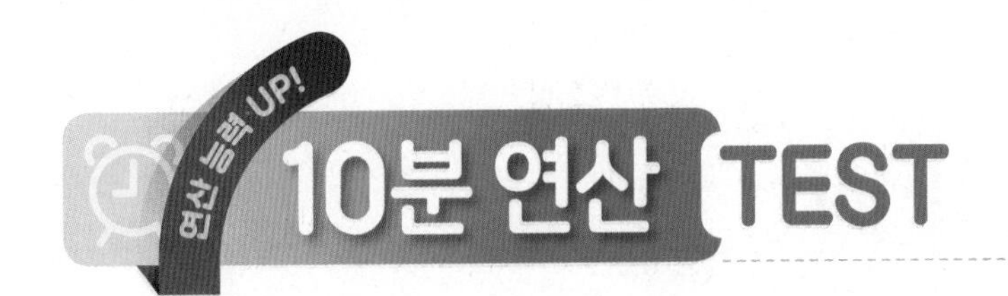

▶ 정답 및 풀이 61쪽

[01 ~ 02] 다음 이차함수의 그래프의 꼭짓점의 좌표와 축의 방정식을 각각 구하시오.

01 $y=2x^2+4x+3$

02 $y=-\frac{1}{4}x^2+x+\frac{3}{2}$

[03 ~ 04] 다음 이차함수의 그래프가 x축, y축과 만나는 점의 좌표를 각각 구하시오.

03 $y=x^2-x-2$

04 $y=-3x^2-6x-3$

[05 ~ 07] 다음 중 이차함수 $y=-x^2+4x+1$의 그래프에 대한 설명으로 옳은 것에는 ○표, 옳지 않은 것에는 ×표를 하시오.

05 이차함수 $y=-x^2$의 그래프를 x축의 방향으로 2만큼, y축의 방향으로 5만큼 평행이동한 것이다. (　　　)

06 모든 사분면을 지난다. (　　　)

07 $x<2$일 때, x의 값이 증가하면 y의 값은 감소한다. (　　　)

[08 ~ 09] 이차함수 $y=ax^2+bx+c$의 그래프가 다음과 같을 때, 상수 a, b, c의 부호를 정하시오.

08

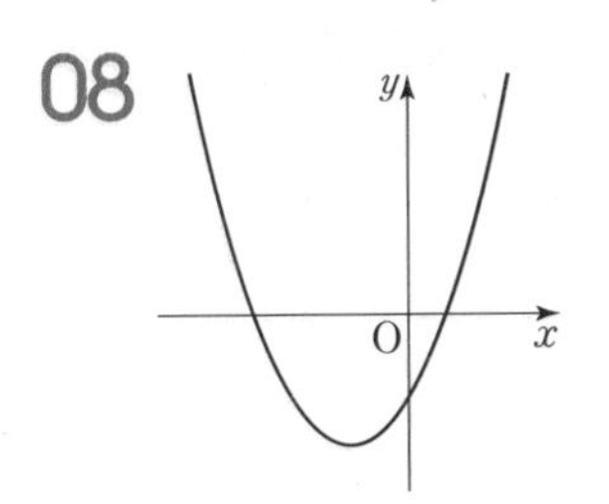

09

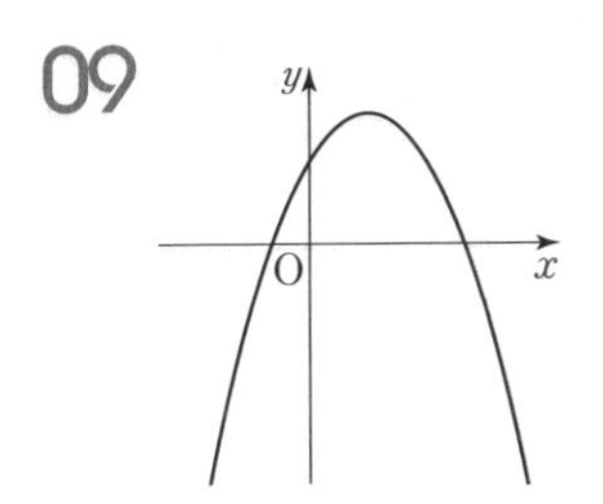

[10 ~ 12] 다음 조건을 만족시키는 포물선을 그래프로 하는 이차함수의 식을 $y=ax^2+bx+c$의 꼴로 나타내시오. (단, a, b, c는 상수)

10 꼭짓점의 좌표가 $(-2, 4)$이고, 점 $(-1, 7)$을 지나는 포물선

11 축의 방정식이 $x=2$이고 두 점 $(-2, 11)$, $(0, 5)$를 지나는 포물선

12 세 점 $(0, 6)$, $(1, 4)$, $(2, 10)$을 지나는 포물선

맞힌 개수 　개/12개

학교 시험 PREVIEW

학교 시험 미리보기!

▶ 정답 및 풀이 61쪽

01

이차함수 $y=3x^2-12x+1$의 그래프에서 꼭짓점의 좌표를 (a, b), y절편을 c라 할 때, $a+b+c$의 값은?

① -8 ② -5 ③ -2
④ 1 ⑤ 3

02

이차함수 $y=-2x^2+4x+c$의 그래프에서 꼭짓점의 좌표가 $(1, 1)$일 때, 상수 c의 값은?

① -2 ② -1 ③ 0
④ 1 ⑤ 2

03 80% 출제율

다음 중 이차함수 $y=-x^2+4x+5$의 그래프에 대한 설명으로 옳지 않은 것은?

① 꼭짓점의 좌표는 $(2, 9)$이다.
② 이차함수 $y=-x^2$의 그래프를 x축의 방향으로 2만큼, y축의 방향으로 9만큼 평행이동한 것이다.
③ x축과의 교점의 좌표는 $(1, 0)$, $(-5, 0)$이다.
④ 모든 사분면을 지난다.
⑤ $x<2$일 때, x의 값이 증가하면 y의 값도 증가한다.

04

이차함수 $y=ax^2+bx+c$의 그래프가 세 점 $(1, 2)$, $(0, 1)$, $(-1, 4)$를 지날 때, $2a+b-c$의 값은?

(단, a, b, c는 상수)

① -4 ② -2 ③ 2
④ 4 ⑤ 6

05 실수 주의

이차함수 $y=ax^2+bx+c$의 그래프가 오른쪽 그림과 같을 때, 다음 중 옳지 않은 것은?

(단, a, b, c는 상수)

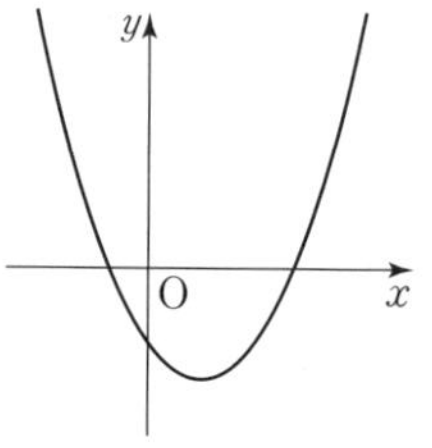

① $a>0$ ② $b<0$
③ $c<0$ ④ $abc>0$
⑤ $\frac{b}{c}<0$

06 서술형

이차함수 $y=ax^2+bx+c$의 그래프가 오른쪽 그림과 같이 직선 $x=2$를 축으로 할 때, $a+b+c$의 값을 구하시오. (단, a, b, c는 상수)

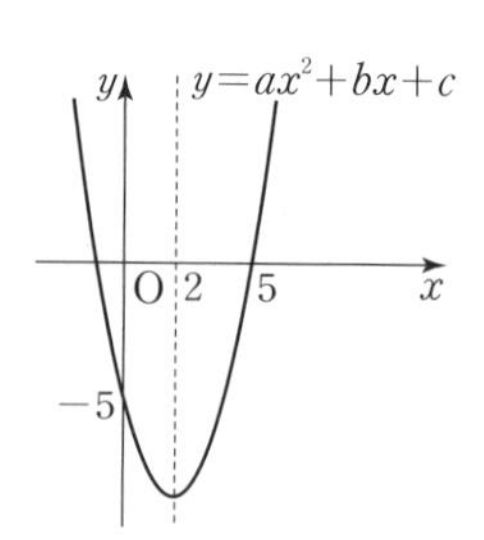

채점 기준 1 이차함수의 식 구하기

채점 기준 2 $a+b+c$의 값 구하기

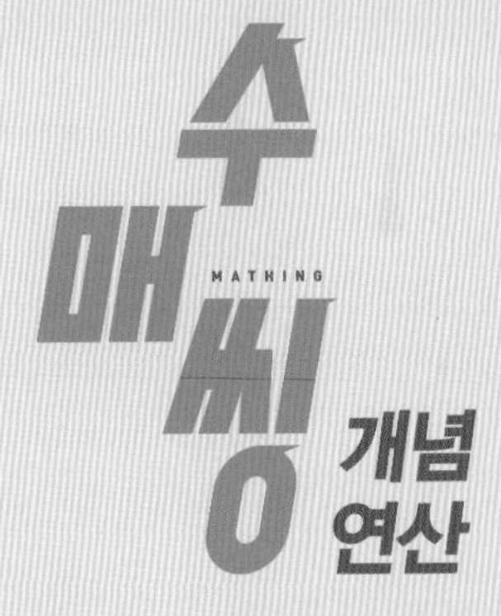
수매씽
MATHING
개념
연산

내신을 위한 강력한 한 권!

정답 및 풀이

중학 수학 3·1

모바일 빠른 정답

QR 코드를 찍으면 정답 및 풀이를
쉽고 빠르게 확인할 수 있습니다.

빠른 정답

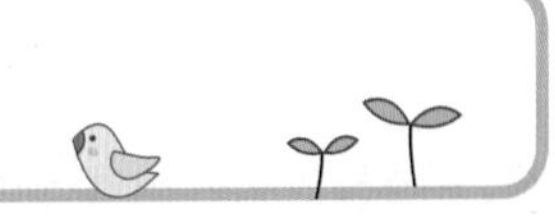

I 실수와 그 계산

1. 제곱근과 실수

01 제곱근 8쪽

01 $1, -1$
02 $5, -5$
03 0
04 없다.
05 $\frac{1}{2}, -\frac{1}{2}$
06 $0.3, -0.3$
07 $7, -7$ / $7, -7$
08 $4, -4$
09 $5, -5$
10 $9, -9$
11 $\frac{3}{8}, -\frac{3}{8}$
12 $0.6, -0.6$

02 제곱근의 표현 9쪽

01 $\sqrt{7}$
02 $\sqrt{10}$
03 $-\sqrt{6}$
04 $-\sqrt{13}$
05 $-\sqrt{21}$
06 $\sqrt{\frac{5}{7}}$
07 $-\sqrt{0.41}$
08 $\pm\sqrt{5}$ / $\sqrt{5}, -\sqrt{5}, \pm\sqrt{5}$
09 $\pm\sqrt{11}$
10 $\pm\sqrt{26}$
11 $\pm\sqrt{30}$
12 $\sqrt{6}$
13 $\sqrt{14}$
14 $\sqrt{23}$

03 제곱근의 성질 10쪽~11쪽

01 5
02 11
03 7
04 13
05 0.8
06 $\frac{1}{2}$
07 $\frac{3}{10}$
08 2
09 10
10 5
11 11
12 -1.4
13 $\frac{1}{4}$
14 $\frac{2}{7}$
15 4
16 6
17 -9
18 -11
19 -0.2
20 ±10
21 ±0.6
22 $\pm\frac{2}{5}$
23 2, 3, 5
24 -2
25 16
26 1
27 3
28 26
29 -110
30 9

04 $\sqrt{a^2}$의 꼴을 포함한 식 12쪽~13쪽

01 $2a$ / $>, 2a$
02 $3a$
03 $-4a$
04 a / $<, a$
05 $5a$
06 $-6a$
07 $-3a$ / $<, -3a$
08 $-2a$
09 $5a$
10 $-4a$ / $>, -4a$
11 $-7a$
12 $3a$
13 $a-2$ / $>, a-2$
14 $a+1$
15 $-a-3$
16 $-a+1$
17 $-a+3$ / $<, -a+3$
18 $-a-2$
19 $a+5$
20 $a-4$
21 $3a$ / $>, <, a, 3a$
22 $-3a$
23 $-9a$
24 $6a$
25 0
26 $2a-3$
27 3 / $<, >, -a+2, 3$
28 $-2a+2$

05 $\sqrt{ax}$, $\sqrt{\frac{a}{x}}$의 꼴이 자연수가 되는 조건 14쪽

01 2 / 2, 2
02 7
03 6
04 2 / 2, 3, 2, 2
05 5
06 14
07 7
08 15
09 10
10 10 / 5, 5, 10
11 6
12 15

06 제곱근의 대소 관계 15쪽

01 $<$ / $<$
02 $>$
03 $<$
04 $<$
05 $>$
06 $>$
07 $>$ / $>, >$
08 $<$
09 $<$ / $16, <, <$
10 $>$
11 $<$
12 $>$
13 $<$
14 $>$
15 $>$

07 제곱근을 포함한 부등식 16쪽

01 1, 2, 3 / 4, 1, 2, 3
02 1, 2, 3, 4, 5, 6, 7, 8, 9
03 4, 5, 6, 7, 8 / 4, 9, 4, 5, 6, 7, 8
04 10, 11, 12, 13, 14, 15, 16
05 1, 2, 3, 4
06 17, 18, 19, 20, 21, 22, 23, 24
07 3 / 1, 4, 3
08 4
09 6
10 11
11 16
12 15

10분 연산 TEST 17쪽

01 $8, -8$
02 $0.4, -0.4$
03 $\frac{1}{3}, -\frac{1}{3}$
04 없다.
05 $-\sqrt{3}$
06 $\sqrt{7}$
07 11
08 -5
09 -4
10 $\frac{3}{2}$
11 $-2a+10$
12 $-2a$
13 26
14 14
15 $<$
16 $>$
17 11
18 7

08 유리수와 무리수 18쪽

01 유
02 무
03 유
04 무
05 유
06 유
07 무
08 유
09 유
10 유
11 $-3.555\cdots, \sqrt{81}, \frac{9}{4}$ / $-\sqrt{7}, \sqrt{\frac{1}{8}}$
12 $\sqrt{36}, 0.\dot{2}$ / $\sqrt{\frac{3}{16}}, \sqrt{1.6}, \sqrt{27}$
13 2
14 4

09 실수 19쪽

01 2
02 $0, 2, -\sqrt{81}$
03 $-\frac{1}{2}, 0, 1.\dot{2}\dot{7}, \frac{5}{7}, 2, -\sqrt{81}$
04 $\sqrt{6}, \sqrt{\frac{3}{4}}$
05 $\sqrt{64}, \sqrt{(-3)^2}$
06 $\sqrt{64}, -5, \sqrt{(-3)^2}$
07 $\sqrt{64}, 0.\dot{8}, -5, \sqrt{(-3)^2}, 2.236$
08 $-\sqrt{\frac{1}{2}}, \pi$
09 ○
10 ×
11 ×
12 ○
13 ×
14 ×
15 ○
16 ○

10 실수와 수직선 20쪽~21쪽

01 P : $2+\sqrt{2}$, Q : $2-\sqrt{2}$ / $1, 2, \sqrt{2}, 2+\sqrt{2}, 2-\sqrt{2}$
02 P : $\sqrt{2}$, Q : $-\sqrt{2}$
03 P : $-1+\sqrt{2}$, Q : $-1-\sqrt{2}$
04 P : $\sqrt{5}$, Q : $-\sqrt{5}$ / $2, 5, \sqrt{5}, \sqrt{5}, \sqrt{5}, \sqrt{5}, \sqrt{5}$
05 P : $-2+\sqrt{5}$, Q : $-2-\sqrt{5}$
06 P : $3+\sqrt{5}$, Q : $3-\sqrt{5}$
07 P : $\sqrt{10}$, Q : $-\sqrt{10}$ / $3, 10, \sqrt{10}, \sqrt{10}, \sqrt{10}, \sqrt{10}, \sqrt{10}$
08 P : $-4+\sqrt{10}$, Q : $-4-\sqrt{10}$
09 P : $1+\sqrt{5}$, Q : $1-\sqrt{5}$
10 P : $-3+\sqrt{10}$, Q : $-3-\sqrt{10}$
11 P : $2+\sqrt{13}$, Q : $2-\sqrt{13}$
12 ×
13 ○
14 ○
15 ○
16 ○
17 ×
18 ○
19 ○

11 실수의 대소 관계 22쪽~23쪽

01 $<$ / $1, <, <$
02 $>$
03 $<$
04 $>$
05 $<$
06 $>$
07 $<$ / $2, 3, 2, 3, <$
08 $<$
09 $>$
10 $>$ / $>, >$
11 $>$
12 $<$
13 $>$
14 $<$
15 $a<c<b$ / $<, <, <, <$
16 $b<c<a$
17 $b<a<c$
18 $b<a<c$
19 점 B / $\sqrt{4}, 2$, B
20 점 C
21 점 D
22 점 E
23 점 C / $-3, -2$, C
24 점 B
25 점 A

10분 연산 TEST 24쪽

01 $\sqrt{100}, -\sqrt{\frac{4}{25}}, 0.\dot{2}4\dot{1}$
02 $-2.1223334\cdots, \sqrt{\frac{17}{2}}$
03 2
04 2
05 ×
06 ○
07 ○
08 ×
09 ○
10 $\sqrt{10}$
11 $-1+\sqrt{10}$
12 $-1-\sqrt{10}$
13 $<$
14 $>$
15 $b<a<c$

학교 시험 PREVIEW 25쪽~26쪽

01 ④
02 ③, ④
03 ④
04 6
05 ②
06 ⑤
07 ⑤
08 1, 2, 3
09 $\sqrt{2}+1, \sqrt{0.4}, \pi, 0.1010010001\cdots$
10 P : $3+\sqrt{10}$, Q : $3-\sqrt{10}$
11 ㄴ, ㄹ, ㅁ
12 ⑤
13 10

2. 근호를 포함한 식의 계산

01 제곱근의 곱셈 29쪽

01 $5, 15$
02 $\sqrt{14}$
03 $\sqrt{30}$
04 $\frac{1}{3}, 4, 2$
05 $\sqrt{10}$
06 $\sqrt{42}$
07 $\sqrt{35}$
08 $3, 12$
09 $10\sqrt{6}$
10 $5, 5, 15$
11 $-2\sqrt{33}$
12 $30\sqrt{21}$
13 $8\sqrt{6}$
14 $2\sqrt{15}$

02 근호가 있는 식의 변형 (1) 30쪽

01 $3, 3$
02 $3\sqrt{3}$
03 $3\sqrt{5}$
04 $4\sqrt{3}$
05 $5\sqrt{2}$
06 $3\sqrt{7}$
07 $4, 32$
08 $\sqrt{28}$
09 $\sqrt{75}$
10 $7, 98$
11 $-\sqrt{90}$
12 $-\sqrt{80}$

03 제곱근의 나눗셈 31쪽

01 $3, \sqrt{2}$
02 $\sqrt{2}$
03 2
04 $\sqrt{\frac{1}{7}}$
05 $3\sqrt{5}, \frac{7}{5}$
06 $-2\sqrt{\frac{1}{2}}$
07 $\frac{1}{2}\sqrt{10}$
08 $\frac{3}{2}$
09 $\frac{2}{3}, -\sqrt{10}$
10 $\sqrt{35}$
11 $15, 13, \frac{15}{13}, 10$
12 $\sqrt{\frac{1}{28}}$
13 $-\sqrt{6}$
14 -10

04 근호가 있는 식의 변형 (2) 32쪽

01 $3, 3, 3$
02 $\frac{\sqrt{13}}{4}$
03 $\frac{\sqrt{23}}{6}$
04 $\frac{\sqrt{11}}{10}$
05 $10, 10, 10$
06 $\frac{\sqrt{141}}{10}$
07 $3, 3, 9$
08 $\sqrt{\frac{5}{8}}$
09 $\sqrt{\frac{6}{49}}$
10 $\sqrt{\frac{1}{32}}$
11 $2, 5, 2, 5, 12, 25$
12 $\sqrt{\frac{98}{9}}$
13 $\sqrt{\frac{27}{32}}$

05 분모의 유리화 33쪽~34쪽

01 $\sqrt{3}, \sqrt{3}, \sqrt{3}, 3$
02 $\frac{\sqrt{5}}{5}$
03 $\frac{\sqrt{10}}{10}$
04 $\sqrt{6}, \sqrt{6}, 5\sqrt{6}, 6$
05 $\frac{3\sqrt{7}}{7}$
06 $\frac{\sqrt{10}}{5}$
07 $2\sqrt{3}$
08 $\sqrt{5}, \sqrt{5}, 10, 5$
09 $\frac{\sqrt{21}}{7}$
10 $\frac{\sqrt{30}}{3}$
11 $\frac{\sqrt{66}}{11}$
12 $\frac{\sqrt{34}}{17}$
13 $\frac{\sqrt{65}}{13}$
14 $\frac{\sqrt{42}}{3}$
15 $2, 2, \sqrt{2}, \sqrt{2}, \sqrt{6}, 4$
16 $\frac{\sqrt{35}}{10}$
17 $\frac{\sqrt{30}}{12}$
18 $\frac{\sqrt{21}}{6}$
19 $\frac{\sqrt{6}}{9}$
20 $\frac{\sqrt{55}}{20}$
21 $\frac{\sqrt{30}}{24}$
22 $\frac{\sqrt{26}}{14}$
23 $2, 2, \sqrt{3}, \sqrt{3}, 15, 6, 15, 2$
24 $\frac{2\sqrt{14}}{3}$
25 $\frac{\sqrt{15}}{2}$
26 $\frac{\sqrt{10}}{4}$
27 $\frac{\sqrt{66}}{3}$
28 $\frac{\sqrt{6}}{5}$
29 $\frac{\sqrt{70}}{6}$

06 제곱근의 곱셈과 나눗셈의 혼합 계산 35쪽

01 $\sqrt{2}, 2, 10, 15$
02 $\sqrt{10}$
03 $\frac{1}{2}, \frac{1}{3}, 6, 10$
04 $4\sqrt{2}$
05 $3, 3, 3, 3, 6, 2$
06 1
07 $2\sqrt{30}$
08 $\frac{\sqrt{5}}{20}$

10분 연산 TEST 36쪽

01 $8\sqrt{15}$
02 $12\sqrt{10}$
03 $3\sqrt{3}$
04 $-\sqrt{14}$
05 $5\sqrt{3}$
06 $8\sqrt{2}$
07 $\sqrt{50}$
08 $-\sqrt{54}$
09 $\sqrt{44}$
10 $-\sqrt{700}$
11 $\frac{\sqrt{2}}{7}$
12 $\frac{\sqrt{13}}{10}$
13 $\sqrt{\frac{13}{81}}$
14 $\sqrt{\frac{99}{25}}$
15 $\frac{2\sqrt{13}}{13}$
16 $-\frac{\sqrt{35}}{7}$
17 $\frac{\sqrt{33}}{6}$
18 $\frac{\sqrt{5}}{4}$
19 $3\sqrt{7}$
20 $-\frac{\sqrt{2}}{2}$

07 다항식의 덧셈과 뺄셈 37쪽

01 $8a$
02 $-4x$
03 $6b$
04 $-14y$
05 $6a+2b$
06 $2x+11y$
07 $-5a-b$
08 $3a-4b$
09 $3x+2y$
10 $2x-6y$
11 $4x-4y+3$
12 $a-6b+5$

08 제곱근의 덧셈과 뺄셈 (1) 38쪽

01 $1, 5$
02 $5\sqrt{7}$
03 $3\sqrt{3}$
04 $9\sqrt{2}$
05 $7\sqrt{5}$
06 $10\sqrt{7}$
07 $17\sqrt{10}$
08 $21\sqrt{3}$
09 $2, \sqrt{3}$
10 $3\sqrt{2}$
11 $2\sqrt{5}$
12 $4\sqrt{3}$
13 $\sqrt{2}$
14 $-3\sqrt{3}$
15 $-5\sqrt{5}$
16 $-\sqrt{10}$

09 제곱근의 덧셈과 뺄셈 (2) 39쪽

01 $3, 4, 5, 4$
02 $3\sqrt{3}$
03 $2\sqrt{5}$
04 $9\sqrt{7}$
05 $-2\sqrt{2}$
06 $1, 1, 2$
07 $5\sqrt{5}-7\sqrt{11}$
08 $-15\sqrt{6}+4\sqrt{2}$
09 $2\sqrt{5}-6\sqrt{7}$
10 $>$ $20, >, >$
11 $>$
12 $<$
13 $>$

10 제곱근의 덧셈과 뺄셈 (3) 40쪽

01 $4, 3, 4, 3, 7$
02 $5\sqrt{6}$
03 $-\sqrt{3}$
04 $\sqrt{6}$
05 $\sqrt{5}$
06 $4\sqrt{2}$
07 $-\sqrt{5}$
08 $2, \sqrt{6}, \sqrt{6}, 2, 6, 4, 6, 6$
09 $-\frac{9\sqrt{2}}{2}$
10 $\frac{18\sqrt{5}}{5}$
11 $\frac{7\sqrt{3}}{9}$
12 $-\frac{\sqrt{6}}{6}$
13 $\frac{4\sqrt{5}}{5}$

11 근호를 포함한 식의 분배법칙 41쪽

01 $\sqrt{6}+\sqrt{14}$
02 $\sqrt{6}-\sqrt{15}$
03 $\sqrt{15}+15$
04 $6-2\sqrt{6}$
05 $8\sqrt{3}-8$
06 $\sqrt{6}+\sqrt{15}$
07 $\sqrt{6}-\sqrt{14}$
08 $2\sqrt{6}-3$
09 $\sqrt{35}+21$
10 $18\sqrt{2}+\sqrt{66}$
11 $5\sqrt{2}-20$

12 분배법칙을 이용한 분모의 유리화 42쪽

01 $\sqrt{5}, \sqrt{5}, \sqrt{10}, 5$
02 $\frac{\sqrt{30}+\sqrt{70}}{10}$
03 $\frac{\sqrt{10}-3\sqrt{2}}{2}$
04 $\frac{2\sqrt{3}-3\sqrt{2}}{6}$
05 $\frac{2\sqrt{10}+\sqrt{5}}{5}$
06 $\frac{\sqrt{6}+\sqrt{10}}{4}$
07 $\frac{\sqrt{35}-\sqrt{10}}{10}$
08 $\frac{3-\sqrt{6}}{6}$
09 $\frac{3\sqrt{6}+2}{2}$
10 $\frac{3\sqrt{2}-2\sqrt{21}}{3}$

13 근호를 포함한 복잡한 식의 계산 43쪽

01 $6, 2, 6, 4, 2, 2$
02 $-\sqrt{5}-1$
03 $12\sqrt{2}-8\sqrt{6}$
04 $1-\frac{9\sqrt{5}}{5}$
05 $\frac{-3\sqrt{10}-3\sqrt{15}}{5}$
06 $6\sqrt{6}-3\sqrt{15}$
07 $a, 0, 2$
08 -3
09 -4

14 제곱근표 44쪽

01 1.855
02 1.900
03 1.761
04 1.949
05 1.980
06 12.1
07 15.0
08 16.3
09 17.4
10 18.2

15 제곱근표에 없는 수 45쪽

01 $100, 10, 1.414, 14.14$
02 44.72
03 141.4
04 $100, 4.472, 0.4472$
05 0.1414
06 0.04472
07 17.32
08 54.77
09 173.2
10 0.5477
11 0.1732
12 0.05477

16 무리수의 정수 부분과 소수 부분 46쪽

01 $1, \sqrt{2}-1$
 $1, 1, \sqrt{2}-1$
02 $2, \sqrt{5}-2$
03 $2, \sqrt{7}-2$
04 $3, \sqrt{15}-3$
05 $2, 2\sqrt{2}-2$
06 $3, 2\sqrt{3}-3$
07 $4, \sqrt{6}-2$
 $2, 3, 4, 5, 4, 4, \sqrt{6}-2$
08 $6, \sqrt{10}-3$
09 $2, \sqrt{21}-4$
10 $3, 2\sqrt{10}-6$
11 $8, 3\sqrt{6}-7$

10분 연산 TEST 47쪽

01 $-\sqrt{7}$
02 $4\sqrt{3}+2\sqrt{10}$
03 $6\sqrt{2}$
04 $-\sqrt{5}$
05 $>$
06 $<$
07 $5\sqrt{2}-5\sqrt{3}$
08 $-6\sqrt{3}+3\sqrt{6}$
09 $4\sqrt{6}-6\sqrt{2}$
10 $\sqrt{14}-3\sqrt{10}$
11 $\frac{3\sqrt{2}-\sqrt{6}}{3}$
12 $\frac{\sqrt{2}+1}{2}$
13 $2\sqrt{5}-\sqrt{30}-3\sqrt{6}$
14 $6\sqrt{2}-4\sqrt{6}$
15 223.6
16 0.07071
17 $3\sqrt{2}-4$
18 $\sqrt{7}-2$

학교 시험 PREVIEW 48쪽~49쪽

01 ②　06 ②　11 ②
02 ④　07 ②　12 ④
03 ⑤　08 ⑤　13 ⑤
04 ④　09 ③　14 -1
05 ①　10 ③

Ⅱ 문자와 식

1. 다항식의 곱셈과 인수분해

01 (다항식)×(다항식) 54쪽

01 $5x$, 5
02 $ac-5ad-2bc+10bd$
03 $6xy+4x-3y-2$
04 $-3-4b+3a+4ab$
05 $ab+3a+2b+6$
06 $2ac-3ad+6bc-9bd$
07 2, 2, 3　11 3, 2, 3, 3
08 a^2-2a-8　12 $6x^2-11xy+12x-16y+4y^2$
09 2, 6, 6
10 $-3a^2+ab+4b^2$

02 곱셈 공식 (1) 55쪽~56쪽

01 x, 1, 2, 1　12 a^2-6a+9
02 x^2+4x+4　13 $9a^2-12a+4$
03 a^2+6a+9　14 $4x^2-4x+1$
04 $9a^2+12a+4$　15 $9x^2-24x+16$
05 $4x^2+4x+1$　16 $49x^2-70x+25$
06 $2y$, $2y$, 4, $4y^2$　17 $2x$, 4, 4
07 $4x^2+12xy+9y^2$　18 $a^2-4ab+4b^2$
08 $9a^2+6ab+b^2$　19 $16a^2-24ab+9b^2$
09 $4x^2+4xy+y^2$　20 $x^2-6xy+9y^2$
10 $4x^2+12xy+9y^2$　21 x^2-4x+4
11 1, 1, 2, 1　22 $a^2-4ab+4b^2$

03 곱셈 공식 (2) 57쪽~58쪽

01 1, 1　09 $9a^2-4b^2$　17 $9-4x^2$
02 a^2-9　10 $16x^2-9y^2$　18 $64b^2-25a^2$
03 $4-x^2$　11 $-x$, x, 1　19 $-b$, $-b$, $-b$, b, $4a^2$
04 $4x^2-1$　12 a^2-16　20 y^2-x^2
05 $4a^2-9$　13 $4a^2-25$　21 b^2-16a^2
06 $2y$, $4y^2$　14 $9x^2-4y^2$　22 $49y^2-64x^2$
07 a^2-16b^2　15 $8x$, $64x^2$
08 $4x^2-y^2$　16 $9-25a^2$

04 곱셈 공식 (3) 59쪽~60쪽

01 2, 2, 3, 2　10 $x^2-3x-10$
02 x^2+5x+6　11 -5, -5, 12, 35
03 x^2+6x+5　12 $x^2-9x+14$
04 x^2+4x+3　13 x^2-9x+8
05 x^2+6x+8　14 $x^2-9x+20$
06 -3, -3, 2, 3　15 x^2-5x+6
07 x^2+x-12　16 x^2-7x+6
08 x^2+x-2　17 $2y$, $2y$, 3, 2
09 x^2-3x-4　18 $x^2-11xy+30y^2$
19 $x^2-3xy-10y^2$　21 $x^2+5xy+4y^2$
20 $x^2+2xy-8y^2$　22 $x^2-7xy+12y^2$

05 곱셈 공식 (4) 61쪽~62쪽

01 3, 2, 3, 13, 6　12 $8x^2-22x+15$
02 $8x^2+10x+3$　13 $8x^2-14x+3$
03 $6x^2+7x+2$　14 -4, 3, -4, 7, 20
04 $18x^2+27x+4$　15 $-14x^2-x+3$
05 $20x^2+13x+2$　16 $-15x^2+18x-3$
06 -5, 2, -5, 11, 10　17 1, 4, 1, 23, 4
07 $14x^2+x-3$　18 $10x^2-11xy-6y^2$
08 $27x^2+42x-5$　19 $12x^2-11xy+2y^2$
09 $6x^2+5x-6$　20 $-30x^2+31xy-5y^2$
10 $8x^2+14x-15$　21 $-3x^2-14xy+24y^2$
11 -2, 3, -2, 7, 2　22 $-14x^2+17xy+6y^2$

06 곱셈 공식을 이용한 수의 제곱의 계산 63쪽

01 2, 2, 2, 200, 4, 2704　07 2, 2, 2, 200, 4, 2304
02 4096　08 1521
03 10609　09 9604
04 28.09　10 98.01
05 102.01　11 882.09
06 912.04　12 2480.04

07 곱셈 공식을 이용한 두 수의 곱의 계산 64쪽

01 1, 1, 1, 1600, 1599　08 2756
02 2499　09 6723
03 9996　10 10608
04 39999　11 10197
05 99.99　12 2548
06 2499.96
07 1, 2, 1, 2, 1, 2, 120, 2, 1722

08 곱셈 공식을 이용한 제곱근의 계산 65쪽~66쪽

01 $\sqrt{2}$, $\sqrt{2}$, 2, 10, $7+2\sqrt{10}$　08 $11-2\sqrt{30}$　17 62
02 $10+2\sqrt{21}$　09 $3-2\sqrt{2}$　18 6
03 $18+8\sqrt{2}$　10 $19-8\sqrt{3}$　19 -1
04 $7+4\sqrt{3}$　11 $23-6\sqrt{10}$　20 2
05 $18+12\sqrt{2}$　12 $46-8\sqrt{15}$　21 $\sqrt{2}$, $\sqrt{2}$, 12, 14, 7
06 $32+6\sqrt{15}$　13 $\sqrt{5}$, 5, 1　22 $21+13\sqrt{3}$
07 $\sqrt{3}$, $\sqrt{3}$, 3, 6, $5-2\sqrt{6}$　14 3　23 $32+7\sqrt{5}$
15 1　24 $-5\sqrt{6}$
16 -2

10분 연산 TEST 67쪽

01 $2a^2+7a-15$　10 $x^2-3x-10$
02 $3x^2-5xy+12x-2y^2+4y$　11 $6x^2+11x-10$
12 10404
03 $x^2+14x+49$　13 529
04 $36a^2+12ab+b^2$　14 3481
05 $16x^2-24x+9$　15 92.16
06 $9x^2-30xy+25y^2$　16 39996
07 x^2-25　17 8.91
08 $4a^2-9b^2$　18 9696
09 $x^2+11x+28$　19 3.23
20 $7-2\sqrt{10}$　22 $19+7\sqrt{7}$
21 $51+6\sqrt{30}$　23 $5-4\sqrt{2}$

09 곱셈 공식을 이용한 분모의 유리화 68쪽

01 $\sqrt{3}+\sqrt{2}$, $\sqrt{3}+\sqrt{2}$, $\sqrt{3}+\sqrt{2}$　07 $-\frac{2\sqrt{3}-\sqrt{21}}{3}$
02 $-2\sqrt{2}-3$　08 $\frac{\sqrt{2}+1}{3}$
03 $\sqrt{5}-\sqrt{3}$　09 $2\sqrt{6}-3\sqrt{2}$
04 $-2\sqrt{3}+2\sqrt{5}$　10 $5-2\sqrt{6}$
05 $5-2\sqrt{3}$　11 $6+\sqrt{35}$
06 $2+\sqrt{6}$　12 $2\sqrt{15}+3\sqrt{6}$

10 곱셈 공식을 이용한 복잡한 식의 계산 69쪽

01 $4x^2-4xy+y^2+12x-6y+9$
　❸ 6, 6, 9, 4, 12, 6, 9
02 $x^2-2xy+y^2-4x+4y+4$
03 $x^2+4xy+4y^2-2x-4y-3$
04 $x^2+6x+9-y^2$　08 $6x-24$
05 x^2-4y^2-4y-1　09 $7x^2+11x$
06 $-16x+9$　10 $3x^2-3$
07 $2x^2-3x-5$

11 식의 값 70쪽

01 4　05 -5　09 4
02 -6　06 1　10 -13
03 $\frac{3}{2}$　07 -1　11 13
04 -4　08 10　12 $-\frac{3}{2}$

12 식의 대입 71쪽

01 $2y-3$, $4y$, 6, 6, 10　07 $-x+y$, $2x-2y$, $5x-4y$
02 $7y-22$　08 $5x-3y$
03 $3y-7$　09 $-y$
04 $x+2$　10 $10x-8y$
05 $6x-1$　11 $8x-5y$
06 3

13 곱셈 공식의 변형 72쪽

01 2, 2, 1, 14　05 37　09 32
02 4, 4, 1, 12　06 49　10 28
03 2, 2, 2, 13　07 10
04 4, 4, 2, 17　08 16

10분 연산 TEST 73쪽

01 $\sqrt{2}-1$　04 $3-\sqrt{2}$
02 $-\frac{\sqrt{5}+3}{2}$　05 $2-\sqrt{3}$
03 $-\sqrt{2}-2$　06 $\frac{2\sqrt{2}-1}{7}$
07 $25a^2+10ab+b^2-30a-6b+9$
08 $x^2-4xy+4y^2+6x-12y+5$
09 $a^2-6a+9-b^2$　13 17
10 $5x+11$　14 9
11 $2x^2-5$　15 ±3
12 $8x^2-24x-32$　16 5

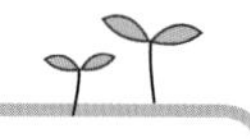

14 인수와 인수분해 74쪽

01 $x, y, ax+ay$
02 $ma-mb$
03 x^2+2x+1
04 $a^2-4ab+4b^2$
05 x^2-4
06 $x^2+2xy-3y^2$
07 $1, a, b, ab, b^2, ab^2$
08 $x, x^2, x+1, x(x+1)$
09 $x, x+y, x-y, x^2-y^2$
10 $ab, b-a, a-b, a^2-ab$
11 $1, x, x(x+y), x(x+y)^2$

15 공통인 인수를 이용한 인수분해 75쪽

01 $2a^2(a+2)$
$4, 2, a^3, a^2, 2a^2, 2a^2$
02 $x(x-2)$
03 $2x^2(2x-y)$
04 $ab(a+b-1)$
05 $3x(3z-y+2)$
06 $a+b$
07 $(x+1)(a-2b)$
08 $(2a+b)(2y-x)$
09 $(2x-y)(a-b)$
10 $(b-c)(a+1)$
11 $x(x-1)(y-1)$

16 인수분해 공식 (1) 76쪽~77쪽

01 $2, 2, x+2$
02 $(x+3)^2$
03 $(a+1)^2$
04 $(a+4)^2$
05 $(a+9)^2$
06 $\left(x+\frac{1}{2}\right)^2$
07 $(x-1)^2$
08 $(x-5)^2$
09 $(x-2)^2$
10 $(a-6)^2$
11 $(a-4)^2$
12 $\left(a-\frac{3}{2}\right)^2$
13 $3x, 3x, 3x+y$
14 $(x+y)^2$
15 $(2x+3y)^2$
16 $(x-7y)^2$
17 $(4x-3y)^2$
18 $(2x-5y)^2$
19 $(10a-3b)^2$
20 $2(x-12)^2$
$2, 2, 2, 24, 144, x-12$
21 $2(5x+3)^2$
22 $b(2a+1)^2$
23 $a(4x-1)^2$
24 $18a(x-2)^2$
25 $3(x+10y)^2$
26 $2a(2x+7y)^2$

17 완전제곱식이 될 조건 78쪽

01 1
02 9
03 $\frac{1}{4}$
04 36
05 4
06 1
07 ±10
08 ±12
09 ±8
10 ±12
11 ±8
12 ±24

18 인수분해 공식 (2) 79쪽

01 $(x+4)(x-4)$
02 $\left(a+\frac{6}{5}\right)\left(a-\frac{6}{5}\right)$
03 $(2+x)(2-x)$
04 $(3x+1)(3x-1)$
05 $(7a+5)(7a-5)$
06 $(9+2x)(9-2x)$
07 $(a+b)(a-b)$
08 $\left(x+\frac{1}{3}y\right)\left(x-\frac{1}{3}y\right)$
09 $(5x+2y)(5x-2y)$
10 $\left(\frac{1}{2}a+\frac{1}{4}b\right)\left(\frac{1}{2}a-\frac{1}{4}b\right)$
11 $3, 3, 2, 2$
12 $a(a+b)(a-b)$
13 $2(5x+y)(5x-y)$
14 $-3(a+4b)(a-4b)$

19 인수분해 공식 (3) 80쪽~81쪽

01 $-2, -4$

곱이 8인 두 정수	두 정수의 합
1, 8	9
2, 4	6
−1, −8	−9
−2, −4	−6

02 $1, 2$
03 $2, -5$
04 $-1, -3$
05 $-1, 6$
06 $2, -9$
07 $(x+3)(x-1)$
$1, 3, 3, 3, -1, -1, -1$
08 $(x+1)(x-2)$
09 $(x+6)(x-5)$
10 $(x+7)(x+1)$
11 $(x-3)(x-4)$
12 $(x+2)(x-7)$
13 $(x+3y)(x+2y)$
14 $(x-6y)(x-7y)$
15 $(x+5y)(x-y)$
16 $(x+2y)(x-5y)$
17 $(x+7y)(x-3y)$
18 $(x+2y)(x-3y)$
19 $(x+5y)(x-7y)$
20 $(x+7y)(x+2y)$
21 $2, 2(x-4)(x-7)$
22 $3(x+5)(x-3)$
23 $2(x+9)(x+1)$
24 $-2(x+9)(x+3)$
25 $-(x+2y)(x+y)$
26 $-2(x-4y)(x-5y)$
27 $3(x+5y)(x-9y)$
28 $4(x-4y)(x-6y)$

20 인수분해 공식 (4) 82쪽~83쪽

01 $(x+7)(7x+1), 7, 1, 1, 7, 49$
02 $(x-2)(2x-5), 2, -5, -5, 1, -2$
03 $(3x+2)(x-1), 3, 2, 2, 1, -1$
04 $(4x+7)(3x-2), 4, 7, 3, -2, -8$
05 $(2x+7)(x+1)$
06 $(2x-1)(x-1)$
07 $(x+2)(3x-1)$
08 $(x+3)(2x+1)$
09 $(2x+7)(5x-6)$
10 $(5x+3)(7x-2)$
11 $(2x-5)(x-3)$
12 $(x+6y)(2x-5y), 1, 6, 2, -5, -5$
13 $(2x+3y)(5x+y), 2, 3, 15, 5, 1$
14 $(x-y)(2x-3y), 1, -1, 2, -3, -3$
15 $(3x+y)(4x-5y), 3, 1, 4, -5, -15$
16 $(4x+3y)(4x-y)$
17 $(7x+4y)(x-y)$
18 $(3x-2y)(5x-7y)$
19 $(x+6y)(2x+7y)$
20 $(3x+4y)(7x-5y)$
21 $(x+5y)(3x-7y)$
22 $(4x-5y)(2x-7y)$
23 $(-6x+7y)(x-3y)$
24 $(5x+2y)(-2x+y)$

10분 연산 TEST 84쪽

01 $3, x-2, x+1, 3(x+1), x^2-x-2$
02 $1, a+b, a-b, a^2-b^2$
03 $5x(x+2y)$
04 $3x^2y(x-4y)$
05 $(x+6)^2$
06 $(x-4)^2$
07 $(5x-2)^2$
08 $(3x+4y)^2$
09 64
10 ±20
11 $(x+8)(x-8)$
12 $3(a+2b)(a-2b)$
13 $\left(\frac{1}{3}x+\frac{1}{2}y\right)\left(\frac{1}{3}x-\frac{1}{2}y\right)$
14 $(x+1)(x-8)$
15 $(x+3)(x+7)$
16 $(2x+1)(3x-4)$
17 $(x-2y)(x-5y)$
18 $(3x+15y)(x-3y)$
19 $(4x+3y)(3x-2y)$
20 $(2x+3y)(4x+5y)$

21 복잡한 식의 인수분해 (1) 85쪽

01 $2b, 8, 2b, 4b, 2b$
02 $-x(x-5)(x-7)$
03 $x(x+6y)(x-5y)$
04 $-ab(a+7b)(3a+4b)$
05 $4y(x+2)(2x-3)$
06 $3b(a+2)(4a+3)$
07 $a, b, b+2, 1$
08 $(b-1)(a+1)$
09 $(x-y)(x-1)$
10 $(a-1)^2(a+1)$
11 $x^2, x, x-y, 1, x-y, 1, 1$
12 $(x-y)(x+y-4)$

22 복잡한 식의 인수분해 (2) 86쪽

01 $x+1, A, A, A+4, x+1, 4, x+5$
02 $x(x-4)$
03 $2(x+3)(2x-1)$
04 $3a(-a+2b)$
05 $(x+y-1)(x-y+3)$
06 $7, 7, 7$
07 $(2x-3y+3)(2x-3y-3)$
08 $(x+y-9)(x-y+9)$
09 $(2a+b-5)(2a-b+5)$
10 $(1+a+2b)(1-a-2b)$

23 인수분해 공식의 활용 (1) 87쪽

01 $27, 27, 270$
02 2400
03 1300
04 $24, 24, 60, 720$
05 400
06 40
07 $36, 40, 1600$
08 100
09 2500
10 10000
11 2500

24 인수분해 공식의 활용 (2) 88쪽

01 0
02 10200
03 -100
04 $3\sqrt{3}+3$
05 5
06 2
07 27 $\sqrt{3}+2\sqrt{2}, \sqrt{3}-\sqrt{2}, 3\sqrt{3}, 27$
08 $4\sqrt{35}$
09 2
10 8
11 $8\sqrt{3}$
12 9

10분 연산 TEST 89쪽

01 $2x(y-1)(3y+2)$
02 $3xy(x-3y)^2$
03 $4x(y+2)(y+3)$
04 $5y(x+4)(x-1)$
05 $(b+1)(a-b)$
06 $(x+4)^2$
07 $(x-4)(x-9)$
08 $(a+b+3)(a-b+1)$
09 $(a+3b+8)(a-3b+8)$
10 $(5a+2b-1)(5a-2b+1)$
11 500
12 120
13 900
14 300
15 96
16 60
17 9700
18 3
19 $4\sqrt{2}$
20 $4\sqrt{3}$

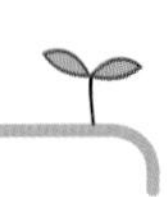

학교 시험 PREVIEW 90쪽~91쪽

01 ⑤ 02 ② 03 -26 04 ⑤ 05 ③
06 ③ 07 ② 08 ① 09 ④ 10 ⑤
11 ①, ④ 12 ③ 13 (가) : 1, (나) : ± 28

2. 이차방정식

01 일차방정식의 뜻과 해 94쪽

01 × 02 ○ 03 × 04 × 05 ○ 06 ○ 07 × 08 ○ 09 × 10 ○ 11 $x=1$ 12 $x=-2$

02 이차방정식의 뜻 95쪽

01 ○ 02 × 03 × 04 ○ 05 × 06 ○ 07 ○ 08 $a\neq 1$ ($\neq$, $\neq$) 09 $a\neq -2$ 10 $a\neq 3$ 11 $a\neq 2$ 12 $a\neq 4$ 13 $a\neq 2$

03 이차방정식의 해 96쪽~97쪽

01 ○ (3, 3, 0, =)
02 ×
03 ×
04 ○
05 ×
06 ×
07 $x=0$ 또는 $x=3$ (-2, 거짓, -2, 거짓, 0, 참, $x=3$)
08 $x=1$
09 $x=1$ 또는 $x=2$
10 $x=-1$
11 $x=-2$ 또는 $x=0$
12 $x=-3$ 또는 $x=-1$
13 3 (5, 5, 5, 3)
14 -4
15 -2
16 4
17 $-\frac{4}{3}$
18 9
19 0
20 $\frac{1}{4}$
21 -2 (m, m, m, m, m, -2)
22 20
23 2
24 $-\frac{2}{3}$
25 2
26 1
27 4
28 2

04 $AB=0$의 성질을 이용한 이차방정식의 풀이 98쪽

01 $x-3$, 3
02 $x=-4$ 또는 $x=-1$
03 $x=-8$ 또는 $x=6$
04 $x=0$ 또는 $x=-10$
05 $x=-5$
06 $x=-1$ 또는 $x=1$
07 $x=\frac{1}{2}$ 또는 $x=\frac{4}{3}$
08 $x=-\frac{4}{5}$ 또는 $x=\frac{7}{2}$
09 $x=-\frac{1}{6}$ 또는 $x=\frac{3}{2}$
10 $x=0$ 또는 $x=\frac{1}{5}$
11 $x=-\frac{2}{3}$ 또는 $x=\frac{3}{4}$
12 $x=-\frac{1}{2}$ 또는 $x=\frac{1}{10}$

05 인수분해를 이용한 이차방정식의 풀이 99쪽~100쪽

01 $x=0$ 또는 $x=-6$ ($x+6$, -6)
02 $x=0$ 또는 $x=8$
03 $x=0$ 또는 $x=-\frac{2}{3}$
04 $x=-3$ 또는 $x=3$ ($x-3$, 3)
05 $x=-5$ 또는 $x=5$
06 $x=-\frac{3}{2}$ 또는 $x=\frac{3}{2}$
07 $x=-4$ 또는 $x=3$ (4, 3, $x+4$, -4, 3)
08 $x=1$ 또는 $x=2$
09 $x=-4$ 또는 $x=5$
10 $x=2$ 또는 $x=4$
11 $x=-4$ 또는 $x=1$
12 $x=1$ 또는 $x=4$
13 $x=-3$ 또는 $x=1$
14 $x=-2$ 또는 $x=5$
15 $x=-3$ 또는 $x=-\frac{1}{5}$ (3, 5, $x+3$, -3, $-\frac{1}{5}$)
16 $x=\frac{3}{5}$ 또는 $x=4$
17 $x=\frac{1}{3}$ 또는 $x=\frac{3}{5}$
18 $x=-\frac{4}{3}$ 또는 $x=1$
19 $x=-1$ 또는 $x=-\frac{1}{2}$
20 $x=-\frac{7}{2}$ 또는 $x=1$
21 $x=-4$ 또는 $x=\frac{9}{2}$
22 $x=2$
23 $x=-1$
24 $x=3$
25 $x=-4$
26 $x=-6$ (4, 6, 2, -6, -6)
27 $x=-9$
28 $x=8$
29 $x=-2$

06 이차방정식의 중근 101쪽

01 $x=3$ (3, 3)
02 $x=-4$
03 $x=-7$
04 $x=6$
05 $x=\frac{1}{2}$
06 $x=-\frac{5}{4}$
07 $x=\frac{5}{2}$
08 $x=\frac{2}{3}$
09 $x=\frac{3}{2}$
10 $x=-\frac{2}{3}$
11 $x=-1$ (3, 1, -1)
12 $x=4$

07 이차방정식이 중근을 가질 조건 102쪽

01 64 (-16, 64)
02 4
03 25
04 27
05 25 (5, 25, 25)
06 $\frac{7}{2}$
07 3
08 10
09 -2 또는 2 (4, 4, -2, 2)
10 -1 또는 1
11 -8 또는 8
12 -9 또는 7
13 6
14 20
15 8
16 13

10분 연산 TEST 103쪽

01 ○
02 ×
03 ○
04 ○
05 $a\neq 3$
06 $x=-2$ 또는 $x=1$
07 -4
08 -6
09 $x=-7$ 또는 $x=7$
10 $x=-\frac{8}{3}$ 또는 $x=\frac{8}{3}$
11 $x=-5$ 또는 $x=6$
12 $x=-\frac{7}{2}$ 또는 $x=\frac{5}{4}$
13 $x=\frac{3}{4}$ 또는 $x=\frac{5}{6}$
14 $x=-\frac{5}{3}$ 또는 $x=\frac{1}{3}$
15 $x=\frac{7}{4}$
16 $x=-\frac{1}{4}$
17 36
18 $x=6$

08 제곱근을 이용한 이차방정식 풀이 104쪽

01 $x=\pm 2\sqrt{2}$ (2)
02 $x=\pm\sqrt{3}$
03 $x=\pm 3$
04 $x=\pm 2\sqrt{3}$
05 $x=\pm\sqrt{7}$ (7, 7)
06 $x=\pm 3\sqrt{2}$
07 $x=\pm\sqrt{6}$
08 $x=\pm 4$
09 $x=-3$ 또는 $x=5$ (4, 5)
10 $x=2\pm\sqrt{7}$
11 $x=-4\pm 2\sqrt{2}$
12 $x=-3\pm 2\sqrt{3}$
13 $x=-2\pm\sqrt{2}$
14 $x=-3$ 또는 $x=1$
15 $x=3\pm\sqrt{5}$
16 $x=0$ 또는 $x=8$

09 완전제곱식을 이용한 이차방정식의 풀이 105쪽

01 $p=4$, $q=8$ (16, 16, 4, 8, 4, 8)
02 $p=-3$, $q=11$
03 $p=-5$, $q=10$
04 $p=\frac{3}{2}$, $q=\frac{17}{4}$
05 $p=-3$, $q=6$
06 $p=1$, $q=\frac{7}{3}$
07 $x=1\pm 2\sqrt{2}$ (1, 1, 1, 8, 1, 8, 1, 2, 2)
08 $x=-4\pm 2\sqrt{5}$
09 $x=5\pm\sqrt{30}$
10 $x=\frac{1}{3}\pm\frac{\sqrt{10}}{3}$
11 $x=-1\pm\frac{\sqrt{14}}{2}$
12 $x=1\pm\frac{\sqrt{3}}{3}$

10 이차방정식의 근의 공식 106쪽

01 $x=\frac{-5\pm\sqrt{5}}{2}$ (5, 5, 1, 5, 1, 5, 5, 2)
02 $x=\frac{7\pm\sqrt{29}}{2}$
03 $x=\frac{-3\pm\sqrt{13}}{2}$
04 $x=\frac{1\pm\sqrt{17}}{2}$
05 $x=-4\pm\sqrt{15}$
06 $x=1\pm\sqrt{6}$
07 $x=\frac{7\pm\sqrt{41}}{4}$ (2, -7, 1, -7, -7, 2, 1, 2, 7, 41, 4)
08 $x=\frac{-1\pm\sqrt{17}}{4}$
09 $x=\frac{-3\pm\sqrt{33}}{6}$
10 $x=\frac{-2\pm\sqrt{2}}{2}$
11 $x=\frac{4\pm\sqrt{22}}{3}$
12 $x=\frac{1\pm\sqrt{21}}{4}$

11 일차항의 계수가 짝수인 이차방정식의 근의 공식 107쪽

01 $x=-2\pm\sqrt{3}$ (2, 2, 2, 1, 1, 1, 2, 3)
02 $x=5\pm\sqrt{39}$
03 $x=3\pm\sqrt{14}$
04 $x=-2\pm\sqrt{10}$
05 $x=-1\pm 2\sqrt{3}$
06 $x=4\pm\sqrt{2}$
07 $x=\frac{-3\pm\sqrt{6}}{3}$ (3, 3, 1, 3, 3, 3, 1, 3, 3, 6, 3)
08 $x=\frac{1\pm\sqrt{43}}{3}$
09 $x=\frac{-5\pm\sqrt{39}}{2}$
10 $x=\frac{-2\pm 2\sqrt{10}}{3}$
11 $x=\frac{-3\pm\sqrt{19}}{5}$
12 $x=\frac{-3\pm 2\sqrt{5}}{2}$

12 복잡한 이차방정식의 풀이 108쪽~109쪽

01 $x=-\frac{1}{2}$ 또는 $x=2$
 $4, 1, 2, -\frac{1}{2}, 2$
02 $x=-3$ 또는 $x=\frac{1}{2}$
03 $x=2$ 또는 $x=4$
04 $x=\frac{3\pm\sqrt{21}}{6}$
05 $x=\frac{10\pm3\sqrt{10}}{5}$
06 $x=\frac{2\pm\sqrt{10}}{3}$
 $-2, 10, 2, 10$
07 $x=-1$ 또는 $x=\frac{3}{4}$
08 $x=\frac{-4\pm\sqrt{22}}{3}$
09 $x=3\pm\sqrt{2}$
10 $x=\frac{-1\pm\sqrt{7}}{3}$
11 $x=\frac{-3\pm\sqrt{21}}{2}$
 $3, -3, 21$
12 $x=\frac{1}{2}$ 또는 $x=4$
13 $x=\frac{-3\pm\sqrt{33}}{2}$
14 $x=-2$ 또는 $x=\frac{2}{3}$
15 $x=\frac{1}{4}$ 또는 $x=\frac{7}{4}$
16 $x=\frac{9\pm\sqrt{129}}{6}$
17 $x=-6$ 또는 $x=3$
18 $x=5\pm2\sqrt{3}$
19 $x=-3$ 또는 $x=2$
 $2, 3, -2, 3, -2, 3, -3, 2$
20 $x=0$ 또는 $x=\frac{1}{3}$
21 $x=-\frac{8}{3}$ 또는 $x=-1$
22 $x=1$
23 $x=-2$ 또는 $x=0$
24 $x=\frac{1}{2}$ 또는 $x=\frac{3}{2}$
25 $x=-\frac{1}{4}$ 또는 $x=-\frac{3}{4}$

10분 연산 TEST 110쪽

01 $x=\pm\sqrt{5}$
02 $x=-1\pm\sqrt{3}$
03 $x=2\pm\sqrt{7}$
04 $x=4\pm\sqrt{6}$
05 $x=1\pm\frac{\sqrt{3}}{3}$
06 $x=\frac{5\pm\sqrt{13}}{2}$
07 $x=\frac{-1\pm\sqrt{33}}{4}$
08 $x=\frac{-5\pm\sqrt{13}}{6}$
09 $x=1\pm\sqrt{7}$
10 $x=\frac{-3\pm\sqrt{11}}{2}$
11 $x=\frac{3\pm\sqrt{41}}{8}$
12 $x=-\frac{3}{2}$ 또는 $x=1$
13 $x=\frac{2\pm\sqrt{10}}{3}$
14 $x=-3$ 또는 $x=8$
15 $x=3$ 또는 $x=7$
16 $x=-5$ 또는 $x=1$

13 이차방정식의 근의 개수 111쪽~112쪽

01 2 $6, 1, -4, 52, >, 2$
02 $2, >$
03 $1, =$
04 $0, <$
05 $1, =$
06 $0, <$
07 $k<16$ $>, 16$
08 $k=16$
09 $k>16$
10 $k>-\frac{4}{3}$
11 $k=-\frac{4}{3}$
12 $k<-\frac{4}{3}$
13 $k\le4$
 $-4, 1, k, 16, 4$
14 $k\le1$
15 $k\le\frac{9}{8}$
16 $k\ge-\frac{3}{4}$
17 $k>1$ $2, 1, k, 4, 1$
18 $k<-\frac{1}{3}$
19 $k>5$
20 $k<-8$
21 16 $-8, 1, k, 64, 16$
22 1
23 $-\frac{4}{3}$
24 -25
25 $k=9, x=3$
 $-6, k, 9, 9, 3$
26 $k=-2, x=1$
27 $k=\frac{25}{4}, x=-\frac{5}{2}$
28 $k=\frac{27}{4}, x=-\frac{3}{2}$

14 이차방정식의 활용 113쪽~114쪽

01 (1) $x+5$ (2) $x(x+5)=66$ (3) 6, 11
02 (1) $x+4$ (2) $x(x+4)=96$ (3) 8, 12
03 (1) $x+2$ (2) $x(x+2)=195$ (3) 13, 15
04 (1) $x+1$ (2) $x^2+(x+1)^2=221$ (3) 10, 11
05 (1) $60x-5x^2=160$ (2) 4초 후 또는 8초 후
06 (1) $30x-5x^2=0$ (2) 6초 후
07 (1) $(14-x)$ cm (2) $x^2+(14-x)^2=116$
(3) 10 cm
08 (1) 가로의 길이 : $(16+x)$ m,
세로의 길이 : $(12+x)$ m
(2) $(16+x)(12+x)=320$ (3) 4 m

10분 연산 TEST 115쪽

01 2
02 1
03 $k<\frac{25}{8}$
04 $k=\frac{25}{8}$
05 $k>\frac{25}{8}$
06 $k\le\frac{3}{8}$
07 4
08 $x=\frac{2}{3}$
09 (1) $x+1$
(2) $x(x+1)=156$
(3) 12, 13
10 (1) $(x+3)$살
(2) $x(x+3)=208$
(3) 13살
11 1초 후 또는 3초 후
12 5초 후

학교 시험 PREVIEW 116쪽~117쪽

01 ③
02 ②
03 ②
04 ③
05 ②, ④
06 ④
07 ⑤
08 ③
09 ②
10 ③
11 ④
12 9

Ⅲ 이차함수

1. 이차함수와 그래프

01 일차함수 122쪽

01 ○
02 ×
03 ×
04 ×
05 ○
06 ×
07 ○
08 ×
09 -1
10 3
11 5
12 -2
13 1
14 -6

02 이차함수의 뜻 123쪽~124쪽

01 ×
02 ○
03 ×
04 ○ x^2-x+1, 이차함수이다
05 ×
06 ×
07 πx^2, ○
08 $4x$, ×
09 $-\frac{1}{2}x^2+5x$, ○
10 $5\pi x^2$, ○
11 $3x$, ×
12 2, 2, 3
13 0
14 28
15 15
16 26
17 10
18 1
19 -4
20 4
21 7
22 12
23 1 $1, 1, a+1, a+1, 1$
24 -2
25 -3
26 2
27 -8

03 이차함수 $y=x^2$과 $y=-x^2$의 그래프 125쪽

01 (1) 4, 1, 0, 1, 4 (2)

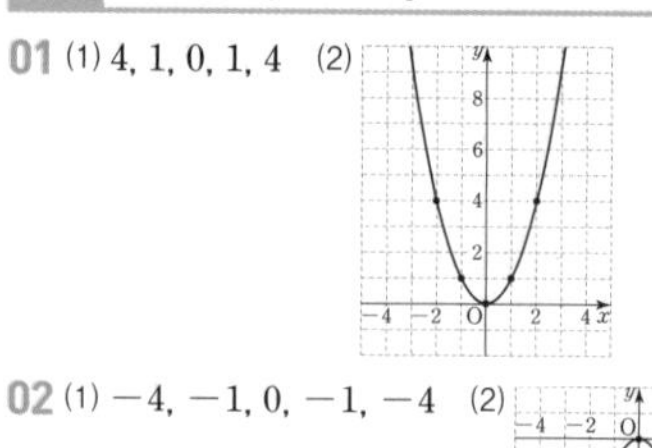

02 (1) $-4, -1, 0, -1, -4$ (2)

03 아래
04 y
05 감소
06 >
07 위
08 y
09 <
10 감소

04 이차함수 $y=ax^2$의 그래프 126쪽

01

x	⋯	-2	-1	0	1	2	⋯
x^2	⋯	4	1	0	1	4	⋯
$3x^2$	⋯	12	3	0	3	12	⋯

, 3

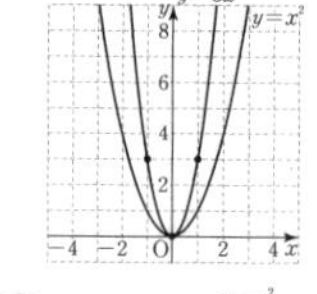

02

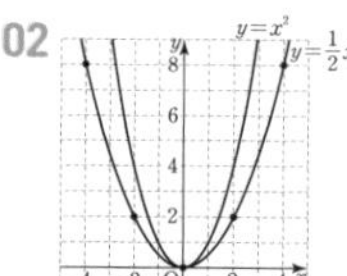

03

x	⋯	-3	-2	-1	0	1	2	3	⋯
$-x^2$	⋯	-9	-4	-1	0	-1	-4	-9	⋯
$-\frac{1}{3}x^2$	⋯	-3	$-\frac{4}{3}$	$-\frac{1}{3}$	0	$-\frac{1}{3}$	$-\frac{4}{3}$	-3	⋯

, $\frac{1}{3}$

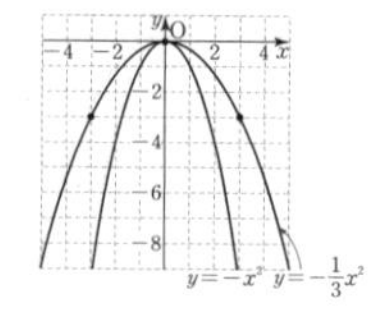

04

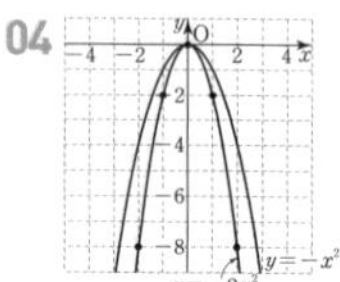

05 이차함수 $y=ax^2$의 그래프의 성질 127쪽~128쪽

01 아래
02 0, 0
03 $x=0$
04 증가
05 $-\frac{1}{3}x^2$
06 12
07 위
08 0, 0

09 $x=0$
10 감소
11 $\frac{3}{2}x^2$
12 -6
13 ㄱ, ㄴ, ㅂ
14 ㄷ, ㄹ, ㅁ
15 ㄷ
16 ㄱ, ㄴ, ㅂ
17 ㄹ과 ㅂ
18 (1) ㉠ (2) ㉣ (3) ㉡ (4) ㉢
19 2 $-2, 8, 2$
20 3
21 -1
22 $-\frac{1}{5}$
23 -6
24 $a=2, b=8$
25 $a=\frac{1}{3}, b=\frac{1}{3}$

10분 연산 TEST 129쪽

01 ×
02 ○
03 ○
04 ×
05 ×
06 ○
07 1
08 $-\frac{5}{4}$
09 6
10 -3
11 ㄱ, ㄹ, ㅂ
12 ㅂ
13 ㄱ과 ㄷ
14 3
15 $-\frac{1}{9}$
16 $-\frac{1}{2}$
17 $a=-2, b=-18$
18 $a=\frac{1}{3}, b=12$

06 이차함수 $y=ax^2+q$의 그래프 130쪽~132쪽

01 $y=-2x^2+3$ 3
02 $y=x^2+1$
03 $y=-x^2+\frac{1}{2}$
04 $y=-3x^2-2$
05 $y=\frac{1}{2}x^2-1$
06 $y=-\frac{1}{3}x^2+4$
07 $y=-\frac{2}{5}x^2+\frac{1}{3}$
08 $y=\frac{3}{2}x^2-\frac{1}{2}$
09 2
10 -3
11 $\frac{2}{3}$
12 $-\frac{5}{2}$
13

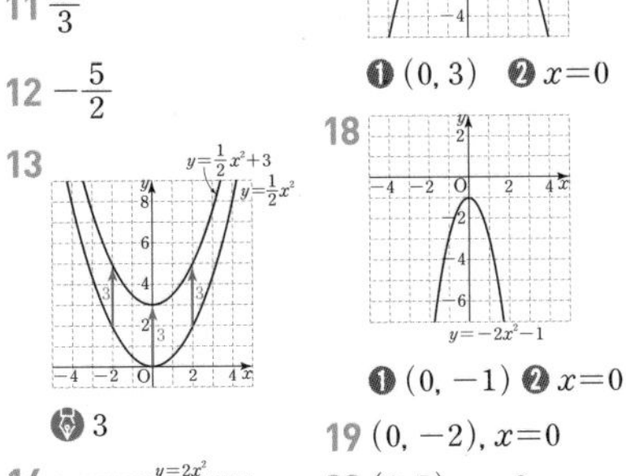

3

14

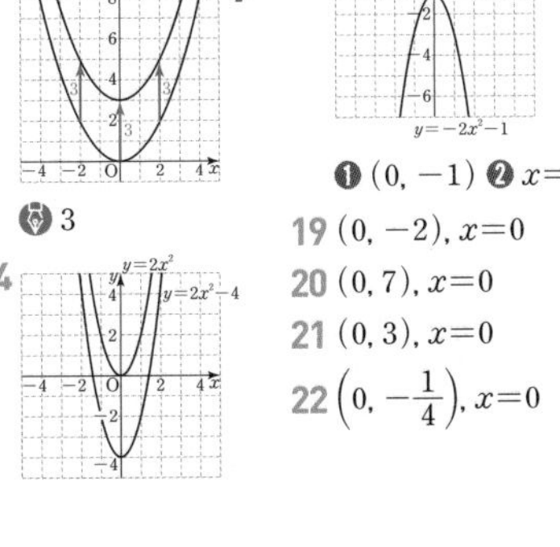

15

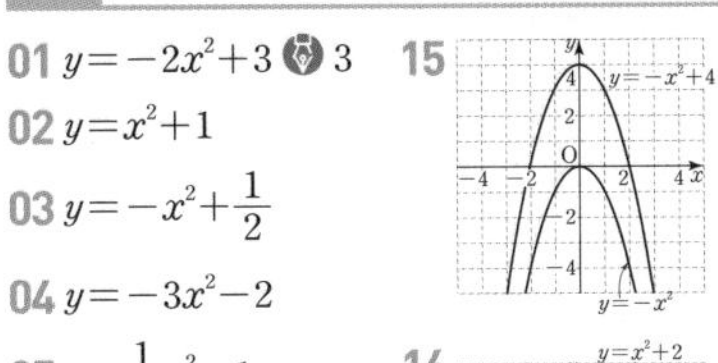

16

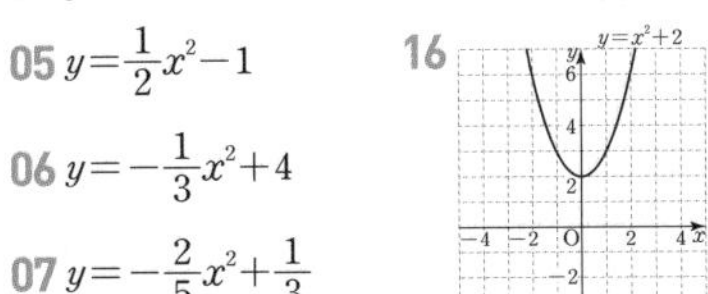

❶ $(0, 2)$ ❷ $x=0$

17

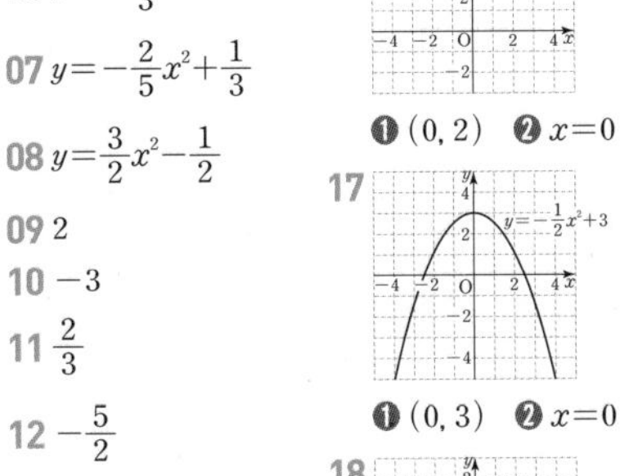

❶ $(0, 3)$ ❷ $x=0$

18

$y=-2x^2-1$

❶ $(0, -1)$ ❷ $x=0$

19 $(0, -2), x=0$
20 $(0, 7), x=0$
21 $(0, 3), x=0$
22 $\left(0, -\frac{1}{4}\right), x=0$

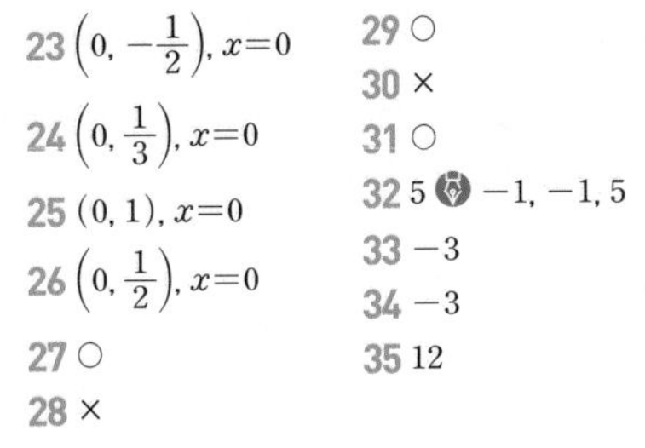

23 $\left(0, -\frac{1}{2}\right), x=0$
24 $\left(0, \frac{1}{3}\right), x=0$
25 $(0, 1), x=0$
26 $\left(0, \frac{1}{2}\right), x=0$
27 ○
28 ×
29 ○
30 ×
31 ○
32 5 $-1, -1, 5$
33 -3
34 -3
35 12

07 이차함수 $y=a(x-p)^2$의 그래프 133쪽~135쪽

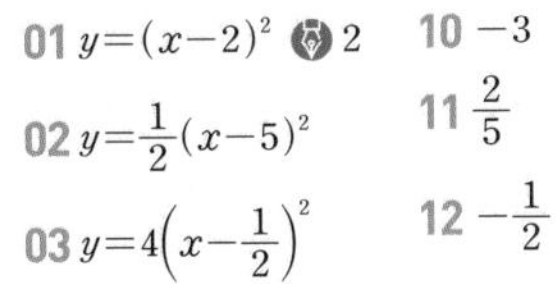

01 $y=(x-2)^2$ 2
02 $y=\frac{1}{2}(x-5)^2$
03 $y=4\left(x-\frac{1}{2}\right)^2$
04 $y=-2\left(x-\frac{2}{3}\right)^2$
05 $y=2(x+2)^2$ $-2, 2$
06 $y=-\left(x+\frac{1}{2}\right)^2$
07 $y=\frac{2}{3}(x+1)^2$
08 $y=-\frac{1}{2}\left(x+\frac{3}{2}\right)^2$
09 4
10 -3
11 $\frac{2}{5}$
12 $-\frac{1}{2}$
13

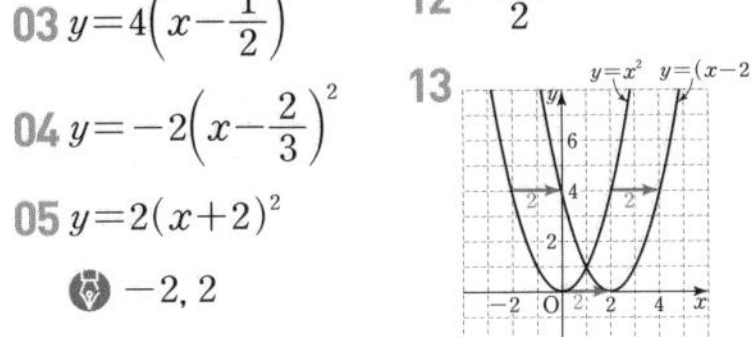

2

14

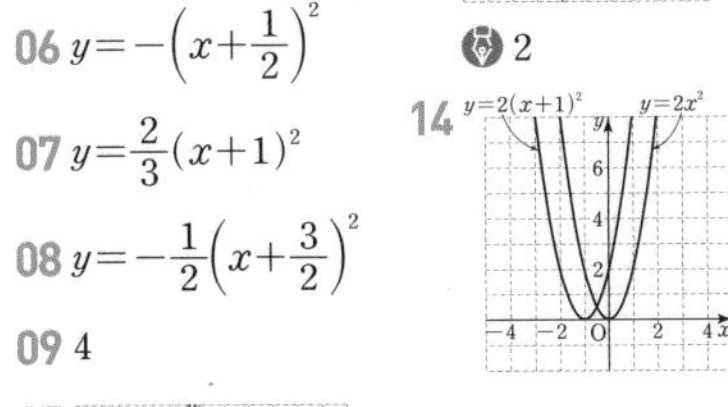

15

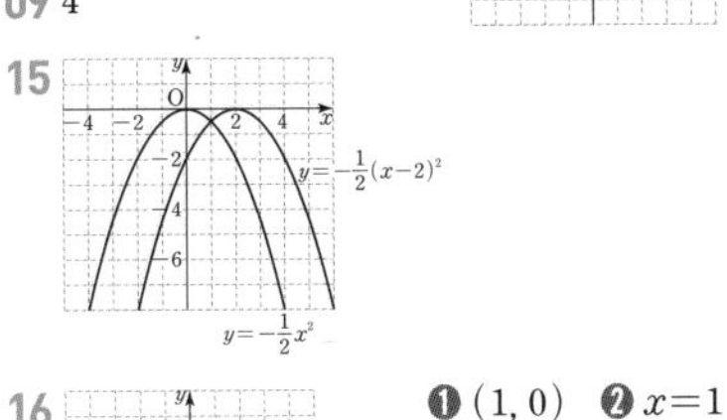

16

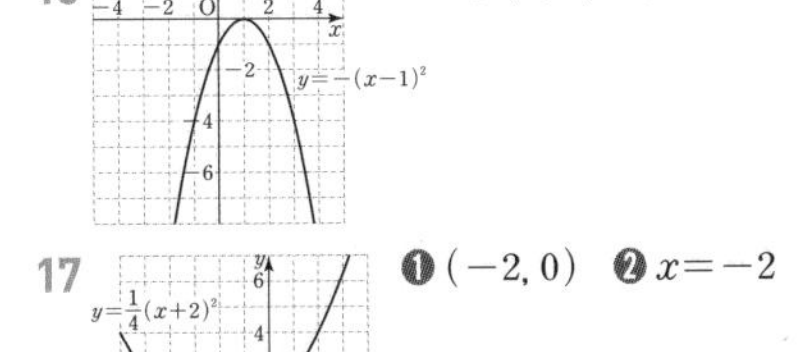

❶ $(1, 0)$ ❷ $x=1$

17

$y=\frac{1}{4}(x+2)^2$

❶ $(-2, 0)$ ❷ $x=-2$

18

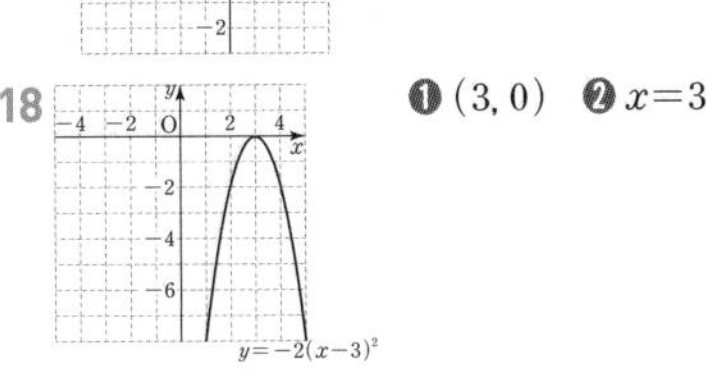

❶ $(3, 0)$ ❷ $x=3$

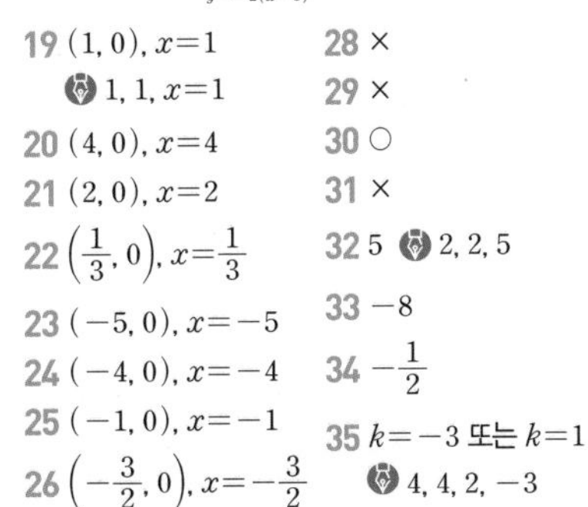

19 $(1, 0), x=1$ 1, 1, $x=1$
20 $(4, 0), x=4$
21 $(2, 0), x=2$
22 $\left(\frac{1}{3}, 0\right), x=\frac{1}{3}$
23 $(-5, 0), x=-5$
24 $(-4, 0), x=-4$
25 $(-1, 0), x=-1$
26 $\left(-\frac{3}{2}, 0\right), x=-\frac{3}{2}$
27 ○
28 ×
29 ×
30 ○
31 ×
32 5 2, 2, 5
33 -8
34 $-\frac{1}{2}$
35 $k=-3$ 또는 $k=1$ 4, 4, 2, -3

08 이차함수 $y=a(x-p)^2+q$의 그래프 136쪽~138쪽

01 $y=(x-3)^2+5$ 3, 5
02 $y=\frac{1}{3}(x+1)^2+2$
03 $y=5(x-2)^2-3$
04 $y=2(x+4)^2-1$
05 $y=-4(x-1)^2+3$
06 $y=-\frac{1}{2}(x+5)^2+2$
07 $y=-6(x-4)^2-1$
08 $y=-3(x+3)^2-\frac{1}{2}$
09 $p=1, q=3$
10 $p=2, q=-5$
11 $p=-5, q=4$
12 $p=-3, q=-1$
13

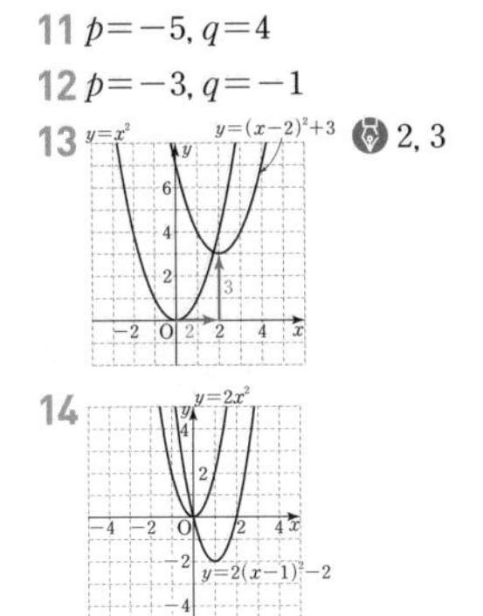

2, 3

14

15

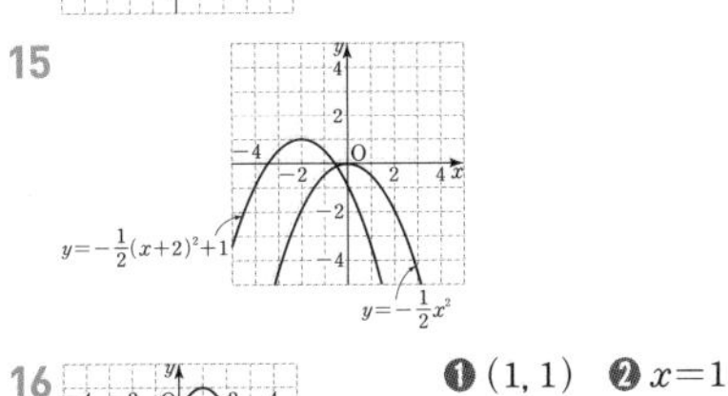

16

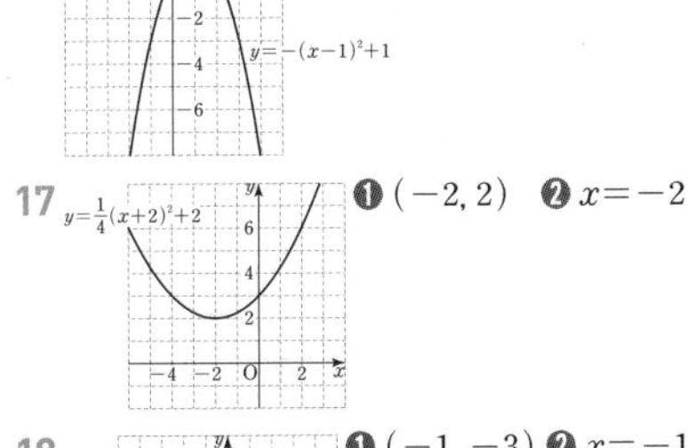

❶ $(1, 1)$ ❷ $x=1$

17

❶ $(-2, 2)$ ❷ $x=-2$

18

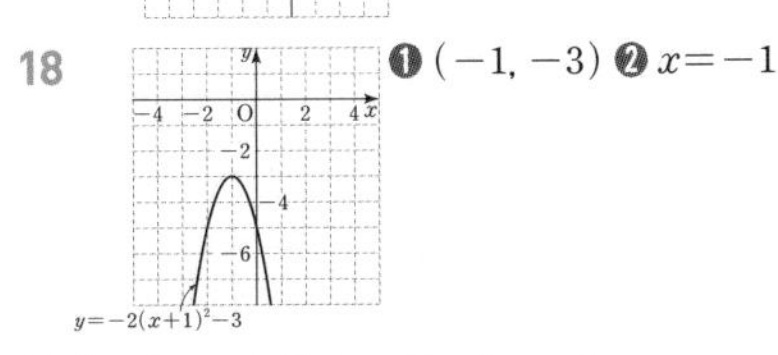

❶ $(-1, -3)$ ❷ $x=-1$

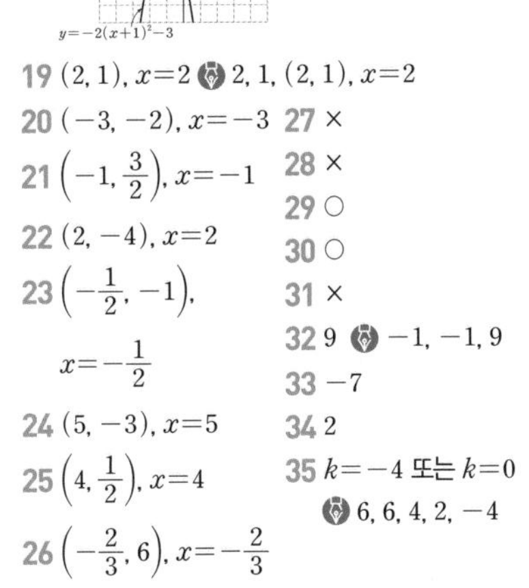

19 $(2, 1), x=2$ 2, 1, $(2, 1), x=2$
20 $(-3, -2), x=-3$
21 $\left(-1, \frac{3}{2}\right), x=-1$
22 $(2, -4), x=2$
23 $\left(-\frac{1}{2}, -1\right)$, $x=-\frac{1}{2}$
24 $(5, -3), x=5$
25 $\left(4, \frac{1}{2}\right), x=4$
26 $\left(-\frac{2}{3}, 6\right), x=-\frac{2}{3}$
27 ×
28 ×
29 ○
30 ○
31 ×
32 9 $-1, -1, 9$
33 -7
34 2
35 $k=-4$ 또는 $k=0$ 6, 6, 4, 2, -4

10분 연산 TEST 139쪽

01 $y=\frac{1}{5}x^2-6$, $(0, -6)$
02 $y=-3x^2+4$, $(0, 4)$
03 ○
04 ×
05 ○
06 $y=3(x-3)^2$, $x=3$
07 $y=-\frac{5}{6}\left(x+\frac{2}{3}\right)^2$, $x=-\frac{2}{3}$
08 ×
09 ○
10 ○
11 $y=\frac{2}{5}(x-1)^2+2$, $(1, 2)$
12 $y=-2(x+2)^2-3$, $(-2, -3)$
13 ×
14 ○
15 ○
16 -3
17 $\frac{3}{2}$
18 11

학교 시험 PREVIEW 140쪽

01 ①
02 ⑤
03 ②
04 ②
05 ④
06 2

2. 이차함수 $y=ax^2+bx+c$의 그래프

01 이차함수 $y=ax^2+bx+c$의 그래프 142쪽~145쪽

01 4, 4, 4, 4, 2, 3
02 $y=(x+3)^2-7$
03 1, 1, 1, 2, 1, 7
04 $y=3(x-1)^2-3$
05 $y=4(x+2)^2-6$
06 16, 16, 16, 16, 4, 12
07 $y=-(x+3)^2+11$
08 $y=-3(x-1)^2$
09 $y=-2(x+2)^2-1$
10 $y=-\frac{1}{4}(x+6)^2+2$
11 2 -2, 1, -1, 아래,

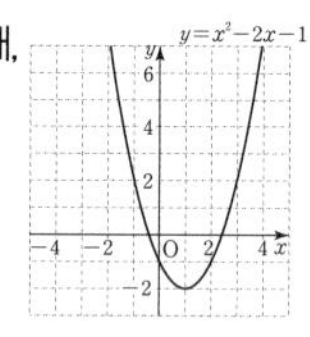

12 $y=-(x-1)^2-1$,

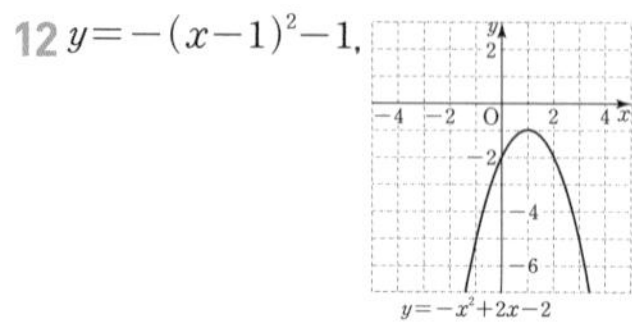

13 $y=2(x-2)^2-4$,

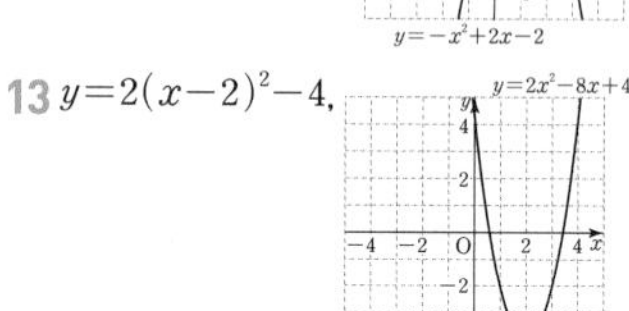

14 $y=-\frac{1}{2}(x-4)^2+2$,

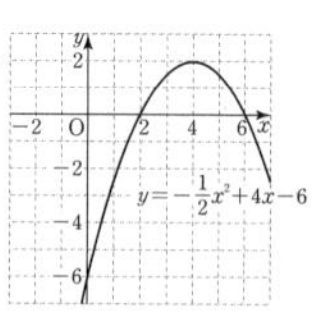

15 $y=(x+3)^2-8$,

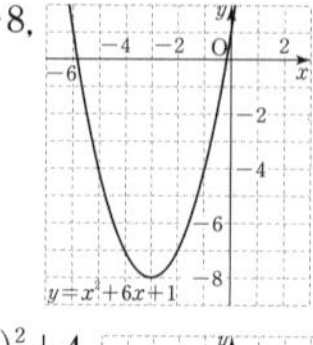

16 $y=-2(x+1)^2+4$,

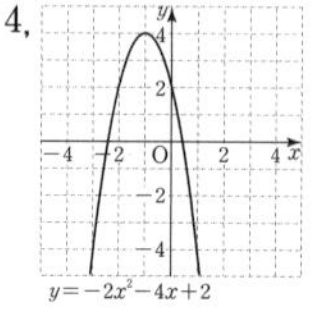

17 $(2, -10)$, $x=2$ 10, -10, 2
18 $(-1, 1)$, $x=-1$
19 $(3, -2)$, $x=3$
20 $(4, 22)$, $x=4$
21 $(-1, -3)$, $x=-1$
22 $(2, -1)$, $x=2$
23 $(1, -4)$, $x=1$
24 $(-3, -1)$, $x=-3$
25 $(0, -6)$ -6, -6
26 $(0, 3)$
27 $(0, 2)$
28 $(0, 1)$
29 $(0, -2)$
30 $(0, -8)$
31 $(0, -1)$
32 $(0, 0)$
33 $(0, 0)$, $(4, 0)$ 4, 4, 0, 4
34 $(-5, 0)$, $(3, 0)$
35 $(1, 0)$, $(2, 0)$
36 $(0, 0)$, $(3, 0)$
37 $(4, 0)$
38 $\left(-\frac{1}{3}, 0\right)$
39 ○
40 ○
41 ×
42 ×
43 ×
44 ×
45 ○
46 ○

02 이차함수 $y=ax^2+bx+c$의 그래프에서 a, b, c의 부호 146쪽

01 (1) 아래, $>$ (2) 왼, 같은, $>$ (3) 위, $>$
02 $>$, $<$, $>$
03 $>$, $>$, $=$
04 (1) 위, $<$ (2) 오른, 다른, $>$ (3) 아래, $<$
05 $<$, $<$, $<$
06 $<$, $>$, $=$

03 꼭짓점과 다른 한 점이 주어진 이차함수의 식 147쪽~148쪽

01 $y=(x-1)^2-5$ 1, -4, 1, 1, $y=(x-1)^2-5$
02 $y=\frac{1}{2}(x-4)^2-2$
03 $y=3x^2-1$
04 $y=-(x+1)^2-3$
05 $y=\left(x+\frac{1}{4}\right)^2+2$
06 $y=(x-2)^2-4$
07 $y=(x+5)^2-1$
08 $y=2(x+3)^2-3$
09 $y=-(x-2)^2-3$
10 $y=-2(x+1)^2$
11 $y=\frac{1}{2}x^2+2x+5$ 5, $\frac{1}{2}$, $\frac{1}{2}$, $\frac{1}{2}$, 2
12 $y=-\frac{1}{3}x^2-2x-4$
13 $y=x^2-2x-3$
14 $y=-2x^2+8x-3$
15 $y=\frac{1}{2}x^2+2x-6$
16 $y=x^2-6x$
17 $y=-\frac{1}{4}x^2-2x-1$

04 축의 방정식과 서로 다른 두 점이 주어진 이차함수의 식 149쪽

01 $y=2(x+2)^2+3$ 2, 4, 5, 2, 3, 2, 3
02 $y=3(x+1)^2-4$
03 $y=(x-1)^2+6$
04 $y=-2(x-2)^2-3$
05 $y=2x^2-8x+6$ 2, 6, 0
06 $y=x^2+2x-2$
07 $y=-3x^2+6x-1$

05 y축과의 교점과 서로 다른 두 점이 주어진 이차함수의 식 150쪽

01 $y=x^2-4x+7$ 7, 4, 2, 1, -4, $y=x^2-4x+7$
02 $y=-x^2+3x-2$
03 $y=2x^2-2x-1$
04 $y=3x^2+2x+2$
05 $y=x^2-2x-3$ -3, 5, 3
06 $y=-3x^2+5x-4$
07 $y=2x^2-8x+5$

10분 연산 TEST 151쪽

01 꼭짓점의 좌표 : $(-1, 1)$, 축의 방정식 : $x=-1$
02 꼭짓점의 좌표 : $\left(2, \frac{5}{2}\right)$, 축의 방정식 : $x=2$
03 x축과 만나는 점의 좌표 : $(-1, 0)$, $(2, 0)$
y축과 만나는 점의 좌표 : $(0, -2)$
04 x축과 만나는 점의 좌표 : $(-1, 0)$
y축과 만나는 점의 좌표 : $(0, -3)$
05 ○
06 ○
07 ×
08 $a>0$, $b>0$, $c<0$
09 $a<0$, $b>0$, $c>0$
10 $y=3x^2+12x+16$
11 $y=\frac{1}{2}x^2-2x+5$
12 $y=4x^2-6x+6$

학교 시험 PREVIEW 152쪽

01 ①
02 ②
03 ③
04 ③
05 ⑤
06 -8

정답 및 풀이

I 실수와 그 계산

1. 제곱근과 실수

01 VISUAL연산 제곱근 8쪽

01 $1,\ -1$ 02 $5,\ -5$ 03 0 04 없다. 05 $\frac{1}{2},\ -\frac{1}{2}$
06 $0.3,\ -0.3$ 07 $7,\ -7$ $7,\ -7$ 08 $4,\ -4$
09 $5,\ -5$ 10 $9,\ -9$ 11 $\frac{3}{8},\ -\frac{3}{8}$ 12 $0.6,\ -0.6$

11 제곱하여 $\frac{9}{64}$가 되는 수는 $\frac{3}{8},\ -\frac{3}{8}$이므로
$\frac{9}{64}$의 제곱근은 $\frac{3}{8},\ -\frac{3}{8}$이다.

12 제곱하여 0.36이 되는 수는 0.6, -0.6이므로
0.36의 제곱근은 0.6, -0.6이다.

02 VISUAL연산 제곱근의 표현 9쪽

01 $\sqrt{7}$ 02 $\sqrt{10}$ 03 $-\sqrt{6}$ 04 $-\sqrt{13}$ 05 $-\sqrt{21}$
06 $\sqrt{\frac{5}{7}}$ 07 $-\sqrt{0.41}$ 08 $\pm\sqrt{5}$ $\sqrt{5},\ -\sqrt{5},\ \pm\sqrt{5}$
09 $\pm\sqrt{11}$ 10 $\pm\sqrt{26}$ 11 $\pm\sqrt{30}$ 12 $\sqrt{6}$ 13 $\sqrt{14}$
14 $\sqrt{23}$

03 VISUAL연산 제곱근의 성질 10쪽~11쪽

01 5 02 11 03 7 04 13 05 0.8
06 $\frac{1}{2}$ 07 $\frac{3}{10}$ 08 2 09 10 10 5
11 11 12 -1.4 13 $\frac{1}{4}$ 14 $\frac{2}{7}$ 15 4
16 6 17 -9 18 -11 19 -0.2 20 ±10
21 ±0.6 22 $\pm\frac{2}{5}$ 23 2, 3, 5 24 -2 25 16
26 1 27 3 28 26 29 -110 30 9

24 $\sqrt{3^2}+(-\sqrt{5^2})=3+(-5)=-2$

25 $\sqrt{(-10)^2}-(-\sqrt{6^2})=10-(-6)=16$

26 $\sqrt{(-12)^2}-(\sqrt{11})^2=12-11=1$

27 $(\sqrt{2})^2-\sqrt{(-3)^2}+\sqrt{16}=2-3+4=3$

28 $\sqrt{13^2}\times\sqrt{(-2)^2}=13\times2=26$

29 $\sqrt{(-100)^2}\times(-\sqrt{1.1^2})=100\times(-1.1)=-110$

30 $(-\sqrt{54})^2\div\sqrt{6^2}=54\div6=9$

04 VISUAL연산 $\sqrt{a^2}$의 꼴을 포함한 식 12쪽~13쪽

01 $2a$ $>,\ 2a$ 02 $3a$ 03 $-4a$
04 a $<,\ a$ 05 $5a$ 06 $-6a$
07 $-3a$ $<,\ -3a$ 08 $-2a$ 09 $5a$
10 $-4a$ $>,\ -4a$ 11 $-7a$ 12 $3a$
13 $a-2$ $>,\ a-2$ 14 $a+1$ 15 $-a-3$ 16 $-a+1$
17 $-a+3$ $<,\ -a+3$ 18 $-a-2$ 19 $a+5$
20 $a-4$ 21 $3a$ $>,\ <,\ a,\ 3a$ 22 $-3a$ 23 $-9a$
24 $6a$ 25 0 26 $2a-3$
27 3 $<,\ >,\ -a+2,\ 3$ 28 $-2a+2$

03 $4a>0$이므로 $-\sqrt{(4a)^2}=-4a$

06 $-6a<0$이므로 $-\sqrt{(-6a)^2}=-6a$

09 $5a<0$이므로 $-\sqrt{(5a)^2}=-(-5a)=5a$

12 $-3a>0$이므로 $-\sqrt{(-3a)^2}=-(-3a)=3a$

14 $a+1>0$이므로 $\sqrt{(a+1)^2}=a+1$

15 $a+3>0$이므로 $-\sqrt{(a+3)^2}=-(a+3)=-a-3$

16 $a-1>0$이므로 $-\sqrt{(a-1)^2}=-(a-1)=-a+1$

18 $a+2<0$이므로 $\sqrt{(a+2)^2}=-(a+2)=-a-2$

19 $a+5<0$이므로 $-\sqrt{(a+5)^2}=a+5$

20 $a-4<0$이므로 $-\sqrt{(a-4)^2}=a-4$

22 $3a>0$, $-6a<0$이므로
$\sqrt{(3a)^2}-\sqrt{(-6a)^2}=3a-6a=-3a$

23 $4a<0$, $-5a>0$이므로
$\sqrt{(4a)^2}+\sqrt{(-5a)^2}=-4a-5a=-9a$

24 $-2a>0$, $-8a>0$이므로
$\sqrt{(-2a)^2}-\sqrt{(-8a)^2}=-2a+8a=6a$

25 $a-2<0$, $2-a>0$이므로
$\sqrt{(a-2)^2}-\sqrt{(2-a)^2}=-(a-2)-(2-a)$
$=-a+2-2+a=0$

26 $-a<0$, $a-3>0$이므로
$\sqrt{(-a)^2}+\sqrt{(a-3)^2}=a+(a-3)=2a-3$

28 $a-4<0$, $a+2>0$이므로
$\sqrt{(a-4)^2}-\sqrt{(a+2)^2}=-(a-4)-(a+2)$
$=-a+4-a-2=-2a+2$

05 VISUAL 연산 $\sqrt{ax}$, $\sqrt{\dfrac{a}{x}}$의 꼴이 자연수가 되는 조건

14쪽

01 2 2, 2　02 7　03 6
04 2 2, 3, 2, 2　05 5　06 14　07 7
08 15　09 10　10 10 5, 5, 10　11 6
12 15

05 $\sqrt{20x}=\sqrt{2^2\times5\times x}$가 자연수가 되려면 소인수의 지수가 모두 짝수가 되어야 하므로 $x=5\times$(자연수)^2
따라서 가장 작은 자연수 x는 5이다.

06 $\sqrt{56x}=\sqrt{2^3\times7\times x}$가 자연수가 되려면 소인수의 지수가 모두 짝수가 되어야 하므로 $x=2\times7\times$(자연수)^2
따라서 가장 작은 자연수 x는 $2\times7=14$

11 $\sqrt{\dfrac{150}{x}}=\sqrt{\dfrac{2\times3\times5^2}{x}}$이 자연수가 되려면 소인수의 지수가 모두 짝수가 되어야 하므로 $x=2\times3\times$(자연수)^2
이때 x는 150의 약수이어야 하므로 가장 작은 자연수 x는
$2\times3=6$

12 $\sqrt{\dfrac{240}{x}}=\sqrt{\dfrac{2^4\times3\times5}{x}}$가 자연수가 되려면 소인수의 지수가 모두 짝수가 되어야 하므로 $x=3\times5\times$(자연수)^2
이때 x는 240의 약수이어야 하므로 가장 작은 자연수 x는
$3\times5=15$

06 VISUAL 연산 제곱근의 대소 관계

15쪽

01 < <　02 >　03 <　04 <
05 >　06 >　07 > >, >　08 <
09 < 16, <, <　10 >　11 <　12 >
13 <　14 >　15 >

04 $14>10$이므로 $\sqrt{14}>\sqrt{10}$
$\therefore -\sqrt{14}<-\sqrt{10}$

06 $0.2<0.9$이므로 $\sqrt{0.2}<\sqrt{0.9}$
$\therefore -\sqrt{0.2}>-\sqrt{0.9}$

08 $\dfrac{1}{8}=\dfrac{3}{24}$, $\dfrac{1}{6}=\dfrac{4}{24}$이므로 $\sqrt{\dfrac{3}{24}}<\sqrt{\dfrac{4}{24}}$
$\therefore \sqrt{\dfrac{1}{8}}<\sqrt{\dfrac{1}{6}}$

10 $3=\sqrt{3^2}=\sqrt{9}$이고 $\sqrt{9}>\sqrt{8}$이므로 $3>\sqrt{8}$

11 $0.1^2=0.01$, $(\sqrt{0.1})^2=0.1$이고
$0.01<0.1$이므로 $0.1<\sqrt{0.1}$
참고 $0.01=\dfrac{1}{100}$, $0.1=\dfrac{1}{10}=\dfrac{10}{100}$이므로 $0.01<0.1$

12 $\left(\sqrt{\dfrac{3}{4}}\right)^2=\dfrac{3}{4}$, $\left(\dfrac{1}{2}\right)^2=\dfrac{1}{4}$이고 $\dfrac{3}{4}>\dfrac{1}{4}$이므로 $\sqrt{\dfrac{3}{4}}>\dfrac{1}{2}$

13 $5=\sqrt{5^2}=\sqrt{25}$이고 $\sqrt{25}>\sqrt{24}$이므로 $5>\sqrt{24}$
$\therefore -5<-\sqrt{24}$

14 $0.6=\sqrt{0.6^2}=\sqrt{0.36}$이고 $\sqrt{0.3}<\sqrt{0.36}$이므로
$\sqrt{0.3}<0.6$　　$\therefore -\sqrt{0.3}>-0.6$

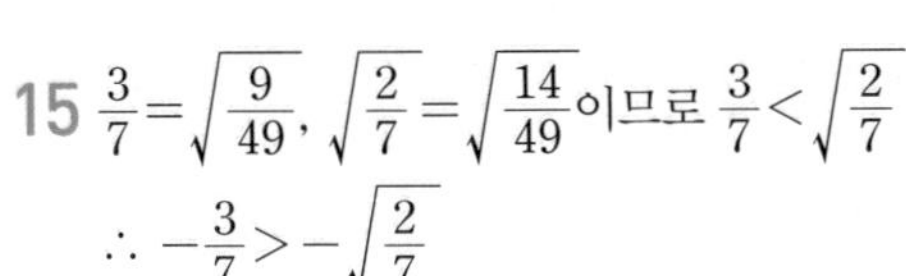

15 $\frac{3}{7}=\sqrt{\frac{9}{49}}$, $\sqrt{\frac{2}{7}}=\sqrt{\frac{14}{49}}$이므로 $\frac{3}{7}<\sqrt{\frac{2}{7}}$

$\therefore -\frac{3}{7}>-\sqrt{\frac{2}{7}}$

07 제곱근을 포함한 부등식

VISUAL연산 16쪽

01 1, 2, 3 / 4, 1, 2, 3 **02** 1, 2, 3, 4, 5, 6, 7, 8, 9
03 4, 5, 6, 7, 8 / 4, 9, 4, 5, 6, 7, 8
04 10, 11, 12, 13, 14, 15, 16 **05** 1, 2, 3, 4
06 17, 18, 19, 20, 21, 22, 23, 24 **07** 3 / 1, 4, 3
08 4 **09** 6 **10** 11 **11** 16 **12** 15

02 양변을 제곱하면 $x\le 9$
따라서 자연수 x의 값은 1, 2, 3, 4, 5, 6, 7, 8, 9이다.

04 각 변을 제곱하면 $9<x\le 16$
따라서 자연수 x의 값은 10, 11, 12, 13, 14, 15, 16이다.

05 각 변을 제곱하면 $1\le x\le 4$
따라서 자연수 x의 값은 1, 2, 3, 4이다.

06 각 변을 제곱하면 $16<x<25$
따라서 자연수 x의 값은 17, 18, 19, 20, 21, 22, 23, 24이다.

08 각 변에 -1을 곱하면 $2<\sqrt{x}<3$
각 변을 제곱하면 $4<x<9$
따라서 부등식을 만족시키는 자연수 x의 개수는 4이다.

09 각 변에 -1을 곱하면 $3<\sqrt{x}<4$
각 변을 제곱하면 $9<x<16$
따라서 부등식을 만족시키는 자연수 x의 개수는 6이다.

10 각 변을 제곱하면 $4<x+2<16$
각 변에서 2를 빼면 $2<x<14$
따라서 부등식을 만족시키는 자연수 x의 개수는 11이다.

11 각 변을 제곱하면 $9\le x-1<25$
각 변에 1을 더하면 $10\le x<26$
따라서 부등식을 만족시키는 자연수 x의 개수는 16이다.

12 각 변에 -1을 곱하면 $2<\sqrt{2x}<6$
각 변을 제곱하면 $4<2x<36$
각 변을 2로 나누면 $2<x<18$
따라서 부등식을 만족시키는 자연수 x의 개수는 15이다.

10분 연산 TEST

연산 능력 UP! 17쪽

01 8, -8 **02** 0.4, -0.4 **03** $\frac{1}{3}$, $-\frac{1}{3}$ **04** 없다.
05 $-\sqrt{3}$ **06** $\sqrt{7}$ **07** 11 **08** -5 **09** -4
10 $\frac{3}{2}$ **11** $-2a+10$ **12** $-2a$ **13** 26
14 14 **15** $<$ **16** $>$ **17** 11 **18** 7

09 $\sqrt{(-3)^2}-\sqrt{7^2}=3-7=-4$

10 $\left(-\sqrt{\frac{15}{8}}\right)^2\div\left(-\sqrt{\frac{5}{4}}\right)^2=\frac{15}{8}\div\frac{5}{4}=\frac{15}{8}\times\frac{4}{5}=\frac{3}{2}$

11 $a-5<0$, $5-a>0$이므로
$\sqrt{(a-5)^2}+\sqrt{(5-a)^2}=-(a-5)+(5-a)$
$=-a+5+5-a$
$=-2a+10$

12 $2-a>0$, $a+2>0$이므로
$\sqrt{(2-a)^2}-\sqrt{(a+2)^2}=(2-a)-(a+2)$
$=2-a-a-2$
$=-2a$

13 $\sqrt{104x}=\sqrt{2^3\times 13\times x}$가 자연수가 되려면 소인수의 지수가 모두 짝수가 되어야 하므로 $x=2\times 13\times(\text{자연수})^2$
따라서 가장 작은 자연수 x는 $2\times 13=26$

14 $\sqrt{\frac{126}{x}}=\sqrt{\frac{2\times 3^2\times 7}{x}}$이 자연수가 되려면 소인수의 지수가 모두 짝수가 되어야 하므로 $x=2\times 7\times(\text{자연수})^2$
이때 x는 126의 약수이어야 하므로 가장 작은 자연수 x는
$2\times 7=14$

15 $\frac{1}{2}=\sqrt{\left(\frac{1}{2}\right)^2}=\sqrt{\frac{1}{4}}$이고 $\sqrt{\frac{1}{3}}>\sqrt{\frac{1}{4}}$이므로
$\sqrt{\frac{1}{3}}>\frac{1}{2}$ $\therefore -\sqrt{\frac{1}{3}}<-\frac{1}{2}$

16 $0.5=\sqrt{(0.5)^2}=\sqrt{0.25}$이고 $\sqrt{0.25}>\sqrt{0.21}$이므로
$0.5>\sqrt{0.21}$

17 각 변을 제곱하면 $25<x\le 36$
따라서 부등식을 만족시키는 자연수 x의 개수는 11이다.

18 각 변을 제곱하면 $9\le x-2<16$
각 변에 2를 더하면 $11\le x<18$
따라서 부등식을 만족시키는 자연수 x의 개수는 7이다.

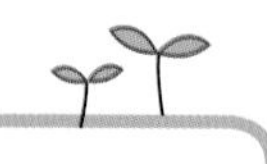

08 VISUAL연산 유리수와 무리수

18쪽

01 유	02 무	03 유	04 무	05 유
06 유	07 무	08 유	09 유	10 유

11 $-3.555\cdots$, $\sqrt{81}$, $\frac{9}{4}$ / $-\sqrt{7}$, $\sqrt{\frac{1}{8}}$

12 $\sqrt{36}$, $0.\dot{2}$ / $\sqrt{\frac{3}{16}}$, $\sqrt{1.6}$, $\sqrt{27}$ 13 2 14 4

05 $-\sqrt{\frac{1}{16}}=-\frac{1}{4}$이므로 유리수이다.

10 $\sqrt{\frac{9}{25}}=\frac{3}{5}$이므로 유리수이다.

11 $-3.555\cdots=-3.\dot{5}=-\frac{32}{9}$, $\sqrt{81}=9$이므로 유리수이다.

12 $\sqrt{36}=6$, $0.\dot{2}=\frac{2}{9}$이므로 유리수이다.

13 $\sqrt{25}=5$, $\sqrt{\frac{4}{9}}=\frac{2}{3}$이므로 유리수이다.
따라서 무리수인 것의 개수는 2이다.

14 $\sqrt{0.01}=0.1$이므로 유리수이다.
따라서 무리수인 것의 개수는 4이다.

09 VISUAL연산 실수

19쪽

01 2 02 0, 2, $-\sqrt{81}$

03 $-\frac{1}{2}$, 0, $1.\dot{2}\dot{7}$, $\frac{5}{7}$, 2, $-\sqrt{81}$ 04 $\sqrt{6}$, $\sqrt{\frac{3}{4}}$

05 $\sqrt{64}$, $\sqrt{(-3)^2}$ 06 $\sqrt{64}$, -5, $\sqrt{(-3)^2}$

07 $\sqrt{64}$, $0.\dot{8}$, -5, $\sqrt{(-3)^2}$, 2.236 08 $-\sqrt{\frac{1}{2}}$, π

09 ○	10 ×	11 ×	12 ○	13 ×
14 ×	15 ○	16 ○		

02 $-\sqrt{81}=-9$이므로 정수이다.

05 $\sqrt{64}=8$, $\sqrt{(-3)^2}=3$이므로 자연수이다.

10 순환소수는 유리수이다.

11 순환소수는 유리수이다.

13 $\sqrt{4}=2$이므로 유리수이다.

10 VISUAL연산 실수와 수직선

20쪽~21쪽

01 P : $2+\sqrt{2}$, Q : $2-\sqrt{2}$ 1, 2, $\sqrt{2}$, $2+\sqrt{2}$, $2-\sqrt{2}$

02 P : $\sqrt{2}$, Q : $-\sqrt{2}$ 03 P : $-1+\sqrt{2}$, Q : $-1-\sqrt{2}$

04 P : $\sqrt{5}$, Q : $-\sqrt{5}$ 2, 5, $\sqrt{5}$, $\sqrt{5}$, $\sqrt{5}$, $\sqrt{5}$, $\sqrt{5}$

05 P : $-2+\sqrt{5}$, Q : $-2-\sqrt{5}$ 06 P : $3+\sqrt{5}$, Q : $3-\sqrt{5}$

07 P : $\sqrt{10}$, Q : $-\sqrt{10}$ 3, 10, $\sqrt{10}$, $\sqrt{10}$, $\sqrt{10}$, $\sqrt{10}$, $\sqrt{10}$

08 P : $-4+\sqrt{10}$, Q : $-4-\sqrt{10}$ 09 P : $1+\sqrt{5}$, Q : $1-\sqrt{5}$

10 P : $-3+\sqrt{10}$, Q : $-3-\sqrt{10}$

11 P : $2+\sqrt{13}$, Q : $2-\sqrt{13}$ 12 × 13 ○

14 ○ 15 ○ 16 ○ 17 × 18 ○

19 ○

02 $\overline{AB}^2=1^2+1^2=2$이므로 $\overline{AB}=\sqrt{2}$
점 P는 기준점 A의 오른쪽에 있으므로 P$(\sqrt{2})$
점 Q는 기준점 A의 왼쪽에 있으므로 Q$(-\sqrt{2})$

03 $\overline{AB}^2=1^2+1^2=2$이므로 $\overline{AB}=\sqrt{2}$
점 P는 기준점 A의 오른쪽에 있으므로 P$(-1+\sqrt{2})$
점 Q는 기준점 A의 왼쪽에 있으므로 Q$(-1-\sqrt{2})$

05 $\overline{AB}^2=2^2+1^2=5$이므로 $\overline{AB}=\sqrt{5}$
점 P는 기준점 A의 오른쪽에 있으므로 P$(-2+\sqrt{5})$
점 Q는 기준점 A의 왼쪽에 있으므로 Q$(-2-\sqrt{5})$

06 $\overline{AB}^2=2^2+1^2=5$이므로 $\overline{AB}=\sqrt{5}$
점 P는 기준점 A의 오른쪽에 있으므로 P$(3+\sqrt{5})$
점 Q는 기준점 A의 왼쪽에 있으므로 Q$(3-\sqrt{5})$

08 $\overline{AB}^2=3^2+1^2=10$이므로 $\overline{AB}=\sqrt{10}$
점 P는 기준점 A의 오른쪽에 있으므로 P$(-4+\sqrt{10})$
점 Q는 기준점 A의 왼쪽에 있으므로 Q$(-4-\sqrt{10})$

09 $\overline{AB}^2=1^2+2^2=5$이므로 $\overline{AB}=\sqrt{5}$
점 P는 기준점 A의 오른쪽에 있으므로 P$(1+\sqrt{5})$
점 Q는 기준점 A의 왼쪽에 있으므로 Q$(1-\sqrt{5})$

10 $\overline{AB}^2=1^2+3^2=10$이므로 $\overline{AB}=\sqrt{10}$
점 P는 기준점 A의 오른쪽에 있으므로 P$(-3+\sqrt{10})$
점 Q는 기준점 A의 왼쪽에 있으므로 Q$(-3-\sqrt{10})$

11 $\overline{AB}^2=2^2+3^2=13$이므로 $\overline{AB}=\sqrt{13}$
점 P는 기준점 A의 오른쪽에 있으므로 P$(2+\sqrt{13})$
점 Q는 기준점 A의 왼쪽에 있으므로 Q$(2-\sqrt{13})$

12 1과 2 사이에는 무수히 많은 유리수가 있다.

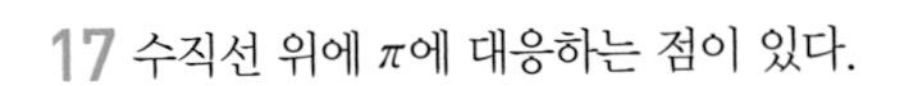

17 수직선 위에 π에 대응하는 점이 있다.

11 실수의 대소 관계

VISUAL연산 22쪽~23쪽

01 < (1, <, <) 02 > 03 < 04 >
05 < 06 > 07 < (2, 3, 2, 3, <) 08 <
09 > 10 > (>, >) 11 > 12 <
13 > 14 < 15 $a<c<b$ (<, <, <, <)
16 $b<c<a$ 17 $b<a<c$ 18 $b<a<c$ 19 점 B ($\sqrt{4}$, 2, B)
20 점 C 21 점 D 22 점 E 23 점 C (−3, −2, C)
24 점 B 25 점 A

02 $\sqrt{5}-2$ ◯ $\sqrt{2}-2$의 양변에 2를 더하면
$\sqrt{5}>\sqrt{2}$ $\quad\therefore \sqrt{5}-2>\sqrt{2}-2$

03 $\sqrt{2}-1$ ◯ $\sqrt{3}-1$의 양변에 1을 더하면
$\sqrt{2}<\sqrt{3}$ $\quad\therefore \sqrt{2}-1<\sqrt{3}-1$

04 $3-\sqrt{6}$ ◯ $3-\sqrt{7}$의 양변에서 3을 빼면
$-\sqrt{6}>-\sqrt{7}$ $\quad\therefore 3-\sqrt{6}>3-\sqrt{7}$

05 $2+\sqrt{7}$ ◯ $\sqrt{5}+\sqrt{7}$의 양변에서 $\sqrt{7}$을 빼면
$2<\sqrt{5}$ $\quad\therefore 2+\sqrt{7}<\sqrt{5}+\sqrt{7}$

06 $\sqrt{10}-\sqrt{11}$ ◯ $3-\sqrt{11}$의 양변에 $\sqrt{11}$을 더하면
$\sqrt{10}>3$ $\quad\therefore \sqrt{10}-\sqrt{11}>3-\sqrt{11}$

08 $\sqrt{2}=1.\times\times\times$이므로 $\sqrt{2}+4=5.\times\times\times$
$\therefore \sqrt{2}+4<6$

09 $\sqrt{5}=2.\times\times\times$이므로 $6-\sqrt{5}=3.\times\times\times$
$\therefore 6-\sqrt{5}>3$

11 $(5-\sqrt{3})-3=2-\sqrt{3}=\sqrt{4}-\sqrt{3}>0$
$\therefore 5-\sqrt{3}>3$

12 $4-(\sqrt{7}+2)=2-\sqrt{7}=\sqrt{4}-\sqrt{7}<0$
$\therefore 4<\sqrt{7}+2$

13 $(\sqrt{13}+3)-6=\sqrt{13}-3=\sqrt{13}-\sqrt{9}>0$
$\therefore \sqrt{13}+3>6$

14 $(\sqrt{20}-2)-3=\sqrt{20}-5=\sqrt{20}-\sqrt{25}<0$
$\therefore \sqrt{20}-2<3$

16 $a-c=(\sqrt{2}+1)-2=\sqrt{2}-1>0$
$\therefore a>c$ ...... ㉠
$c-b=2-(\sqrt{2}-1)=3-\sqrt{2}>0$
$\therefore c>b$ ...... ㉡
㉠, ㉡에서 $b<c<a$

17 $a-b=(\sqrt{11}-2)-(\sqrt{10}-2)=\sqrt{11}-\sqrt{10}>0$
$\therefore a>b$ ...... ㉠
$c-a=2-(\sqrt{11}-2)=4-\sqrt{11}>0$
$\therefore c>a$ ...... ㉡
㉠, ㉡에서 $b<a<c$

18 $a-b=(4-\sqrt{2})-2=2-\sqrt{2}>0$
$\therefore a>b$ ...... ㉠
$a-c=(4-\sqrt{2})-(\sqrt{3}+4)=-\sqrt{2}-\sqrt{3}<0$
$\therefore a<c$ ...... ㉡
㉠, ㉡에서 $b<a<c$

20 $\sqrt{4}<\sqrt{6}<\sqrt{9}$이므로 $2<\sqrt{6}<3$
따라서 $\sqrt{6}$에 대응하는 점은 점 C이다.

21 $\sqrt{9}<\sqrt{10}<\sqrt{16}$이므로 $3<\sqrt{10}<4$
따라서 $\sqrt{10}$에 대응하는 점은 점 D이다.

22 $\sqrt{16}<\sqrt{17}<\sqrt{25}$이므로 $4<\sqrt{17}<5$
따라서 $\sqrt{17}$에 대응하는 점은 점 E이다.

24 $\sqrt{9}<\sqrt{14}<\sqrt{16}$이므로 $3<\sqrt{14}<4$
$\therefore -4<-\sqrt{14}<-3$
따라서 $-\sqrt{14}$에 대응하는 점은 점 B이다.

25 $\sqrt{16}<\sqrt{21}<\sqrt{25}$이므로 $4<\sqrt{21}<5$
$\therefore -5<-\sqrt{21}<-4$
따라서 $-\sqrt{21}$에 대응하는 점은 점 A이다.

연산 능력 UP! 10분 연산 TEST

24쪽

01 $\sqrt{100}$, $-\sqrt{\frac{4}{25}}$, $0.\dot{2}4\dot{1}$ 02 $-2.1223334\cdots$, $\sqrt{\frac{17}{2}}$
03 2 04 2 05 × 06 ○ 07 ○
08 × 09 ○ 10 $\sqrt{10}$ 11 $-1+\sqrt{10}$
12 $-1-\sqrt{10}$ 13 < 14 > 15 $b<a<c$

01 $\sqrt{100}=10$, $-\sqrt{\frac{4}{25}}=-\frac{2}{5}$, $0.\dot{2}4\dot{1}=\frac{241}{999}$이므로 유리수이다.

03 정수는 $\sqrt{(-5)^2}=5$, $-(\sqrt{2})^2=-2$이므로 정수의 개수는 2이다.

04 무리수는 $\sqrt{0.1}$, 2π이므로 무리수의 개수는 2이다.

05 근호를 사용하여 나타낸 수이더라도 근호를 없앨 수 있으면 유리수이다.

08 1과 $\sqrt{3}$ 사이에는 무수히 많은 무리수가 있다.

10 $\overline{AB}^2=3^2+1^2=10$이므로 $\overline{AB}=\sqrt{10}$

11 점 P는 기준점 A의 오른쪽에 있으므로 $P(-1+\sqrt{10})$

12 점 Q는 기준점 A의 왼쪽에 있으므로 $Q(-1-\sqrt{10})$

13 $(\sqrt{3}+3)-5=\sqrt{3}-2=\sqrt{3}-\sqrt{4}<0$
$\therefore \sqrt{3}+3<5$

14 $(\sqrt{10}-1)-2=\sqrt{10}-3=\sqrt{10}-\sqrt{9}>0$
$\therefore \sqrt{10}-1>2$

15 $a-b=(\sqrt{7}-2)-(\sqrt{5}-2)=\sqrt{7}-\sqrt{5}>0$
$\therefore a>b$ …… ㉠
$a-c=(\sqrt{7}-2)-2=\sqrt{7}-4<0$
$\therefore a<c$ …… ㉡
㉠, ㉡에서 $b<a<c$

학교 시험 PREVIEW

학교 시험 미리보기! 25쪽~26쪽

01 ④	02 ③, ④	03 ④	04 6	05 ②
06 ⑤	07 ⑤	08 1, 2, 3		
09 $\sqrt{2}+1$, $\sqrt{0.4}$, π, 0.1010010001…			10 P : $3+\sqrt{10}$, Q : $3-\sqrt{10}$	
11 ㄴ, ㄹ, ㅁ	12 ⑤	13 10		

01 x는 제곱하여 4가 되는 수이므로 $x^2=4$

02 ① 0의 제곱근은 0이다.
② 제곱하여 음수가 될 수 없으므로 음수의 제곱근은 없다.
⑤ 제곱근 2는 $\sqrt{2}$이고 2의 제곱근은 $\pm\sqrt{2}$이므로 서로 같지 않다.

03 ① $(\sqrt{6})^2=6$
② $(-\sqrt{7})^2=7$
③ $-\sqrt{\left(\frac{2}{3}\right)^2}=-\frac{2}{3}$
⑤ $-(-\sqrt{0.3})^2=-0.3$

04 $(-\sqrt{3})^2\times\sqrt{100}\div\sqrt{(-5)^2}=3\times10\div5=6$

05 ② $-3a<0$이므로 $\sqrt{(-3a)^2}=-(-3a)=3a$

06 $2<x<5$에서 $x-2>0$, $x-5<0$이므로
$\sqrt{(x-2)^2}-\sqrt{(x-5)^2}=(x-2)+(x-5)$
$=2x-7$

07 ⑤ $7=\sqrt{49}$이고 $\sqrt{50}>\sqrt{49}$이므로 $\sqrt{50}>7$
$\therefore -\sqrt{50}<-7$

08 $2<\sqrt{5x}<4$에서 $2^2<(\sqrt{5x})^2<4^2$이므로 $4<5x<16$
$\therefore \frac{4}{5}<x<\frac{16}{5}$
따라서 주어진 부등식을 만족시키는 자연수 x는 1, 2, 3이다.

09 $\sqrt{9}=3$, $3.\dot{1}=\frac{28}{9}$, $-\sqrt{\frac{1}{16}}=-\frac{1}{4}$이므로 유리수이다.
따라서 무리수는 $\sqrt{2}+1$, $\sqrt{0.4}$, π, 0.1010010001…이다.

10 $\overline{AB}^2=3^2+1^2=10$이므로 $\overline{AB}=\sqrt{10}$
점 P는 기준점 A의 오른쪽에 있으므로 $P(3+\sqrt{10})$,
점 Q는 기준점 A의 왼쪽에 있으므로 $Q(3-\sqrt{10})$

11 ㄱ. 무한소수 중 순환소수는 유리수이다.
ㄷ. 유리수이면서 무리수인 수는 없다.

12 ③ $(8-\sqrt{2})-6=2-\sqrt{2}=\sqrt{4}-\sqrt{2}>0$이므로 $8-\sqrt{2}>6$
④ $(\sqrt{8}-2)-1=\sqrt{8}-3=\sqrt{8}-\sqrt{9}<0$이므로 $\sqrt{8}-2<1$
⑤ $5-(7-\sqrt{5})=-2+\sqrt{5}=-\sqrt{4}+\sqrt{5}>0$이므로
$5>7-\sqrt{5}$

13 서술형
$360=2^3\times3^2\times5$ ……❶
$\sqrt{360a}=\sqrt{2^3\times3^2\times5\times a}$가 자연수가 되려면
$a=2\times5\times(\text{자연수})^2$의 꼴이어야 한다. ……❷
따라서 가장 작은 자연수 a는 $2\times5=10$ ……❸

채점 기준	배점
❶ 360을 소인수분해하기	30 %
❷ $\sqrt{360a}$가 자연수가 되도록 하는 a의 조건 구하기	40 %
❸ 가장 작은 자연수 a의 값 구하기	30 %

2. 근호를 포함한 식의 계산

01 VISUAL 연산 제곱근의 곱셈 29쪽

01 5, 15　02 $\sqrt{14}$　03 $\sqrt{30}$　04 $\frac{1}{3}$, 4, 2　05 $\sqrt{10}$
06 $\sqrt{42}$　07 $\sqrt{35}$　08 3, 12　09 $10\sqrt{6}$　10 5, 5, 15
11 $-2\sqrt{33}$　12 $30\sqrt{21}$　13 $8\sqrt{6}$　14 $2\sqrt{15}$

06 $\sqrt{2}\times\sqrt{3}\times\sqrt{7}=\sqrt{2\times3\times7}=\sqrt{42}$

07 $\sqrt{5}\times\sqrt{11}\times\sqrt{\frac{7}{11}}=\sqrt{5\times11\times\frac{7}{11}}=\sqrt{35}$

11 $(-2\sqrt{11})\times\sqrt{3}=\{(-2)\times1\}\times\sqrt{11\times3}=-2\sqrt{33}$

12 $(-5\sqrt{3})\times(-6\sqrt{7})=\{(-5)\times(-6)\}\times\sqrt{3\times7}$
$=30\sqrt{21}$

13 $4\sqrt{\frac{2}{13}}\times2\sqrt{39}=(4\times2)\times\sqrt{\frac{2}{13}\times39}=8\sqrt{6}$

14 $\frac{4}{3}\sqrt{3}\times\frac{3}{2}\sqrt{5}=\left(\frac{4}{3}\times\frac{3}{2}\right)\times\sqrt{3\times5}=2\sqrt{15}$

02 VISUAL 연산 근호가 있는 식의 변형 (1) 30쪽

01 3, 3　02 $3\sqrt{3}$　03 $3\sqrt{5}$　04 $4\sqrt{3}$　05 $5\sqrt{2}$
06 $3\sqrt{7}$　07 4, 32　08 $\sqrt{28}$　09 $\sqrt{75}$　10 7, 98
11 $-\sqrt{90}$　12 $-\sqrt{80}$

02 $\sqrt{27}=\sqrt{3\times3^2}=3\sqrt{3}$

03 $\sqrt{45}=\sqrt{3^2\times5}=3\sqrt{5}$

04 $\sqrt{48}=\sqrt{2^4\times3}=\sqrt{4^2\times3}=4\sqrt{3}$

05 $\sqrt{50}=\sqrt{2\times5^2}=5\sqrt{2}$

06 $\sqrt{63}=\sqrt{3^2\times7}=3\sqrt{7}$

08 $2\sqrt{7}=\sqrt{2^2\times7}=\sqrt{28}$

09 $5\sqrt{3}=\sqrt{5^2\times3}=\sqrt{75}$

11 $-3\sqrt{10}=-\sqrt{3^2\times10}=-\sqrt{90}$

12 $-4\sqrt{5}=-\sqrt{4^2\times5}=-\sqrt{80}$

03 VISUAL 연산 제곱근의 나눗셈 31쪽

01 3, $\sqrt{2}$　02 $\sqrt{2}$　03 2　04 $\sqrt{\frac{1}{7}}$　05 $3\sqrt{5}$, $\frac{7}{5}$
06 $-2\sqrt{\frac{1}{2}}$　07 $\frac{1}{2}\sqrt{10}$　08 $\frac{3}{2}$　09 $\frac{2}{3}$, $-\sqrt{10}$　10 $\sqrt{35}$
11 15, 13, $\frac{15}{13}$, 10　12 $\sqrt{\frac{1}{28}}$　13 $-\sqrt{6}$　14 -10

02 $\sqrt{10}\div\sqrt{5}=\frac{\sqrt{10}}{\sqrt{5}}=\sqrt{\frac{10}{5}}=\sqrt{2}$

03 $\sqrt{8}\div\sqrt{2}=\frac{\sqrt{8}}{\sqrt{2}}=\sqrt{\frac{8}{2}}=\sqrt{4}=2$

04 $\sqrt{2}\div\sqrt{14}=\frac{\sqrt{2}}{\sqrt{14}}=\sqrt{\frac{2}{14}}=\sqrt{\frac{1}{7}}$

06 $(-6\sqrt{5})\div3\sqrt{10}=-\frac{6\sqrt{5}}{3\sqrt{10}}=-\frac{6}{3}\sqrt{\frac{5}{10}}=-2\sqrt{\frac{1}{2}}$

07 $\sqrt{30}\div2\sqrt{3}=\frac{\sqrt{30}}{2\sqrt{3}}=\frac{1}{2}\sqrt{\frac{30}{3}}=\frac{1}{2}\sqrt{10}$

08 $15\sqrt{7}\div10\sqrt{7}=\frac{15\sqrt{7}}{10\sqrt{7}}=\frac{15}{10}\sqrt{\frac{7}{7}}=\frac{3}{2}$

10 $\sqrt{20}\div\sqrt{\frac{4}{7}}=\sqrt{20}\times\sqrt{\frac{7}{4}}=\sqrt{20\times\frac{7}{4}}=\sqrt{35}$

12 $\frac{\sqrt{3}}{\sqrt{8}}\div\frac{\sqrt{21}}{\sqrt{2}}=\frac{\sqrt{3}}{\sqrt{8}}\times\frac{\sqrt{2}}{\sqrt{21}}=\sqrt{\frac{3}{8}\times\frac{2}{21}}=\sqrt{\frac{1}{28}}$

13 $(-\sqrt{38})\div\frac{\sqrt{19}}{\sqrt{3}}=(-\sqrt{38})\times\frac{\sqrt{3}}{\sqrt{19}}$
$=-\sqrt{38\times\frac{3}{19}}=-\sqrt{6}$

14 $(-6\sqrt{11})\div\frac{\sqrt{99}}{5}=(-6\sqrt{11})\times\frac{5}{3\sqrt{11}}$
$=\left(-6\times\frac{5}{3}\right)\times\frac{\sqrt{11}}{\sqrt{11}}=-10$

04 VISUAL 연산 근호가 있는 식의 변형 (2)

32쪽

01 3, 3, 3　02 $\frac{\sqrt{13}}{4}$　03 $\frac{\sqrt{23}}{6}$　04 $\frac{\sqrt{11}}{10}$

05 10, 10, 10　06 $\frac{\sqrt{141}}{10}$　07 3, 3, 9　08 $\sqrt{\frac{5}{8}}$

09 $\sqrt{\frac{6}{49}}$　10 $\sqrt{\frac{1}{32}}$　11 2, 5, 2, 5, 12, 25　12 $\sqrt{\frac{98}{9}}$

13 $\sqrt{\frac{27}{32}}$

02 $\sqrt{\frac{13}{16}}=\sqrt{\frac{13}{4^2}}=\frac{\sqrt{13}}{\sqrt{4^2}}=\frac{\sqrt{13}}{4}$

03 $\sqrt{\frac{23}{36}}=\sqrt{\frac{23}{6^2}}=\frac{\sqrt{23}}{\sqrt{6^2}}=\frac{\sqrt{23}}{6}$

04 $\sqrt{\frac{11}{100}}=\sqrt{\frac{11}{10^2}}=\frac{\sqrt{11}}{\sqrt{10^2}}=\frac{\sqrt{11}}{10}$

06 $\sqrt{1.41}=\sqrt{\frac{141}{100}}=\sqrt{\frac{141}{10^2}}=\frac{\sqrt{141}}{\sqrt{10^2}}=\frac{\sqrt{141}}{10}$

08 $\frac{\sqrt{10}}{4}=\frac{\sqrt{10}}{\sqrt{4^2}}=\sqrt{\frac{10}{4^2}}=\sqrt{\frac{10}{16}}=\sqrt{\frac{5}{8}}$

09 $\frac{\sqrt{6}}{7}=\frac{\sqrt{6}}{\sqrt{7^2}}=\sqrt{\frac{6}{7^2}}=\sqrt{\frac{6}{49}}$

10 $\frac{\sqrt{2}}{8}=\frac{\sqrt{2}}{\sqrt{8^2}}=\sqrt{\frac{2}{8^2}}=\sqrt{\frac{2}{64}}=\sqrt{\frac{1}{32}}$

12 $\frac{7\sqrt{2}}{3}=\frac{\sqrt{7^2\times 2}}{\sqrt{3^2}}=\sqrt{\frac{7^2\times 2}{3^2}}=\sqrt{\frac{98}{9}}$

13 $\frac{3\sqrt{6}}{8}=\frac{\sqrt{3^2\times 6}}{\sqrt{8^2}}=\sqrt{\frac{3^2\times 6}{8^2}}=\sqrt{\frac{27}{32}}$

05 VISUAL 연산 분모의 유리화

33쪽~34쪽

01 $\sqrt{3}, \sqrt{3}, \sqrt{3}, 3$　02 $\frac{\sqrt{5}}{5}$　03 $\frac{\sqrt{10}}{10}$

04 $\sqrt{6}, \sqrt{6}, 5\sqrt{6}, 6$　05 $\frac{3\sqrt{7}}{7}$　06 $\frac{\sqrt{10}}{5}$　07 $2\sqrt{3}$

08 $\sqrt{5}, \sqrt{5}, 10, 5$　09 $\frac{\sqrt{21}}{7}$　10 $\frac{\sqrt{30}}{3}$　11 $\frac{\sqrt{66}}{11}$

12 $\frac{\sqrt{34}}{17}$　13 $\frac{\sqrt{65}}{13}$　14 $\frac{\sqrt{42}}{3}$　15 $2, 2, \sqrt{2}, \sqrt{2}, \sqrt{6}, 4$

16 $\frac{\sqrt{35}}{10}$　17 $\frac{\sqrt{30}}{12}$　18 $\frac{\sqrt{21}}{6}$　19 $\frac{\sqrt{6}}{9}$　20 $\frac{\sqrt{55}}{20}$

21 $\frac{\sqrt{30}}{24}$　22 $\frac{\sqrt{26}}{14}$　23 $2, 2, \sqrt{3}, \sqrt{3}, 15, 6, 15, 2$

24 $\frac{2\sqrt{14}}{3}$　25 $\frac{\sqrt{15}}{2}$　26 $\frac{\sqrt{10}}{4}$　27 $\frac{\sqrt{66}}{3}$　28 $\frac{\sqrt{6}}{5}$

29 $\frac{\sqrt{70}}{6}$

06 $\frac{2}{\sqrt{10}}=\frac{2\times\sqrt{10}}{\sqrt{10}\times\sqrt{10}}=\frac{2\sqrt{10}}{10}=\frac{\sqrt{10}}{5}$

07 $\frac{6}{\sqrt{3}}=\frac{6\times\sqrt{3}}{\sqrt{3}\times\sqrt{3}}=\frac{6\sqrt{3}}{3}=2\sqrt{3}$

16 $\frac{\sqrt{7}}{\sqrt{20}}=\frac{\sqrt{7}}{\sqrt{2^2\times 5}}=\frac{\sqrt{7}}{2\sqrt{5}}=\frac{\sqrt{7}\times\sqrt{5}}{2\sqrt{5}\times\sqrt{5}}=\frac{\sqrt{35}}{10}$

17 $\frac{\sqrt{5}}{\sqrt{24}}=\frac{\sqrt{5}}{\sqrt{2^3\times 3}}=\frac{\sqrt{5}}{\sqrt{2^2\times 6}}=\frac{\sqrt{5}}{2\sqrt{6}}$
$=\frac{\sqrt{5}\times\sqrt{6}}{2\sqrt{6}\times\sqrt{6}}=\frac{\sqrt{30}}{12}$

18 $\frac{\sqrt{7}}{\sqrt{12}}=\frac{\sqrt{7}}{\sqrt{2^2\times 3}}=\frac{\sqrt{7}}{2\sqrt{3}}=\frac{\sqrt{7}\times\sqrt{3}}{2\sqrt{3}\times\sqrt{3}}=\frac{\sqrt{21}}{6}$

19 $\frac{\sqrt{2}}{\sqrt{27}}=\frac{\sqrt{2}}{\sqrt{3^2\times 3}}=\frac{\sqrt{2}}{3\sqrt{3}}=\frac{\sqrt{2}\times\sqrt{3}}{3\sqrt{3}\times\sqrt{3}}=\frac{\sqrt{6}}{9}$

20 $\frac{\sqrt{11}}{\sqrt{80}}=\frac{\sqrt{11}}{\sqrt{2^4\times 5}}=\frac{\sqrt{11}}{\sqrt{4^2\times 5}}=\frac{\sqrt{11}}{4\sqrt{5}}=\frac{\sqrt{11}\times\sqrt{5}}{4\sqrt{5}\times\sqrt{5}}=\frac{\sqrt{55}}{20}$

21 $\frac{\sqrt{5}}{\sqrt{96}}=\frac{\sqrt{5}}{\sqrt{2^5\times 3}}=\frac{\sqrt{5}}{\sqrt{4^2\times 6}}=\frac{\sqrt{5}}{4\sqrt{6}}=\frac{\sqrt{5}\times\sqrt{6}}{4\sqrt{6}\times\sqrt{6}}=\frac{\sqrt{30}}{24}$

22 $\frac{\sqrt{13}}{\sqrt{98}}=\frac{\sqrt{13}}{\sqrt{2\times 7^2}}=\frac{\sqrt{13}}{7\sqrt{2}}=\frac{\sqrt{13}\times\sqrt{2}}{7\sqrt{2}\times\sqrt{2}}=\frac{\sqrt{26}}{14}$

24 $\frac{4\sqrt{7}}{\sqrt{18}}=\frac{4\sqrt{7}}{\sqrt{2\times 3^2}}=\frac{4\sqrt{7}}{3\sqrt{2}}=\frac{4\sqrt{7}\times\sqrt{2}}{3\sqrt{2}\times\sqrt{2}}=\frac{4\sqrt{14}}{6}=\frac{2\sqrt{14}}{3}$

25 $\frac{5\sqrt{3}}{\sqrt{20}}=\frac{5\sqrt{3}}{\sqrt{2^2\times 5}}=\frac{5\sqrt{3}}{2\sqrt{5}}=\frac{5\sqrt{3}\times\sqrt{5}}{2\sqrt{5}\times\sqrt{5}}=\frac{5\sqrt{15}}{10}=\frac{\sqrt{15}}{2}$

26 $\frac{2\sqrt{5}}{\sqrt{32}}=\frac{2\sqrt{5}}{\sqrt{2^5}}=\frac{2\sqrt{5}}{\sqrt{4^2\times 2}}=\frac{2\sqrt{5}}{4\sqrt{2}}$
$=\frac{2\sqrt{5}\times\sqrt{2}}{4\sqrt{2}\times\sqrt{2}}=\frac{2\sqrt{10}}{8}=\frac{\sqrt{10}}{4}$

27 $\frac{6\sqrt{11}}{\sqrt{54}}=\frac{6\sqrt{11}}{\sqrt{2\times 3^3}}=\frac{6\sqrt{11}}{\sqrt{3^2\times 6}}=\frac{6\sqrt{11}}{3\sqrt{6}}$
$=\frac{6\sqrt{11}\times\sqrt{6}}{3\sqrt{6}\times\sqrt{6}}=\frac{6\sqrt{66}}{18}=\frac{\sqrt{66}}{3}$

28 $\frac{3\sqrt{2}}{\sqrt{75}}=\frac{3\sqrt{2}}{\sqrt{3\times 5^2}}=\frac{3\sqrt{2}}{5\sqrt{3}}=\frac{3\sqrt{2}\times\sqrt{3}}{5\sqrt{3}\times\sqrt{3}}=\frac{3\sqrt{6}}{15}=\frac{\sqrt{6}}{5}$

29 $\frac{5\sqrt{7}}{\sqrt{90}}=\frac{5\sqrt{7}}{\sqrt{2\times 3^2\times 5}}=\frac{5\sqrt{7}}{\sqrt{3^2\times 10}}=\frac{5\sqrt{7}}{3\sqrt{10}}$
$=\frac{5\sqrt{7}\times\sqrt{10}}{3\sqrt{10}\times\sqrt{10}}=\frac{5\sqrt{70}}{30}=\frac{\sqrt{70}}{6}$

06 VISUAL연산 제곱근의 곱셈과 나눗셈의 혼합 계산 35쪽

01 $\sqrt{2}$, 2, 10, 15　02 $\sqrt{10}$　03 $\frac{1}{2}$, $\frac{1}{3}$, 6, 10
04 $4\sqrt{2}$　05 3, 3, 3, 3, 6, 2　06 1　07 $2\sqrt{30}$
08 $\frac{\sqrt{5}}{20}$

02 $\sqrt{15}\div\sqrt{3}\times\sqrt{2}=\sqrt{15}\times\frac{1}{\sqrt{3}}\times\sqrt{2}=\sqrt{15\times\frac{1}{3}\times2}=\sqrt{10}$

04 $2\sqrt{6}\times2\sqrt{7}\div\sqrt{21}=2\sqrt{6}\times2\sqrt{7}\times\frac{1}{\sqrt{21}}$
$=(2\times2)\times\sqrt{6\times7\times\frac{1}{21}}=4\sqrt{2}$

06 $\sqrt{10}\div\sqrt{24}\times\frac{2\sqrt{3}}{\sqrt{5}}=\sqrt{10}\times\frac{1}{2\sqrt{6}}\times\frac{2\sqrt{3}}{\sqrt{5}}$
$=\left(1\times\frac{1}{2}\times2\right)\times\sqrt{10\times\frac{1}{6}\times\frac{3}{5}}=1$

07 $2\sqrt{5}\times\sqrt{10}\div\frac{5}{\sqrt{15}}=2\sqrt{5}\times\sqrt{10}\times\frac{\sqrt{15}}{5}$
$=\left(2\times1\times\frac{1}{5}\right)\times\sqrt{5\times10\times15}$
$=\frac{2}{5}\times5\sqrt{30}=2\sqrt{30}$

08 $\frac{1}{\sqrt{18}}\div\frac{4}{\sqrt{3}}\times\sqrt{\frac{6}{5}}=\frac{1}{3\sqrt{2}}\times\frac{\sqrt{3}}{4}\times\sqrt{\frac{6}{5}}$
$=\left(\frac{1}{3}\times\frac{1}{4}\times1\right)\times\sqrt{\frac{1}{2}\times3\times\frac{6}{5}}$
$=\frac{1}{12}\times\frac{3}{\sqrt{5}}=\frac{1}{4\sqrt{5}}=\frac{\sqrt{5}}{20}$

연산 능력 UP! 10분 연산 TEST 36쪽

01 $8\sqrt{15}$　02 $12\sqrt{10}$　03 $3\sqrt{3}$　04 $-\sqrt{14}$　05 $5\sqrt{3}$
06 $8\sqrt{2}$　07 $\sqrt{50}$　08 $-\sqrt{54}$　09 $\sqrt{44}$　10 $-\sqrt{700}$
11 $\frac{\sqrt{2}}{7}$　12 $\frac{\sqrt{13}}{10}$　13 $\sqrt{\frac{13}{81}}$　14 $\sqrt{\frac{99}{25}}$　15 $\frac{2\sqrt{13}}{13}$
16 $-\frac{\sqrt{35}}{7}$　17 $\frac{\sqrt{33}}{6}$　18 $\frac{\sqrt{5}}{4}$　19 $3\sqrt{7}$　20 $-\frac{\sqrt{2}}{2}$

01 $4\sqrt{3}\times2\sqrt{5}=(4\times2)\times\sqrt{3\times5}=8\sqrt{15}$

02 $2\sqrt{\frac{15}{4}}\times6\sqrt{\frac{8}{3}}=(2\times6)\times\sqrt{\frac{15}{4}\times\frac{8}{3}}=12\sqrt{10}$

03 $18\sqrt{39}\div6\sqrt{13}=\frac{18\sqrt{39}}{6\sqrt{13}}=\frac{18}{6}\sqrt{\frac{39}{13}}=3\sqrt{3}$

04 $\sqrt{\frac{16}{3}}\div\left(-\sqrt{\frac{8}{21}}\right)=\sqrt{\frac{16}{3}}\times\left(-\sqrt{\frac{21}{8}}\right)$
$=-\sqrt{\frac{16}{3}\times\frac{21}{8}}=-\sqrt{14}$

05 $\sqrt{75}=\sqrt{3\times5^2}=5\sqrt{3}$

06 $\sqrt{128}=\sqrt{2^7}=\sqrt{8^2\times2}=8\sqrt{2}$

07 $5\sqrt{2}=\sqrt{5^2\times2}=\sqrt{50}$

08 $-3\sqrt{6}=-\sqrt{3^2\times6}=-\sqrt{54}$

09 $2\sqrt{11}=\sqrt{2^2\times11}=\sqrt{44}$

10 $-10\sqrt{7}=-\sqrt{10^2\times7}=-\sqrt{700}$

12 $\sqrt{0.13}=\sqrt{\frac{13}{100}}=\sqrt{\frac{13}{10^2}}=\frac{\sqrt{13}}{10}$

14 $\frac{3\sqrt{11}}{5}=\frac{\sqrt{3^2\times11}}{\sqrt{5^2}}=\sqrt{\frac{3^2\times11}{5^2}}=\sqrt{\frac{99}{25}}$

17 $\frac{\sqrt{11}}{\sqrt{12}}=\frac{\sqrt{11}}{\sqrt{2^2\times3}}=\frac{\sqrt{11}}{2\sqrt{3}}=\frac{\sqrt{11}\times\sqrt{3}}{2\sqrt{3}\times\sqrt{3}}=\frac{\sqrt{33}}{6}$

18 $\frac{5}{\sqrt{80}}=\frac{5}{\sqrt{4^2\times5}}=\frac{5}{4\sqrt{5}}=\frac{5\times\sqrt{5}}{4\sqrt{5}\times\sqrt{5}}=\frac{5\sqrt{5}}{20}=\frac{\sqrt{5}}{4}$

19 $\sqrt{24}\times\frac{\sqrt{3}}{2}\div\frac{\sqrt{6}}{\sqrt{21}}=\sqrt{24}\times\frac{\sqrt{3}}{2}\times\frac{\sqrt{21}}{\sqrt{6}}$
$=\frac{1}{2}\times\sqrt{24\times3\times\frac{21}{6}}=\frac{1}{2}\times6\sqrt{7}=3\sqrt{7}$

20 $\left(-\frac{\sqrt{3}}{2}\right)\div\frac{\sqrt{3}}{\sqrt{10}}\times\frac{1}{\sqrt{5}}=\left(-\frac{\sqrt{3}}{2}\right)\times\frac{\sqrt{10}}{\sqrt{3}}\times\frac{1}{\sqrt{5}}$
$=-\frac{1}{2}\times\sqrt{3\times\frac{10}{3}\times\frac{1}{5}}=-\frac{\sqrt{2}}{2}$

07 VISUAL연산 다항식의 덧셈과 뺄셈 37쪽

01 $8a$　02 $-4x$　03 $6b$　04 $-14y$　05 $6a+2b$
06 $2x+11y$　07 $-5a-b$　08 $3a-4b$　09 $3x+2y$　10 $2x-6y$
11 $4x-4y+3$　12 $a-6b+5$

05 $(2a+5b)+(4a-3b)=2a+5b+4a-3b=6a+2b$

06 $(3x+7y)-(x-4y)=3x+7y-x+4y=2x+11y$

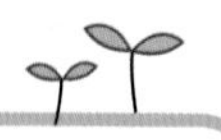

07 $(3a-2b)+(-8a+b)=3a-2b-8a+b=-5a-b$

08 $(5a+b)-(2a+5b)=5a+b-2a-5b=3a-4b$

09 $(2x+3y)-(-x+y)=2x+3y+x-y=3x+2y$

10 $(-5x-y)+(7x-5y)=-5x-y+7x-5y=2x-6y$

11 $(3x-2y+1)-(-x+2y-2)$
$=3x-2y+1+x-2y+2=4x-4y+3$

12 $(5a-8b+7)-(4a-2b+2)$
$=5a-8b+7-4a+2b-2=a-6b+5$

08 VISUAL연산 제곱근의 덧셈과 뺄셈 (1)

38쪽

01 1, 5　02 $5\sqrt{7}$　03 $3\sqrt{3}$　04 $9\sqrt{2}$　05 $7\sqrt{5}$
06 $10\sqrt{7}$　07 $17\sqrt{10}$　08 $21\sqrt{3}$　09 2, $\sqrt{3}$　10 $3\sqrt{2}$
11 $2\sqrt{5}$　12 $4\sqrt{3}$　13 $\sqrt{2}$　14 $-3\sqrt{3}$　15 $-5\sqrt{5}$
16 $-\sqrt{10}$

02 $2\sqrt{7}+3\sqrt{7}=(2+3)\sqrt{7}=5\sqrt{7}$

03 $\sqrt{3}+2\sqrt{3}=(1+2)\sqrt{3}=3\sqrt{3}$

04 $6\sqrt{2}+3\sqrt{2}=(6+3)\sqrt{2}=9\sqrt{2}$

05 $5\sqrt{5}+2\sqrt{5}=(5+2)\sqrt{5}=7\sqrt{5}$

06 $2\sqrt{7}+8\sqrt{7}=(2+8)\sqrt{7}=10\sqrt{7}$

07 $3\sqrt{10}+14\sqrt{10}=(3+14)\sqrt{10}=17\sqrt{10}$

08 $10\sqrt{3}+11\sqrt{3}=(10+11)\sqrt{3}=21\sqrt{3}$

10 $5\sqrt{2}-2\sqrt{2}=(5-2)\sqrt{2}=3\sqrt{2}$

11 $4\sqrt{5}-2\sqrt{5}=(4-2)\sqrt{5}=2\sqrt{5}$

12 $8\sqrt{3}-4\sqrt{3}=(8-4)\sqrt{3}=4\sqrt{3}$

13 $4\sqrt{2}-3\sqrt{2}=(4-3)\sqrt{2}=\sqrt{2}$

14 $2\sqrt{3}-5\sqrt{3}=(2-5)\sqrt{3}=-3\sqrt{3}$

15 $\sqrt{5}-6\sqrt{5}=(1-6)\sqrt{5}=-5\sqrt{5}$

16 $5\sqrt{10}-6\sqrt{10}=(5-6)\sqrt{10}=-\sqrt{10}$

09 VISUAL연산 제곱근의 덧셈과 뺄셈 (2)

39쪽

01 3, 4, 5, 4　02 $3\sqrt{3}$　03 $2\sqrt{5}$　04 $9\sqrt{7}$　05 $-2\sqrt{2}$
06 1, 1, 2　07 $5\sqrt{5}-7\sqrt{11}$　08 $-15\sqrt{6}+4\sqrt{2}$
09 $2\sqrt{5}-6\sqrt{7}$　10 $>$ 20, $>$, $>$　11 $>$
12 $<$　13 $>$

02 $10\sqrt{3}+2\sqrt{3}-9\sqrt{3}=(10+2-9)\sqrt{3}=3\sqrt{3}$

03 $\sqrt{5}+4\sqrt{5}-3\sqrt{5}=(1+4-3)\sqrt{5}=2\sqrt{5}$

04 $8\sqrt{7}-2\sqrt{7}+3\sqrt{7}=(8-2+3)\sqrt{7}=9\sqrt{7}$

05 $3\sqrt{2}-10\sqrt{2}+5\sqrt{2}=(3-10+5)\sqrt{2}=-2\sqrt{2}$

07 $3\sqrt{5}-10\sqrt{11}+2\sqrt{5}+3\sqrt{11}=(3+2)\sqrt{5}+(-10+3)\sqrt{11}$
$=5\sqrt{5}-7\sqrt{11}$

08 $-3\sqrt{6}-12\sqrt{6}-\sqrt{2}+5\sqrt{2}=(-3-12)\sqrt{6}+(-1+5)\sqrt{2}$
$=-15\sqrt{6}+4\sqrt{2}$

09 $-\sqrt{5}+2\sqrt{7}-8\sqrt{7}+3\sqrt{5}=(-1+3)\sqrt{5}+(2-8)\sqrt{7}$
$=2\sqrt{5}-6\sqrt{7}$

11 $(3\sqrt{2}-7)-(-2\sqrt{2})=5\sqrt{2}-7=\sqrt{50}-\sqrt{49}>0$
$\therefore 3\sqrt{2}-7>-2\sqrt{2}$

12 $2\sqrt{7}-(3\sqrt{7}-2)=-\sqrt{7}+2=-\sqrt{7}+\sqrt{4}<0$
$\therefore 2\sqrt{7}<3\sqrt{7}-2$

13 $(2+\sqrt{10})-(8-\sqrt{10})=-6+2\sqrt{10}=-\sqrt{36}+\sqrt{40}>0$
$\therefore 2+\sqrt{10}>8-\sqrt{10}$

10 VISUAL연산 제곱근의 덧셈과 뺄셈 (3)

40쪽

01 4, 3, 4, 3, 7　02 $5\sqrt{6}$　03 $-\sqrt{3}$　04 $\sqrt{6}$
05 $\sqrt{5}$　06 $4\sqrt{2}$　07 $-\sqrt{5}$
08 2, $\sqrt{6}$, $\sqrt{6}$, 2, 6, 4, 6, 6　09 $-\frac{9\sqrt{2}}{2}$　10 $\frac{18\sqrt{5}}{5}$　11 $\frac{7\sqrt{3}}{9}$
12 $-\frac{\sqrt{6}}{6}$　13 $\frac{4\sqrt{5}}{5}$

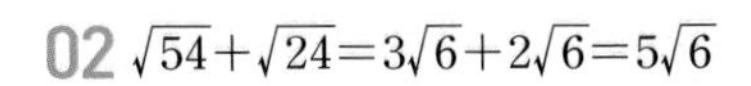

02 $\sqrt{54}+\sqrt{24}=3\sqrt{6}+2\sqrt{6}=5\sqrt{6}$

03 $\sqrt{12}-\sqrt{27}=2\sqrt{3}-3\sqrt{3}=-\sqrt{3}$

04 $\sqrt{96}-\sqrt{54}=4\sqrt{6}-3\sqrt{6}=\sqrt{6}$

05 $\sqrt{20}+\sqrt{45}-\sqrt{80}=2\sqrt{5}+3\sqrt{5}-4\sqrt{5}=\sqrt{5}$

06 $\sqrt{18}-\sqrt{50}+\sqrt{72}=3\sqrt{2}-5\sqrt{2}+6\sqrt{2}=4\sqrt{2}$

07 $\sqrt{5}+\sqrt{45}-\sqrt{125}=\sqrt{5}+3\sqrt{5}-5\sqrt{5}=-\sqrt{5}$

09 $\frac{2}{\sqrt{8}}-\sqrt{50}=\frac{2}{2\sqrt{2}}-5\sqrt{2}=\frac{\sqrt{2}}{2}-5\sqrt{2}=-\frac{9\sqrt{2}}{2}$

10 $\sqrt{80}-\frac{6}{\sqrt{45}}=4\sqrt{5}-\frac{6}{3\sqrt{5}}=4\sqrt{5}-\frac{2\sqrt{5}}{5}=\frac{18\sqrt{5}}{5}$

11 $\frac{1}{\sqrt{27}}+\frac{4}{\sqrt{12}}=\frac{1}{3\sqrt{3}}+\frac{4}{2\sqrt{3}}=\frac{\sqrt{3}}{9}+\frac{2\sqrt{3}}{3}=\frac{7\sqrt{3}}{9}$

12 $-\frac{2}{\sqrt{6}}+\frac{3}{\sqrt{54}}=-\frac{\sqrt{6}}{3}+\frac{3}{3\sqrt{6}}=-\frac{\sqrt{6}}{3}+\frac{\sqrt{6}}{6}=-\frac{\sqrt{6}}{6}$

13 $\frac{2}{\sqrt{5}}+\frac{4}{\sqrt{20}}=\frac{2\sqrt{5}}{5}+\frac{4}{2\sqrt{5}}=\frac{2\sqrt{5}}{5}+\frac{2\sqrt{5}}{5}=\frac{4\sqrt{5}}{5}$

11 VISUAL 연산 근호를 포함한 식의 분배법칙

41쪽

01 $\sqrt{6}+\sqrt{14}$
02 $\sqrt{6}-\sqrt{15}$
03 $\sqrt{15}+15$
04 $6-2\sqrt{6}$
05 $8\sqrt{3}-8$
06 $\sqrt{6}+\sqrt{15}$
07 $\sqrt{6}-\sqrt{14}$
08 $2\sqrt{6}-3$
09 $\sqrt{35}+21$
10 $18\sqrt{2}+\sqrt{66}$
11 $5\sqrt{2}-20$

05 $4\sqrt{2}(\sqrt{6}-\sqrt{2})=4\sqrt{12}-8=4\times2\sqrt{3}-8=8\sqrt{3}-8$

10 $(6\sqrt{6}+\sqrt{22})\sqrt{3}=6\sqrt{18}+\sqrt{66}=6\times3\sqrt{2}+\sqrt{66}$
$=18\sqrt{2}+\sqrt{66}$

11 $(3\sqrt{10}-12\sqrt{5})\frac{\sqrt{5}}{3}=\sqrt{50}-20=5\sqrt{2}-20$

12 VISUAL 연산 분배법칙을 이용한 분모의 유리화

42쪽

01 $\sqrt{5}$, $\sqrt{5}$, $\sqrt{10}$, 5
02 $\frac{\sqrt{30}+\sqrt{70}}{10}$
03 $\frac{\sqrt{10}-3\sqrt{2}}{2}$
04 $\frac{2\sqrt{3}-3\sqrt{2}}{6}$
05 $\frac{2\sqrt{10}+\sqrt{5}}{5}$
06 $\frac{\sqrt{6}+\sqrt{10}}{4}$
07 $\frac{\sqrt{35}-\sqrt{10}}{10}$
08 $\frac{3-\sqrt{6}}{6}$
09 $\frac{3\sqrt{6}+2}{2}$
10 $\frac{3\sqrt{2}-2\sqrt{21}}{3}$

02 $\frac{\sqrt{3}+\sqrt{7}}{\sqrt{10}}=\frac{(\sqrt{3}+\sqrt{7})\times\sqrt{10}}{\sqrt{10}\times\sqrt{10}}=\frac{\sqrt{30}+\sqrt{70}}{10}$

03 $\frac{\sqrt{5}-3}{\sqrt{2}}=\frac{(\sqrt{5}-3)\times\sqrt{2}}{\sqrt{2}\times\sqrt{2}}=\frac{\sqrt{10}-3\sqrt{2}}{2}$

04 $\frac{\sqrt{2}-\sqrt{3}}{\sqrt{6}}=\frac{(\sqrt{2}-\sqrt{3})\times\sqrt{6}}{\sqrt{6}\times\sqrt{6}}=\frac{\sqrt{12}-\sqrt{18}}{6}=\frac{2\sqrt{3}-3\sqrt{2}}{6}$

05 $\frac{4+\sqrt{2}}{\sqrt{10}}=\frac{(4+\sqrt{2})\times\sqrt{10}}{\sqrt{10}\times\sqrt{10}}=\frac{4\sqrt{10}+\sqrt{20}}{10}$
$=\frac{4\sqrt{10}+2\sqrt{5}}{10}=\frac{2\sqrt{10}+\sqrt{5}}{5}$

06 $\frac{\sqrt{3}+\sqrt{5}}{\sqrt{8}}=\frac{\sqrt{3}+\sqrt{5}}{2\sqrt{2}}=\frac{(\sqrt{3}+\sqrt{5})\times\sqrt{2}}{2\sqrt{2}\times\sqrt{2}}=\frac{\sqrt{6}+\sqrt{10}}{4}$

07 $\frac{\sqrt{7}-\sqrt{2}}{\sqrt{20}}=\frac{\sqrt{7}-\sqrt{2}}{2\sqrt{5}}=\frac{(\sqrt{7}-\sqrt{2})\times\sqrt{5}}{2\sqrt{5}\times\sqrt{5}}=\frac{\sqrt{35}-\sqrt{10}}{10}$

08 $\frac{\sqrt{18}-\sqrt{12}}{\sqrt{72}}=\frac{3\sqrt{2}-2\sqrt{3}}{6\sqrt{2}}=\frac{(3\sqrt{2}-2\sqrt{3})\times\sqrt{2}}{6\sqrt{2}\times\sqrt{2}}$
$=\frac{6-2\sqrt{6}}{12}=\frac{3-\sqrt{6}}{6}$

09 $\frac{\sqrt{27}+\sqrt{2}}{\sqrt{2}}=\frac{3\sqrt{3}+\sqrt{2}}{\sqrt{2}}=\frac{(3\sqrt{3}+\sqrt{2})\times\sqrt{2}}{\sqrt{2}\times\sqrt{2}}$
$=\frac{3\sqrt{6}+2}{2}$

10 $\frac{\sqrt{6}-\sqrt{28}}{\sqrt{3}}=\frac{\sqrt{6}-2\sqrt{7}}{\sqrt{3}}=\frac{(\sqrt{6}-2\sqrt{7})\times\sqrt{3}}{\sqrt{3}\times\sqrt{3}}$
$=\frac{\sqrt{18}-2\sqrt{21}}{3}=\frac{3\sqrt{2}-2\sqrt{21}}{3}$

13 VISUAL연산 근호를 포함한 복잡한 식의 계산 43쪽

01 6, 2, 6, 4, 2, 2　02 $-\sqrt{5}-1$
03 $12\sqrt{2}-8\sqrt{6}$　04 $1-\frac{9\sqrt{5}}{5}$　05 $\frac{-3\sqrt{10}-3\sqrt{15}}{5}$
06 $6\sqrt{6}-3\sqrt{15}$　07 a, 0, 2　08 -3　09 -4

02 $\sqrt{2}(\sqrt{10}-\sqrt{2})-(3\sqrt{15}-\sqrt{3})\div\sqrt{3}$
$=\sqrt{20}-2-\frac{3\sqrt{15}-\sqrt{3}}{\sqrt{3}}=2\sqrt{5}-2-(3\sqrt{5}-1)$
$=2\sqrt{5}-2-3\sqrt{5}+1=-\sqrt{5}-1$

03 $(\sqrt{54}-5\sqrt{2})\sqrt{3}-\frac{3}{\sqrt{3}}(\sqrt{18}-\sqrt{6})$
$=(3\sqrt{6}-5\sqrt{2})\sqrt{3}-\sqrt{3}(3\sqrt{2}-\sqrt{6})$
$=3\sqrt{18}-5\sqrt{6}-3\sqrt{6}+\sqrt{18}$
$=9\sqrt{2}-5\sqrt{6}-3\sqrt{6}+3\sqrt{2}=12\sqrt{2}-8\sqrt{6}$

04 $\frac{\sqrt{45}+1}{\sqrt{5}}-\frac{\sqrt{8}+\sqrt{40}}{\sqrt{2}}=\frac{3\sqrt{5}+1}{\sqrt{5}}-\frac{2\sqrt{2}+2\sqrt{10}}{\sqrt{2}}$
$=3+\frac{\sqrt{5}}{5}-2-2\sqrt{5}=1-\frac{9\sqrt{5}}{5}$

05 $(\sqrt{2}-\sqrt{3})\times\frac{1}{\sqrt{5}}-\frac{\sqrt{24}+8}{\sqrt{10}}$
$=\frac{\sqrt{2}-\sqrt{3}}{\sqrt{5}}-\frac{2\sqrt{6}+8}{\sqrt{10}}=\frac{\sqrt{10}-\sqrt{15}}{5}-\frac{2\sqrt{60}+8\sqrt{10}}{10}$
$=\frac{\sqrt{10}-\sqrt{15}}{5}-\frac{2\sqrt{15}+4\sqrt{10}}{5}=\frac{-3\sqrt{10}-3\sqrt{15}}{5}$

06 $\frac{3}{\sqrt{2}}(\sqrt{48}+\sqrt{2})+\left(3\sqrt{3}+\frac{3}{\sqrt{5}}\right)\div\left(-\frac{1}{\sqrt{5}}\right)$
$=3(\sqrt{24}+1)+\left(3\sqrt{3}+\frac{3}{\sqrt{5}}\right)\times(-\sqrt{5})$
$=3(2\sqrt{6}+1)-3\sqrt{15}-3$
$=6\sqrt{6}+3-3\sqrt{15}-3=6\sqrt{6}-3\sqrt{15}$

08 $-\sqrt{5}+4\sqrt{5}+a\sqrt{5}=(-1+4+a)\sqrt{5}=(3+a)\sqrt{5}$
$3+a=0$이어야 하므로 $a=-3$

09 $\sqrt{3}+3\sqrt{3}+a\sqrt{3}=(1+3+a)\sqrt{3}=(4+a)\sqrt{3}$
$4+a=0$이어야 하므로 $a=-4$

14 VISUAL연산 제곱근표 44쪽

01 1.855　02 1.900　03 1.761　04 1.949　05 1.980
06 12.1　07 15.0　08 16.3　09 17.4　10 18.2

15 VISUAL연산 제곱근표에 없는 수 45쪽

01 100, 10, 1.414, 14.14　02 44.72　03 141.4
04 100, 4.472, 0.4472　05 0.1414　06 0.04472　07 17.32
08 54.77　09 173.2　10 0.5477　11 0.1732　12 0.05477

02 $\sqrt{2000}=\sqrt{20\times100}=10\sqrt{20}=10\times4.472=44.72$

03 $\sqrt{20000}=\sqrt{2\times10000}=100\sqrt{2}=100\times1.414=141.4$

05 $\sqrt{0.02}=\sqrt{\frac{2}{100}}=\frac{\sqrt{2}}{10}=\frac{1.414}{10}=0.1414$

06 $\sqrt{0.002}=\sqrt{\frac{20}{10000}}=\frac{\sqrt{20}}{100}=\frac{4.472}{100}=0.04472$

07 $\sqrt{300}=\sqrt{3\times100}=10\sqrt{3}=10\times1.732=17.32$

08 $\sqrt{3000}=\sqrt{30\times100}=10\sqrt{30}=10\times5.477=54.77$

09 $\sqrt{30000}=\sqrt{3\times10000}=100\sqrt{3}=100\times1.732=173.2$

10 $\sqrt{0.3}=\sqrt{\frac{30}{100}}=\frac{\sqrt{30}}{10}=\frac{5.477}{10}=0.5477$

11 $\sqrt{0.03}=\sqrt{\frac{3}{100}}=\frac{\sqrt{3}}{10}=\frac{1.732}{10}=0.1732$

12 $\sqrt{0.003}=\sqrt{\frac{30}{10000}}=\frac{\sqrt{30}}{100}=\frac{5.477}{100}=0.05477$

16 VISUAL연산 무리수의 정수 부분과 소수 부분 46쪽

01 1, $\sqrt{2}-1$ 1, 1, $\sqrt{2}-1$　02 2, $\sqrt{5}-2$
03 2, $\sqrt{7}-2$　04 3, $\sqrt{15}-3$
05 2, $2\sqrt{2}-2$　06 3, $2\sqrt{3}-3$
07 4, $\sqrt{6}-2$ 2, 3, 4, 5, 4, 4, $\sqrt{6}-2$　08 6, $\sqrt{10}-3$
09 2, $\sqrt{21}-4$　10 3, $2\sqrt{10}-6$
11 8, $3\sqrt{6}-7$

02 $\sqrt{4}<\sqrt{5}<\sqrt{9}$, 즉 $2<\sqrt{5}<3$이므로 $\sqrt{5}=2.\cdots$
따라서 $\sqrt{5}$의 정수 부분은 2이고, 소수 부분은 $\sqrt{5}-2$이다.

03 $\sqrt{4}<\sqrt{7}<\sqrt{9}$, 즉 $2<\sqrt{7}<3$이므로 $\sqrt{7}=2.\cdots$
따라서 $\sqrt{7}$의 정수 부분은 2이고, 소수 부분은 $\sqrt{7}-2$이다.

04 $\sqrt{9}<\sqrt{15}<\sqrt{16}$, 즉 $3<\sqrt{15}<4$이므로 $\sqrt{15}=3.\cdots$
따라서 $\sqrt{15}$의 정수 부분은 3이고, 소수 부분은 $\sqrt{15}-3$이다.

05 $\sqrt{4}<\sqrt{8}<\sqrt{9}$, 즉 $2<2\sqrt{2}<3$이므로 $2\sqrt{2}=2.\cdots$
따라서 $2\sqrt{2}$의 정수 부분은 2이고, 소수 부분은 $2\sqrt{2}-2$이다.

06 $\sqrt{9}<\sqrt{12}<\sqrt{16}$, 즉 $3<2\sqrt{3}<4$이므로 $2\sqrt{3}=3.\cdots$
따라서 $2\sqrt{3}$의 정수 부분은 3이고, 소수 부분은 $2\sqrt{3}-3$이다.

08 $\sqrt{9}<\sqrt{10}<\sqrt{16}$, 즉 $3<\sqrt{10}<4$이므로
$6<\sqrt{10}+3<7$ $\quad\therefore \sqrt{10}+3=6.\cdots$
따라서 $\sqrt{10}+3$의 정수 부분은 6이고,
소수 부분은 $\sqrt{10}+3-6=\sqrt{10}-3$이다.

09 $\sqrt{16}<\sqrt{21}<\sqrt{25}$, 즉 $4<\sqrt{21}<5$이므로
$2<\sqrt{21}-2<3$ $\quad\therefore \sqrt{21}-2=2.\cdots$
따라서 $\sqrt{21}-2$의 정수 부분은 2이고,
소수 부분은 $\sqrt{21}-2-2=\sqrt{21}-4$이다.

10 $\sqrt{36}<\sqrt{40}<\sqrt{49}$, 즉 $6<2\sqrt{10}<7$이므로
$3<2\sqrt{10}-3<4$ $\quad\therefore 2\sqrt{10}-3=3.\cdots$
따라서 $2\sqrt{10}-3$의 정수 부분은 3이고,
소수 부분은 $2\sqrt{10}-3-3=2\sqrt{10}-6$이다.

11 $\sqrt{49}<\sqrt{54}<\sqrt{64}$, 즉 $7<3\sqrt{6}<8$이므로
$8<3\sqrt{6}+1<9$ $\quad\therefore 3\sqrt{6}+1=8.\cdots$
따라서 $3\sqrt{6}+1$의 정수 부분은 8이고,
소수 부분은 $3\sqrt{6}+1-8=3\sqrt{6}-7$이다.

연산 능력 UP! 10분 연산 TEST

47쪽

01 $-\sqrt{7}$	02 $4\sqrt{3}+2\sqrt{10}$	03 $6\sqrt{2}$	04 $-\sqrt{5}$
05 $>$	06 $<$	07 $5\sqrt{2}-5\sqrt{3}$	
08 $-6\sqrt{3}+3\sqrt{6}$		09 $4\sqrt{6}-6\sqrt{2}$	
10 $\sqrt{14}-3\sqrt{10}$		11 $\frac{3\sqrt{2}-\sqrt{6}}{3}$	12 $\frac{\sqrt{2}+1}{2}$
13 $2\sqrt{5}-\sqrt{30}-3\sqrt{6}$		14 $6\sqrt{2}-4\sqrt{6}$	15 223.6
16 0.07071		17 $3\sqrt{2}-4$	18 $\sqrt{7}-2$

02 $-4\sqrt{3}+5\sqrt{10}+8\sqrt{3}-3\sqrt{10}=(-4+8)\sqrt{3}+(5-3)\sqrt{10}$
$=4\sqrt{3}+2\sqrt{10}$

03 $\sqrt{32}-\sqrt{18}+\sqrt{50}=4\sqrt{2}-3\sqrt{2}+5\sqrt{2}=6\sqrt{2}$

04 $-\sqrt{80}+\frac{25}{\sqrt{5}}-\frac{30}{\sqrt{45}}=-4\sqrt{5}+5\sqrt{5}-\frac{30}{3\sqrt{5}}$
$=\sqrt{5}-2\sqrt{5}=-\sqrt{5}$

05 $(4\sqrt{3}-3)-(\sqrt{3}+1)=3\sqrt{3}-4=\sqrt{27}-\sqrt{16}>0$
$\therefore 4\sqrt{3}-3>\sqrt{3}+1$

06 $(6+2\sqrt{5})-(6\sqrt{5}-2)=8-4\sqrt{5}=\sqrt{64}-\sqrt{80}<0$
$\therefore 6+2\sqrt{5}<6\sqrt{5}-2$

07 $\sqrt{5}(\sqrt{10}-\sqrt{15})=\sqrt{50}-\sqrt{75}=5\sqrt{2}-5\sqrt{3}$

08 $-3\sqrt{2}(\sqrt{6}-\sqrt{3})=-3\sqrt{12}+3\sqrt{6}$
$=-3\times2\sqrt{3}+3\sqrt{6}$
$=-6\sqrt{3}+3\sqrt{6}$

09 $(4\sqrt{2}-2\sqrt{6})\sqrt{3}=4\sqrt{6}-2\sqrt{18}$
$=4\sqrt{6}-2\times3\sqrt{2}$
$=4\sqrt{6}-6\sqrt{2}$

11 $\frac{\sqrt{6}-\sqrt{2}}{\sqrt{3}}=\frac{(\sqrt{6}-\sqrt{2})\times\sqrt{3}}{\sqrt{3}\times\sqrt{3}}=\frac{\sqrt{18}-\sqrt{6}}{3}=\frac{3\sqrt{2}-\sqrt{6}}{3}$

12 $\frac{\sqrt{6}+\sqrt{3}}{\sqrt{12}}=\frac{\sqrt{6}+\sqrt{3}}{2\sqrt{3}}=\frac{(\sqrt{6}+\sqrt{3})\times\sqrt{3}}{2\sqrt{3}\times\sqrt{3}}$
$=\frac{\sqrt{18}+3}{6}=\frac{3\sqrt{2}+3}{6}=\frac{\sqrt{2}+1}{2}$

13 $\sqrt{5}(2-\sqrt{6})-\frac{2}{\sqrt{2}}(\sqrt{12}+\sqrt{3})=2\sqrt{5}-\sqrt{30}-\sqrt{2}(2\sqrt{3}+\sqrt{3})$
$=2\sqrt{5}-\sqrt{30}-3\sqrt{6}$

14 $\sqrt{3}(\sqrt{24}-\sqrt{18})+\frac{\sqrt{12}-\sqrt{48}}{\sqrt{2}}$
$=\sqrt{3}(2\sqrt{6}-3\sqrt{2})+\frac{\sqrt{2}(2\sqrt{3}-4\sqrt{3})}{2}$
$=2\sqrt{18}-3\sqrt{6}-\sqrt{6}=6\sqrt{2}-4\sqrt{6}$

15 $\sqrt{50000}=\sqrt{5\times10000}=100\sqrt{5}=100\times2.236=223.6$

16 $\sqrt{0.005}=\sqrt{\frac{50}{10000}}=\frac{\sqrt{50}}{100}=\frac{7.071}{100}=0.07071$

17 $\sqrt{16}<\sqrt{18}<\sqrt{25}$, 즉 $4<3\sqrt{2}<5$이므로 $3\sqrt{2}=4.\cdots$
따라서 $3\sqrt{2}$의 정수 부분은 4이고, 소수 부분은 $3\sqrt{2}-4$이다.

18 $\sqrt{4}<\sqrt{7}<\sqrt{9}$, 즉 $2<\sqrt{7}<3$이므로
$3<1+\sqrt{7}<4$ $\quad\therefore 1+\sqrt{7}=3.\cdots$
따라서 $1+\sqrt{7}$의 정수 부분은 3이고, 소수 부분은
$1+\sqrt{7}-3=\sqrt{7}-2$이다.

학교 시험 PREVIEW

학교 시험 미리보기! 48쪽~49쪽

01 ②	02 ④	03 ⑤	04 ④	05 ①
06 ②	07 ②	08 ⑤	09 ③	10 ③
11 ②	12 ④	13 ⑤	14 −1	

01 ① $a\sqrt{b}=\sqrt{a^2b}$
③ $\sqrt{a}+\sqrt{b}\neq\sqrt{a+b}$
④ $\sqrt{a}\div\sqrt{b}=\sqrt{\frac{a}{b}}$
⑤ $-(\sqrt{ab})^2=-ab$

02 $\sqrt{153}=\sqrt{3^2\times17}=3\sqrt{17}$
$\therefore a=3,\ b=17$

03 $3\sqrt{8}\div\sqrt{2}\times\sqrt{12}=6\sqrt{2}\times\frac{1}{\sqrt{2}}\times2\sqrt{3}$
$=6\times2\sqrt{3}=12\sqrt{3}$
$\therefore a=12$

04 $3\sqrt{15}\times\sqrt{2}\div\sqrt{3}=3\sqrt{15}\times\sqrt{2}\times\frac{1}{\sqrt{3}}$
$=(3\times1\times1)\times\sqrt{15\times2\times\frac{1}{3}}$
$=3\sqrt{10}$

05 ① $-2\sqrt{6}=-\sqrt{2^2\times6}=-\sqrt{24}$ $\therefore \square=24$
② $-\sqrt{800}=-\sqrt{2^5\times5^2}=-\sqrt{(2^2\times5)^2\times2}=-20\sqrt{2}$
$\therefore \square=20$
③ $\sqrt{2}\times\sqrt{10}=\sqrt{20}=\sqrt{2^2\times5}=2\sqrt{5}$ $\therefore \square=5$
④ $4\sqrt{\frac{7}{8}}=\sqrt{4^2\times\frac{7}{8}}=\sqrt{16\times\frac{7}{8}}=\sqrt{14}$ $\therefore \square=14$
⑤ $\sqrt{2^2\times3\times5^3}=\sqrt{(2\times5)^2\times3\times5}=10\sqrt{15}$ $\therefore \square=10$
따라서 □ 안에 들어갈 수가 가장 큰 것은 ①이다.

06 $\frac{\sqrt{40}-\sqrt{5}}{\sqrt{5}}-\frac{\sqrt{48}-\sqrt{6}}{\sqrt{3}}$
$=\frac{(2\sqrt{10}-\sqrt{5})\times\sqrt{5}}{\sqrt{5}\times\sqrt{5}}-\frac{(4\sqrt{3}-\sqrt{6})\times\sqrt{3}}{\sqrt{3}\times\sqrt{3}}$
$=\frac{2\sqrt{50}-5}{5}-\frac{12-\sqrt{18}}{3}$
$=\frac{10\sqrt{2}-5}{5}-\frac{12-3\sqrt{2}}{3}$
$=2\sqrt{2}-1-(4-\sqrt{2})$
$=3\sqrt{2}-5$

07 $2\sqrt{6}+5\sqrt{6}-4\sqrt{6}=(2+5-4)\sqrt{6}=3\sqrt{6}$

08 $5\sqrt{20}-\sqrt{45}+\sqrt{180}=10\sqrt{5}-3\sqrt{5}+6\sqrt{5}=13\sqrt{5}$

09 ① $\sqrt{3}\times\sqrt{18}=\sqrt{3}\times3\sqrt{2}=3\sqrt{6}$
② $\sqrt{\frac{4}{7}}\times\sqrt{\frac{35}{2}}=\sqrt{\frac{4}{7}\times\frac{35}{2}}=\sqrt{10}$
③ $\sqrt{\frac{3}{8}}\div\sqrt{\frac{9}{2}}=\sqrt{\frac{3}{8}}\times\sqrt{\frac{2}{9}}=\sqrt{\frac{3}{8}\times\frac{2}{9}}$
$=\sqrt{\frac{1}{12}}=\frac{1}{2\sqrt{3}}=\frac{\sqrt{3}}{6}$
④ $\sqrt{8}-4\sqrt{2}+\sqrt{50}=2\sqrt{2}-4\sqrt{2}+5\sqrt{2}=3\sqrt{2}$
⑤ $2\sqrt{6}(2\sqrt{3}-\sqrt{2})=4\sqrt{18}-2\sqrt{12}=12\sqrt{2}-4\sqrt{3}$

10 ① $\sqrt{600}=\sqrt{6\times100}=10\sqrt{6}=10\times2.449=24.49$
② $\sqrt{6000}=\sqrt{60\times100}=10\sqrt{60}=10\times7.746=77.46$
③ $\sqrt{0.6}=\sqrt{\frac{60}{100}}=\frac{\sqrt{60}}{10}=\frac{7.746}{10}=0.7746$
④ $\sqrt{0.06}=\sqrt{\frac{6}{100}}=\frac{\sqrt{6}}{10}=\frac{2.449}{10}=0.2449$
⑤ $\sqrt{0.0006}=\sqrt{\frac{6}{10000}}=\frac{\sqrt{6}}{100}=\frac{2.449}{100}=0.02449$

11 ① $\sqrt{0.02}=\sqrt{\frac{2}{100}}=\frac{\sqrt{2}}{10}=\frac{1.414}{10}=0.1414$
③ $\sqrt{8}=2\sqrt{2}=2\times1.414=2.828$
④ $\sqrt{32}=4\sqrt{2}=4\times1.414=5.656$
⑤ $\sqrt{50}=5\sqrt{2}=5\times1.414=7.07$

12 $\sqrt{360}=\sqrt{6^2\times10}=6\sqrt{10}=6\times\sqrt{2}\times\sqrt{5}=6ab$

13 $\sqrt{4}<\sqrt{7}<\sqrt{9}$에서 $2<\sqrt{7}<3$이므로
$4<2+\sqrt{7}<5$ $\therefore 2+\sqrt{7}=4.\cdots$
$\therefore a=4,\ b=\sqrt{7}-2$
$\therefore \sqrt{7}a-b=\sqrt{7}\times4-(\sqrt{7}-2)$
$=4\sqrt{7}-\sqrt{7}+2$
$=3\sqrt{7}+2$

14 서술형
$\sqrt{6}(\sqrt{18}-5)-\sqrt{3}\left(\frac{6}{\sqrt{2}}-1\right)$
$=\sqrt{6}(3\sqrt{2}-5)-\sqrt{3}(3\sqrt{2}-1)$
$=6\sqrt{3}-5\sqrt{6}-3\sqrt{6}+\sqrt{3}$
$=7\sqrt{3}-8\sqrt{6}$ ……❶
$7\sqrt{3}-8\sqrt{6}=a\sqrt{3}+b\sqrt{6}$이므로
$a=7,\ b=-8$ ……❷
$\therefore a+b=7+(-8)=-1$ ……❸

채점 기준	배점
❶ 분배법칙을 이용하여 전개하기	60 %
❷ a, b의 값 구하기	20 %
❸ $a+b$의 값 구하기	20 %

Ⅱ 문자와 식

1. 다항식의 곱셈과 인수분해

01 VISUAL 연산 (다항식)×(다항식) 54쪽

01 $5x$, 5
02 $ac-5ad-2bc+10bd$
03 $6xy+4x-3y-2$
04 $-3-4b+3a+4ab$
05 $ab+3a+2b+6$
06 $2ac-3ad+6bc-9bd$
07 2, 2, 3
08 a^2-2a-8
09 2, 6, 6
10 $-3a^2+ab+4b^2$
11 3, 2, 3, 3
12 $6x^2-11xy+12x-16y+4y^2$

08 $(a+2)(a-4)=a^2-4a+2a-8$
$=a^2-2a-8$

10 $(3a-4b)(-a-b)=-3a^2-3ab+4ab+4b^2$
$=-3a^2+ab+4b^2$

12 $(2x-y+4)(3x-4y)$
$=6x^2-8xy-3xy+4y^2+12x-16y$
$=6x^2-11xy+12x-16y+4y^2$

02 VISUAL 연산 곱셈 공식 (1) 55쪽~56쪽

01 x, 1, 2, 1
02 x^2+4x+4
03 a^2+6a+9
04 $9a^2+12a+4$
05 $4x^2+4x+1$
06 $2y$, $2y$, 4, $4y^2$
07 $4x^2+12xy+9y^2$
08 $9a^2+6ab+b^2$
09 $4x^2+4xy+y^2$
10 $4x^2+12xy+9y^2$
11 1, 1, 2, 1
12 a^2-6a+9
13 $9a^2-12a+4$
14 $4x^2-4x+1$
15 $9x^2-24x+16$
16 $49x^2-70x+25$
17 $2x$, 4, 4
18 $a^2-4ab+4b^2$
19 $16a^2-24ab+9b^2$
20 $x^2-6xy+9y^2$
21 x^2-4x+4
22 $a^2-4ab+4b^2$

03 VISUAL 연산 곱셈 공식 (2) 57쪽~58쪽

01 1, 1
02 a^2-9
03 $4-x^2$
04 $4x^2-1$
05 $4a^2-9$
06 $2y$, $4y^2$
07 a^2-16b^2
08 $4x^2-y^2$
09 $9a^2-4b^2$
10 $16x^2-9y^2$
11 $-x$, x, 1
12 a^2-16
13 $4a^2-25$
14 $9x^2-4y^2$
15 $8x$, $64x^2$
16 $9-25a^2$
17 $9-4x^2$
18 $64b^2-25a^2$
19 $-b$, $-b$, $-b$, b, $4a^2$
20 y^2-x^2
21 b^2-16a^2
22 $49y^2-64x^2$

12 $(-a-4)(-a+4)=(-a)^2-4^2$
$=a^2-16$

13 $(-2a+5)(-2a-5)=(-2a)^2-5^2$
$=4a^2-25$

14 $(-3x-2y)(-3x+2y)=(-3x)^2-(2y)^2$
$=9x^2-4y^2$

16 $(5a+3)(-5a+3)=(3+5a)(3-5a)$
$=3^2-(5a)^2$
$=9-25a^2$

17 $(-2x+3)(2x+3)=(3-2x)(3+2x)$
$=3^2-(2x)^2$
$=9-4x^2$

18 $(5a+8b)(-5a+8b)=(8b+5a)(8b-5a)$
$=(8b)^2-(5a)^2$
$=64b^2-25a^2$

20 $(-x-y)(x-y)=(-y-x)(-y+x)$
$=(-y)^2-x^2$
$=y^2-x^2$

21 $(-4a-b)(4a-b)=(-b-4a)(-b+4a)$
$=(-b)^2-(4a)^2$
$=b^2-16a^2$

22 $(-8x-7y)(8x-7y)=(-7y-8x)(-7y+8x)$
$=(-7y)^2-(8x)^2$
$=49y^2-64x^2$

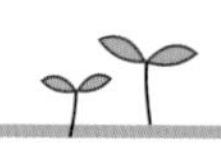

04 VISUAL 연산 곱셈 공식 (3)

59쪽~60쪽

01 2, 2, 3, 2	02 x^2+5x+6
03 x^2+6x+5	04 x^2+4x+3
05 x^2+6x+8	06 -3, -3, 2, 3
07 x^2+x-12	08 x^2+x-2
09 x^2-3x-4	10 $x^2-3x-10$
11 -5, -5, 12, 35	12 $x^2-9x+14$
13 x^2-9x+8	14 $x^2-9x+20$
15 x^2-5x+6	16 x^2-7x+6
17 $2y$, $2y$, 3, 2	18 $x^2-11xy+30y^2$
19 $x^2-3xy-10y^2$	20 $x^2+2xy-8y^2$
21 $x^2+5xy+4y^2$	22 $x^2-7xy+12y^2$

05 VISUAL 연산 곱셈 공식 (4)

61쪽~62쪽

01 3, 2, 3, 13, 6	02 $8x^2+10x+3$
03 $6x^2+7x+2$	04 $18x^2+27x+4$
05 $20x^2+13x+2$	06 -5, 2, -5, 11, 10
07 $14x^2+x-3$	08 $27x^2+42x-5$
09 $6x^2+5x-6$	10 $8x^2+14x-15$
11 -2, 3, -2, 7, 2	12 $8x^2-22x+15$
13 $8x^2-14x+3$	14 -4, 3, -4, 7, 20
15 $-14x^2-x+3$	16 $-15x^2+18x-3$
17 1, 4, 1, 23, 4	18 $10x^2-11xy-6y^2$
19 $12x^2-11xy+2y^2$	20 $-30x^2+31xy-5y^2$
21 $-3x^2-14xy+24y^2$	22 $-14x^2+17xy+6y^2$

02 $(2x+1)(4x+3)=8x^2+(6+4)x+3$
$=8x^2+10x+3$

03 $(2x+1)(3x+2)=6x^2+(4+3)x+2$
$=6x^2+7x+2$

04 $(3x+4)(6x+1)=18x^2+(3+24)x+4$
$=18x^2+27x+4$

05 $(4x+1)(5x+2)=20x^2+(8+5)x+2$
$=20x^2+13x+2$

07 $(2x+1)(7x-3)=14x^2+(-6+7)x-3$
$=14x^2+x-3$

08 $(9x-1)(3x+5)=27x^2+(45-3)x-5$
$=27x^2+42x-5$

09 $(3x-2)(2x+3)=6x^2+(9-4)x-6$
$=6x^2+5x-6$

10 $(2x+5)(4x-3)=8x^2+(-6+20)x-15$
$=8x^2+14x-15$

12 $(4x-5)(2x-3)=8x^2+(-12-10)x+15$
$=8x^2-22x+15$

13 $(2x-3)(4x-1)=8x^2+(-2-12)x+3$
$=8x^2-14x+3$

15 $(7x-3)(-2x-1)=-14x^2+(-7+6)x+3$
$=-14x^2-x+3$

16 $(-3x+3)(5x-1)=-15x^2+(3+15)x-3$
$=-15x^2+18x-3$

18 $(5x+2y)(2x-3y)=10x^2+(-15+4)xy-6y^2$
$=10x^2-11xy-6y^2$

19 $(3x-2y)(4x-y)=12x^2+(-3-8)xy+2y^2$
$=12x^2-11xy+2y^2$

20 $(6x-5y)(-5x+y)=-30x^2+(6+25)xy-5y^2$
$=-30x^2+31xy-5y^2$

21 $(-x-6y)(3x-4y)=-3x^2+(4-18)xy+24y^2$
$=-3x^2-14xy+24y^2$

22 $(2x-3y)(-7x-2y)=-14x^2+(-4+21)xy+6y^2$
$=-14x^2+17xy+6y^2$

06 VISUAL 연산 곱셈 공식을 이용한 수의 제곱의 계산

63쪽

01 2, 2, 2, 200, 4, 2704	02 4096	03 10609	04 28.09
05 102.01	06 912.04	07 2, 2, 2, 200, 4, 2304	08 1521
09 9604	10 98.01	11 882.09	12 2480.04

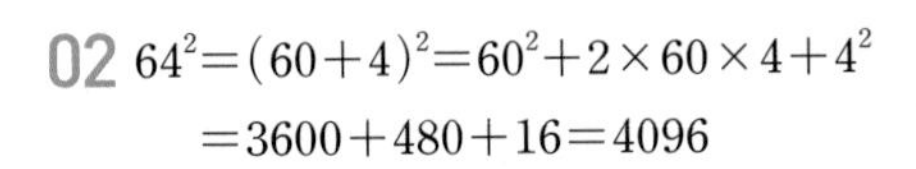

02 $64^2=(60+4)^2=60^2+2\times60\times4+4^2$
$=3600+480+16=4096$

03 $103^2=(100+3)^2=100^2+2\times100\times3+3^2$
$=10000+600+9=10609$

04 $5.3^2=(5+0.3)^2=5^2+2\times5\times0.3+0.3^2$
$=25+3+0.09=28.09$

05 $10.1^2=(10+0.1)^2=10^2+2\times10\times0.1+0.1^2$
$=100+2+0.01=102.01$

06 $30.2^2=(30+0.2)^2=30^2+2\times30\times0.2+0.2^2$
$=900+12+0.04=912.04$

08 $39^2=(40-1)^2=40^2-2\times40\times1+1^2$
$=1600-80+1=1521$

09 $98^2=(100-2)^2=100^2-2\times100\times2+2^2$
$=10000-400+4=9604$

10 $9.9^2=(10-0.1)^2=10^2-2\times10\times0.1+0.1^2$
$=100-2+0.01=98.01$

11 $29.7^2=(30-0.3)^2=30^2-2\times30\times0.3+0.3^2$
$=900-18+0.09=882.09$

12 $49.8^2=(50-0.2)^2=50^2-2\times50\times0.2+0.2^2$
$=2500-20+0.04=2480.04$

07 VISUAL연산 곱셈 공식을 이용한 두 수의 곱의 계산 64쪽

01 1, 1, 1, 1600, 1599 **02** 2499 **03** 9996 **04** 39999
05 99.99 **06** 2499.96 **07** 1, 2, 1, 2, 1, 2, 120, 2, 1722
08 2756 **09** 6723 **10** 10608 **11** 10197 **12** 2548

02 $51\times49=(50+1)(50-1)$
$=50^2-1^2=2500-1=2499$

03 $102\times98=(100+2)(100-2)$
$=100^2-2^2=10000-4=9996$

04 $201\times199=(200+1)(200-1)$
$=200^2-1^2=40000-1=39999$

05 $10.1\times9.9=(10+0.1)(10-0.1)$
$=10^2-0.1^2=100-0.01=99.99$

06 $50.2\times49.8=(50+0.2)(50-0.2)=50^2-0.2^2$
$=2500-0.04=2499.96$

08 $52\times53=(50+2)(50+3)=50^2+5\times50+6$
$=2500+250+6=2756$

09 $81\times83=(80+1)(80+3)=80^2+4\times80+3$
$=6400+320+3=6723$

10 $102\times104=(100+2)(100+4)=100^2+6\times100+8$
$=10000+600+8=10608$

11 $99\times103=(100-1)(100+3)=100^2+2\times100-3$
$=10000+200-3=10197$

12 $49\times52=(50-1)(50+2)=50^2+1\times50-2$
$=2500+50-2=2548$

08 VISUAL연산 곱셈 공식을 이용한 제곱근의 계산 65쪽~66쪽

01 $\sqrt{2}$, $\sqrt{2}$, 2, 10, $7+2\sqrt{10}$ **02** $10+2\sqrt{21}$
03 $18+8\sqrt{2}$ **04** $7+4\sqrt{3}$
05 $18+12\sqrt{2}$ **06** $32+6\sqrt{15}$
07 $\sqrt{3}$, $\sqrt{3}$, 3, 6, $5-2\sqrt{6}$ **08** $11-2\sqrt{30}$
09 $3-2\sqrt{2}$ **10** $19-8\sqrt{3}$
11 $23-6\sqrt{10}$ **12** $46-8\sqrt{15}$
13 $\sqrt{5}$, 5, 1 **14** 3 **15** 1 **16** -2 **17** 62
18 6 **19** -1 **20** 2 **21** $\sqrt{2}$, $\sqrt{2}$, 12, 14, 7
22 $21+13\sqrt{3}$ **23** $32+7\sqrt{5}$ **24** $-5\sqrt{6}$

02 $(\sqrt{3}+\sqrt{7})^2=3+2\sqrt{21}+7=10+2\sqrt{21}$

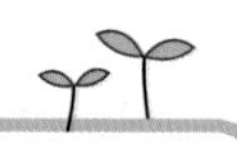

03 $(\sqrt{2}+4)^2=2+8\sqrt{2}+16=18+8\sqrt{2}$

04 $(\sqrt{3}+2)^2=3+4\sqrt{3}+4=7+4\sqrt{3}$

05 $(2\sqrt{3}+\sqrt{6})^2=12+4\sqrt{18}+6$
$=18+12\sqrt{2}$

06 $(\sqrt{5}+3\sqrt{3})^2=5+6\sqrt{15}+27$
$=32+6\sqrt{15}$

08 $(\sqrt{6}-\sqrt{5})^2=6-2\sqrt{30}+5=11-2\sqrt{30}$

09 $(\sqrt{2}-1)^2=2-2\sqrt{2}+1=3-2\sqrt{2}$

10 $(\sqrt{3}-4)^2=3-8\sqrt{3}+16=19-8\sqrt{3}$

11 $(3\sqrt{2}-\sqrt{5})^2=18-6\sqrt{10}+5$
$=23-6\sqrt{10}$

12 $(\sqrt{6}-2\sqrt{10})^2=6-4\sqrt{60}+40$
$=46-8\sqrt{15}$

14 $(\sqrt{13}+\sqrt{10})(\sqrt{13}-\sqrt{10})=13-10=3$

15 $(\sqrt{5}+2)(\sqrt{5}-2)=5-4=1$

16 $(\sqrt{7}+3)(\sqrt{7}-3)=7-9=-2$

17 $(8+\sqrt{2})(8-\sqrt{2})=64-2=62$

18 $(3+\sqrt{3})(3-\sqrt{3})=9-3=6$

19 $(3\sqrt{3}+2\sqrt{7})(3\sqrt{3}-2\sqrt{7})=27-28=-1$

20 $(2\sqrt{5}+3\sqrt{2})(2\sqrt{5}-3\sqrt{2})=20-18=2$

22 $(2\sqrt{3}+3)(\sqrt{3}+5)=6+(10+3)\sqrt{3}+15$
$=21+13\sqrt{3}$

23 $(2\sqrt{5}+1)(3\sqrt{5}+2)=30+(4+3)\sqrt{5}+2$
$=32+7\sqrt{5}$

24 $(\sqrt{6}-4)(2\sqrt{6}+3)=12+(3-8)\sqrt{6}-12$
$=-5\sqrt{6}$

연산 능력 UP!

10분 연산 TEST

67쪽

01 $2a^2+7a-15$ 02 $3x^2-5xy+12x-2y^2+4y$
03 $x^2+14x+49$ 04 $36a^2+12ab+b^2$
05 $16x^2-24x+9$ 06 $9x^2-30xy+25y^2$ 07 x^2-25
08 $4a^2-9b^2$ 09 $x^2+11x+28$
10 $x^2-3x-10$ 11 $6x^2+11x-10$ 12 10404
13 529 14 3481 15 92.16 16 39996 17 8.91
18 9696 19 3.23 20 $7-2\sqrt{10}$
21 $51+6\sqrt{30}$ 22 $19+7\sqrt{7}$ 23 $5-4\sqrt{2}$

01 $(a+5)(2a-3)=2a^2-3a+10a-15$
$=2a^2+7a-15$

02 $(3x+y)(x-2y+4)=3x^2-6xy+12x+xy-2y^2+4y$
$=3x^2-5xy+12x-2y^2+4y$

11 $(3x-2)(2x+5)=6x^2+(15-4)x-10$
$=6x^2+11x-10$

12 $102^2=(100+2)^2=100^2+2\times100\times2+2^2$
$=10000+400+4=10404$

13 $23^2=(20+3)^2=20^2+2\times20\times3+3^2$
$=400+120+9=529$

14 $59^2=(60-1)^2=60^2-2\times60\times1+1^2$
$=3600-120+1=3481$

15 $9.6^2=(10-0.4)^2=10^2-2\times10\times0.4+0.4^2$
$=100-8+0.16=92.16$

16 $198\times202=(200-2)(200+2)=200^2-2^2$
$=40000-4=39996$

17 $2.7\times3.3=(3-0.3)(3+0.3)=3^2-0.3^2$
$=9-0.09=8.91$

18 $96\times101=(100-4)(100+1)=100^2-3\times100-4$
$=10000-300-4=9696$

19 $1.9\times1.7=(2-0.1)(2-0.3)=2^2-0.4\times2+0.1\times0.3$
$=4-0.8+0.03=3.23$

20 $(\sqrt{5}-\sqrt{2})^2=5-2\sqrt{10}+2=7-2\sqrt{10}$

21 $(3\sqrt{5}+\sqrt{6})^2=45+6\sqrt{30}+6$
$=51+6\sqrt{30}$

22 $(3+\sqrt{7})(4+\sqrt{7})=12+(3+4)\sqrt{7}+7=19+7\sqrt{7}$

23 $(2\sqrt{2}+1)(2\sqrt{2}-3)=8+(-6+2)\sqrt{2}-3=5-4\sqrt{2}$

09 VISUAL연산 곱셈 공식을 이용한 분모의 유리화 68쪽

01 $\sqrt{3}+\sqrt{2}$, $\sqrt{3}+\sqrt{2}$, $\sqrt{3}+\sqrt{2}$
02 $-2\sqrt{2}-3$ **03** $\sqrt{5}-\sqrt{3}$
04 $-2\sqrt{3}+2\sqrt{5}$ **05** $5-2\sqrt{3}$ **06** $2+\sqrt{6}$
07 $-\frac{2\sqrt{3}-\sqrt{21}}{3}$ **08** $\frac{\sqrt{2}+1}{3}$
09 $2\sqrt{6}-3\sqrt{2}$ **10** $5-2\sqrt{6}$ **11** $6+\sqrt{35}$
12 $2\sqrt{15}+3\sqrt{6}$

02 $\frac{1}{2\sqrt{2}-3}=\frac{2\sqrt{2}+3}{(2\sqrt{2}-3)(2\sqrt{2}+3)}=\frac{2\sqrt{2}+3}{8-9}$
$=-2\sqrt{2}-3$

03 $\frac{2}{\sqrt{5}+\sqrt{3}}=\frac{2(\sqrt{5}-\sqrt{3})}{(\sqrt{5}+\sqrt{3})(\sqrt{5}-\sqrt{3})}=\frac{2(\sqrt{5}-\sqrt{3})}{5-3}$
$=\sqrt{5}-\sqrt{3}$

04 $\frac{4}{\sqrt{3}+\sqrt{5}}=\frac{4(\sqrt{3}-\sqrt{5})}{(\sqrt{3}+\sqrt{5})(\sqrt{3}-\sqrt{5})}=\frac{4(\sqrt{3}-\sqrt{5})}{3-5}$
$=-2(\sqrt{3}-\sqrt{5})$
$=-2\sqrt{3}+2\sqrt{5}$

05 $\frac{13}{5+2\sqrt{3}}=\frac{13(5-2\sqrt{3})}{(5+2\sqrt{3})(5-2\sqrt{3})}=\frac{13(5-2\sqrt{3})}{25-12}$
$=5-2\sqrt{3}$

06 $\frac{\sqrt{2}}{\sqrt{3}-\sqrt{2}}=\frac{\sqrt{2}(\sqrt{3}+\sqrt{2})}{(\sqrt{3}-\sqrt{2})(\sqrt{3}+\sqrt{2})}=\frac{\sqrt{6}+2}{3-2}=2+\sqrt{6}$

07 $\frac{\sqrt{3}}{2+\sqrt{7}}=\frac{\sqrt{3}(2-\sqrt{7})}{(2+\sqrt{7})(2-\sqrt{7})}=\frac{2\sqrt{3}-\sqrt{21}}{4-7}=\frac{2\sqrt{3}-\sqrt{21}}{-3}$
$=-\frac{2\sqrt{3}-\sqrt{21}}{3}$

08 $\frac{\sqrt{2}}{6-3\sqrt{2}}=\frac{\sqrt{2}(6+3\sqrt{2})}{(6-3\sqrt{2})(6+3\sqrt{2})}=\frac{6\sqrt{2}+6}{36-18}$
$=\frac{6(\sqrt{2}+1)}{18}=\frac{\sqrt{2}+1}{3}$

09 $\frac{3\sqrt{2}}{2\sqrt{3}+3}=\frac{3\sqrt{2}(2\sqrt{3}-3)}{(2\sqrt{3}+3)(2\sqrt{3}-3)}=\frac{6\sqrt{6}-9\sqrt{2}}{12-9}$
$=\frac{6\sqrt{6}-9\sqrt{2}}{3}=2\sqrt{6}-3\sqrt{2}$

10 $\frac{\sqrt{3}-\sqrt{2}}{\sqrt{3}+\sqrt{2}}=\frac{(\sqrt{3}-\sqrt{2})^2}{(\sqrt{3}+\sqrt{2})(\sqrt{3}-\sqrt{2})}=\frac{3-2\sqrt{6}+2}{3-2}$
$=5-2\sqrt{6}$

11 $\frac{\sqrt{7}+\sqrt{5}}{\sqrt{7}-\sqrt{5}}=\frac{(\sqrt{7}+\sqrt{5})^2}{(\sqrt{7}-\sqrt{5})(\sqrt{7}+\sqrt{5})}=\frac{7+2\sqrt{35}+5}{7-5}$
$=6+\sqrt{35}$

12 $\frac{2\sqrt{3}}{2\sqrt{5}-3\sqrt{2}}=\frac{2\sqrt{3}(2\sqrt{5}+3\sqrt{2})}{(2\sqrt{5}-3\sqrt{2})(2\sqrt{5}+3\sqrt{2})}=\frac{4\sqrt{15}+6\sqrt{6}}{20-18}$
$=\frac{4\sqrt{15}+6\sqrt{6}}{2}=2\sqrt{15}+3\sqrt{6}$

10 VISUAL연산 곱셈 공식을 이용한 복잡한 식의 계산 69쪽

01 $4x^2-4xy+y^2+12x-6y+9$ ❸ 6, 6, 9, 4, 12, 6, 9
02 $x^2-2xy+y^2-4x+4y+4$
03 $x^2+4xy+4y^2-2x-4y-3$
04 $x^2+6x+9-y^2$ **05** x^2-4y^2-4y-1
06 $-16x+9$ **07** $2x^2-3x-5$ **08** $6x-24$
09 $7x^2+11x$ **10** $3x^2-3$

02 $x-y=A$라 하면
$(x-y-2)^2=(A-2)^2=A^2-4A+4$
$=(x-y)^2-4(x-y)+4$
$=x^2-2xy+y^2-4x+4y+4$

03 $x+2y=A$라 하면
$(x+2y+1)(x+2y-3)=(A+1)(A-3)$
$=A^2-2A-3$
$=(x+2y)^2-2(x+2y)-3$
$=x^2+4xy+4y^2-2x-4y-3$

04 $x+3=A$라 하면
$(x+y+3)(x-y+3)=(A+y)(A-y)=A^2-y^2$
$=(x+3)^2-y^2$
$=x^2+6x+9-y^2$

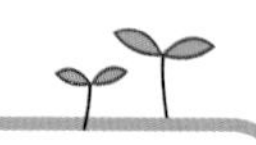

05 $2y+1=A$라 하면

$(x+2y+1)(x-2y-1)=(x+2y+1)\{x-(2y+1)\}$
$=(x+A)(x-A)=x^2-A^2$
$=x^2-(2y+1)^2$
$=x^2-4y^2-4y-1$

06 $(x-4)^2-(x+1)(x+7)$
$=x^2-8x+16-(x^2+8x+7)$
$=-16x+9$

07 $(x+2)(x-3)+(x-1)^2$
$=x^2-x-6+x^2-2x+1$
$=2x^2-3x-5$

08 $(x-2)(x-3)-(x-5)(x-6)$
$=x^2-5x+6-(x^2-11x+30)$
$=6x-24$

09 $(x-2)(x+2)+(2x+1)(3x+4)$
$=x^2-4+(6x^2+11x+4)$
$=7x^2+11x$

10 $(2x+1)^2-(x+2)^2$
$=4x^2+4x+1-(x^2+4x+4)$
$=3x^2-3$

11 VISUAL 연산 식의 값

70쪽

01 4	**02** -6	**03** $\frac{3}{2}$	**04** -4	**05** -5
06 1	**07** -1	**08** 10	**09** 4	**10** -13
11 13	**12** $-\frac{3}{2}$			

10 $-2(x-y)+(x+2y)$
$=-2x+2y+x+2y$
$=-x+4y$
$=-1+4\times(-3)=-13$

11 $(21x^2y-6xy^2)\div 3xy$
$=7x-2y=7\times1-2\times(-3)=13$

12 $\frac{4xy+5y}{2xy^2}=\frac{2}{y}+\frac{5}{2xy}=-\frac{2}{3}-\frac{5}{6}=-\frac{9}{6}=-\frac{3}{2}$

12 VISUAL 연산 식의 대입

71쪽

01 $2y-3$, $4y$, 6, 6, 10	**02** $7y-22$	**03** $3y-7$	**04** $x+2$
05 $6x-1$	**06** 3	**07** $-x+y$, $2x-2y$, $5x-4y$	
08 $5x-3y$	**09** $-y$	**10** $10x-8y$	**11** $8x-5y$

02 $5x-3y-7=5(2y-3)-3y-7$
$=10y-15-3y-7$
$=7y-22$

03 $2x-(y+1)=2x-y-1$
$=2(2y-3)-y-1$
$=4y-6-y-1$
$=3y-7$

04 $2x+y=2x+(-x+2)=x+2$

05 $4x-2y+3=4x-2(-x+2)+3$
$=4x+2x-4+3$
$=6x-1$

06 $2(x+y)-1=2x+2y-1$
$=2x+2(-x+2)-1$
$=2x-2x+4-1$
$=3$

08 $2A+B=2(3x-2y)+(-x+y)$
$=6x-4y-x+y$
$=5x-3y$

09 $-A-3B=-(3x-2y)-3(-x+y)$
$=-3x+2y+3x-3y$
$=-y$

10 $3(A-B)-(A+B)=3A-3B-A-B$
$=2A-4B$
$=2(3x-2y)-4(-x+y)$
$=6x-4y+4x-4y$
$=10x-8y$

11 $2(3A+2B)-3(B+A)$
$=6A+4B-3B-3A=3A+B$
$=3(3x-2y)+(-x+y)=9x-6y-x+y$
$=8x-5y$

13 곱셈 공식의 변형

VISUAL연산 72쪽

01 2, 2, 1, 14 **02** 4, 4, 1, 12
03 2, 2, 2, 13 **04** 4, 4, 2, 17 **05** 37
06 49 **07** 10 **08** 16 **09** 32 **10** 28

05 $x^2+y^2=(x+y)^2-2xy$
$=(-5)^2-2\times(-6)$
$=25+12=37$

06 $(x-y)^2=(x+y)^2-4xy$
$=(-5)^2-4\times(-6)$
$=25+24=49$

07 $x^2+y^2=(x-y)^2+2xy$
$=(-2)^2+2\times3$
$=4+6=10$

08 $(x+y)^2=(x-y)^2+4xy$
$=(-2)^2+4\times3$
$=4+12=16$

09 $x^2+y^2=(x-y)^2+2xy$
$=6^2+2\times(-2)$
$=36-4=32$

10 $(x+y)^2=(x-y)^2+4xy$
$=6^2+4\times(-2)$
$=36-8=28$

연산 실력 UP! 10분 연산 TEST

73쪽

01 $\sqrt{2}-1$ **02** $-\frac{\sqrt{5}+3}{2}$ **03** $-\sqrt{2}-2$
04 $3-\sqrt{2}$ **05** $2-\sqrt{3}$ **06** $\frac{2\sqrt{2}-1}{7}$
07 $25a^2+10ab+b^2-30a-6b+9$
08 $x^2-4xy+4y^2+6x-12y+5$ **09** $a^2-6a+9-b^2$
10 $5x+11$ **11** $2x^2-5$ **12** $8x^2-24x-32$ **13** 17
14 9 **15** ±3 **16** 5

01 $\frac{1}{\sqrt{2}+1}=\frac{\sqrt{2}-1}{(\sqrt{2}+1)(\sqrt{2}-1)}=\sqrt{2}-1$

02 $\frac{2}{\sqrt{5}-3}=\frac{2(\sqrt{5}+3)}{(\sqrt{5}-3)(\sqrt{5}+3)}=\frac{2\sqrt{5}+6}{5-9}=-\frac{\sqrt{5}+3}{2}$

03 $\frac{\sqrt{2}}{1-\sqrt{2}}=\frac{\sqrt{2}(1+\sqrt{2})}{(1-\sqrt{2})(1+\sqrt{2})}=\frac{\sqrt{2}+2}{1-2}=-\sqrt{2}-2$

04 $\frac{7}{3+\sqrt{2}}=\frac{7(3-\sqrt{2})}{(3+\sqrt{2})(3-\sqrt{2})}=\frac{7(3-\sqrt{2})}{9-2}=3-\sqrt{2}$

05 $\frac{\sqrt{6}-\sqrt{2}}{\sqrt{6}+\sqrt{2}}=\frac{(\sqrt{6}-\sqrt{2})(\sqrt{6}-\sqrt{2})}{(\sqrt{6}+\sqrt{2})(\sqrt{6}-\sqrt{2})}=\frac{(\sqrt{6}-\sqrt{2})^2}{6-2}$
$=\frac{6-4\sqrt{3}+2}{4}=2-\sqrt{3}$

06 $\frac{\sqrt{5}}{2\sqrt{10}+\sqrt{5}}=\frac{\sqrt{5}(2\sqrt{10}-\sqrt{5})}{(2\sqrt{10}+\sqrt{5})(2\sqrt{10}-\sqrt{5})}=\frac{10\sqrt{2}-5}{40-5}$
$=\frac{10\sqrt{2}-5}{35}=\frac{2\sqrt{2}-1}{7}$

07 $5a+b=A$라 하면
(주어진 식)$=(A-3)^2=A^2-6A+9$
$=(5a+b)^2-6(5a+b)+9$
$=25a^2+10ab+b^2-30a-6b+9$

08 $x-2y=A$라 하면
(주어진 식)$=(A+1)(A+5)$
$=A^2+6A+5$
$=(x-2y)^2+6(x-2y)+5$
$=x^2-4xy+4y^2+6x-12y+5$

09 $a-3=A$라 하면
(주어진 식)$=(A+b)(A-b)=A^2-b^2$
$=(a-3)^2-b^2=a^2-6a+9-b^2$

10 (주어진 식)$=x^2+2x+1-(x^2-3x-10)$
$=5x+11$

11 (주어진 식)$=x^2-1+x^2-4=2x^2-5$

12 (주어진 식)$=9x^2-12x+4-(x^2+12x+36)$
$=8x^2-24x-32$

13 $x^2+y^2=(x+y)^2-2xy=5^2-2\times4=25-8=17$

14 $(x-y)^2=(x+y)^2-4xy=5^2-4\times4=25-16=9$

15 $(x-y)^2=9$이므로 $x-y=\pm\sqrt{9}=\pm3$

16 $x^2+y^2=(x-y)^2+2xy$
$=(-3)^2+2\times(-2)$
$=9-4=5$

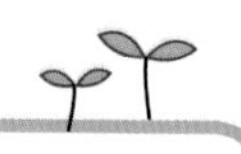

14 VISUAL연산 인수와 인수분해

74쪽

01 x, y, $ax+ay$ 02 $ma-mb$
03 x^2+2x+1 04 $a^2-4ab+4b^2$ 05 x^2-4
06 $x^2+2xy-3y^2$ 07 1, a, b, ab, b^2, ab^2
08 x, x^2, $x+1$, $x(x+1)$
09 x, $x+y$, $x-y$, x^2-y^2
10 ab, $b-a$, $a-b$, a^2-ab
11 1, x, $x(x+y)$, $x(x+y)^2$

15 VISUAL연산 공통인 인수를 이용한 인수분해

75쪽

01 $2a^2(a+2)$ 🅐 4, 2, a^3, a^2, $2a^2$, $2a^2$ 02 $x(x-2)$
03 $2x^2(2x-y)$ 04 $ab(a+b-1)$
05 $3x(3z-y+2)$ 06 $a+b$ 07 $(x+1)(a-2b)$
08 $(2a+b)(2y-x)$ 09 $(2x-y)(a-b)$
10 $(b-c)(a+1)$ 11 $x(x-1)(y-1)$

08 $(2a+b)(x+3y)-(2a+b)(2x+y)$
$=(2a+b)(x+3y-2x-y)$
$=(2a+b)(-x+2y)$
$=(2a+b)(2y-x)$

09 $a(2x-y)+b(y-2x)$
$=a(2x-y)-b(2x-y)$
$=(2x-y)(a-b)$

10 $a(b-c)-(c-b)$
$=a(b-c)+(b-c)$
$=(b-c)(a+1)$

11 $xy(x-1)+x(1-x)$
$=xy(x-1)-x(x-1)$
$=x(x-1)(y-1)$

16 VISUAL연산 인수분해 공식 (1)

76쪽~77쪽

01 2, 2, $x+2$ 02 $(x+3)^2$ 03 $(a+1)^2$ 04 $(a+4)^2$
05 $(a+9)^2$ 06 $\left(x+\frac{1}{2}\right)^2$ 07 $(x-1)^2$ 08 $(x-5)^2$ 09 $(x-2)^2$
10 $(a-6)^2$ 11 $(a-4)^2$ 12 $\left(a-\frac{3}{2}\right)^2$ 13 $3x$, $3x$, $3x+y$
14 $(x+y)^2$ 15 $(2x+3y)^2$ 16 $(x-7y)^2$
17 $(4x-3y)^2$ 18 $(2x-5y)^2$
19 $(10a-3b)^2$
20 $2(x-12)^2$ 🅐 2, 2, 2, 24, 144, $x-12$
21 $2(5x+3)^2$ 22 $b(2a+1)^2$
23 $a(4x-1)^2$ 24 $18a(x-2)^2$
25 $3(x+10y)^2$ 26 $2a(2x+7y)^2$

21 $50x^2+60x+18=2(25x^2+30x+9)$
$=2(5x+3)^2$

22 $4a^2b+4ab+b=b(4a^2+4a+1)$
$=b(2a+1)^2$

23 $16ax^2-8ax+a=a(16x^2-8x+1)$
$=a(4x-1)^2$

24 $18ax^2-72ax+72a=18a(x^2-4x+4)$
$=18a(x-2)^2$

25 $3x^2+60xy+300y^2$
$=3(x^2+20xy+100y^2)$
$=3(x+10y)^2$

26 $8ax^2+56axy+98ay^2$
$=2a(4x^2+28xy+49y^2)$
$=2a(2x+7y)^2$

17 VISUAL연산 완전제곱식이 될 조건

78쪽

01 1 02 9 03 $\frac{1}{4}$ 04 36 05 4
06 1 07 ±10 08 ±12 09 ±8 10 ±12
11 ±8 12 ±24

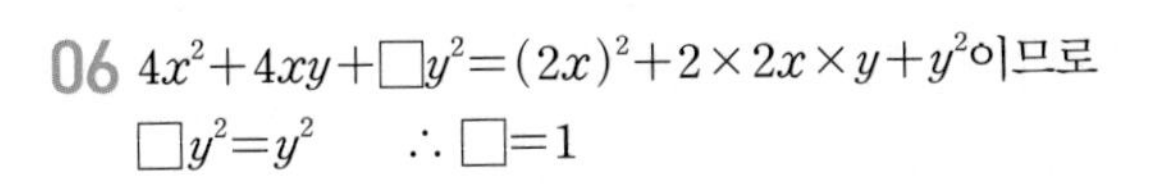

06 $4x^2+4xy+\square y^2=(2x)^2+2\times 2x\times y+y^2$이므로
$\square y^2=y^2 \quad \therefore \square=1$

10 $4x^2+\square xy+9y^2=(2x)^2+\square xy+(3y)^2$이므로
$\square xy=\pm 2\times 2x\times 3y=\pm 12xy$
$\therefore \square=\pm 12$

11 $16a^2+\square a+1=(4a)^2+\square a+1^2$이므로
$\square a=\pm 2\times 4a\times 1=\pm 8a$
$\therefore \square=\pm 8$

12 $9x^2+\square xy+16y^2=(3x)^2+\square xy+(4y)^2$이므로
$\square xy=\pm 2\times 3x\times 4y=\pm 24xy$
$\therefore \square=\pm 24$

18 인수분해 공식 (2)

VISUAL연산 79쪽

01 $(x+4)(x-4)$ **02** $\left(a+\frac{6}{5}\right)\left(a-\frac{6}{5}\right)$
03 $(2+x)(2-x)$ **04** $(3x+1)(3x-1)$
05 $(7a+5)(7a-5)$ **06** $(9+2x)(9-2x)$
07 $(a+b)(a-b)$ **08** $\left(x+\frac{1}{3}y\right)\left(x-\frac{1}{3}y\right)$
09 $(5x+2y)(5x-2y)$ **10** $\left(\frac{1}{2}a+\frac{1}{4}b\right)\left(\frac{1}{2}a-\frac{1}{4}b\right)$
11 3, 3, 2, 2 **12** $a(a+b)(a-b)$
13 $2(5x+y)(5x-y)$ **14** $-3(a+4b)(a-4b)$

12 $a^3-ab^2=a(a^2-b^2)$
$=a(a+b)(a-b)$

13 $50x^2-2y^2=2(25x^2-y^2)$
$=2(5x+y)(5x-y)$

14 $-3a^2+48b^2=-3(a^2-16b^2)$
$=-3(a+4b)(a-4b)$

19 인수분해 공식 (3)

VISUAL연산 80쪽~81쪽

01 $-2, -4$

곱이 8인 두 정수	두 정수의 합
1, 8	9
2, 4	6
$-1, -8$	-9
$-2, -4$	-6

02 1, 2 **03** $2, -5$ **04** $-1, -3$ **05** $-1, 6$ **06** $2, -9$
07 $(x+3)(x-1)$ 1, 3, 3, 3, -1, -1, -1
08 $(x+1)(x-2)$ **09** $(x+6)(x-5)$
10 $(x+7)(x+1)$ **11** $(x-3)(x-4)$
12 $(x+2)(x-7)$ **13** $(x+3y)(x+2y)$
14 $(x-6y)(x-7y)$ **15** $(x+5y)(x-y)$
16 $(x+2y)(x-5y)$ **17** $(x+7y)(x-3y)$
18 $(x+2y)(x-3y)$ **19** $(x+5y)(x-7y)$
20 $(x+7y)(x+2y)$ **21** 2, $2(x-4)(x-7)$
22 $3(x+5)(x-3)$ **23** $2(x+9)(x+1)$
24 $-2(x+9)(x+3)$ **25** $-(x+2y)(x+y)$
26 $-2(x-4y)(x-5y)$ **27** $3(x+5y)(x-9y)$
28 $4(x-4y)(x-6y)$

22 $3x^2+6x-45=3(x^2+2x-15)$
$=3(x+5)(x-3)$

23 $2x^2+20x+18=2(x^2+10x+9)$
$=2(x+9)(x+1)$

24 $-2x^2-24x-54=-2(x^2+12x+27)$
$=-2(x+9)(x+3)$

25 $-x^2-3xy-2y^2=-(x^2+3xy+2y^2)$
$=-(x+2y)(x+y)$

26 $-2x^2+18xy-40y^2=-2(x^2-9xy+20y^2)$
$=-2(x-4y)(x-5y)$

27 $3x^2-12xy-135y^2=3(x^2-4xy-45y^2)$
$=3(x+5y)(x-9y)$

28 $4x^2-40xy+96y^2=4(x^2-10xy+24y^2)$
$=4(x-4y)(x-6y)$

20 VISUAL 연산 인수분해 공식 (4)

82쪽~83쪽

01 $(x+7)(7x+1)$, 7, 1, 1, 7, 49

02 $(x-2)(2x-5)$, 2, -5, -5, 1, -2

03 $(3x+2)(x-1)$, 3, 2, 2, 1, -1

04 $(4x+7)(3x-2)$, 4, 7, 3, -2, -8

05 $(2x+7)(x+1)$ 06 $(2x-1)(x-1)$

07 $(x+2)(3x-1)$ 08 $(x+3)(2x+1)$

09 $(2x+7)(5x-6)$ 10 $(5x+3)(7x-2)$

11 $(2x-5)(x-3)$

12 $(x+6y)(2x-5y)$, 1, 6, 2, -5, -5

13 $(2x+3y)(5x+y)$, 2, 3, 15, 5, 1

14 $(x-y)(2x-3y)$, 1, -1, 2, -3, -3

15 $(3x+y)(4x-5y)$, 3, 1, 4, -5, -15

16 $(4x+3y)(4x-y)$ 17 $(7x+4y)(x-y)$

18 $(3x-2y)(5x-7y)$ 19 $(x+6y)(2x+7y)$

20 $(3x+4y)(7x-5y)$ 21 $(x+5y)(3x-7y)$

22 $(4x-5y)(2x-7y)$ 23 $(-6x+7y)(x-3y)$

24 $(5x+2y)(-2x+y)$

연산 능력 UP! 10분 연산 TEST

84쪽

01 3, $x-2$, $x+1$, $3(x+1)$, x^2-x-2

02 1, $a+b$, $a-b$, a^2-b^2 03 $5x(x+2y)$

04 $3x^2y(x-4y)$ 05 $(x+6)^2$ 06 $(x-4)^2$

07 $(5x-2)^2$ 08 $(3x+4y)^2$ 09 64

10 ±20 11 $(x+8)(x-8)$ 12 $3(a+2b)(a-2b)$

13 $\left(\frac{1}{3}x+\frac{1}{2}y\right)\left(\frac{1}{3}x-\frac{1}{2}y\right)$ 14 $(x+1)(x-8)$

15 $(x+3)(x+7)$ 16 $(2x+1)(3x-4)$

17 $(x-2y)(x-5y)$ 18 $(3x+15y)(x-3y)$

19 $(4x+3y)(3x-2y)$ 20 $(2x+3y)(4x+5y)$

10 $4x^2+\square xy+25y^2=(2x)^2+\square xy+(5y)^2$이므로
$\square xy=\pm2\times2x\times5y=\pm20xy$
$\therefore \square=\pm20$

21 VISUAL 연산 복잡한 식의 인수분해 (1)

85쪽

01 $2b$, 8, $2b$, $4b$, $2b$ 02 $-x(x-5)(x-7)$

03 $x(x+6y)(x-5y)$ 04 $-ab(a+7b)(3a+4b)$

05 $4y(x+2)(2x-3)$ 06 $3b(a+2)(4a+3)$

07 a, b, $b+2$, 1 08 $(b-1)(a+1)$

09 $(x-y)(x-1)$ 10 $(a-1)^2(a+1)$

11 x^2, x, $x-y$, 1, $x-y$, 1, 1 12 $(x-y)(x+y-4)$

02 $-x^3+12x^2-35x=-x(x^2-12x+35)$
$=-x(x-5)(x-7)$

03 $x^3+x^2y-30xy^2=x(x^2+xy-30y^2)$
$=x(x+6y)(x-5y)$

04 $-3a^3b-25a^2b^2-28ab^3=-ab(3a^2+25ab+28b^2)$
$=-ab(a+7b)(3a+4b)$

05 $8x^2y+4xy-24y=4y(2x^2+x-6)$
$=4y(x+2)(2x-3)$

06 $12a^2b+33ab+18b=3b(4a^2+11a+6)$
$=3b(a+2)(4a+3)$

08 $ab-a+b-1=a(b-1)+(b-1)$
$=(b-1)(a+1)$

09 $x^2-xy-x+y=x(x-y)-(x-y)$
$=(x-y)(x-1)$

10 $a^3-a^2-a+1=a^2(a-1)-(a-1)$
$=(a-1)(a^2-1)$
$=(a-1)(a+1)(a-1)$
$=(a-1)^2(a+1)$

12 $x^2-y^2-4x+4y=(x+y)(x-y)-4(x-y)$
$=(x-y)(x+y-4)$

22 VISUAL연산 복잡한 식의 인수분해 (2)

86쪽

01 $x+1$, A, A, $A+4$, $x+1$, 4, $x+5$

02 $x(x-4)$　　03 $2(x+3)(2x-1)$

04 $3a(-a+2b)$　　05 $(x+y-1)(x-y+3)$

06 7, 7, 7　　07 $(2x-3y+3)(2x-3y-3)$

08 $(x+y-9)(x-y+9)$

09 $(2a+b-5)(2a-b+5)$

10 $(1+a+2b)(1-a-2b)$

02 $x-1=A$라 하면

$$\begin{aligned}(\text{주어진 식})&=A^2-2A-3\\&=(A+1)(A-3)\\&=(x-1+1)(x-1-3)=x(x-4)\end{aligned}$$

03 $2x+1=A$라 하면

$$\begin{aligned}(\text{주어진 식})&=A^2+3A-10\\&=(A+5)(A-2)\\&=(2x+1+5)(2x+1-2)\\&=(2x+6)(2x-1)=2(x+3)(2x-1)\end{aligned}$$

04 $a+b=A$, $2a-b=B$라 하면

$$\begin{aligned}(\text{주어진 식})&=A^2-B^2\\&=(A+B)(A-B)\\&=(a+b+2a-b)(a+b-2a+b)\\&=3a(-a+2b)\end{aligned}$$

05 $x+1=A$, $y-2=B$라 하면

$$\begin{aligned}(\text{주어진 식})&=A^2-B^2=(A+B)(A-B)\\&=(x+1+y-2)(x+1-y+2)\\&=(x+y-1)(x-y+3)\end{aligned}$$

07

$$\begin{aligned}(\text{주어진 식})&=(2x-3y)^2-3^2\\&=(2x-3y+3)(2x-3y-3)\end{aligned}$$

08

$$\begin{aligned}(\text{주어진 식})&=x^2-(y^2-18y+81)\\&=x^2-(y-9)^2\\&=(x+y-9)(x-y+9)\end{aligned}$$

09

$$\begin{aligned}(\text{주어진 식})&=4a^2-(b^2-10b+25)\\&=(2a)^2-(b-5)^2\\&=(2a+b-5)(2a-b+5)\end{aligned}$$

10

$$\begin{aligned}(\text{주어진 식})&=1^2-(a^2+4ab+4b^2)\\&=1^2-(a+2b)^2\\&=(1+a+2b)(1-a-2b)\end{aligned}$$

23 VISUAL연산 인수분해 공식의 활용 (1)

87쪽

01 27, 27, 270　　02 2400　　03 1300

04 24, 24, 60, 720　　05 400　　06 40

07 36, 40, 1600　　08 100　　09 2500　　10 10000

11 2500

02

$$\begin{aligned}48\times15+48\times35&=48(15+35)\\&=48\times50\\&=2400\end{aligned}$$

03

$$\begin{aligned}13\times123-13\times23&=13(123-23)\\&=13\times100\\&=1300\end{aligned}$$

05

$$\begin{aligned}25^2-15^2&=(25+15)(25-15)\\&=40\times10\\&=400\end{aligned}$$

06

$$\begin{aligned}58^2-42^2&=(58+42)(58-42)\\&=100\times16\\&=1600\end{aligned}$$

$\therefore \sqrt{58^2-42^2}=\sqrt{1600}=40$

08 $(\text{주어진 식})=(9.8+0.2)^2=10^2=100$

09

$$\begin{aligned}(\text{주어진 식})&=45^2+2\times45\times5+5^2\\&=(45+5)^2=50^2=2500\end{aligned}$$

10

$$\begin{aligned}(\text{주어진 식})&=107^2-2\times107\times7+7^2\\&=(107-7)^2=100^2\\&=10000\end{aligned}$$

11

$$\begin{aligned}(\text{주어진 식})&=53^2-2\times53\times3+3^2\\&=(53-3)^2=50^2=2500\end{aligned}$$

24 VISUAL연산 인수분해 공식의 활용 (2)

88쪽

01 0　　02 10200　　03 -100　　04 $3\sqrt{3}+3$　　05 5

06 2　　07 27 ⊛ $\sqrt{3}+2\sqrt{2}$, $\sqrt{3}-\sqrt{2}$, $3\sqrt{3}$, 27　　08 $4\sqrt{35}$

09 2　　10 8　　11 $8\sqrt{3}$　　12 9

01 $x^2-2\times3\times x+3^2=(x-3)^2$에 $x=3$을 대입하면
$(3-3)^2=0$

02 $4x^2-1=(2x+1)(2x-1)$에 $x=\frac{101}{2}$을 대입하면
$(101+1)(101-1)=102\times100$
$=10200$

03 $x^2-14x-51=(x-17)(x+3)$에 $x=7$을 대입하면
$(7-17)(7+3)=-10\times10=-100$

04 $x^2-x-2=(x+1)(x-2)$에 $x=2+\sqrt{3}$을 대입하면
$(2+\sqrt{3}+1)(2+\sqrt{3}-2)=\sqrt{3}(3+\sqrt{3})=3\sqrt{3}+3$

05 $x^2+4x+4=(x+2)^2$에 $x=\sqrt{5}-2$를 대입하면
$(\sqrt{5}-2+2)^2=(\sqrt{5})^2=5$

06 $x^2-6x+9=(x-3)^2$에 $x=\sqrt{2}+3$을 대입하면
$(\sqrt{2}+3-3)^2=(\sqrt{2})^2=2$

08 x^2-y^2
$=(x+y)(x-y)$
$=\{(\sqrt{7}+\sqrt{5})+(\sqrt{7}-\sqrt{5})\}\{(\sqrt{7}+\sqrt{5})-(\sqrt{7}-\sqrt{5})\}$
$=2\sqrt{7}\times2\sqrt{5}$
$=4\sqrt{35}$

09 $x^2y-xy^2=xy(x-y)$
$=(\sqrt{2}+1)(\sqrt{2}-1)\{(\sqrt{2}+1)-(\sqrt{2}-1)\}$
$=(2-1)\times2$
$=2$

10 $x^2-2xy+y^2=(x-y)^2=\{(4+\sqrt{2})-(4-\sqrt{2})\}^2$
$=(2\sqrt{2})^2=8$

11 $x=\frac{1}{2-\sqrt{3}}=\frac{2+\sqrt{3}}{(2-\sqrt{3})(2+\sqrt{3})}=2+\sqrt{3}$
$y=\frac{1}{2+\sqrt{3}}=\frac{2-\sqrt{3}}{(2+\sqrt{3})(2-\sqrt{3})}=2-\sqrt{3}$
$\therefore x^2-y^2=(x+y)(x-y)$
$=\{(2+\sqrt{3})+(2-\sqrt{3})\}\{(2+\sqrt{3})-(2-\sqrt{3})\}$
$=4\times2\sqrt{3}=8\sqrt{3}$

12 $x+y=A$라 하면
(주어진 식)$=A^2+2A+1$
$=(A+1)^2$
$=(x+y+1)^2$
$=(1.88+0.12+1)^2$
$=3^2=9$

연산 실력 UP! 10분 연산 TEST

89쪽

01 $2x(y-1)(3y+2)$ **02** $3xy(x-3y)^2$
03 $4x(y+2)(y+3)$ **04** $5y(x+4)(x-1)$
05 $(b+1)(a-b)$ **06** $(x+4)^2$ **07** $(x-4)(x-9)$
08 $(a+b+3)(a-b+1)$
09 $(a+3b+8)(a-3b+8)$
10 $(5a+2b-1)(5a-2b+1)$ **11** 500 **12** 120
13 900 **14** 300 **15** 96 **16** 60 **17** 9700
18 3 **19** $4\sqrt{2}$ **20** $4\sqrt{3}$

01 $6xy^2-2xy-4x=2x(3y^2-y-2)$
$=2x(y-1)(3y+2)$

02 $3x^3y-18x^2y^2+27xy^3=3xy(x^2-6xy+9y^2)$
$=3xy(x-3y)^2$

03 $4xy^2+20xy+24x=4x(y^2+5y+6)$
$=4x(y+2)(y+3)$

04 $5x^2y+15xy-20y=5y(x^2+3x-4)$
$=5y(x+4)(x-1)$

05 $ab+a-b-b^2=ab+a-(b+b^2)$
$=a(b+1)-b(1+b)$
$=(b+1)(a-b)$

06 $x+3=A$라 하면
(주어진 식)$=A^2+2A+1=(A+1)^2$
$=(x+3+1)^2$
$=(x+4)^2$

07 $x-5=A$라 하면
(주어진 식)$=A^2-3A-4=(A+1)(A-4)$
$=(x-5+1)(x-5-4)$
$=(x-4)(x-9)$

08 $a+2=A$, $b+1=B$라 하면
(주어진 식)$=A^2-B^2=(A+B)(A-B)$
$=(a+2+b+1)(a+2-b-1)$
$=(a+b+3)(a-b+1)$

09 $a^2+16a+64-9b^2=(a^2+16a+64)-9b^2$
$=(a+8)^2-(3b)^2$
$=(a+8+3b)(a+8-3b)$
$=(a+3b+8)(a-3b+8)$

10 $25a^2-4b^2+4b-1=25a^2-(4b^2-4b+1)$
$=(5a)^2-(2b-1)^2$
$=(5a+2b-1)(5a-2b+1)$

11 $5\times83+5\times17=5(83+17)=5\times100=500$

12 $20\times42-20\times36=20(42-36)=20\times6=120$

13 $37^2-2\times37\times7+7^2=(37-7)^2=30^2=900$

14 $28^2-22^2=(28+22)(28-22)=50\times6=300$

15 $9.8^2-0.04=9.8^2-0.2^2=(9.8+0.2)(9.8-0.2)$
$=10\times9.6=96$

16 $68^2-32^2=(68+32)(68-32)=100\times36=3600$
$\therefore \sqrt{68^2-32^2}=\sqrt{3600}=60$

17 $x^2+x-2=(x+2)(x-1)=(98+2)(98-1)$
$=100\times97=9700$

18 $x^2-4x+4=(x-2)^2=(2+\sqrt{3}-2)^2=(\sqrt{3})^2=3$

19 $x^2-y^2=(x+y)(x-y)$
$=\{(1+\sqrt{2})+(1-\sqrt{2})\}\{(1+\sqrt{2})-(1-\sqrt{2})\}$
$=2\times2\sqrt{2}=4\sqrt{2}$

20 $x^2y-xy^2=xy(x-y)$
$=(\sqrt{5}+\sqrt{3})(\sqrt{5}-\sqrt{3})\{(\sqrt{5}+\sqrt{3})-(\sqrt{5}-\sqrt{3})\}$
$=(5-3)\times2\sqrt{3}=4\sqrt{3}$

학교 시험 미리보기! 학교 시험 PREVIEW

90쪽~91쪽

01 ⑤	02 ②	03 −26	04 ⑤	05 ③
06 ③	07 ②	08 ①	09 ④	10 ⑤
11 ①, ④	12 ③	13 (가) : 1, (나) : ±28		

01 ① $(x+y)^2=x^2+2xy+y^2$
② $(3a-4b)^2=9a^2-24ab+16b^2$
③ $(a+2)(a-4)=a^2-2a-8$
④ $(2x+3y)(2x-3y)=4x^2-9y^2$
따라서 옳은 것은 ⑤이다.

02 $(3x-5y)^2=(3x)^2-2\times3x\times5y+(5y)^2$
$=9x^2-30xy+25y^2$
따라서 xy의 계수는 -30이다.

03 $(x-6)(x+4)=x^2-2x-24$이므로 $a=-2$, $b=-24$
$\therefore a+b=-2+(-24)=-26$

04 $(x-y)^2=(x+y)^2-4xy=3^2-4\times2=1$

06 ② $(x-1)(x+1)=x^2-1$
따라서 인수가 아닌 것은 ③이다.

07 ② $x^2y^2-9=(xy)^2-3^2=(xy+3)(xy-3)$

08 $(x+3)(x-4)=x^2-x-12$이므로 $a=-12$

09 $x^2-x-20=(x+4)(x-5)$, $x^2-16=(x+4)(x-4)$
따라서 두 다항식에 공통으로 들어 있는 인수는 $x+4$이다.

10 ① $3x^2-x-10=(x-2)(3x+5)$ $\quad\therefore \square=5$
② $6x^2-7x+2=(2x-1)(3x-2)$ $\quad\therefore \square=3$
③ $18x^2-9x-2=(3x-2)(6x+1)$ $\quad\therefore \square=6$
④ $12x^2+17x+6=(3x+2)(4x+3)$ $\quad\therefore \square=4$
⑤ $10x^2-9x-7=(2x+1)(5x-7)$ $\quad\therefore \square=7$
따라서 □ 안에 들어갈 수가 가장 큰 것은 ⑤이다.

11 $x^2+\square x+25=x^2+\square x+5^2$이므로
$\square=\pm2\times5=\pm10$
따라서 □ 안에 알맞은 수는 -10 또는 10이다.

12 $94\times106=(100-6)(100+6)$으로 고칠 수 있으므로 계산이 편리한 곱셈 공식은
ㄷ. $(a+b)(a-b)=a^2-b^2$
$\therefore 94\times106=(100-6)(100+6)=100^2-6^2$
$=10000-36=9964$

13 서술형
x^2-2x+ (가) $=x^2-2\times x\times1+1^2$이므로
(가)에 알맞은 수는 1이다. ……❶
$4x^2+$ (나) $x+49=(2x)^2+$ (나) $x+7^2$이므로
(나)에 알맞은 수는 $\pm2\times2\times7=\pm28$ ……❷

채점 기준	배점
❶ (가)에 알맞은 수 구하기	40 %
❷ (나)에 알맞은 수 모두 구하기	60 %

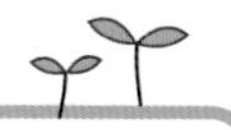

2. 이차방정식

01 일차방정식의 뜻과 해 VISUAL연산

94쪽

01 × 02 ○ 03 × 04 × 05 ○
06 ○ 07 × 08 ○ 09 × 10 ○
11 $x=1$ 12 $x=-2$

01 $x^2-x-1=0$이므로 일차방정식이 아니다.

02 $x+1=0$이므로 일차방정식이다.

03 $3x-3=3x+1$, $-4=0$이므로 일차방정식이 아니다.

05 $x^2+2x=x^2+x$, $x=0$이므로 일차방정식이다.

06 $x-1+x=0$, $2x-1=0$이므로 일차방정식이다.

07 $-2+4\neq6$

08 $2\times4-3=5$

09 $1-3\times3\neq7$

10 $(-4)\times(-1)+1=5$

11 $2x+6=7x+1$에서 $2x-7x=1-6$
$-5x=-5$ $\quad\therefore x=1$

12 $5x+4=-4x-14$에서 $5x+4x=-14-4$
$9x=-18$ $\quad\therefore x=-2$

02 이차방정식의 뜻 VISUAL연산

95쪽

01 ○ 02 × 03 × 04 ○ 05 ×
06 ○ 07 ○ 08 $a\neq1$ 🅗 $\neq$, $\neq$ 09 $a\neq-2$
10 $a\neq3$ 11 $a\neq2$ 12 $a\neq4$ 13 $a\neq2$

05 $2x^2+6x-2x^2+1=0$, $6x+1=0$이므로 이차방정식이 아니다.

06 $-x^3+x^2+x^3=0$, $x^2=0$이므로 이차방정식이다.

07 $x^2+x-2-3x=0$, $x^2-2x-2=0$이므로 이차방정식이다.

09 $2a+4\neq0$이어야 하므로 $a\neq-2$

10 $(a-3)x^2+5x+5=0$에서
$a-3\neq0$이어야 하므로 $a\neq3$

11 $(ax-2)(2x+1)=4x^2+1$에서
$2ax^2+ax-4x-2=4x^2+1$
즉, $(2a-4)x^2+(a-4)x-3=0$에서
$2a-4\neq0$이어야 하므로 $a\neq2$

12 $(4-a)x^2+2x-4=0$에서
$4-a\neq0$이어야 하므로 $a\neq4$

13 $(x+1)(-ax+1)=1-2x^2$에서
$-ax^2+x-ax+1=1-2x^2$
즉, $(2-a)x^2+(1-a)x=0$에서
$2-a\neq0$이어야 하므로 $a\neq2$

03 이차방정식의 해 VISUAL연산

96쪽~97쪽

01 ○ 🅗 3, 3, 0, = 02 × 03 × 04 ○
05 × 06 ×
07 $x=0$ 또는 $x=3$ 🅗 -2, 거짓, -2, 거짓, 0, 참, $x=3$
08 $x=1$ 09 $x=1$ 또는 $x=2$ 10 $x=-1$
11 $x=-2$ 또는 $x=0$ 12 $x=-3$ 또는 $x=-1$
13 3 🅗 5, 5, 5, 3 14 -4 15 -2 16 4
17 $-\frac{4}{3}$ 18 9 19 0 20 $\frac{1}{4}$
21 -2 🅗 m, m, m, m, m, -2 22 20 23 2
24 $-\frac{2}{3}$ 25 2 26 1 27 4 28 2

02 $1^2\neq0$

03 $5\times(-2)^2+4\times(-2)+2=14\neq0$

04 $(-1-2)\{2\times(-1)+1\}=3$

05 $(0+2)(0+2)=4\neq0$

06 $3\times1^2-8\times1+15=10\neq0$

14 $x=1$을 $x^2+3x+a=0$에 대입하면
$1^2+3\times1+a=0$ $\quad\therefore a=-4$

15 $x=-2$를 $x^2+ax-10=a$에 대입하면
$(-2)^2+a\times(-2)-10=a$ $\quad\therefore a=-2$

16 $x=2$를 $x^2-a=0$에 대입하면
$2^2-a=0$ $\quad\therefore a=4$

17 $x=-2$를 $x^2-ax+a=0$에 대입하면
$(-2)^2-a\times(-2)+a=0$ $\quad\therefore a=-\frac{4}{3}$

18 $x=1$을 $ax^2+6x-(2a-3)=0$에 대입하면
$a\times1^2+6\times1-(2a-3)=0$
$a+6-2a+3=0$ $\quad\therefore a=9$

19 $x=-1$을 $x^2+ax+2a=1$에 대입하면
$(-1)^2+a\times(-1)+2a=1$
$1-a+2a=1$ $\quad\therefore a=0$

20 $x=4$를 $(ax-1)(3x-4)=0$에 대입하면
$(a\times4-1)(3\times4-4)=0$ $\quad\therefore a=\frac{1}{4}$

22 $x=m$을 $x^2+4x-20=0$에 대입하면
$m^2+4m-20=0$
$\therefore m^2+4m=20$

23 $x=m$을 $x^2-x-1=0$에 대입하면
$m^2-m-1=0$에서 $m^2-m=1$
$\therefore 2m^2-2m=2(m^2-m)=2\times1=2$

24 $x=a$를 $3x^2-6x+2=0$에 대입하면
$3a^2-6a+2=0$, $3a^2-6a=-2$
$\therefore a^2-2a=-\frac{2}{3}$

25 $x=k$를 $\frac{1}{2}x^2-5x-1=0$에 대입하면
$\frac{1}{2}k^2-5k-1=0$, $\frac{1}{2}k^2-5k=1$ $\quad\therefore k^2-10k=2$

26 $x=p$를 $-x^2+2x+1=0$에 대입하면
$-p^2+2p+1=0$ $\quad\therefore p^2-2p=1$

27 $x=m$을 $4x^2-x-8=0$에 대입하면
$4m^2-m-8=0$
$4m^2-m=8$ $\quad\therefore m^2-\frac{m}{4}=2$
$\therefore m^2-\frac{m}{4}+2=2+2=4$

28 $x=a$를 $3x^2-2x-7=0$에 대입하면
$3a^2-2a-7=0$
$3a^2-2a=7$ $\quad\therefore a^2-\frac{2}{3}a=\frac{7}{3}$
$\therefore a^2-\frac{2}{3}a-\frac{1}{3}=\frac{7}{3}-\frac{1}{3}=2$

04 VISUAL연산 $AB=0$의 성질을 이용한 이차방정식의 풀이 98쪽

01 $x-3, 3$ **02** $x=-4$ 또는 $x=-1$
03 $x=-8$ 또는 $x=6$ **04** $x=0$ 또는 $x=-10$ **05** $x=-5$
06 $x=-1$ 또는 $x=1$ **07** $x=\frac{1}{2}$ 또는 $x=\frac{4}{3}$
08 $x=-\frac{4}{5}$ 또는 $x=\frac{7}{2}$ **09** $x=-\frac{1}{6}$ 또는 $x=\frac{3}{2}$
10 $x=0$ 또는 $x=\frac{1}{5}$ **11** $x=-\frac{2}{3}$ 또는 $x=\frac{3}{4}$
12 $x=-\frac{1}{2}$ 또는 $x=\frac{1}{10}$

05 VISUAL연산 인수분해를 이용한 이차방정식의 풀이 99쪽~100쪽

01 $x=0$ 또는 $x=-6$ $x+6, -6$ **02** $x=0$ 또는 $x=8$
03 $x=0$ 또는 $x=-\frac{2}{3}$ **04** $x=-3$ 또는 $x=3$ $x-3, 3$
05 $x=-5$ 또는 $x=5$ **06** $x=-\frac{3}{2}$ 또는 $x=\frac{3}{2}$
07 $x=-4$ 또는 $x=3$ $4, 3, x+4, -4, 3$
08 $x=1$ 또는 $x=2$ **09** $x=-4$ 또는 $x=5$
10 $x=2$ 또는 $x=4$ **11** $x=-4$ 또는 $x=1$
12 $x=1$ 또는 $x=4$ **13** $x=-3$ 또는 $x=1$
14 $x=-2$ 또는 $x=5$
15 $x=-3$ 또는 $x=-\frac{1}{5}$ $3, 5, x+3, -3, -\frac{1}{5}$
16 $x=\frac{3}{5}$ 또는 $x=4$ **17** $x=\frac{1}{3}$ 또는 $x=\frac{3}{5}$
18 $x=-\frac{4}{3}$ 또는 $x=1$ **19** $x=-1$ 또는 $x=-\frac{1}{2}$
20 $x=-\frac{7}{2}$ 또는 $x=1$ **21** $x=-4$ 또는 $x=\frac{9}{2}$
22 $x=2$ **23** $x=-1$ **24** $x=3$ **25** $x=-4$
26 $x=-6$ $4, 6, 2, -6, -6$ **27** $x=-9$
28 $x=8$ **29** $x=-2$

02 $x(x-8)=0$ $\quad\therefore x=0$ 또는 $x=8$

03 $2x(3x+2)=0$ $\quad\therefore x=0$ 또는 $x=-\frac{2}{3}$

05 $(x+5)(x-5)=0$ $\quad\therefore x=-5$ 또는 $x=5$

06 $(2x+3)(2x-3)=0$ $\quad\therefore x=-\frac{3}{2}$ 또는 $x=\frac{3}{2}$

08 $(x-1)(x-2)=0$ $\quad\therefore x=1$ 또는 $x=2$

09 $(x+4)(x-5)=0$ $\quad\therefore x=-4$ 또는 $x=5$

10 $x^2-6x+8=0$, $(x-2)(x-4)=0$
$\therefore x=2$ 또는 $x=4$

11 $x^2+3x-4=0$, $(x+4)(x-1)=0$
$\therefore x=-4$ 또는 $x=1$

12 $x^2-5x+4=0$, $(x-1)(x-4)=0$
$\therefore x=1$ 또는 $x=4$

13 $x^2-x-6=-3x-3$, $x^2+2x-3=0$
$(x+3)(x-1)=0$ $\quad\therefore x=-3$ 또는 $x=1$

14 $x^2-x=2x+10$, $x^2-3x-10=0$
$(x+2)(x-5)=0$ $\quad\therefore x=-2$ 또는 $x=5$

16 $(5x-3)(x-4)=0$ $\quad\therefore x=\frac{3}{5}$ 또는 $x=4$

17 $(3x-1)(5x-3)=0$ $\quad\therefore x=\frac{1}{3}$ 또는 $x=\frac{3}{5}$

18 $3x^2+x-4=0$, $(3x+4)(x-1)=0$
$\therefore x=-\frac{4}{3}$ 또는 $x=1$

19 $2x^2+3x+1=0$, $(x+1)(2x+1)=0$
$\therefore x=-1$ 또는 $x=-\frac{1}{2}$

20 $2x^2+8x-2x-8=x-1$, $2x^2+5x-7=0$
$(2x+7)(x-1)=0$ $\quad\therefore x=-\frac{7}{2}$ 또는 $x=1$

21 $x^2-36=-x^2+x$, $2x^2-x-36=0$
$(x+4)(2x-9)=0$ $\quad\therefore x=-4$ 또는 $x=\frac{9}{2}$

22 $x^2+2x-8=0$에서
$(x+4)(x-2)=0$ $\quad\therefore x=-4$ 또는 $x=2$
$x^2+4x-12=0$에서
$(x+6)(x-2)=0$ $\quad\therefore x=-6$ 또는 $x=2$
따라서 두 이차방정식의 공통인 해는 $x=2$

23 $x^2-9x-10=0$에서
$(x+1)(x-10)=0$ $\quad\therefore x=-1$ 또는 $x=10$
$x^2-8x-9=0$에서
$(x+1)(x-9)=0$ $\quad\therefore x=-1$ 또는 $x=9$
따라서 두 이차방정식의 공통인 해는 $x=-1$

24 $x^2+7x-30=0$에서
$(x+10)(x-3)=0$ $\quad\therefore x=-10$ 또는 $x=3$
$4x^2-15x+9=0$에서
$(4x-3)(x-3)=0$ $\quad\therefore x=\frac{3}{4}$ 또는 $x=3$
따라서 두 이차방정식의 공통인 해는 $x=3$

25 $x^2-5x-36=0$에서
$(x+4)(x-9)=0$ $\quad\therefore x=-4$ 또는 $x=9$
$2x^2+7x-4=0$에서
$(x+4)(2x-1)=0$ $\quad\therefore x=-4$ 또는 $x=\frac{1}{2}$
따라서 두 이차방정식의 공통인 해는 $x=-4$

27 $x=-3$을 $x^2+12x+2a+3=0$에 대입하면
$9-36+2a+3=0$ $\quad\therefore a=12$
즉, $x^2+12x+27=0$이므로
$(x+9)(x+3)=0$ $\quad\therefore x=-9$ 또는 $x=-3$
따라서 다른 한 근은 $x=-9$

28 $x=2$를 $x^2-10x+4a=0$에 대입하면
$4-20+4a=0$ $\quad\therefore a=4$
즉, $x^2-10x+16=0$이므로
$(x-2)(x-8)=0$ $\quad\therefore x=2$ 또는 $x=8$
따라서 다른 한 근은 $x=8$

29 $x=1$을 $x^2-(a-3)x-2=0$에 대입하면
$1-a+3-2=0$ $\quad\therefore a=2$
즉, $x^2+x-2=0$이므로
$(x+2)(x-1)=0$ $\quad\therefore x=-2$ 또는 $x=1$
따라서 다른 한 근은 $x=-2$

06 이차방정식의 중근

101쪽

01 $x=3$ 3, 3　02 $x=-4$　03 $x=-7$　04 $x=6$

05 $x=\frac{1}{2}$　06 $x=-\frac{5}{4}$　07 $x=\frac{5}{2}$　08 $x=\frac{2}{3}$　09 $x=\frac{3}{2}$

10 $x=-\frac{2}{3}$　11 $x=-1$ 3, 1, -1　12 $x=4$

02 $(x+4)^2=0$　$\therefore x=-4$

03 $(x+7)^2=0$　$\therefore x=-7$

04 $(x-6)^2=0$　$\therefore x=6$

05 $(2x-1)^2=0$　$\therefore x=\frac{1}{2}$

06 $(4x+5)^2=0$　$\therefore x=-\frac{5}{4}$

07 $(2x-5)^2=0$　$\therefore x=\frac{5}{2}$

08 $(3x-2)^2=0$　$\therefore x=\frac{2}{3}$

09 $4x^2-12x+9=0$, $(2x-3)^2=0$　$\therefore x=\frac{3}{2}$

10 $9x^2+12x+4=0$, $(3x+2)^2=0$　$\therefore x=-\frac{2}{3}$

12 $2(x^2-8x+16)=0$, $2(x-4)^2=0$　$\therefore x=4$

07 이차방정식이 중근을 가질 조건

102쪽

01 64 -16, 64　02 4　03 25　04 27

05 25 5, 25, 25　06 $\frac{7}{2}$　07 3　08 10

09 -2 또는 2 4, 4, -2, 2　10 -1 또는 1

11 -8 또는 8　12 -9 또는 7　13 6

14 20　15 8　16 13

02 $a=\left(\frac{4}{2}\right)^2=4$

03 $a=\left(\frac{-10}{2}\right)^2=25$

04 $3a=\left(\frac{-18}{2}\right)^2=81$　$\therefore a=27$

06 $x^2-4x+\frac{2a+1}{2}=0$

$\frac{2a+1}{2}=\left(\frac{-4}{2}\right)^2=4$　$\therefore a=\frac{7}{2}$

07 $x^2+4x+\frac{5a-3}{3}=0$

$\frac{5a-3}{3}=\left(\frac{4}{2}\right)^2=4$　$\therefore a=3$

08 $x^2-9x+\frac{8a+1}{4}=0$

$\frac{8a+1}{4}=\left(\frac{-9}{2}\right)^2=\frac{81}{4}$　$\therefore a=10$

10 $\frac{1}{4}=\left(\frac{a}{2}\right)^2$이므로 $a^2=1$　$\therefore a=-1$ 또는 $a=1$

11 $x^2+\frac{a}{16}x+\frac{1}{16}=0$에서

$\frac{1}{16}=\left(\frac{a}{16}\times\frac{1}{2}\right)^2$이므로 $a^2=64$

$\therefore a=-8$ 또는 $a=8$

12 $x^2+\frac{a+1}{2}x+4=0$에서

$4=\left(\frac{a+1}{2}\times\frac{1}{2}\right)^2$이므로 $(a+1)^2=64$

$\therefore a=-9$ 또는 $a=7$

13 $9=\left(\frac{a}{2}\right)^2$이므로 $a^2=36$　$\therefore a=6$

14 $x^2+\frac{a}{4}x+\frac{25}{4}=0$에서

$\frac{25}{4}=\left(\frac{a}{4}\times\frac{1}{2}\right)^2$이므로 $a^2=400$

$\therefore a=20$

15 $x^2+2ax+64=0$에서

$64=\left(\frac{2a}{2}\right)^2$이므로 $a^2=64$　$\therefore a=8$

16 $x^2+\frac{1-a}{2}x+9=0$에서

$9=\left(\frac{1-a}{2}\times\frac{1}{2}\right)^2$이므로 $(1-a)^2=144$

$\therefore a=13$

10분 연산 TEST

103쪽

01 ○ 02 × 03 ○ 04 ○ 05 $a\neq3$
06 $x=-2$ 또는 $x=1$ 07 -4 08 -6
09 $x=-7$ 또는 $x=7$ 10 $x=-\frac{8}{3}$ 또는 $x=\frac{8}{3}$
11 $x=-5$ 또는 $x=6$ 12 $x=-\frac{7}{2}$ 또는 $x=\frac{5}{4}$
13 $x=\frac{3}{4}$ 또는 $x=\frac{5}{6}$ 14 $x=-\frac{5}{3}$ 또는 $x=\frac{1}{3}$ 15 $x=\frac{7}{4}$
16 $x=-\frac{1}{4}$ 17 36 18 $x=6$

02 $x^2+3x+2=x^2-3$, $3x+5=0$이므로 이차방정식이 아니다.

03 $-2x^2-4x-5=0$이므로 이차방정식이다.

04 $3x^2-6x=6x^2+3x$, $-3x^2-9x=0$이므로 이차방정식이다.

05 $a-3\neq0$이어야 하므로 $a\neq3$

07 $x=3$을 $2x^2+ax-6=0$에 대입하면
$18+3a-6=0$, $3a=-12$ $\quad\therefore a=-4$

08 $x=k$를 $7x^2-11x-6=0$에 대입하면
$7k^2-11k-6=0$, $7k^2-11k=6$
$\therefore 11k-7k^2=-6$

09 $(x+7)(x-7)=0$
$\therefore x=-7$ 또는 $x=7$

10 $(3x+8)(3x-8)=0$
$\therefore x=-\frac{8}{3}$ 또는 $x=\frac{8}{3}$

11 $(x+5)(x-6)=0$
$\therefore x=-5$ 또는 $x=6$

12 $(2x+7)(4x-5)=0$
$\therefore x=-\frac{7}{2}$ 또는 $x=\frac{5}{4}$

13 $(4x-3)(6x-5)=0$
$\therefore x=\frac{3}{4}$ 또는 $x=\frac{5}{6}$

14 $2(3x+5)(3x-1)=0$
$\therefore x=-\frac{5}{3}$ 또는 $x=\frac{1}{3}$

15 $(4x-7)^2=0$ $\quad\therefore x=\frac{7}{4}$

16 $\left(x+\frac{1}{4}\right)^2=0$ $\quad\therefore x=-\frac{1}{4}$

17 $a=\left(\frac{12}{2}\right)^2=36$

18 $x^2-8x+12=0$에서
$(x-2)(x-6)=0$
$\therefore x=2$ 또는 $x=6$
$x^2-4x-12=0$에서
$(x+2)(x-6)=0$
$\therefore x=-2$ 또는 $x=6$
따라서 구하는 공통인 근은 $x=6$이다.

08 제곱근을 이용한 이차방정식의 풀이

104쪽

01 $x=\pm2\sqrt{2}$ ⓗ 2 02 $x=\pm\sqrt{3}$ 03 $x=\pm3$
04 $x=\pm2\sqrt{3}$ 05 $x=\pm\sqrt{7}$ ⓗ 7, 7
06 $x=\pm3\sqrt{2}$ 07 $x=\pm\sqrt{6}$ 08 $x=\pm4$
09 $x=-3$ 또는 $x=5$ ⓗ 4, 5 10 $x=2\pm\sqrt{7}$
11 $x=-4\pm2\sqrt{2}$ 12 $x=-3\pm2\sqrt{3}$
13 $x=-2\pm\sqrt{2}$ 14 $x=-3$ 또는 $x=1$
15 $x=3\pm\sqrt{5}$ 16 $x=0$ 또는 $x=8$

03 $x^2=9$ $\quad\therefore x=\pm\sqrt{9}=\pm3$

04 $x^2=12$ $\quad\therefore x=\pm\sqrt{12}=\pm2\sqrt{3}$

06 $x^2=18$ $\quad\therefore x=\pm\sqrt{18}=\pm3\sqrt{2}$

07 $2x^2=12$, $x^2=6$ $\quad\therefore x=\pm\sqrt{6}$

08 $5x^2=80$, $x^2=16$ $\quad\therefore x=\pm\sqrt{16}=\pm4$

10 $x-2=\pm\sqrt{7}$ $\quad\therefore x=2\pm\sqrt{7}$

11 $x+4=\pm2\sqrt{2}$ $\therefore x=-4\pm2\sqrt{2}$

12 $(x+3)^2=12$, $x+3=\pm2\sqrt{3}$
$\therefore x=-3\pm2\sqrt{3}$

13 $(x+2)^2=2$, $x+2=\pm\sqrt{2}$
$\therefore x=-2\pm\sqrt{2}$

14 $(x+1)^2=4$, $x+1=\pm2$
$\therefore x=-3$ 또는 $x=1$

15 $5(x-3)^2=25$, $(x-3)^2=5$
$x-3=\pm\sqrt{5}$ $\therefore x=3\pm\sqrt{5}$

16 $2(x-4)^2=32$, $(x-4)^2=16$
$x-4=\pm4$ $\therefore x=0$ 또는 $x=8$

09 VISUAL 완전제곱식을 이용한 이차방정식의 풀이 105쪽

01 $p=4$, $q=8$ 🐼 16, 16, 4, 8, 4, 8 **02** $p=-3$, $q=11$
03 $p=-5$, $q=10$ **04** $p=\frac{3}{2}$, $q=\frac{17}{4}$
05 $p=-3$, $q=6$ **06** $p=1$, $q=\frac{7}{3}$
07 $x=1\pm2\sqrt{2}$ 🐼 1, 1, 1, 8, 1, 8, 1, 2, 2
08 $x=-4\pm2\sqrt{5}$ **09** $x=5\pm\sqrt{30}$
10 $x=\frac{1}{3}\pm\frac{\sqrt{10}}{3}$ **11** $x=-1\pm\frac{\sqrt{14}}{2}$
12 $x=1\pm\frac{\sqrt{3}}{3}$

02 $x^2-6x-2=0$에서 $x^2-6x=2$
$x^2-6x+9=2+9$
$(x-3)^2=11$
$\therefore p=-3$, $q=11$

03 $x^2-10x+15=0$에서 $x^2-10x=-15$
$x^2-10x+25=-15+25$
$(x-5)^2=10$
$\therefore p=-5$, $q=10$

04 $x^2+3x-2=0$에서 $x^2+3x=2$
$x^2+3x+\frac{9}{4}=2+\frac{9}{4}$
$\left(x+\frac{3}{2}\right)^2=\frac{17}{4}$
$\therefore p=\frac{3}{2}$, $q=\frac{17}{4}$

05 $2x^2-12x+6=0$에서 $x^2-6x+3=0$
$x^2-6x=-3$, $x^2-6x+9=-3+9$
$(x-3)^2=6$
$\therefore p=-3$, $q=6$

06 $3x^2+6x-4=0$에서 $x^2+2x-\frac{4}{3}=0$
$x^2+2x=\frac{4}{3}$, $x^2+2x+1=\frac{4}{3}+1$
$(x+1)^2=\frac{7}{3}$
$\therefore p=1$, $q=\frac{7}{3}$

08 $x^2+8x-4=0$에서 $x^2+8x=4$
$x^2+8x+16=4+16$
$(x+4)^2=20$ $\therefore x=-4\pm2\sqrt{5}$

09 $x^2-10x-5=0$에서 $x^2-10x=5$
$x^2-10x+25=5+25$
$(x-5)^2=30$ $\therefore x=5\pm\sqrt{30}$

10 $3x^2-2x-3=0$에서 $x^2-\frac{2}{3}x-1=0$
$x^2-\frac{2}{3}x+\frac{1}{9}=1+\frac{1}{9}$
$\left(x-\frac{1}{3}\right)^2=\frac{10}{9}$ $\therefore x=\frac{1}{3}\pm\frac{\sqrt{10}}{3}$

11 $-2x^2-4x+5=0$에서 $x^2+2x-\frac{5}{2}=0$
$x^2+2x+1=\frac{5}{2}+1$
$(x+1)^2=\frac{7}{2}$ $\therefore x=-1\pm\frac{\sqrt{14}}{2}$

12 $3x^2-6x+2=0$에서 $x^2-2x+\frac{2}{3}=0$
$x^2-2x+1=-\frac{2}{3}+1$
$(x-1)^2=\frac{1}{3}$
$\therefore x=1\pm\frac{\sqrt{3}}{3}$

10 VISUAL연산 이차방정식의 근의 공식

106쪽

01 $x=\frac{-5\pm\sqrt{5}}{2}$ 5, 5, 1, 5, 1, 5, 5, 2

02 $x=\frac{7\pm\sqrt{29}}{2}$

03 $x=\frac{-3\pm\sqrt{13}}{2}$

04 $x=\frac{1\pm\sqrt{17}}{2}$

05 $x=-4\pm\sqrt{15}$

06 $x=1\pm\sqrt{6}$

07 $x=\frac{7\pm\sqrt{41}}{4}$ 2, −7, 1, −7, −7, 2, 1, 2, 7, 41, 4

08 $x=\frac{-1\pm\sqrt{17}}{4}$

09 $x=\frac{-3\pm\sqrt{33}}{6}$

10 $x=\frac{-2\pm\sqrt{2}}{2}$

11 $x=\frac{4\pm\sqrt{22}}{3}$

12 $x=\frac{1\pm\sqrt{21}}{4}$

02 $a=1$, $b=-7$, $c=5$이므로

$$x=\frac{-(-7)\pm\sqrt{(-7)^2-4\times1\times5}}{2\times1}=\frac{7\pm\sqrt{29}}{2}$$

03 $a=1$, $b=3$, $c=-1$이므로

$$x=\frac{-3\pm\sqrt{3^2-4\times1\times(-1)}}{2\times1}=\frac{-3\pm\sqrt{13}}{2}$$

04 $a=1$, $b=-1$, $c=-4$이므로

$$x=\frac{-(-1)\pm\sqrt{(-1)^2-4\times1\times(-4)}}{2\times1}=\frac{1\pm\sqrt{17}}{2}$$

05 $a=1$, $b=8$, $c=1$이므로

$$x=\frac{-8\pm\sqrt{8^2-4\times1\times1}}{2\times1}=\frac{-8\pm2\sqrt{15}}{2}=-4\pm\sqrt{15}$$

06 $a=1$, $b=-2$, $c=-5$이므로

$$x=\frac{-(-2)\pm\sqrt{(-2)^2-4\times1\times(-5)}}{2\times1}=\frac{2\pm2\sqrt{6}}{2}=1\pm\sqrt{6}$$

08 $a=2$, $b=1$, $c=-2$이므로

$$x=\frac{-1\pm\sqrt{1^2-4\times2\times(-2)}}{2\times2}=\frac{-1\pm\sqrt{17}}{4}$$

09 $a=3$, $b=3$, $c=-2$이므로

$$x=\frac{-3\pm\sqrt{3^2-4\times3\times(-2)}}{2\times3}=\frac{-3\pm\sqrt{33}}{6}$$

10 $a=2$, $b=4$, $c=1$이므로

$$x=\frac{-4\pm\sqrt{4^2-4\times2\times1}}{2\times2}=\frac{-4\pm2\sqrt{2}}{4}=\frac{-2\pm\sqrt{2}}{2}$$

11 $a=3$, $b=-8$, $c=-2$이므로

$$x=\frac{-(-8)\pm\sqrt{(-8)^2-4\times3\times(-2)}}{2\times3}=\frac{8\pm2\sqrt{22}}{6}=\frac{4\pm\sqrt{22}}{3}$$

12 $a=4$, $b=-2$, $c=-5$이므로

$$x=\frac{-(-2)\pm\sqrt{(-2)^2-4\times4\times(-5)}}{2\times4}=\frac{2\pm2\sqrt{21}}{8}=\frac{1\pm\sqrt{21}}{4}$$

11 VISUAL연산 일차항의 계수가 짝수인 이차방정식의 근의 공식

107쪽

01 $x=-2\pm\sqrt{3}$ 2, 2, 2, 1, 1, 1, 2, 3

02 $x=5\pm\sqrt{39}$

03 $x=3\pm\sqrt{14}$

04 $x=-2\pm\sqrt{10}$

05 $x=-1\pm2\sqrt{3}$

06 $x=4\pm\sqrt{2}$

07 $x=\frac{-3\pm\sqrt{6}}{3}$ 3, 3, 1, 3, 3, 3, 1, 3, 3, 6, 3

08 $x=\frac{1\pm\sqrt{43}}{3}$

09 $x=\frac{-5\pm\sqrt{39}}{2}$

10 $x=\frac{-2\pm2\sqrt{10}}{3}$

11 $x=\frac{-3\pm\sqrt{19}}{5}$

12 $x=\frac{-3\pm2\sqrt{5}}{2}$

02 $a=1$, $b'=-5$, $c=-14$이므로

$$x=\frac{-(-5)\pm\sqrt{(-5)^2-1\times(-14)}}{1}=5\pm\sqrt{39}$$

03 $a=1,\ b'=-3,\ c=-5$이므로

$x=\frac{-(-3)\pm\sqrt{(-3)^2-1\times(-5)}}{1}$
$=3\pm\sqrt{14}$

04 $a=1,\ b'=2,\ c=-6$이므로

$x=\frac{-2\pm\sqrt{2^2-1\times(-6)}}{1}$
$=-2\pm\sqrt{10}$

05 $a=1,\ b'=1,\ c=-11$이므로

$x=\frac{-1\pm\sqrt{1^2-1\times(-11)}}{1}$
$=-1\pm\sqrt{12}$
$=-1\pm2\sqrt{3}$

06 $a=1,\ b'=-4,\ c=14$이므로

$x=\frac{-(-4)\pm\sqrt{(-4)^2-1\times14}}{1}$
$=4\pm\sqrt{2}$

08 $a=3,\ b'=-1,\ c=-14$이므로

$x=\frac{-(-1)\pm\sqrt{(-1)^2-3\times(-14)}}{3}$
$=\frac{1\pm\sqrt{43}}{3}$

09 $a=2,\ b'=5,\ c=-7$이므로

$x=\frac{-5\pm\sqrt{5^2-2\times(-7)}}{2}$
$=\frac{-5\pm\sqrt{39}}{2}$

10 $a=3,\ b'=2,\ c=-12$이므로

$x=\frac{-2\pm\sqrt{2^2-3\times(-12)}}{3}$
$=\frac{-2\pm2\sqrt{10}}{3}$

11 $a=5,\ b'=3,\ c=-2$이므로

$x=\frac{-3\pm\sqrt{3^2-5\times(-2)}}{5}$
$=\frac{-3\pm\sqrt{19}}{5}$

12 $a=4,\ b'=6,\ c=-11$이므로

$x=\frac{-6\pm\sqrt{6^2-4\times(-11)}}{4}$
$=\frac{-6\pm4\sqrt{5}}{4}$
$=\frac{-3\pm2\sqrt{5}}{2}$

12 VISUAL 연산 복잡한 이차방정식의 풀이

108쪽~109쪽

01 $x=-\frac{1}{2}$ 또는 $x=2$ ⓥ $4,\ 1,\ 2,\ -\frac{1}{2},\ 2$

02 $x=-3$ 또는 $x=\frac{1}{2}$ 03 $x=2$ 또는 $x=4$

04 $x=\frac{3\pm\sqrt{21}}{6}$ 05 $x=\frac{10\pm3\sqrt{10}}{5}$

06 $x=\frac{2\pm\sqrt{10}}{3}$ ⓥ $-2,\ 10,\ 2,\ 10$ 07 $x=-1$ 또는 $x=\frac{3}{4}$

08 $x=\frac{-4\pm\sqrt{22}}{3}$ 09 $x=3\pm\sqrt{2}$

10 $x=\frac{-1\pm\sqrt{7}}{3}$ 11 $x=\frac{-3\pm\sqrt{21}}{2}$ ⓥ $3,\ -3,\ 21$

12 $x=\frac{1}{2}$ 또는 $x=4$ 13 $x=\frac{-3\pm\sqrt{33}}{2}$

14 $x=-2$ 또는 $x=\frac{2}{3}$ 15 $x=\frac{1}{4}$ 또는 $x=\frac{7}{4}$

16 $x=\frac{9\pm\sqrt{129}}{6}$ 17 $x=-6$ 또는 $x=3$

18 $x=5\pm2\sqrt{3}$

19 $x=-3$ 또는 $x=2$ ⓥ $2,\ 3,\ -2,\ 3,\ -2,\ 3,\ -3,\ 2$

20 $x=0$ 또는 $x=\frac{1}{3}$ 21 $x=-\frac{8}{3}$ 또는 $x=-1$ 22 $x=1$

23 $x=-2$ 또는 $x=0$ 24 $x=\frac{1}{2}$ 또는 $x=\frac{3}{2}$

25 $x=-\frac{1}{4}$ 또는 $x=-\frac{3}{4}$

02 양변에 분모의 최소공배수 10을 곱하면

$2x^2+5x-3=0,\ (x+3)(2x-1)=0$

$\therefore x=-3$ 또는 $x=\frac{1}{2}$

03 양변에 분모의 최소공배수 8을 곱하면

$x^2-6x+8=0,\ (x-2)(x-4)=0$

$\therefore x=2$ 또는 $x=4$

04 양변에 분모의 최소공배수 6을 곱하면

$3x^2-3x-1=0$

$\therefore x=\frac{-(-3)\pm\sqrt{(-3)^2-4\times3\times(-1)}}{2\times3}=\frac{3\pm\sqrt{21}}{6}$

05 양변에 분모의 최소공배수 10을 곱하면

$5x^2-10x=-2+10x,\ 5x^2-20x+2=0$

$\therefore x=\frac{-(-10)\pm\sqrt{(-10)^2-5\times2}}{5}=\frac{10\pm3\sqrt{10}}{5}$

07 양변에 10을 곱하면

$4x^2+x-3=0,\ (x+1)(4x-3)=0$

$\therefore x=-1$ 또는 $x=\frac{3}{4}$

08 양변에 100을 곱하면 $3x^2+10x-2=2x$

$3x^2+8x-2=0$

$\therefore x=\frac{-4\pm\sqrt{4^2-3\times(-2)}}{3}=\frac{-4\pm\sqrt{22}}{3}$

09 $\frac{1}{5}x^2-1.2x+1.4=0$에서 $\frac{1}{5}x^2-\frac{6}{5}x+\frac{7}{5}=0$

양변에 5를 곱하면 $x^2-6x+7=0$

$\therefore x=\frac{-(-3)\pm\sqrt{(-3)^2-1\times7}}{1}=3\pm\sqrt{2}$

10 $\frac{3}{2}x^2+1.3x=1+0.3x$에서 $\frac{3}{2}x^2+\frac{13}{10}x=1+\frac{3}{10}x$

양변에 분모의 최소공배수 10을 곱하면

$15x^2+13x=10+3x$

$15x^2+10x-10=0$

$3x^2+2x-2=0$

$\therefore x=\frac{-1\pm\sqrt{1^2-3\times(-2)}}{3}=\frac{-1\pm\sqrt{7}}{3}$

12 괄호를 풀어 정리하면 $2x^2-9x+4=0$

$(2x-1)(x-4)=0$

$\therefore x=\frac{1}{2}$ 또는 $x=4$

13 괄호를 풀어 정리하면 $x^2+3x-6=0$

$\therefore x=\frac{-3\pm\sqrt{33}}{2}$

14 괄호를 풀어 정리하면 $3x^2+4x-4=0$

$(x+2)(3x-2)=0$

$\therefore x=-2$ 또는 $x=\frac{2}{3}$

15 괄호를 풀어 정리하면 $x^2-2x+\frac{7}{16}=0$

$16x^2-32x+7=0$, $(4x-1)(4x-7)=0$

$\therefore x=\frac{1}{4}$ 또는 $x=\frac{7}{4}$

16 괄호를 풀어 정리하면 $\frac{1}{2}x^2-\frac{3}{2}x-\frac{2}{3}=0$

양변에 분모의 최소공배수 6을 곱하면

$3x^2-9x-4=0$

$\therefore x=\frac{9\pm\sqrt{129}}{6}$

17 괄호를 풀어 정리하면 $x^2+3x-18=0$

$(x+6)(x-3)=0$

$\therefore x=-6$ 또는 $x=3$

18 괄호를 풀어 정리하면 $x^2-10x+13=0$

$\therefore x=5\pm2\sqrt{3}$

20 $x-1=A$로 치환하면 $3A^2+5A+2=0$

$(A+1)(3A+2)=0$

$\therefore A=-1$ 또는 $A=-\frac{2}{3}$

이때 $A=x-1$이므로

$x-1=-1$ 또는 $x-1=-\frac{2}{3}$

$\therefore x=0$ 또는 $x=\frac{1}{3}$

21 $x+2=A$로 치환하면 $6A^2-2A-4=0$

$3A^2-A-2=0$이므로 $(3A+2)(A-1)=0$

$\therefore A=-\frac{2}{3}$ 또는 $A=1$

이때 $A=x+2$이므로

$x+2=-\frac{2}{3}$ 또는 $x+2=1$

$\therefore x=-\frac{8}{3}$ 또는 $x=-1$

22 $x+4=A$로 치환하면 $A^2-10A+25=0$

$(A-5)^2=0$ $\quad\therefore A=5$

이때 $A=x+4$이므로

$x+4=5$ $\quad\therefore x=1$

23 $2x+1=A$로 치환하면 $A^2+2A-3=0$

$(A+3)(A-1)=0$

$\therefore A=-3$ 또는 $A=1$

이때 $A=2x+1$이므로

$2x+1=-3$ 또는 $2x+1=1$

$\therefore x=-2$ 또는 $x=0$

24 $x-\frac{1}{2}=A$로 치환하면 $A^2-A=0$

$A(A-1)=0$

$\therefore A=0$ 또는 $A=1$

이때 $A=x-\frac{1}{2}$이므로

$x-\frac{1}{2}=0$ 또는 $x-\frac{1}{2}=1$

$\therefore x=\frac{1}{2}$ 또는 $x=\frac{3}{2}$

25 $\frac{1}{4}-x=A$로 치환하면 $4A^2-6A+2=0$

$2A^2-3A+1=0$이므로 $(2A-1)(A-1)=0$

$\therefore A=\frac{1}{2}$ 또는 $A=1$

$A=\frac{1}{4}-x$이므로

$\frac{1}{4}-x=\frac{1}{2}$ 또는 $\frac{1}{4}-x=1$

$\therefore x=-\frac{1}{4}$ 또는 $x=-\frac{3}{4}$

10분 연산 TEST

110쪽

01 $x=\pm\sqrt{5}$	02 $x=-1\pm\sqrt{3}$
03 $x=2\pm\sqrt{7}$	04 $x=4\pm\sqrt{6}$
05 $x=1\pm\frac{\sqrt{3}}{3}$	06 $x=\frac{5\pm\sqrt{13}}{2}$
07 $x=\frac{-1\pm\sqrt{33}}{4}$	08 $x=\frac{-5\pm\sqrt{13}}{6}$
09 $x=1\pm\sqrt{7}$	10 $x=\frac{-3\pm\sqrt{11}}{2}$
11 $x=\frac{3\pm\sqrt{41}}{8}$	12 $x=-\frac{3}{2}$ 또는 $x=1$
13 $x=\frac{2\pm\sqrt{10}}{3}$	14 $x=-3$ 또는 $x=8$
15 $x=3$ 또는 $x=7$	16 $x=-5$ 또는 $x=1$

01 $x^2=5$ $\quad\therefore x=\pm\sqrt{5}$

02 $x+1=\pm\sqrt{3}$ $\quad\therefore x=-1\pm\sqrt{3}$

03 $(x-2)^2=7$, $x-2=\pm\sqrt{7}$ $\quad\therefore x=2\pm\sqrt{7}$

04 $x^2-8x+10=0$에서 $x^2-8x=-10$

$x^2-8x+16=-10+16$

$(x-4)^2=6$ $\quad\therefore x=4\pm\sqrt{6}$

05 $3x^2-6x+2=0$에서 $x^2-2x+\frac{2}{3}=0$

$x^2-2x+1=-\frac{2}{3}+1$

$(x-1)^2=\frac{1}{3}$ $\quad\therefore x=1\pm\frac{\sqrt{3}}{3}$

06 $a=1$, $b=-5$, $c=3$이므로

$x=\frac{-(-5)\pm\sqrt{(-5)^2-4\times1\times3}}{2\times1}$

$=\frac{5\pm\sqrt{13}}{2}$

07 $a=2$, $b=1$, $c=-4$이므로

$x=\frac{-1\pm\sqrt{1^2-4\times2\times(-4)}}{2\times2}$

$=\frac{-1\pm\sqrt{33}}{4}$

08 $a=3$, $b=5$, $c=1$이므로

$x=\frac{-5\pm\sqrt{5^2-4\times3\times1}}{2\times3}$

$=\frac{-5\pm\sqrt{13}}{6}$

09 $a=1$, $b'=-1$, $c=-6$이므로

$x=\frac{-(-1)\pm\sqrt{(-1)^2-1\times(-6)}}{1}$

$=1\pm\sqrt{7}$

10 $a=2$, $b'=3$, $c=-1$이므로

$x=\frac{-3\pm\sqrt{3^2-2\times(-1)}}{2}$

$=\frac{-3\pm\sqrt{11}}{2}$

11 양변에 분모의 최소공배수 4를 곱하면 $4x^2-3x-2=0$

$\therefore x=\frac{3\pm\sqrt{41}}{8}$

12 양변에 10을 곱하면 $2x^2+x-3=0$

$(2x+3)(x-1)=0$

$\therefore x=-\frac{3}{2}$ 또는 $x=1$

13 $\frac{3}{5}x^2-\frac{4}{5}x+1=\frac{7}{5}$

양변에 5를 곱하면 $3x^2-4x-2=0$

$\therefore x=\frac{2\pm\sqrt{10}}{3}$

14 괄호를 풀어 정리하면 $x^2-5x-24=0$

$(x+3)(x-8)=0$ $\quad\therefore x=-3$ 또는 $x=8$

15 괄호를 풀어 정리하면 $x^2-10x+21=0$

$(x-3)(x-7)=0$ $\quad\therefore x=3$ 또는 $x=7$

16 $x+3=A$로 치환하면 $A^2-2A-8=0$

$(A+2)(A-4)=0$ $\quad\therefore A=-2$ 또는 $A=4$

이때 $A=x+3$이므로

$x+3=-2$ 또는 $x+3=4$

$\therefore x=-5$ 또는 $x=1$

13 이차방정식의 근의 개수

VISUAL연산 111쪽~112쪽

01 2 $6, 1, -4, 52, >, 2$ 02 $2, >$ 03 $1, =$
04 $0, <$ 05 $1, =$ 06 $0, <$
07 $k<16$ $>, 16$ 08 $k=16$ 09 $k>16$ 10 $k>-\frac{4}{3}$
11 $k=-\frac{4}{3}$ 12 $k<-\frac{4}{3}$
13 $k\leq4$ $-4, 1, k, 16, 4$ 14 $k\leq1$ 15 $k\leq\frac{9}{8}$
16 $k\geq-\frac{3}{4}$ 17 $k>1$ $2, 1, k, 4, 1$ 18 $k<-\frac{1}{3}$ 19 $k>5$
20 $k<-8$ 21 16 $-8, 1, k, 64, 16$ 22 1
23 $-\frac{4}{3}$ 24 -25 25 $k=9, x=3$ $-6, k, 9, 9, 3$
26 $k=-2, x=1$ 27 $k=\frac{25}{4}, x=-\frac{5}{2}$
28 $k=\frac{27}{4}, x=-\frac{3}{2}$

02 $a=1, b=-10, c=-14$이므로
$b^2-4ac=(-10)^2-4\times1\times(-14)=156$

03 $a=1, b=-6, c=9$이므로
$b^2-4ac=(-6)^2-4\times1\times9=0$

04 $a=1, b=1, c=6$이므로
$b^2-4ac=1^2-4\times1\times6=-23$

05 주어진 식을 정리하면 $9x^2+6x+1=0$
$a=9, b=6, c=1$이므로
$b^2-4ac=6^2-4\times9\times1=0$

06 주어진 식을 정리하면 $2x^2+x+1=0$
$a=2, b=1, c=1$이므로
$b^2-4ac=1^2-4\times2\times1=-7$

08 $64-4k=0$ $\quad\therefore k=16$

09 $64-4k<0$ $\quad\therefore k>16$

10 $(-4)^2-4\times3\times(-k)>0$이어야 하므로
$12k>-16$ $\quad\therefore k>-\frac{4}{3}$

11 $16+12k=0$ $\quad\therefore k=-\frac{4}{3}$

12 $16+12k<0$ $\quad\therefore k<-\frac{4}{3}$

14 $(-2)^2-4\times1\times k\geq0$이어야 하므로
$4k\leq4$ $\quad\therefore k\leq1$

15 $(-3)^2-4\times2\times k\geq0$이어야 하므로
$8k\leq9$ $\quad\therefore k\leq\frac{9}{8}$

16 $3^2-4\times3\times(-k)\geq0$이어야 하므로
$12k\geq-9$ $\quad\therefore k\geq-\frac{3}{4}$

18 $2^2-4\times3\times(-k)<0$이어야 하므로
$4+12k<0$ $\quad\therefore k<-\frac{1}{3}$

19 $(-10)^2-4\times1\times5k<0$이어야 하므로
$100-20k<0$ $\quad\therefore k>5$

20 $(-8)^2-4\times2\times(-k)<0$이어야 하므로
$64+8k<0$ $\quad\therefore k<-8$

22 $(-2)^2-4\times1\times k=0$이어야 하므로
$4-4k=0$ $\quad\therefore k=1$

23 $(-4)^2-4\times3\times(-k)=0$이어야 하므로
$16+12k=0$ $\quad\therefore k=-\frac{4}{3}$

24 $10^2-4\times1\times(-k)=0$이어야 하므로
$100+4k=0$ $\quad\therefore k=-25$

26 중근을 가지므로 $(-4)^2-4\times2\times(-k)=0$
$\therefore k=-2$
$2x^2-4x+2=0$이므로 $2(x-1)^2=0$ $\quad\therefore x=1$

27 중근을 가지므로 $5^2-4\times1\times k=0$ $\quad\therefore k=\frac{25}{4}$
$x^2+5x+\frac{25}{4}=0$이므로 $\left(x+\frac{5}{2}\right)^2=0$ $\quad\therefore x=-\frac{5}{2}$

28 중근을 가지므로 $9^2-4\times3\times k=0$ $\quad\therefore k=\frac{27}{4}$
$3x^2+9x+\frac{27}{4}=0$이므로 $3\left(x+\frac{3}{2}\right)^2=0$ $\quad\therefore x=-\frac{3}{2}$

14 VISUAL 연산 이차방정식의 활용

113쪽~114쪽

01 (1) $x+5$ (2) $x(x+5)=66$ (3) 6, 11
02 (1) $x+4$ (2) $x(x+4)=96$ (3) 8, 12
03 (1) $x+2$ (2) $x(x+2)=195$ (3) 13, 15
04 (1) $x+1$ (2) $x^2+(x+1)^2=221$ (3) 10, 11
05 (1) $60x-5x^2=160$ (2) 4초 후 또는 8초 후
06 (1) $30x-5x^2=0$ (2) 6초 후
07 (1) $(14-x)$ cm (2) $x^2+(14-x)^2=116$ (3) 10 cm
08 (1) 가로의 길이 : $(16+x)$ m, 세로의 길이 : $(12+x)$ m
(2) $(16+x)(12+x)=320$ (3) 4 m

01 (3) $x(x+5)=66$에서 $x^2+5x-66=0$
$(x+11)(x-6)=0$
$\therefore x=-11$ 또는 $x=6$
$x>0$이므로 $x=6$
따라서 두 자연수는 6, 11이다.

02 (3) $x(x+4)=96$에서 $x^2+4x-96=0$
$(x+12)(x-8)=0$
$\therefore x=-12$ 또는 $x=8$
$x>0$이므로 $x=8$
따라서 두 자연수는 8, 12이다.

03 (3) $x(x+2)=195$에서 $x^2+2x-195=0$
$(x+15)(x-13)=0$
$\therefore x=-15$ 또는 $x=13$
$x>0$이므로 $x=13$
따라서 두 홀수는 13, 15이다.

04 (3) $x^2+(x+1)^2=221$에서 $2x^2+2x-220=0$
$2(x+11)(x-10)=0$
$\therefore x=-11$ 또는 $x=10$
$x>0$이므로 $x=10$
따라서 두 자연수는 10, 11이다.

05 (2) $60x-5x^2=160$에서 $x^2-12x+32=0$
$(x-4)(x-8)=0$
$\therefore x=4$ 또는 $x=8$
따라서 공의 높이가 160 m가 되는 것은 공을 쏘아 올린 지 4초 후 또는 8초 후이다.

06 (2) $30x-5x^2=0$에서 $x^2-6x=0$
$x(x-6)=0$
$\therefore x=0$ 또는 $x=6$
$x>0$이므로 $x=6$
따라서 공이 지면에 떨어지는 것은 공을 쏘아 올린 지 6초 후이다.

07 (3) $x^2+(14-x)^2=116$에서
$x^2+196-28x+x^2=116$, $x^2-14x+40=0$
$(x-4)(x-10)=0$
$\therefore x=4$ 또는 $x=10$
$x>7$이므로 $x=10$
따라서 큰 정사각형의 한 변의 길이는 10 cm이다.

08 (3) $(16+x)(12+x)=320$에서 $192+28x+x^2=320$
$x^2+28x-128=0$
$(x+32)(x-4)=0$
$\therefore x=-32$ 또는 $x=4$
$x>0$이므로 $x=4$
따라서 늘인 길이는 4 m이다.

연산 능력 UP! 10분 연산 TEST

115쪽

01 2 **02** 1 **03** $k<\frac{25}{8}$ **04** $k=\frac{25}{8}$ **05** $k>\frac{25}{8}$
06 $k\le\frac{3}{8}$ **07** 4 **08** $x=\frac{2}{3}$
09 (1) $x+1$ (2) $x(x+1)=156$ (3) 12, 13
10 (1) $(x+3)$살 (2) $x(x+3)=208$ (3) 13살
11 1초 후 또는 3초 후 **12** 5초 후

01 $(-1)^2-4\times2\times(-5)=41$
따라서 근의 개수는 2이다.

02 $(-10)^2-4\times25\times1=0$
따라서 근의 개수는 1이다.

03 $5^2-4\times2\times k>0$이어야 하므로
$25-8k>0$ $\quad\therefore k<\frac{25}{8}$

06 $(-3)^2-4\times6\times k\ge0$이므로
$9-24k\ge0$ $\quad\therefore k\le\frac{3}{8}$

07 $(-12)^2-4\times9\times k=0$이므로
$144-36k=0$ $\quad\therefore k=4$

08 $9x^2-12x+4=0$에서
$(3x-2)^2=0$ $\quad\therefore x=\frac{2}{3}$

09 ③ $x(x+1)=156$에서 $x^2+x-156=0$
$(x+13)(x-12)=0$
$\therefore x=-13$ 또는 $x=12$
$x>0$이므로 $x=12$
따라서 연속하는 두 수는 12, 13이다.

10 ③ $x(x+3)=208$에서 $x^2+3x-208=0$
$(x+16)(x-13)=0$
$\therefore x=-16$ 또는 $x=13$
$x>0$이므로 $x=13$
따라서 예솔이의 나이는 13살이다.

11 $25+20x-5x^2=40$에서 $5x^2-20x+15=0$
$5(x^2-4x+3)=0$, $5(x-1)(x-3)=0$
$\therefore x=1$ 또는 $x=3$
따라서 물체의 높이가 40 m가 되는 것은 물체를 쏘아 올린 지 1초 후 또는 3초 후이다.

12 $25+20x-5x^2=0$에서 $5x^2-20x-25=0$
$5(x^2-4x-5)=0$, $5(x+1)(x-5)=0$
$\therefore x=-1$ 또는 $x=5$
$x>0$이므로 $x=5$
따라서 물체가 지면에 떨어지는 것은 5초 후이다.

학교 시험 미리보기! 학교 시험 PREVIEW

116쪽~117쪽

01 ③	02 ②	03 ②	04 ③	05 ②, ④
06 ④	07 ⑤	08 ③	09 ②	10 ③
11 ④	12 9			

01 ㄴ. $2x^2+3x=1+2x^2$에서 $3x-1=0$
즉, 이차방정식이 아니다.
ㄷ. $x(x-1)=(x-1)^2$에서 $x^2-x=x^2-2x+1$
$x-1=0$
즉, 이차방정식이 아니다.
ㄹ. $x^2-2x+1=-x^2$에서 $2x^2-2x+1=0$
즉, 이차방정식이다.
따라서 이차방정식인 것은 ㄱ, ㄹ이다.

02 ② $1^2+3\times1-4=0$

03 $x=-2$를 $-x^2-5x+a=0$에 대입하면
$-(-2)^2-5\times(-2)+a=0$, $6+a=0$
$\therefore a=-6$

04 $3x^2-7x+4=0$에서 $(x-1)(3x-4)=0$
$\therefore x=1$ 또는 $x=\frac{4}{3}$
따라서 $a=\frac{4}{3}$, $b=1$이므로
$a-b=\frac{4}{3}-1=\frac{1}{3}$

05 ② $2(x-1)^2=0$ $\quad\therefore x=1$
④ $(2x+3)^2=0$ $\quad\therefore x=-\frac{3}{2}$

06 $3k-2=\left(\frac{-8}{2}\right)^2=16$이므로 $k=6$

07 $3(x-2)^2=15$에서 $(x-2)^2=5$ $\quad\therefore x=2\pm\sqrt{5}$
따라서 $a=2$, $b=5$이므로 $a+b=2+5=7$

08 $x=\frac{-3\pm\sqrt{3^2-9\times(-1)}}{9}$
$=\frac{-3\pm3\sqrt{2}}{9}=\frac{-1\pm\sqrt{2}}{3}$

09 ㄱ. $(-6)^2-4\times1\times(-1)=40>0$ $\quad\therefore$ 2개
ㄷ. $5^2-4\times2\times(-10)=105>0$ $\quad\therefore$ 2개
따라서 서로 다른 두 근을 갖는 것은 ㄱ, ㄷ이다.

10 $(-8)^2-4\times2\times(k-3)<0$이므로 $k>11$

11 처음 정사각형의 한 변의 길이를 x cm라 하면
$(x+3)(x-2)=50$
$x^2+x-56=0$, $(x+8)(x-7)=0$
$\therefore x=-8$ 또는 $x=7$
$x>0$이므로 $x=7$
따라서 처음 정사각형의 한 변의 길이는 7 cm이다.

12 서술형
연속하는 두 홀수를 x, $x+2$라 하면
$x^2+(x+2)^2=130$ ……❶
$2x^2+4x+4=130$, $x^2+2x-63=0$
$(x+9)(x-7)=0$
$\therefore x=-9$ 또는 $x=7$ ……❷
$x>0$이므로 $x=7$
따라서 두 홀수는 7과 9이고 큰 수는 9이다. ……❸

채점 기준	배점
❶ 식 세우기	40 %
❷ 이차방정식 풀기	30 %
❸ 조건에 맞는 수 구하기	30 %

III 이차함수

1. 이차함수와 그래프

01 일차함수 (VISUAL 연산) 122쪽

01 ○	02 ×	03 ×	04 ×	05 ○
06 ×	07 ○	08 ×	09 -1	10 3
11 5	12 -2	13 1	14 -6	

02 $y=5$ ➔ 일차함수가 아니다.
└➤ 상수

03 $y=-x^2+2x+3$ ➔ 일차함수가 아니다.
└➤ 이차식

04 $y=\frac{2}{x}+5$ ➔ 일차함수가 아니다.
└➤ 분모에 x가 있다.

06 $y=(x-1)x$에서 $y=x^2-x$ ➔ 일차함수가 아니다.
└➤ 이차식

08 $y-x=-(2+x)$에서 $y=-2$ ➔ 일차함수가 아니다.
└➤ 상수

09 $f(2)=2-3=-1$

10 $f(-1)=2\times(-1)+5=3$

11 $f(0)=5-2\times0=5$

12 $f(-2)=\frac{1}{2}\times(-2)-1=-2$

13 $f(1)=(-3)\times1+4=1$

14 $f\left(\frac{2}{3}\right)=-6\times\frac{2}{3}-2=-6$

02 이차함수의 뜻 (VISUAL 연산) 123쪽~124쪽

01 × 02 ○ 03 ×
04 ○ 참고 x^2-x+1, 이차함수이다 05 × 06 ×
07 πx^2, ○ 08 $4x$, × 09 $-\frac{1}{2}x^2+5x$, ○ 10 $5\pi x^2$, ○
11 $3x$, × 12 2, 2, 3 13 0 14 28 15 15
16 26 17 10 18 1 19 -4 20 4
21 7 22 12 23 1 참고 1, 1, $a+1$, $a+1$, 1
24 -2 25 -3 26 2 27 -8

01 $y=-2+4x$ ➔ 이차함수가 아니다.
└➤ 일차식

03 $5x^2+x+1=0$ ➔ 이차함수가 아니다.
└➤ 이차방정식

05 $y=(x+2)^2-x^2=4x+4$ ➔ 이차함수가 아니다.
└➤ 일차식

06 $y=x+\frac{1}{x^2}$ ➔ 이차함수가 아니다.
└➤ 분모에 x^2이 있다.

09 $y=\frac{1}{2}x(10-x)=-\frac{1}{2}x^2+5x$ ➔ 이차함수이다.

13 $f\left(\frac{1}{2}\right)=2\times\left(\frac{1}{2}\right)^2-3\times\frac{1}{2}+1$
$=\frac{1}{2}-\frac{3}{2}+1$
$=0$

14 $f(-3)=2\times(-3)^2-3\times(-3)+1$
$=18+9+1$
$=28$

15 $f(1)=2\times1^2-3\times1+1=0$,
$f(-2)=2\times(-2)^2-3\times(-2)+1=15$
$\therefore f(1)+f(-2)=0+15=15$

16 $f(5)=2\times5^2-3\times5+1=36$,
$f(3)=2\times3^2-3\times3+1=10$
$\therefore f(5)-f(3)=36-10=26$

17 $f(3)=3^2+1=10$

18 $f(-1)=3\times(-1)^2+(-1)-1$
$=1$

19 $f(2)=\frac{1}{2}\times2^2-\frac{3}{2}\times2-3$
$=2-3-3$
$=-4$

20 $f(3)=-\frac{1}{3}\times3^2+2\times3-1$
$=-3+6-1=2$
$\therefore 2f(3)=2\times2=4$

21 $f(0)=2\times0^2+5\times0=0$,
$f(1)=2\times1^2+5\times1=7$
$\therefore f(0)+f(1)=0+7=7$

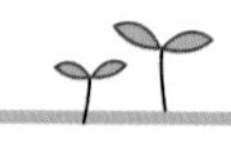

22 $f\left(\frac{1}{2}\right)=-4\times\left(\frac{1}{2}\right)^2+2\times\frac{1}{2}+1=-1+1+1=1$,

$f(2)=-4\times2^2+2\times2+1=-11$

$\therefore f\left(\frac{1}{2}\right)-f(2)=1-(-11)=12$

24 $f(-1)=3\times(-1)^2+a=3+a$이므로

$3+a=1 \qquad \therefore a=-2$

25 $f(0)=-0^2+2\times0+a=a$이므로

$a=-3$

26 $f(2)=2^2+a\times2-3=2a+1$이므로

$2a+1=5 \qquad \therefore a=2$

27 $f\left(-\frac{1}{2}\right)=a\times\left(-\frac{1}{2}\right)^2-4\times\left(-\frac{1}{2}\right)+2=\frac{1}{4}a+4$이므로

$\frac{1}{4}a+4=2 \qquad \therefore a=-8$

03 이차함수 $y=x^2$과 $y=-x^2$의 그래프

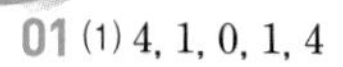

125쪽

01 (1) 4, 1, 0, 1, 4

(2)

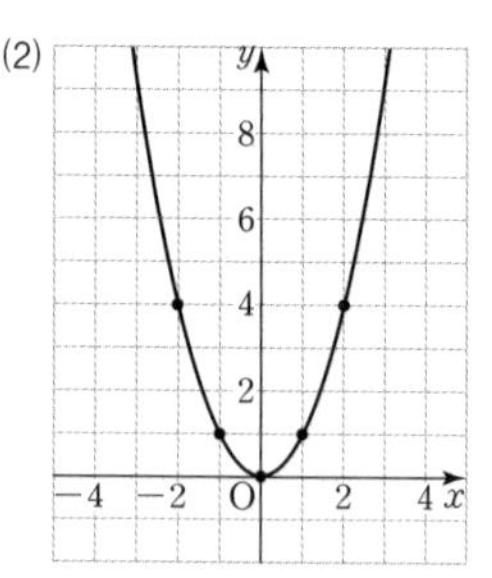

02 (1) -4, -1, 0, -1, -4

(2)

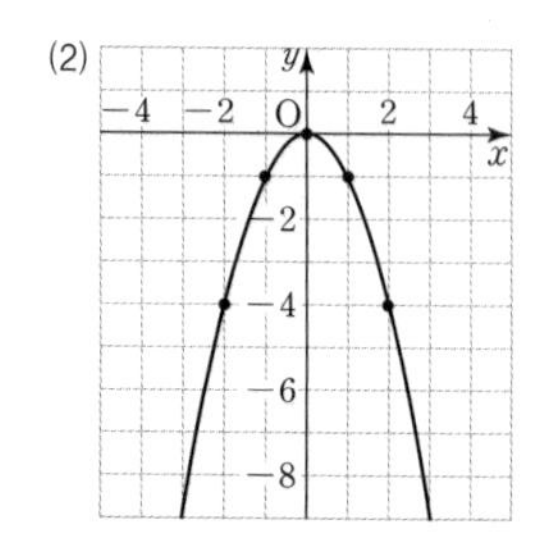

03 아래 **04** y **05** 감소 **06** $>$ **07** 위

08 y **09** $<$ **10** 감소

04 이차함수 $y=ax^2$의 그래프

VISUAL연산

126쪽

01

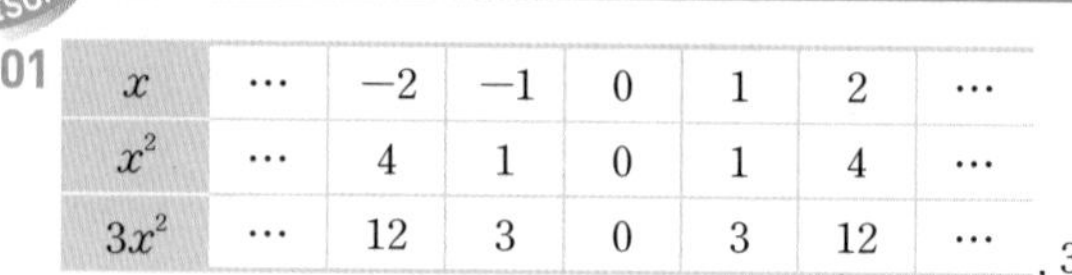

x	$\cdots$	-2	-1	0	1	2	$\cdots$
x^2	$\cdots$	4	1	0	1	4	$\cdots$
$3x^2$	$\cdots$	12	3	0	3	12	$\cdots$

, 3

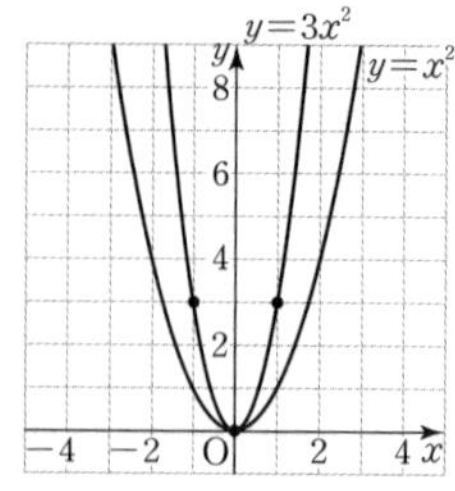

02

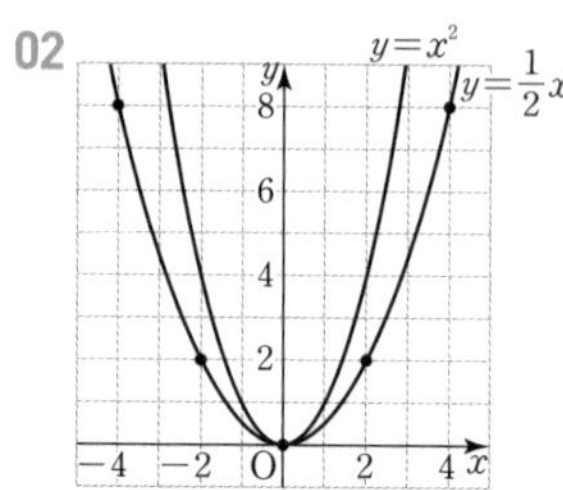

03

x	$\cdots$	-3	-2	-1	0	1	2	3	$\cdots$
$-x^2$	$\cdots$	-9	-4	-1	0	-1	-4	-9	$\cdots$
$-\frac{1}{3}x^2$	$\cdots$	-3	$-\frac{4}{3}$	$-\frac{1}{3}$	0	$-\frac{1}{3}$	$-\frac{4}{3}$	-3	$\cdots$

, $\frac{1}{3}$

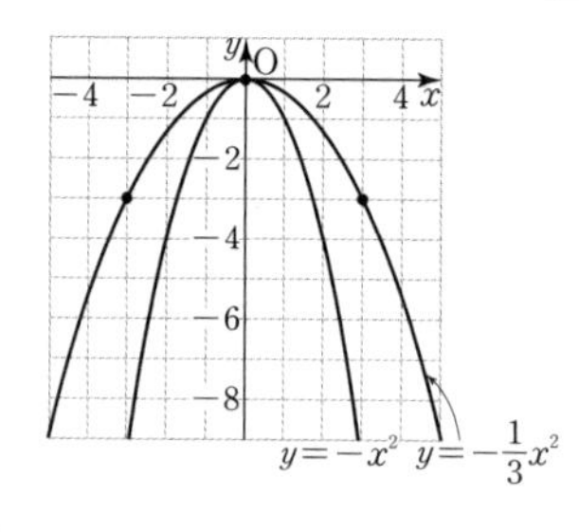

04

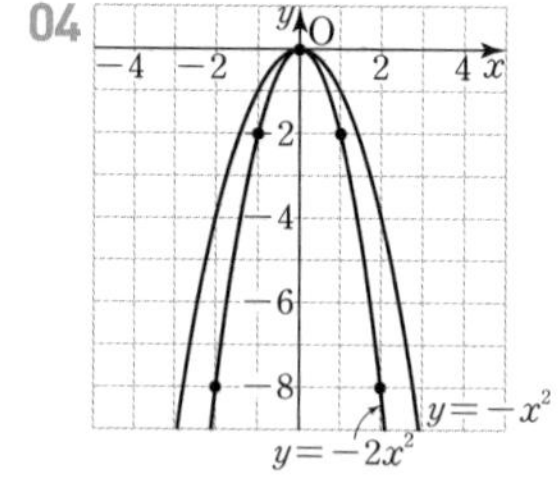

02

x	$\cdots$	-4	-2	0	2	4	$\cdots$
x^2	$\cdots$	16	4	0	4	16	$\cdots$
$\frac{1}{2}x^2$	$\cdots$	8	2	0	2	8	$\cdots$

04

x	$\cdots$	-2	-1	0	1	2	$\cdots$
$-x^2$	$\cdots$	-4	-1	0	-1	-4	$\cdots$
$-2x^2$	$\cdots$	-8	-2	0	-2	-8	$\cdots$

05 이차함수 $y=ax^2$의 그래프의 성질 127쪽~128쪽

01 아래　02 0, 0　03 $x=0$　04 증가　05 $-\frac{1}{3}x^2$
06 12　07 위　08 0, 0　09 $x=0$　10 감소
11 $\frac{3}{2}x^2$　12 -6　13 ㄱ, ㄴ, ㅂ　14 ㄷ, ㄹ, ㅁ　15 ㄷ
16 ㄱ, ㄴ, ㅂ　17 ㄹ과 ㅂ　18 (1) ㉠ (2) ㉣ (3) ㉡ (4) ㉢
19 2 풀이 $-2, 8, 2$　20 3　21 -1　22 $-\frac{1}{5}$
23 -6　24 $a=2, b=8$　25 $a=\frac{1}{3}, b=\frac{1}{3}$

15 x^2의 계수의 절댓값이 클수록 그래프의 폭이 좁아지므로 그래프의 폭이 가장 좁은 것은 ㄷ이다.

16 x^2의 계수가 양수이면 $x<0$일 때, x의 값이 증가하면 y의 값은 감소하므로 ㄱ, ㄴ, ㅂ이다.

20 $x=1$, $y=3$을 $y=ax^2$에 대입하면
$3=a\times1^2$　$\therefore a=3$

21 $x=2$, $y=-4$를 $y=ax^2$에 대입하면
$-4=a\times2^2$, $4a=-4$　$\therefore a=-1$

22 $x=-5$, $y=-5$를 $y=ax^2$에 대입하면
$-5=a\times(-5)^2$, $25a=-5$　$\therefore a=-\frac{1}{5}$

23 $x=\frac{1}{2}$, $y=-\frac{3}{2}$을 $y=ax^2$에 대입하면
$-\frac{3}{2}=a\times\left(\frac{1}{2}\right)^2$, $\frac{1}{4}a=-\frac{3}{2}$　$\therefore a=-6$

24 $x=-1$, $y=2$를 $y=ax^2$에 대입하면
$2=a\times(-1)^2$　$\therefore a=2$
$x=2$, $y=b$를 $y=2x^2$에 대입하면
$b=2\times2^2=8$

25 $x=3$, $y=3$을 $y=ax^2$에 대입하면
$3=a\times3^2$, $9a=3$　$\therefore a=\frac{1}{3}$
$x=-1$, $y=b$를 $y=\frac{1}{3}x^2$에 대입하면
$b=\frac{1}{3}\times(-1)^2=\frac{1}{3}$

연산 능력 UP! 10분 연산 TEST 129쪽

01 ×　02 ○　03 ○　04 ×　05 ×
06 ○　07 1　08 $-\frac{5}{4}$　09 6　10 -3
11 ㄱ, ㄹ, ㅂ　12 ㅂ　13 ㄱ과 ㄷ　14 3　15 $-\frac{1}{9}$
16 $-\frac{1}{2}$　17 $a=-2, b=-18$　18 $a=\frac{1}{3}, b=12$

01 $y=3x+2$는 일차함수이다.

04 $y=\frac{4}{x^2}+5$는 분모에 x^2이 있으므로 이차함수가 아니다.

05 $y=(2x-1)^2-4x^2=-4x+1$이므로 일차함수이다.

06 $y=(x-1)(x+2)=x^2+x-2$이므로 이차함수이다.

07 $f(1)=1^2+1-1=1$

08 $f\left(-\frac{1}{2}\right)=\left(-\frac{1}{2}\right)^2+\left(-\frac{1}{2}\right)-1=-\frac{5}{4}$

09 $f(3)=3^2+3-1=11$,
$f(2)=2^2+2-1=5$이므로
$f(3)-f(2)=11-5=6$

10 $f(-1)=(-1)^2+(-1)-1=-1$,
$f(0)=0^2+0-1=-1$이므로
$2f(-1)+f(0)=2\times(-1)+(-1)$
$=-3$

12 x^2의 계수의 절댓값이 작을수록 그래프의 폭이 넓어지므로 그래프의 폭이 가장 넓은 것은 ㅂ이다.

17 $x=2$, $y=-8$을 $y=ax^2$에 대입하면
$-8=a\times2^2$, $4a=-8$　$\therefore a=-2$
따라서 $y=-2x^2$에 $x=-3$, $y=b$를 대입하면
$b=-2\times(-3)^2=-18$

18 $x=-1$, $y=\frac{1}{3}$을 $y=ax^2$에 대입하면
$\frac{1}{3}=a\times(-1)^2$　$\therefore a=\frac{1}{3}$
따라서 $y=\frac{1}{3}x^2$에 $x=6$, $y=b$를 대입하면
$b=\frac{1}{3}\times6^2=12$

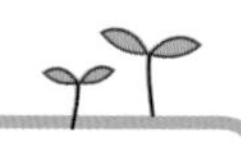

06 이차함수 $y=ax^2+q$의 그래프 130쪽~132쪽

01 $y=-2x^2+3$ 답 3　02 $y=x^2+1$

03 $y=-x^2+\frac{1}{2}$　04 $y=-3x^2-2$

05 $y=\frac{1}{2}x^2-1$　06 $y=-\frac{1}{3}x^2+4$

07 $y=-\frac{2}{5}x^2+\frac{1}{3}$　08 $y=\frac{3}{2}x^2-\frac{1}{2}$　09 2

10 -3　11 $\frac{2}{3}$　12 $-\frac{5}{2}$

13  3

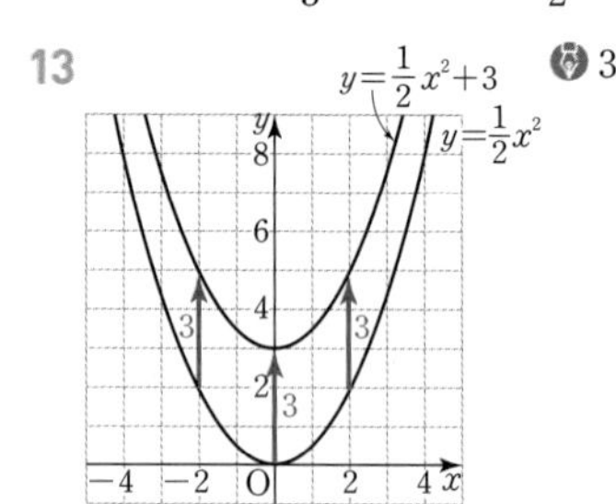

14

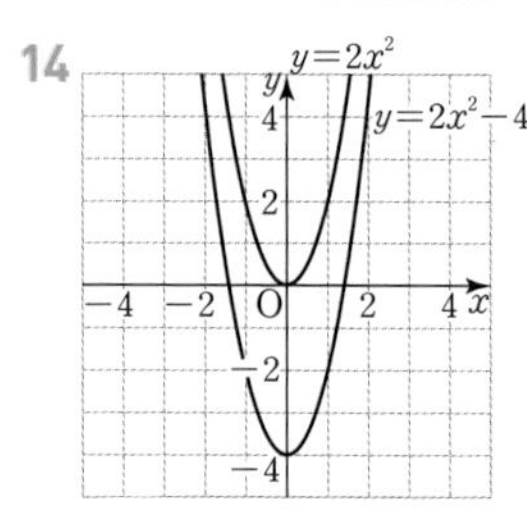

15

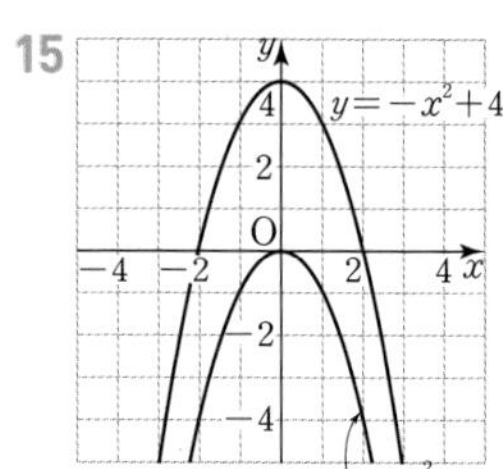

16 ❶ $(0, 2)$ ❷ $x=0$

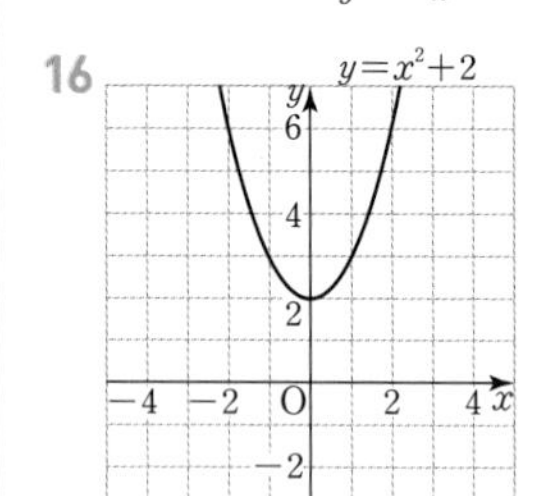

17 ❶ $(0, 3)$ ❷ $x=0$

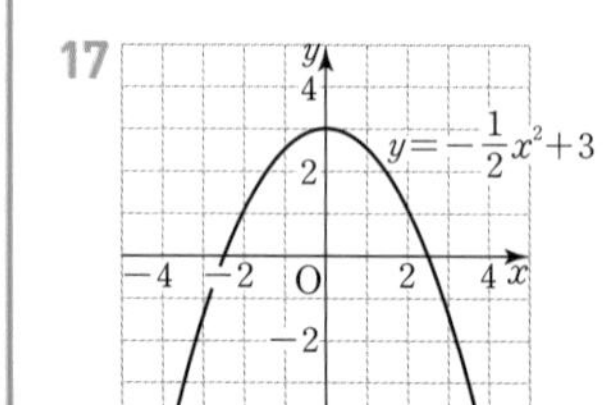

18 ❶ $(0, -1)$ ❷ $x=0$

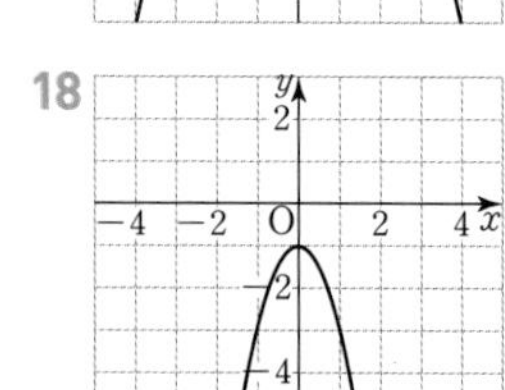

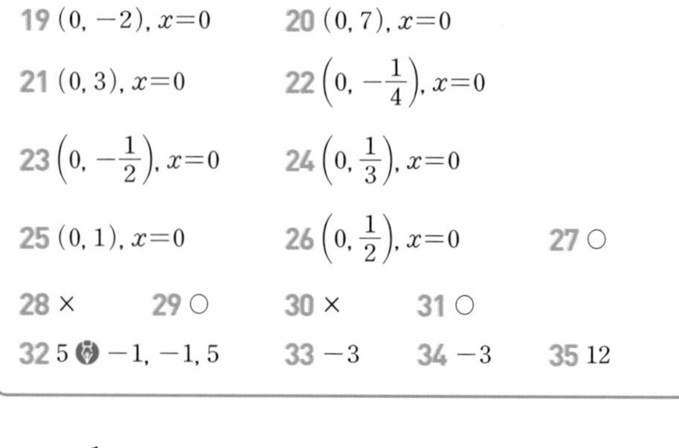

19 $(0, -2)$, $x=0$　20 $(0, 7)$, $x=0$

21 $(0, 3)$, $x=0$　22 $\left(0, -\frac{1}{4}\right)$, $x=0$

23 $\left(0, -\frac{1}{2}\right)$, $x=0$　24 $\left(0, \frac{1}{3}\right)$, $x=0$

25 $(0, 1)$, $x=0$　26 $\left(0, \frac{1}{2}\right)$, $x=0$　27 ○

28 ×　29 ○　30 ×　31 ○

32 5 답 -1, -1, 5　33 -3　34 -3　35 12

28 $y=\frac{1}{2}x^2-1$의 그래프의 꼭짓점의 좌표는 $(0, -1)$이다.

30 $x>0$일 때, x의 값이 증가하면 y의 값도 증가한다.

33 $x=2$, $y=k$를 $y=-\frac{1}{2}x^2-1$에 대입하면

$k=\left(-\frac{1}{2}\right)\times 2^2-1=-3$

34 $x=1$, $y=0$을 $y=3x^2+k$에 대입하면

$0=3\times 1^2+k$　$\therefore k=-3$

35 $x=\frac{1}{2}$, $y=-1$을 $y=kx^2-4$에 대입하면

$-1=k\times\left(\frac{1}{2}\right)^2-4$　$\therefore k=12$

07 이차함수 $y=a(x-p)^2$의 그래프 133쪽~135쪽

01 $y=(x-2)^2$ 답 2　02 $y=\frac{1}{2}(x-5)^2$

03 $y=4\left(x-\frac{1}{2}\right)^2$　04 $y=-2\left(x-\frac{2}{3}\right)^2$

05 $y=2(x+2)^2$ 답 -2, 2　06 $y=-\left(x+\frac{1}{2}\right)^2$

07 $y=\frac{2}{3}(x+1)^2$　08 $y=-\frac{1}{2}\left(x+\frac{3}{2}\right)^2$　09 4

10 -3　11 $\frac{2}{5}$　12 $-\frac{1}{2}$

13 답 2

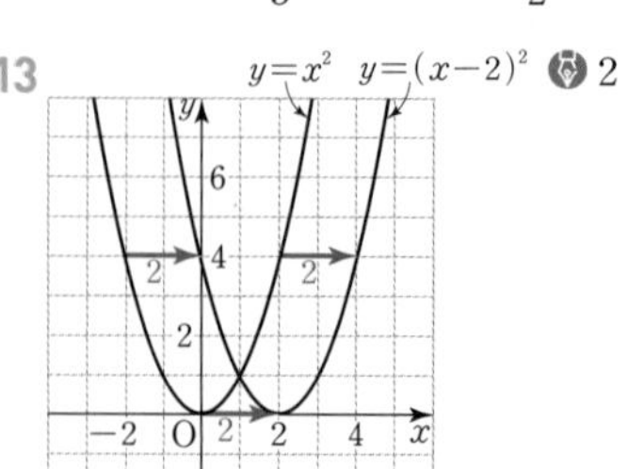

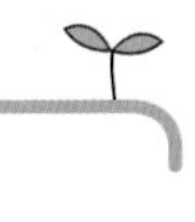

14 $y=2(x+1)^2$ $y=2x^2$

15 $y=-\frac{1}{2}(x-2)^2$ $y=-\frac{1}{2}x^2$

16

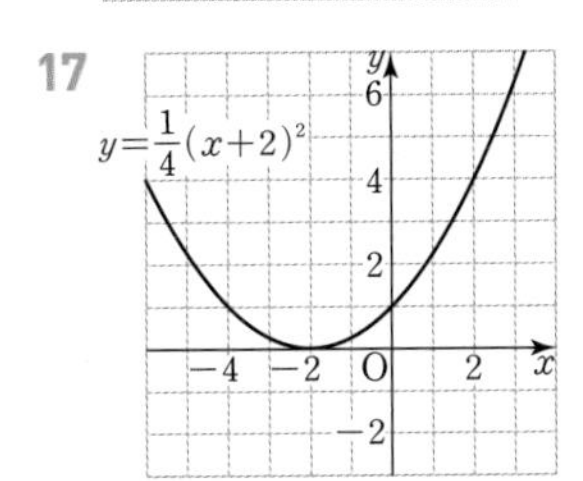

❶ $(1, 0)$ ❷ $x=1$

17

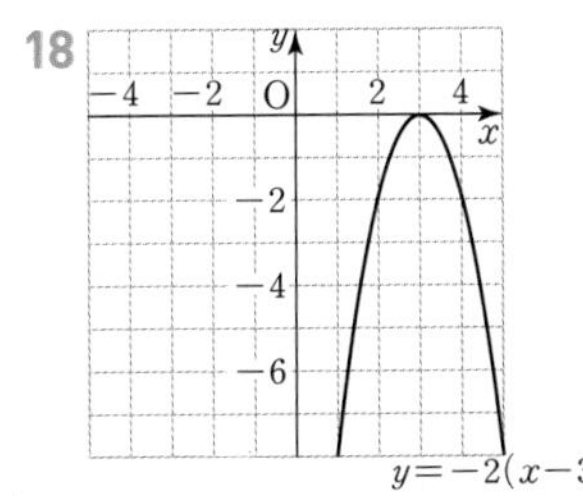

❶ $(-2, 0)$ ❷ $x=-2$

18 $y=-2(x-3)^2$

❶ $(3, 0)$ ❷ $x=3$

19 $(1, 0)$, $x=1$ 🅥 1, 1, $x=1$ 20 $(4, 0)$, $x=4$

21 $(2, 0)$, $x=2$ 22 $\left(\frac{1}{3}, 0\right)$, $x=\frac{1}{3}$

23 $(-5, 0)$, $x=-5$ 24 $(-4, 0)$, $x=-4$

25 $(-1, 0)$, $x=-1$ 26 $\left(-\frac{3}{2}, 0\right)$, $x=-\frac{3}{2}$ 27 ○

28 × 29 × 30 ○ 31 ×

32 5 🅥 2, 2, 5 33 -8 34 $-\frac{1}{2}$

35 $k=-3$ 또는 $k=1$ 🅥 4, 4, 2, -3

28 축의 방정식은 $x=-2$이다.

29 $x<-2$일 때, x의 값이 증가하면 y의 값도 증가한다.

31 $x=-3$을 $y=-3(x+2)^2$에 대입하면

$y=-3\times(-3+2)^2=-3\times1=-3$

따라서 점 $(-3, 3)$을 지나지 않는다.

참고 점 $(-3, -3)$을 지난다.

33 $x=-1$, $y=k$를 $y=-2(x+3)^2$에 대입하면

$k=-2\times(-1+3)^2=-8$

34 $x=1$, $y=-\frac{1}{2}$을 $y=k(x-2)^2$에 대입하면

$-\frac{1}{2}=k(1-2)^2$ $\therefore k=-\frac{1}{2}$

08 이차함수 $y=a(x-p)^2+q$의 그래프 136쪽~138쪽

01 $y=(x-3)^2+5$ 🅥 3, 5 02 $y=\frac{1}{3}(x+1)^2+2$

03 $y=5(x-2)^2-3$ 04 $y=2(x+4)^2-1$

05 $y=-4(x-1)^2+3$ 06 $y=-\frac{1}{2}(x+5)^2+2$

07 $y=-6(x-4)^2-1$ 08 $y=-3(x+3)^2-\frac{1}{2}$

09 $p=1$, $q=3$ 10 $p=2$, $q=-5$

11 $p=-5$, $q=4$ 12 $p=-3$, $q=-1$

13 🅥 2, 3

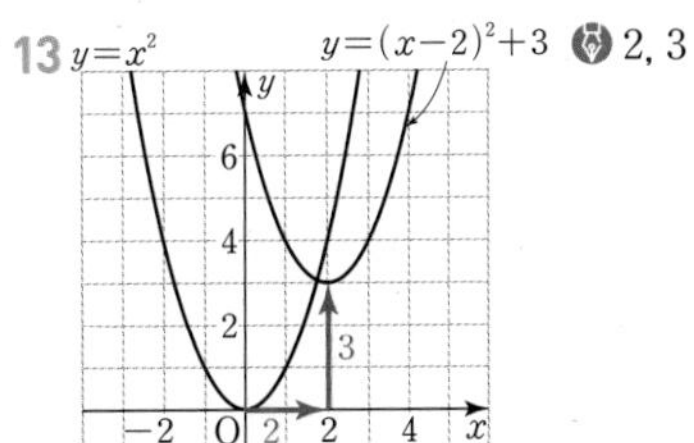

14

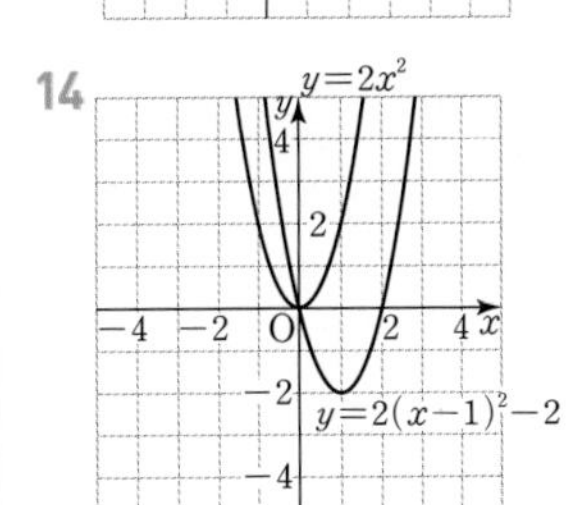

15

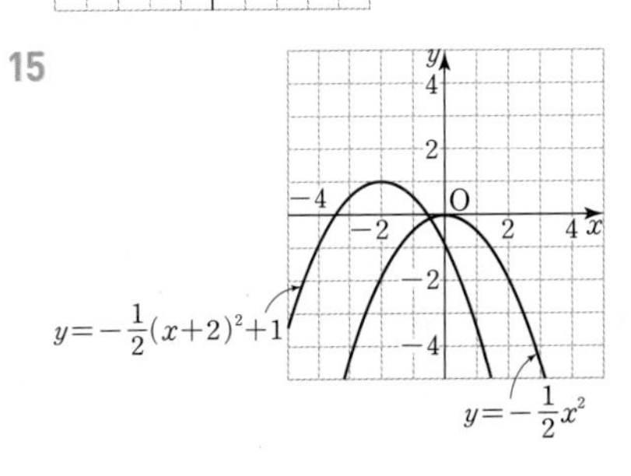

16
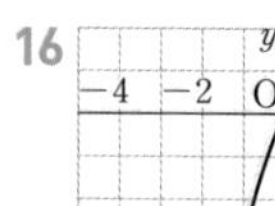
$y=-(x-1)^2+1$

❶ $(1, 1)$ ❷ $x=1$

17
$y=\frac{1}{4}(x+2)^2+2$

❶ $(-2, 2)$ ❷ $x=-2$

18
$y=-2(x+1)^2-3$

❶ $(-1, -3)$ ❷ $x=-1$

19 $(2, 1)$, $x=2$ 🅥 2, 1, $(2, 1)$, $x=2$

20 $(-3, -2)$, $x=-3$ 21 $\left(-1, \frac{3}{2}\right)$, $x=-1$

22 $(2, -4)$, $x=2$ 23 $\left(-\frac{1}{2}, -1\right)$, $x=-\frac{1}{2}$

24 $(5, -3)$, $x=5$ 25 $\left(4, \frac{1}{2}\right)$, $x=4$

26 $\left(-\frac{2}{3}, 6\right)$, $x=-\frac{2}{3}$ 27 × 28 × 29 ○

30 ○ 31 × 32 9 🅥 -1, -1, 9 33 -7

34 2 35 $k=-4$ 또는 $k=0$ 🅥 6, 6, 4, 2, -4

27 꼭짓점의 좌표는 $(3, 1)$이다.

28 축의 방정식은 $x=3$이다.

31 $x=2$를 $y=2(x-3)^2+1$에 대입하면
$y=2\times(2-3)^2+1=3$
따라서 점 $(2, -3)$을 지나지 않는다.
참고 점 $(2, 3)$을 지난다.

33 $x=1$, $y=k$를 $y=-\frac{1}{3}(x+2)^2-4$에 대입하면
$k=-\frac{1}{3}\times(1+2)^2-4=-7$

34 $x=4$, $y=-1$을 $y=k(x-3)^2-3$에 대입하면
$-1=k(4-3)^2-3$ $\therefore k=2$

연산 능력 UP! 10분 연산 TEST

139쪽

01 $y=\frac{1}{5}x^2-6$, $(0, -6)$ 02 $y=-3x^2+4$, $(0, 4)$

03 ○ 04 × 05 ○ 06 $y=3(x-3)^2$, $x=3$

07 $y=-\frac{5}{6}\left(x+\frac{2}{3}\right)^2$, $x=-\frac{2}{3}$ 08 × 09 ○

10 ○ 11 $y=\frac{2}{5}(x-1)^2+2$, $(1, 2)$

12 $y=-2(x+2)^2-3$, $(-2, -3)$ 13 × 14 ○

15 ○ 16 -3 17 $\frac{3}{2}$ 18 11

04 축의 방정식은 $x=0$이다.

08 꼭짓점의 좌표는 $(-4, 0)$이다.

13 이차함수 $y=-3x^2$의 그래프를 x축의 방향으로 4만큼, y축의 방향으로 2만큼 평행이동한 것이다.

16 $x=2$, $y=k$를 $y=-2x^2+5$에 대입하면
$k=-2\times2^2+5=-3$

17 $x=6$, $y=6$을 $y=k(x-4)^2$에 대입하면
$6=k(6-4)^2$, $6=4k$ $\therefore k=\frac{3}{2}$

18 이차함수 $y=3x^2$의 그래프를 x축의 방향으로 2만큼, y축의 방향으로 -1만큼 평행이동하면
$y=3(x-2)^2-1$
이 그래프가 점 $(4, k)$를 지나므로
$k=3\times(4-2)^2-1=11$

학교 시험 미리보기! 학교 시험 PREVIEW

140쪽

01 ① 02 ⑤ 03 ② 04 ② 05 ④
06 2

01 ① $y=x^2$
② $y=\frac{1}{3}x$
③ $y=80x$
④ $y=x^3$
⑤ $y=500x$

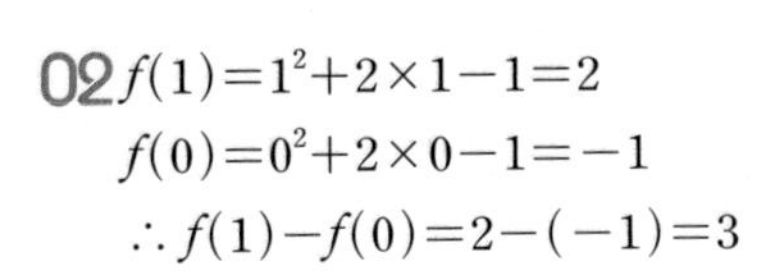

02 $f(1)=1^2+2\times1-1=2$

$f(0)=0^2+2\times0-1=-1$

$\therefore f(1)-f(0)=2-(-1)=3$

03 ② 제3, 4사분면을 지난다.

04 $y=ax^2+5$의 그래프가 점 $(3, 11)$을 지나므로

$11=a\times3^2+5 \qquad \therefore a=\frac{2}{3}$

05 이차함수 $y=3(x+5)^2-2$의 그래프는 오른쪽 그림과 같다.

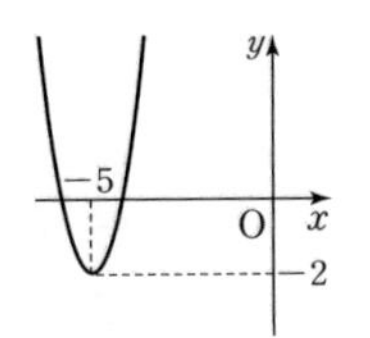

따라서 x의 값이 증가할 때 y의 값도 증가하는 x의 값의 범위는 $x>-5$이다.

06 서술형

꼭짓점의 좌표는 $(1, 0)$이다. ……❶

축의 방정식은 $x=1$이다. ……❷

$a=1,\ b=0,\ c=1$이므로

$a+b+c=1+0+1=2$ ……❸

채점 기준	배점
❶ 꼭짓점의 좌표 구하기	40 %
❷ 축의 방정식 구하기	40 %
❸ $a+b+c$의 값 구하기	20 %

2. 이차함수 $y=ax^2+bx+c$의 그래프

01 VISUAL 연산 이차함수 $y=ax^2+bx+c$의 그래프 142쪽~145쪽

01 4, 4, 4, 4, 2, 3 **02** $y=(x+3)^2-7$

03 1, 1, 1, 2, 1, 7 **04** $y=3(x-1)^2-3$

05 $y=4(x+2)^2-6$ **06** 16, 16, 16, 16, 4, 12

07 $y=-(x+3)^2+11$ **08** $y=-3(x-1)^2$

09 $y=-2(x+2)^2-1$ **10** $y=-\frac{1}{4}(x+6)^2+2$

11 2 ❸ -2, 1, -1, 아래,

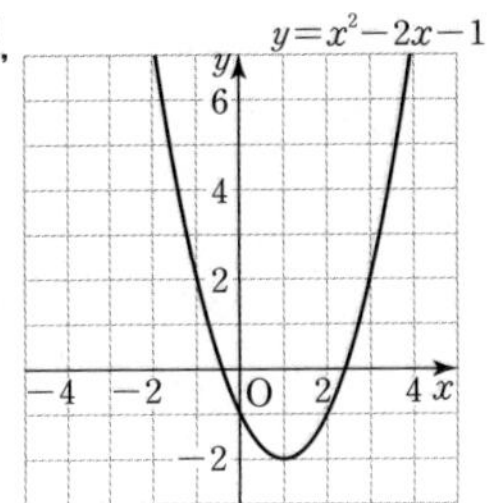

12 $y=-(x-1)^2-1$,

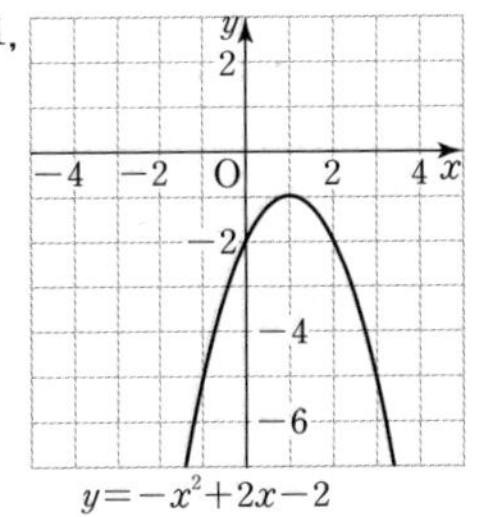

13 $y=2(x-2)^2-4$,

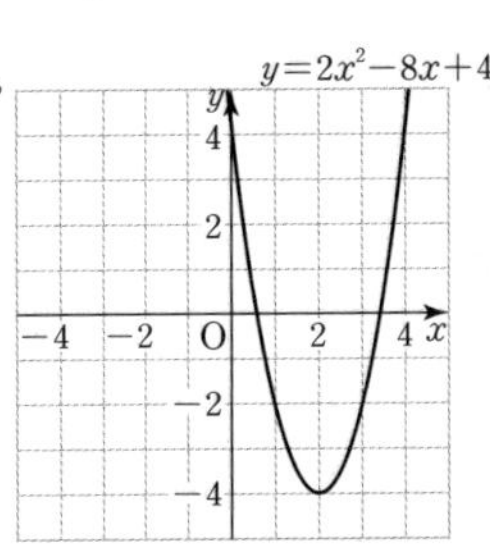

14 $y=-\frac{1}{2}(x-4)^2+2$,

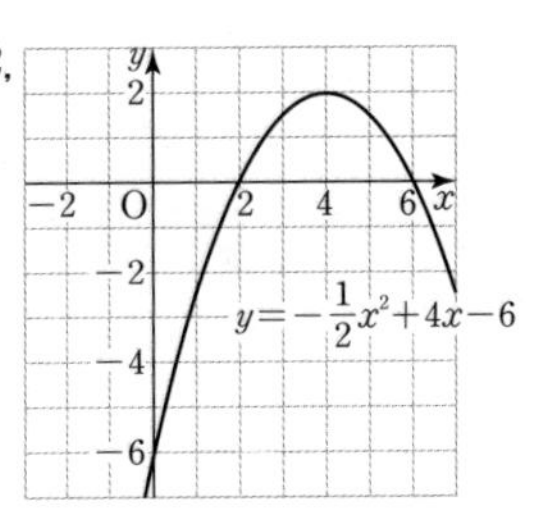

15 $y=(x+3)^2-8$,

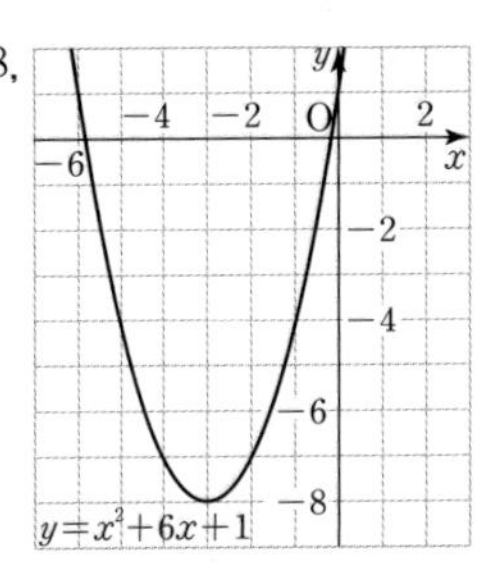

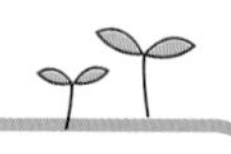

16 $y=-2(x+1)^2+4$,

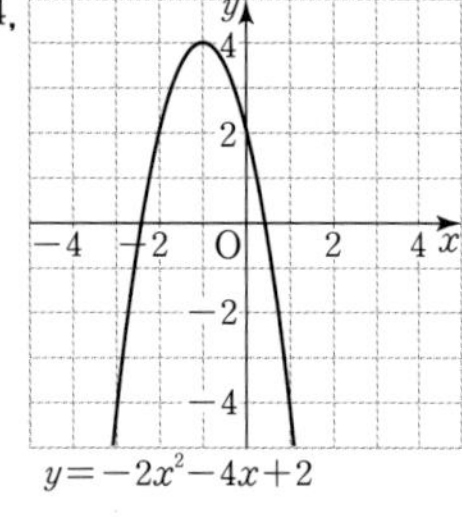

17 $(2, -10)$, $x=2$ 10, -10, 2　18 $(-1, 1)$, $x=-1$
19 $(3, -2)$, $x=3$　20 $(4, 22)$, $x=4$
21 $(-1, -3)$, $x=-1$　22 $(2, -1)$, $x=2$
23 $(1, -4)$, $x=1$　24 $(-3, -1)$, $x=-3$
25 $(0, -6)$ -6, -6　26 $(0, 3)$　27 $(0, 2)$　28 $(0, 1)$
29 $(0, -2)$　30 $(0, -8)$　31 $(0, -1)$　32 $(0, 0)$
33 $(0, 0)$, $(4, 0)$ 4, 4, 0, 4　34 $(-5, 0)$, $(3, 0)$
35 $(1, 0)$, $(2, 0)$　36 $(0, 0)$, $(3, 0)$　37 $(4, 0)$
38 $\left(-\frac{1}{3}, 0\right)$　39 ○　40 ○　41 ×
42 ×　43 ×　44 ×　45 ○　46 ○

02 $y=x^2+6x+2$
$=(x^2+6x+9-9)+2$
$=(x^2+6x+9)-9+2$
$=(x+3)^2-7$

04 $y=3x^2-6x$
$=3(x^2-2x+1-1)$
$=3(x^2-2x+1)-3$
$=3(x-1)^2-3$

05 $y=4x^2+16x+10$
$=4(x^2+4x)+10$
$=4(x^2+4x+4-4)+10$
$=4(x^2+4x+4)-16+10$
$=4(x+2)^2-6$

07 $y=-x^2-6x+2$
$=-(x^2+6x)+2$
$=-(x^2+6x+9-9)+2$
$=-(x^2+6x+9)+9+2$
$=-(x+3)^2+11$

08 $y=-3x^2+6x-3$
$=-3(x^2-2x+1)$
$=-3(x-1)^2$

09 $y=-2x^2-8x-9$
$=-2(x^2+4x)-9$
$=-2(x^2+4x+4-4)-9$
$=-2(x^2+4x+4)+8-9$
$=-2(x+2)^2-1$

10 $y=-\frac{1}{4}x^2-3x-7$
$=-\frac{1}{4}(x^2+12x)-7$
$=-\frac{1}{4}(x^2+12x+36-36)-7$
$=-\frac{1}{4}(x^2+12x+36)+9-7$
$=-\frac{1}{4}(x+6)^2+2$

12 $y=-x^2+2x-2=-(x-1)^2-1$
따라서 그래프는 꼭짓점의 좌표가 $(1, -1)$, 축의 방정식이 $x=1$, y축과 만나는 점의 좌표가 $(0, -2)$이고, 위로 볼록한 포물선이다.

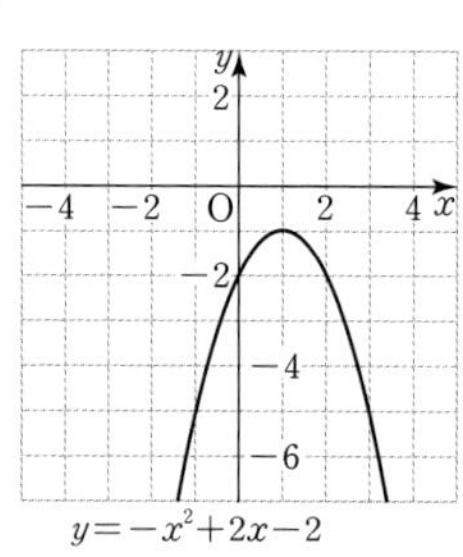

13 $y=2x^2-8x+4$
$=2(x^2-4x+4)-4$
$=2(x-2)^2-4$
따라서 그래프는 꼭짓점의 좌표가 $(2, -4)$, 축의 방정식이 $x=2$, y축과 만나는 점의 좌표가 $(0, 4)$이고, 아래로 볼록한 포물선이다.

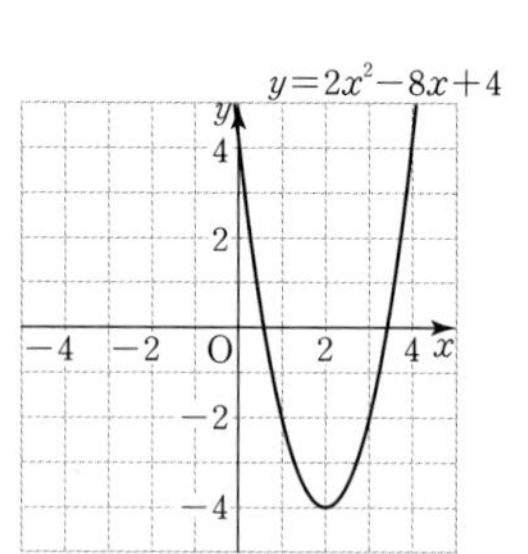

14 $y=-\frac{1}{2}x^2+4x-6$
$=-\frac{1}{2}(x^2-8x+16)+2$
$=-\frac{1}{2}(x-4)^2+2$
따라서 그래프는 꼭짓점의 좌표가 $(4, 2)$, 축의 방정식이 $x=4$, y축과 만나는 점의 좌표가 $(0, -6)$이고, 위로 볼록한 포물선이다.

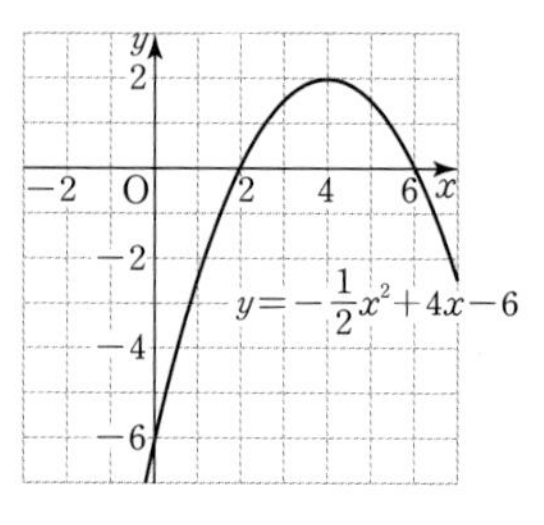

15 $y=x^2+6x+1=(x+3)^2-8$

따라서 그래프는 꼭짓점의 좌표가 $(-3,\ -8)$, 축의 방정식이 $x=-3$, y축과 만나는 점의 좌표가 $(0,\ 1)$이고, 아래로 볼록한 포물선이다.

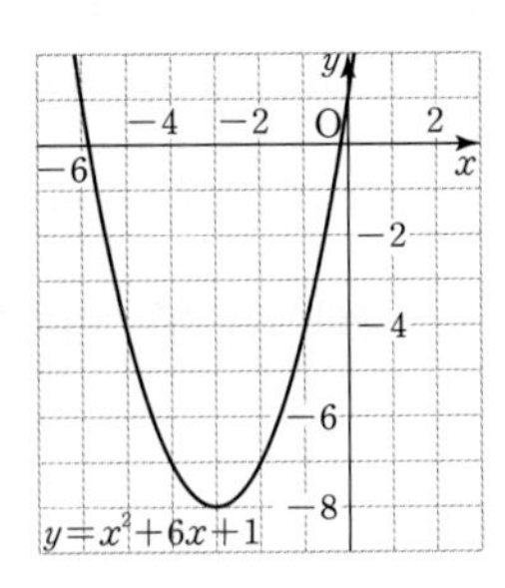

16 $y=-2x^2-4x+2$

$=-2(x^2+2x+1)+4$

$=-2(x+1)^2+4$

따라서 그래프는 꼭짓점의 좌표가 $(-1,\ 4)$, 축의 방정식이 $x=-1$, y축과 만나는 점의 좌표가 $(0,\ 2)$이고, 위로 볼록한 포물선이다.

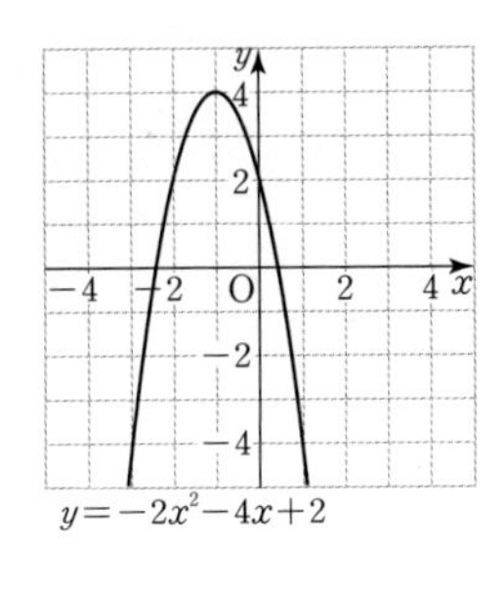

18 $y=2x^2+4x+3=2(x+1)^2+1$이므로 꼭짓점의 좌표는 $(-1,\ 1)$이고, 축의 방정식은 $x=-1$이다.

19 $y=-\frac{1}{3}x^2+2x-5=-\frac{1}{3}(x-3)^2-2$이므로 꼭짓점의 좌표는 $(3,\ -2)$이고, 축의 방정식은 $x=3$이다.

20 $y=-x^2+8x+6=-(x-4)^2+22$이므로 꼭짓점의 좌표는 $(4,\ 22)$이고, 축의 방정식은 $x=4$이다.

21 $y=2x^2+4x-1=2(x+1)^2-3$이므로 꼭짓점의 좌표는 $(-1,\ -3)$이고, 축의 방정식은 $x=-1$이다.

22 $y=\frac{1}{2}x^2-2x+1=\frac{1}{2}(x-2)^2-1$이므로 꼭짓점의 좌표는 $(2,\ -1)$이고, 축의 방정식은 $x=2$이다.

23 $y=-x^2+2x-5=-(x-1)^2-4$이므로 꼭짓점의 좌표는 $(1,\ -4)$이고, 축의 방정식은 $x=1$이다.

24 $y=x^2+6x+8=(x+3)^2-1$이므로 꼭짓점의 좌표는 $(-3,\ -1)$이고, 축의 방정식은 $x=-3$이다.

34 $y=0$을 대입하면 $x^2+2x-15=0$

$(x+5)(x-3)=0$

$\therefore x=-5$ 또는 $x=3$

따라서 x축과 만나는 점의 좌표는 $(-5,\ 0)$, $(3,\ 0)$이다.

35 $y=0$을 대입하면 $x^2-3x+2=0$

$(x-1)(x-2)=0$

$\therefore x=1$ 또는 $x=2$

따라서 x축과 만나는 점의 좌표는 $(1,\ 0)$, $(2,\ 0)$이다.

36 $y=0$을 대입하면 $-x^2+3x=0$

$x^2-3x=0$, $x(x-3)=0$

$\therefore x=0$ 또는 $x=3$

따라서 x축과 만나는 점의 좌표는 $(0,\ 0)$, $(3,\ 0)$이다.

37 $y=0$을 대입하면 $-x^2+8x-16=0$

$x^2-8x+16=0$, $(x-4)^2=0$

$\therefore x=4$

따라서 x축과 만나는 점의 좌표는 $(4,\ 0)$이다.

38 $y=0$을 대입하면 $9x^2+6x+1=0$

$(3x+1)^2=0$

$\therefore x=-\frac{1}{3}$

따라서 x축과 만나는 점의 좌표는 $\left(-\frac{1}{3},\ 0\right)$이다.

39 $y=4x^2-8x+3=4(x-1)^2-1$

따라서 꼭짓점의 좌표는 $(1,\ -1)$이다.

41 $y=0$을 대입하면 $4x^2-8x+3=0$

$(2x-1)(2x-3)=0$

$\therefore x=\frac{1}{2}$ 또는 $x=\frac{3}{2}$

따라서 x축과의 교점의 좌표는 $\left(\frac{1}{2},\ 0\right)$, $\left(\frac{3}{2},\ 0\right)$이다.

42 $x>1$일 때, x의 값이 증가하면 y의 값도 증가한다.

43 $y=-\frac{1}{3}x^2+4x-9=-\frac{1}{3}(x-6)^2+3$

따라서 꼭짓점의 좌표는 $(6,\ 3)$이다.

44 y축과의 교점의 좌표는 $(0,\ -9)$이다.

45 $y=0$을 대입하면 $-\frac{1}{3}x^2+4x-9=0$

$x^2-12x+27=0$, $(x-3)(x-9)=0$

$\therefore x=3$ 또는 $x=9$

따라서 x축과의 교점의 좌표는 $(3,\ 0)$, $(9,\ 0)$이다.

02 VISUAL 연산 이차함수 $y=ax^2+bx+c$의 그래프에서 a, b, c의 부호 146쪽

01 (1) 아래, $>$ (2) 왼, 같은, $>$ (3) 위, $>$

02 $>, <, >$ 03 $>, >, =$

04 (1) 위, $<$ (2) 오른, 다른, $>$ (3) 아래, $<$

05 $<, <, <$ 06 $<, >, =$

02 그래프가 아래로 볼록하므로 $a>0$
축이 y축의 오른쪽에 있으므로 a, b는 다른 부호이다.
$\therefore b<0$
y축과의 교점이 x축보다 위쪽에 있으므로 $c>0$

03 그래프가 아래로 볼록하므로 $a>0$
축이 y축의 왼쪽에 있으므로 a, b는 같은 부호이다.
$\therefore b>0$
y축과의 교점이 원점이므로 $c=0$

05 그래프가 위로 볼록하므로 $a<0$
축이 y축의 왼쪽에 있으므로 a, b는 같은 부호이다.
$\therefore b<0$
y축과의 교점이 x축보다 아래쪽에 있으므로 $c<0$

06 그래프가 위로 볼록하므로 $a<0$
축이 y축의 오른쪽에 있으므로 a, b는 다른 부호이다.
$\therefore b>0$
y축과의 교점이 원점이므로 $c=0$

03 VISUAL 연산 꼭짓점과 다른 한 점이 주어진 이차함수의 식 147쪽~148쪽

01 $y=(x-1)^2-5$ 힌트 $1, -4, 1, 1, y=(x-1)^2-5$

02 $y=\frac{1}{2}(x-4)^2-2$ 03 $y=3x^2-1$

04 $y=-(x+1)^2-3$ 05 $y=\left(x+\frac{1}{4}\right)^2+2$

06 $y=(x-2)^2-4$ 07 $y=(x+5)^2-1$

08 $y=2(x+3)^2-3$ 09 $y=-(x-2)^2-3$

10 $y=-2(x+1)^2$

11 $y=\frac{1}{2}x^2+2x+5$ 힌트 $5, \frac{1}{2}, \frac{1}{2}, \frac{1}{2}, 2$

12 $y=-\frac{1}{3}x^2-2x-4$ 13 $y=x^2-2x-3$

14 $y=-2x^2+8x-3$ 15 $y=\frac{1}{2}x^2+2x-6$

16 $y=x^2-6x$ 17 $y=-\frac{1}{4}x^2-2x-1$

02 이차함수의 식을 $y=a(x-4)^2-2$로 놓고
$x=6$, $y=0$을 대입하면
$0=a(6-4)^2-2$, $4a-2=0$ $\quad\therefore a=\frac{1}{2}$
따라서 구하는 이차함수의 식은 $y=\frac{1}{2}(x-4)^2-2$

03 이차함수의 식을 $y=ax^2-1$로 놓고
$x=1$, $y=2$를 대입하면
$2=a\times1^2-1$ $\quad\therefore a=3$
따라서 구하는 이차함수의 식은 $y=3x^2-1$

04 이차함수의 식을 $y=a(x+1)^2-3$으로 놓고
$x=-3$, $y=-7$을 대입하면
$-7=a(-3+1)^2-3$, $4a-3=-7$ $\quad\therefore a=-1$
따라서 구하는 이차함수의 식은 $y=-(x+1)^2-3$

05 이차함수의 식을 $y=a\left(x+\frac{1}{4}\right)^2+2$로 놓고
$x=\frac{1}{4}$, $y=\frac{9}{4}$를 대입하면
$\frac{9}{4}=a\left(\frac{1}{4}+\frac{1}{4}\right)^2+2$, $\frac{a}{4}=\frac{1}{4}$ $\quad\therefore a=1$
따라서 구하는 이차함수의 식은 $y=\left(x+\frac{1}{4}\right)^2+2$

06 이차함수의 식을 $y=a(x-2)^2-4$로 놓고
$x=4$, $y=0$을 대입하면
$0=a(4-2)^2-4$, $4a-4=0$ $\quad\therefore a=1$
따라서 구하는 이차함수의 식은 $y=(x-2)^2-4$

07 이차함수의 식을 $y=a(x+5)^2-1$로 놓고
$x=-1$, $y=15$를 대입하면
$15=a(-1+5)^2-1$, $16a-1=15$ $\quad\therefore a=1$
따라서 구하는 이차함수의 식은 $y=(x+5)^2-1$

08 이차함수의 식을 $y=a(x+3)^2-3$으로 놓고
$x=-2$, $y=-1$을 대입하면
$-1=a(-2+3)^2-3$ $\quad\therefore a=2$
따라서 구하는 이차함수의 식은 $y=2(x+3)^2-3$

09 이차함수의 식을 $y=a(x-2)^2-3$으로 놓고
$x=3$, $y=-4$를 대입하면
$-4=a(3-2)^2-3$ $\quad\therefore a=-1$
따라서 구하는 이차함수의 식은 $y=-(x-2)^2-3$

10 이차함수의 식을 $y=a(x+1)^2$으로 놓고
$x=1,\ y=-8$을 대입하면
$-8=a(1+1)^2 \quad \therefore a=-2$
따라서 구하는 이차함수의 식은 $y=-2(x+1)^2$

12 꼭짓점의 좌표가 $(-3,\ -1)$이고 점 $(0,\ -4)$를 지난다.
이차함수의 식을 $y=a(x+3)^2-1$로 놓고
$x=0,\ y=-4$를 대입하면
$-4=a(0+3)^2-1,\ 9a-1=-4,\ a=-\frac{1}{3}$
따라서 구하는 이차함수의 식은
$y=-\frac{1}{3}(x+3)^2-1=-\frac{1}{3}x^2-2x-4$

13 꼭짓점의 좌표가 $(1,\ -4)$이고 점 $(-1,\ 0)$을 지난다.
이차함수의 식을 $y=a(x-1)^2-4$로 놓고
$x=-1,\ y=0$을 대입하면
$0=a(-1-1)^2-4,\ 4a-4=0,\ a=1$
따라서 구하는 이차함수의 식은
$y=(x-1)^2-4=x^2-2x-3$

14 꼭짓점의 좌표가 $(2,\ 5)$이고 점 $(4,\ -3)$을 지난다.
이차함수의 식을 $y=a(x-2)^2+5$로 놓고
$x=4,\ y=-3$을 대입하면
$-3=a(4-2)^2+5,\ 4a+5=-3 \quad \therefore a=-2$
따라서 구하는 이차함수의 식은
$y=-2(x-2)^2+5=-2x^2+8x-3$

15 꼭짓점의 좌표가 $(-2,\ -8)$이고 점 $(2,\ 0)$을 지난다.
이차함수의 식을 $y=a(x+2)^2-8$로 놓고
$x=2,\ y=0$을 대입하면
$0=a(2+2)^2-8,\ 16a-8=0,\ a=\frac{1}{2}$
따라서 구하는 이차함수의 식은
$y=\frac{1}{2}(x+2)^2-8=\frac{1}{2}x^2+2x-6$

16 꼭짓점의 좌표가 $(3,\ -9)$이고 점 $(0,\ 0)$을 지난다.
이차함수의 식을 $y=a(x-3)^2-9$로 놓고
$x=0,\ y=0$을 대입하면
$0=a(0-3)^2-9,\ 9a-9=0,\ a=1$
따라서 구하는 이차함수의 식은
$y=(x-3)^2-9=x^2-6x$

17 꼭짓점의 좌표가 $(-4,\ 3)$이고 점 $(0,\ -1)$을 지난다.
이차함수의 식을 $y=a(x+4)^2+3$으로 놓고
$x=0,\ y=-1$을 대입하면
$-1=a(0+4)^2+3,\ 16a+3=-1,\ a=-\frac{1}{4}$
따라서 구하는 이차함수의 식은
$y=-\frac{1}{4}(x+4)^2+3=-\frac{1}{4}x^2-2x-1$

04 VISUAL연산 축의 방정식과 서로 다른 두 점이 주어진 이차함수의 식

149쪽

01 $y=2(x+2)^2+3$ 🅐 2, 4, 5, 2, 3, 2, 3
02 $y=3(x+1)^2-4$ **03** $y=(x-1)^2+6$
04 $y=-2(x-2)^2-3$ **05** $y=2x^2-8x+6$ 🅐 2, 6, 0
06 $y=x^2+2x-2$ **07** $y=-3x^2+6x-1$

02 이차함수의 식을 $y=a(x+1)^2+q$로 놓고
$x=1,\ y=8$을 대입하면
$8=a(1+1)^2+q \quad \therefore 4a+q=8$ ...... ㉠
$x=-2,\ y=-1$을 대입하면
$-1=a(-2+1)^2+q \quad \therefore a+q=-1$ ...... ㉡
㉠, ㉡을 연립하여 풀면 $a=3,\ q=-4$
따라서 구하는 이차함수의 식은 $y=3(x+1)^2-4$

03 이차함수의 식을 $y=a(x-1)^2+q$로 놓고
$x=-2,\ y=15$를 대입하면
$15=a(-2-1)^2+q \quad \therefore 9a+q=15$ ...... ㉠
$x=3,\ y=10$을 대입하면
$10=a(3-1)^2+q \quad \therefore 4a+q=10$ ...... ㉡
㉠, ㉡을 연립하여 풀면 $a=1,\ q=6$
따라서 구하는 이차함수의 식은 $y=(x-1)^2+6$

04 이차함수의 식을 $y=a(x-2)^2+q$로 놓고
$x=3,\ y=-5$를 대입하면
$-5=a(3-2)^2+q \quad \therefore a+q=-5$ ...... ㉠
$x=0,\ y=-11$을 대입하면
$-11=a(0-2)^2+q \quad \therefore 4a+q=-11$ ...... ㉡
㉠, ㉡을 연립하여 풀면 $a=-2,\ q=-3$
따라서 구하는 이차함수의 식은 $y=-2(x-2)^2-3$

05 축의 방정식이 $x=2$이고 두 점 $(0,\ 6)$, $(3,\ 0)$을 지나므로
이차함수의 식을 $y=a(x-2)^2+q$로 놓고
$x=0,\ y=6$을 대입하면
$6=a(0-2)^2+q \quad \therefore 4a+q=6$ ...... ㉠
$x=3,\ y=0$을 대입하면
$0=a(3-2)^2+q \quad \therefore a+q=0$ ...... ㉡
㉠, ㉡을 연립하여 풀면 $a=2,\ q=-2$
따라서 구하는 이차함수의 식은 $y=2(x-2)^2-2$
즉, $y=2x^2-8x+6$

06 축의 방정식이 $x=-1$이고 두 점 $(0,\ -2)$, $(1,\ 1)$을 지나므로 이차함수의 식을 $y=a(x+1)^2+q$로 놓고
$x=0$, $y=-2$를 대입하면
$-2=a(0+1)^2+q \quad \therefore a+q=-2$ …… ㉠
$x=1$, $y=1$을 대입하면
$1=a(1+1)^2+q \quad \therefore 4a+q=1$ …… ㉡
㉠, ㉡을 연립하여 풀면 $a=1$, $q=-3$
따라서 구하는 이차함수의 식은 $y=(x+1)^2-3$
즉, $y=x^2+2x-2$

07 축의 방정식이 $x=1$이고 두 점 $(2,\ -1)$, $(3,\ -10)$을 지나므로 이차함수의 식을 $y=a(x-1)^2+q$로 놓고
$x=2$, $y=-1$을 대입하면
$-1=a(2-1)^2+q \quad \therefore a+q=-1$ …… ㉠
$x=3$, $y=-10$을 대입하면
$-10=a(3-1)^2+q \quad \therefore 4a+q=-10$ …… ㉡
㉠, ㉡을 연립하여 풀면 $a=-3$, $q=2$
따라서 구하는 이차함수의 식은 $y=-3(x-1)^2+2$
즉, $y=-3x^2+6x-1$

05 VISUAL 연산 y축과의 교점과 서로 다른 두 점이 주어진 이차함수의 식

150쪽

01 $y=x^2-4x+7$ 7, 4, 2, 1, -4, $y=x^2-4x+7$
02 $y=-x^2+3x-2$ **03** $y=2x^2-2x-1$
04 $y=3x^2+2x+2$ **05** $y=x^2-2x-3$ -3, 5, 3
06 $y=-3x^2+5x-4$ **07** $y=2x^2-8x+5$

02 y절편이 -2이므로 이차함수의 식을 $y=ax^2+bx-2$로 놓고
$x=-1$, $y=-6$을 대입하면
$-6=a-b-2 \quad \therefore a-b=-4$ …… ㉠
$x=2$, $y=0$을 대입하면
$0=4a+2b-2 \quad \therefore 4a+2b=2$ …… ㉡
㉠, ㉡을 연립하여 풀면 $a=-1$, $b=3$
따라서 구하는 이차함수의 식은 $y=-x^2+3x-2$

03 y절편이 -1이므로 이차함수의 식을 $y=ax^2+bx-1$로 놓고
$x=-1$, $y=3$을 대입하면
$3=a-b-1 \quad \therefore a-b=4$ …… ㉠
$x=1$, $y=-1$을 대입하면
$-1=a+b-1 \quad \therefore a+b=0$ …… ㉡
㉠, ㉡을 연립하여 풀면 $a=2$, $b=-2$
따라서 구하는 이차함수의 식은 $y=2x^2-2x-1$

04 y절편이 2이므로 이차함수의 식을 $y=ax^2+bx+2$로 놓고
$x=1$, $y=7$을 대입하면
$7=a+b+2 \quad \therefore a+b=5$ …… ㉠
$x=-1$, $y=3$을 대입하면
$3=a-b+2 \quad \therefore a-b=1$ …… ㉡
㉠, ㉡을 연립하여 풀면 $a=3$, $b=2$
따라서 구하는 이차함수의 식은 $y=3x^2+2x+2$

05 y절편이 -3이고, 두 점 $(-2,\ 5)$, $(3,\ 0)$을 지나므로 이차함수의 식을 $y=ax^2+bx-3$으로 놓고
$x=-2$, $y=5$를 대입하면
$5=4a-2b-3 \quad \therefore 4a-2b=8$ …… ㉠
$x=3$, $y=0$을 대입하면
$0=9a+3b-3 \quad \therefore 9a+3b=3$ …… ㉡
㉠, ㉡을 연립하여 풀면 $a=1$, $b=-2$
따라서 구하는 이차함수의 식은 $y=x^2-2x-3$

06 y절편이 -4이고, 두 점 $(1,\ -2)$, $(2,\ -6)$을 지나므로 이차함수의 식을 $y=ax^2+bx-4$로 놓고
$x=1$, $y=-2$를 대입하면
$-2=a+b-4 \quad \therefore a+b=2$ …… ㉠
$x=2$, $y=-6$을 대입하면
$-6=4a+2b-4 \quad \therefore 4a+2b=-2$ …… ㉡
㉠, ㉡을 연립하여 풀면 $a=-3$, $b=5$
따라서 구하는 이차함수의 식은 $y=-3x^2+5x-4$

07 y절편이 5이고, 두 점 $(1,\ -1)$, $(4,\ 5)$를 지나므로 이차함수의 식을 $y=ax^2+bx+5$로 놓고
$x=1$, $y=-1$을 대입하면
$-1=a+b+5 \quad \therefore a+b=-6$ …… ㉠
$x=4$, $y=5$를 대입하면
$5=16a+4b+5 \quad \therefore 16a+4b=0$ …… ㉡
㉠, ㉡을 연립하여 풀면 $a=2$, $b=-8$
따라서 구하는 이차함수의 식은 $y=2x^2-8x+5$

10분 연산 TEST

151쪽

01 꼭짓점의 좌표 : $(-1, 1)$, 축의 방정식 : $x=-1$

02 꼭짓점의 좌표 : $\left(2, \frac{5}{2}\right)$, 축의 방정식 : $x=2$

03 x축과 만나는 점의 좌표 : $(-1, 0)$, $(2, 0)$
y축과 만나는 점의 좌표 : $(0, -2)$

04 x축과 만나는 점의 좌표 : $(-1, 0)$
y축과 만나는 점의 좌표 : $(0, -3)$

05 ○ **06** ○ **07** × **08** $a>0$, $b>0$, $c<0$

09 $a<0$, $b>0$, $c>0$ **10** $y=3x^2+12x+16$

11 $y=\frac{1}{2}x^2-2x+5$ **12** $y=4x^2-6x+6$

01 $y=2x^2+4x+3=2(x+1)^2+1$에서 꼭짓점의 좌표는 $(-1, 1)$이고, 축의 방정식은 $x=-1$이다.

02 $y=-\frac{1}{4}x^2+x+\frac{3}{2}=-\frac{1}{4}(x-2)^2+\frac{5}{2}$에서 꼭짓점의 좌표는 $\left(2, \frac{5}{2}\right)$이고, 축의 방정식은 $x=2$이다.

03 $y=0$을 대입하면 $x^2-x-2=0$에서
$(x+1)(x-2)=0$
$\therefore x=-1$ 또는 $x=2$
따라서 x축과 만나는 점의 좌표는 $(-1, 0)$, $(2, 0)$이다.
$x=0$일 때 $y=-2$이므로 y축과 만나는 점의 좌표는 $(0, -2)$이다.

04 $y=0$을 대입하면 $-3x^2-6x-3=0$에서
$-3(x+1)^2=0$ $\quad\therefore x=-1$
따라서 x축과 만나는 점의 좌표는 $(-1, 0)$이다.
$x=0$일 때 $y=-3$이므로 y축과 만나는 점의 좌표는 $(0, -3)$이다.

05 $y=-x^2+4x+1=-(x-2)^2+5$이므로 이차함수 $y=-x^2$의 그래프를 x축의 방향으로 2만큼, y축의 방향으로 5만큼 평행이동한 것이다.

06 $y=-(x-2)^2+5$의 그래프는 오른쪽 그림과 같으므로 모든 사분면을 지난다.

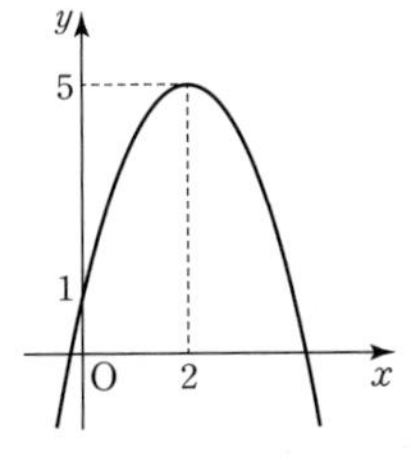

07 $x<2$일 때, x의 값이 증가하면 y의 값도 증가한다.

08 그래프가 아래로 볼록하므로 $a>0$
축이 y축의 왼쪽에 있으므로 a, b는 같은 부호이다.
$\therefore b>0$
y축과의 교점이 x축보다 아래쪽에 있으므로 $c<0$

09 그래프가 위로 볼록하므로 $a<0$
축이 y축의 오른쪽에 있으므로 a, b는 다른 부호이다.
$\therefore b>0$
y축과의 교점이 x축보다 위쪽에 있으므로 $c>0$

10 이차함수의 식을 $y=a(x+2)^2+4$로 놓고
$x=-1$, $y=7$을 대입하면
$7=a+4$ $\quad\therefore a=3$
따라서 구하는 이차함수의 식은 $y=3(x+2)^2+4$
즉, $y=3x^2+12x+16$

11 이차함수의 식을 $y=a(x-2)^2+q$로 놓고
$x=-2$, $y=11$을 대입하면
$11=a(-2-2)^2+q$ $\quad\therefore 16a+q=11$ ...... ㉠
$x=0$, $y=5$를 대입하면
$5=a(0-2)^2+q$ $\quad\therefore 4a+q=5$ ...... ㉡
㉠, ㉡을 연립하여 풀면 $a=\frac{1}{2}$, $q=3$
따라서 구하는 이차함수의 식은 $y=\frac{1}{2}(x-2)^2+3$
즉, $y=\frac{1}{2}x^2-2x+5$

12 y절편이 6이고 두 점 $(1, 4)$, $(2, 10)$을 지나므로
이차함수의 식을 $y=ax^2+bx+6$으로 놓고
$x=1$, $y=4$를 대입하면
$4=a+b+6$ $\quad\therefore a+b=-2$ ...... ㉠
$x=2$, $y=10$을 대입하면
$10=4a+2b+6$ $\quad\therefore 4a+2b=4$ ...... ㉡
㉠, ㉡을 연립하여 풀면 $a=4$, $b=-6$
따라서 구하는 이차함수의 식은 $y=4x^2-6x+6$

학교 시험 PREVIEW

152쪽

01 ① **02** ② **03** ③ **04** ③ **05** ⑤
06 -8

01 $y=3x^2-12x+1=3(x-2)^2-11$

즉, 꼭짓점의 좌표는 $(2,\ -11)$이고 y절편은 1이다.

따라서 $a=2$, $b=-11$, $c=1$이므로 $a+b+c=-8$

02 $y=-2x^2+4x+c=-2(x-1)^2+2+c$

이때 이 그래프의 꼭짓점의 좌표가 $(1,\ 1)$이므로

$2+c=1$ $\quad\therefore c=-1$

03 $y=-x^2+4x+5=-(x-2)^2+9$

③ $y=0$을 대입하면 $-x^2+4x+5=0$, $x^2-4x-5=0$

$(x+1)(x-5)=0$ $\quad\therefore x=-1$ 또는 $x=5$

따라서 x축과의 교점의 좌표는 $(-1,\ 0)$, $(5,\ 0)$이다.

04 y절편이 1이므로 $c=1$

$y=ax^2+bx+1$에 두 점 $(1,\ 2)$, $(-1,\ 4)$의 좌표를 각각 대입하면

$a+b=1$, $a-b=3$

두 식을 연립하여 풀면 $a=2$, $b=-1$

$\therefore 2a+b-c=4+(-1)-1=2$

05 ① 그래프가 아래로 볼록하므로 $a>0$

② 축이 y축의 오른쪽에 있으므로 a, b는 다른 부호이다.

$\therefore b<0$

③ y축과의 교점이 x축보다 아래쪽에 있으므로 $c<0$

④ $abc>0$

⑤ $\dfrac{b}{c}>0$

06 서술형

이차함수의 식을 $y=a(x-2)^2+q$로 놓고

$x=0$, $y=-5$를 대입하면

$-5=a(0-2)^2+q$ $\quad\therefore 4a+q=-5$ $\quad\cdots\cdots$ ㉠

$x=5$, $y=0$을 대입하면

$0=a(5-2)^2+q$ $\quad\therefore 9a+q=0$ $\quad\cdots\cdots$ ㉡

㉠, ㉡을 연립하여 풀면 $a=1$, $q=-9$

따라서 구하는 이차함수의 식은

$y=(x-2)^2-9=x^2-4x-5$ $\quad\cdots\cdots$❶

$a=1$, $b=-4$, $c=-5$이므로

$a+b+c=1+(-4)+(-5)=-8$ $\quad\cdots\cdots$❷

채점 기준	배점
❶ 이차함수의 식 구하기	70 %
❷ $a+b+c$의 값 구하기	30 %

Memo

Memo

수
매
MATHING
씽
개념
연산